高等职业教育农业部“十二五”规划教材

项目式教学教材

畜禽场设计及畜禽舍环境调控

郑翠芝 李义 主编

中国农业出版社
北京

编审人员名单

主　　编　郑翠芝　李　义

副 主 编　王玉梅　王立权　李彦军

编　　者　(以姓名笔画为序)

王玉梅　王立权　朱梅芳

刘大伟　李　义　李彦军

陈章言　郑翠芝

行业指导　郑淑敏

主　　审　耿明杰

前　言

高等职业教育肩负着培养面向生产、建设、服务和管理第一线需要的高素质技能型人才的使命，它应以能力培养为核心，贴近现代实用生产技术。而目前我国的畜牧兽医专业高等职业教育的教学模式和与之配套的课程结构的改革滞后于生产技术的发展，实践教学环节与生产实际结合不够紧密，理论与实践教学体系分离；教学过程还没有打破传统学科知识体系的束缚，偏重于知识的系统性，没能将理论知识紧密围绕工作过程展开；能力培养效果欠佳，学生的动手能力、创新能力、团队协作能力、解决问题的方法能力、再学习的提高能力有待于进一步增强。因此，探索一条符合我国国情，适应我国经济建设发展需要的高职教育教学改革之路，对我国高职教育发展至关重要。

畜禽场设计与畜禽舍环境调控是畜牧兽医专业的核心课，按照毕业生应职岗位（岗位群）对知识、能力、素质的要求，引入行业职业标准，融入产业、行业、企业、职业和实践要素，对课程内容进行重构，以畜禽场设计与畜禽舍环境调控技术项目为引领，以任务为驱动，实现“教、学、做”一体化。

畜禽场设计与畜禽舍环境调控分为：畜禽舍环境调控，畜禽场总体设计，畜禽场废弃物处理与利用，畜禽场环境管理、监测与评价等 4 个学习项目，共 19 个工作任务。每个工作任务均为 1 个独立的技术工作过程。在编写体例上，每个任务包括任务单、资讯单、信息单、实施单、检查评价单等，学习目标设定准确，对使用的主要仪器设备及材料进行必要提示，对相关专业理论及拓展知识进行适度描述，对任务实施过程进行引导。

本教材由黑龙江农业工程职业学院郑翠芝教授任第一主编，负责全书的编写提纲设计和统稿，同时编写前言，项目一中的任务七，项目三中的任务二；山东畜牧兽医职业技术学院李义老师任第二主编，并编写项目三中的任务一；辽宁医学院王立权老师编写项目一中的任务四，项目二中的任务二、五；黑龙江职业学院土玉梅老师编写项目四中的任务五；保定职业技术学院李彦军老师编写项目一中的任务二及项目四中的任务一；广西农业职业技术学院朱梅芳老师编写项目一中的任务三及项目四中的任务二、三、四；江苏畜牧兽医职业技术学院陈章言老师编写项目一中的任务五、六；黑龙江农业工程职业学院刘大伟老师编写项目二中的任务一、四；黑龙江省杜尔伯特自治县江湾乡畜牧水产服务中心郑淑敏同志编写项目一中的任务一及项目二中的任务三。全书编写过程中，力求做到内容设置与岗位实践良好对接，有效引导教师采用项目教学法、六步法、角色扮演法、小组讨论法、演示法等教学方法。选择恰当的教学手段，充分利用学校生产性实训基地或合作企业资源，科学设计教学场景，实行一体化教学，最大限度地提高教学质量。

本教材文字精练，语言表述清晰，任务描述准确，图文并茂。在教学实施过程中，各校应根据地域经济的特点和毕业生应职岗位的特殊性，对教材内容进行重构，以符合人才培养规划要求。教材编写中得到了很多高职学校的大力支持，黑龙江农业工程职业学院耿明杰教授对本教材进行了审定，提出很多意见和建议，在此一并表示感谢！

由于编写项目课程教材尚为初次尝试，加之编写人员水平有限，教材一定存在诸多问题及不当之处，恳请读者不吝赐教。

编　者

2012 年 6 月

目　录

项目一　畜禽舍环境调控

任务一　畜禽舍建筑结构设计与类型选择

任　务　单

<table>
<tr><td>项目一</td><td colspan="6">畜禽舍环境调控</td></tr>
<tr><td>任务一</td><td colspan="3">畜禽舍建筑结构设计与类型选择</td><td colspan="2">建议学时</td><td>4</td></tr>
<tr><td>学习目标</td><td colspan="6">1. 明确畜禽舍外围护结构的作用
2. 掌握畜禽舍外围护结构的建筑要求
3. 熟悉常见的畜禽舍类型
4. 熟知不同类型畜禽舍的小气候特点
5. 明确不同类型畜禽舍的适用范围
6. 熟记屋顶的设计要求
7. 能说出天棚的作用及设计要求
8. 知道常见的畜禽舍屋顶形式及其优缺点</td></tr>
<tr><td>任务描述</td><td colspan="6">学生根据本地区的气候特点选择适宜的畜禽舍类型，然后按照各结构要求对畜禽舍的基础、墙壁、屋顶、门窗、地面等建筑结构进行合理的设计，使畜禽舍内环境利于人工调控</td></tr>
<tr><td>学时安排</td><td>资讯
1.5 学时</td><td>计划与决策
0.5 学时</td><td>实施
1 学时</td><td colspan="2">检查
0.5 学时</td><td>评价
0.5 学时</td></tr>
<tr><td>材料设备</td><td colspan="6">1. 相关学习资料与课件
2. 创设现场学习情景</td></tr>
<tr><td>对学生的要求</td><td colspan="6">1. 知道民用建筑的基本结构
2. 熟悉建筑材料的物理特性
3. 清楚建造畜禽舍的意义
4. 具备团队配合能力</td></tr>
</table>

资　讯　单

<table>
<tr><td>项目名称</td><td colspan="6">畜禽舍环境调控</td></tr>
<tr><td>任务一</td><td colspan="2">畜禽舍建筑结构设计与类型选择</td><td colspan="2">建议学时</td><td colspan="2">4</td></tr>
<tr><td>资讯方式</td><td colspan="2">学生自学与教师辅导相结合</td><td colspan="2">建议学时</td><td colspan="2">1.5</td></tr>
<tr><td>资讯问题</td><td colspan="6">1. 畜禽舍的建筑结构由哪些部分组成?
2. 什么是畜禽舍的外围护结构?
3. 生产中常见的畜禽舍类型有哪些?
4. 不同类型畜禽舍的小气候特点?
5. 建舍时对畜禽舍建筑结构有什么要求?
6. 如何进行墙体的防潮设计?
7. 屋顶的类型有哪几种?
8. 屋顶的设计主要解决哪些问题? 如何设计?
9. 畜禽舍地面设计应满足哪些要求?
10. 什么是畜禽舍的净高? 一般畜禽舍的净高在什么范围内?</td></tr>
<tr><td>资讯引导</td><td colspan="6">本书信息单：畜禽舍建筑结构设计与类型选择
《畜牧场规划设计》，刘继军，2008，39-88
《家畜环境卫生学》，刘凤华，2004，107-117
《家畜环境与设施》，李保明，2004，63-68
《畜禽环境卫生》，赵希彦，2009，31-40
现代畜禽舍建筑节能工程监理，蒋朝晖，《畜牧与饲料科学》，2009 (4)，144-147
北方地区猪舍的建筑设计，张凯，《畜牧兽医科技信息》，2009 (5)
标准化规模化猪场中猪舍的环境控制，王美芝等，《猪业科学》，2011 (3)
相关技术资料
多媒体课件</td></tr>
<tr><td>资讯评价</td><td>学生互评分</td><td></td><td>教师评分</td><td></td><td>总评分</td><td></td></tr>
</table>

信　息　单

<table>
<tr><td>项目名称</td><td colspan="3">畜禽舍环境调控</td></tr>
<tr><td>任务一</td><td>畜禽舍建筑结构设计与类型选择</td><td>建议学时</td><td>1.5</td></tr>
<tr><td colspan="4">信息内容</td></tr>
</table>

现代畜禽生产是应用现代科学技术和生产方式从事畜禽养殖，具有生产专业化、品种专门化、产品上市均衡化和生产过程机械化的特点。在这种大规模、高密度、高水平的生产过程中，只有采用现代的环境调控及管理技术，从幼畜禽阶段开始，对畜禽舍的温度、湿度、气流、光照、有害气体、空气中微粒、病原微生物等环境因素进行有效的调节控制，满足畜禽的生活和生产需要，才能使优良品种畜禽遗传潜力得以充分发挥，并生产出优质合格产品，获得最佳的经济效益。

畜禽舍的环境调控主要包括两个方面：一是舍内空气温湿状况的控制；二是舍内空气环境质量的控制。在实际生产中，要结合当地的自然和经济条件，借鉴国内外先进的科学技术，采用较适宜的环境调控措施，同时配合日常精心的环境管理，才能取得满意的效果。畜禽舍小气候环境的好坏，主要受畜禽舍类型、畜禽舍建筑结构的保温隔热性能、通风、采光及畜禽舍环境调控技术等的影响。

一、畜禽舍建筑结构设计

尽管畜禽舍并不一定能为畜禽提供适宜的小气候环境，但畜禽舍建筑仍是控制和改善畜禽环境的基本手段。在进行畜禽舍建筑设计时，应充分考虑畜禽的生物学特点和行为习性。同其他建筑一样，畜禽舍由各部结构组成，包括：基础、墙体、屋顶、地面、门窗等（图1-1）。因为屋顶和外墙组成整个畜禽舍外壳将畜禽舍空间与外部空间隔开，所以也称为外围护结构。畜禽舍小气候环境的调控效果，很大程度上取决于畜禽舍的建筑结构，尤其是外围护结构。

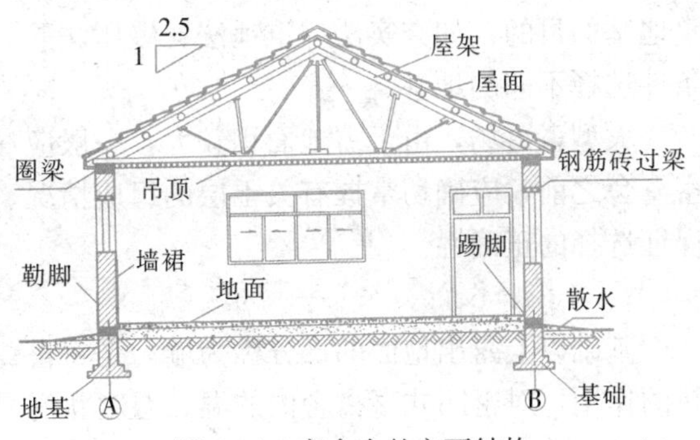

图1-1　畜禽舍的主要结构

（一）基础和地基设计

地基和基础是整个建筑物的承重构件，共同保证畜禽舍坚固、耐久和安全。

1. 基础设计　基础是指墙深入土层的部分，是墙的延伸部分。它的作用是将畜禽舍本身的重量及舍内所承载畜禽、设备、屋顶积雪等的重量传给地基。墙和整个畜禽舍的坚固与稳定状况取决于基础。因此，要求基础应具备坚固、耐久、防潮、抗冻、抗震、抗机械作用强等性能。设计措施：

（1）基础建在地基上，一般由垫层、大放脚（墙以下的加宽部分）和基础墙组成。砖基础每层放脚一般宽出 6cm。

（2）用作基础的材料除机制砖外，还有碎砖三合土、灰土、毛石等。灰土基础的主要优点是经济、实用，适用于地下水位低、地基条件较好的地区；毛石基础适用于盛产石头的山区。

（3）为防止畜禽舍因沉降过大或发生不均匀沉降而引起裂缝和倾斜，可在基础内设置混凝土圈梁，构造柱与砖砌体形成组合结构，从而提高畜禽舍墙体强度和整体刚度。

（4）北方地区在膨胀土层修建畜禽舍时，应将基础埋置在土层最大冻结深度以下，加强基础的保温对改善畜禽舍环境有重要意义。

（5）基础受潮是引起墙壁潮湿及舍内湿度大的原因之一，因此应注意基础防潮。通常可在基础表面用加防水剂的水泥砂浆粉刷，如用 1∶2 水泥砂浆，内掺 5%的防水剂，在基础墙上粉刷 2cm 厚度，可起到一定的防潮作用。同时基础应尽量避免埋置在地下水中。

2. 地基　地基是基础下面支撑整个建筑物的土层，可分为天然地基与人工地基两种。

（1）天然地基选择。利用天然土层称为天然地基。总荷载较小的简易畜禽舍或小型畜禽舍可直接建在天然地基上。可作为天然地基的土层必须坚实，组成一致，干燥，有足够的厚度，压缩性（下沉度）小而均匀（不超过 3cm），抗冲刷能力强，地下水位 2m 以下，并无侵蚀作用。

一般的沙砾土层、岩性土层压缩性小，有足够的硬度，且不受地下水的冲刷，是良好的天然地基。黏土、黄土含水多时压缩性很大，且冬季膨胀性也大，如不能保证干燥，不适于作为天然地基。富含植物有机质的土层、填土也不适于作为天然地基。

（2）人工地基处理。土层在施工前经人工处理加固的称为人工地基。当地基的承载力较差时，必须通过人工、机械的手段使地基土层更加密实，从而达到提高地基承载力和平整地基的目的，如夯实法、重锤法、碾压法等。在建舍时，应根据具体的地形地势等地理条件选择不同的地基。

大型畜禽场，由于占地面积较大，一般应尽量选用天然地基；为了选准地基，在建筑畜禽舍之前，应确切掌握有关土层的组成情况、厚度及地下水位等资料，只有这样，才能保证选择的正确性。

（二）墙体设计

基础以上露出地面的部分称为墙，是将畜禽舍与外界分隔的主要结构；并具有保温隔热的作用，对密闭式畜禽舍内的温、湿度状况具有重要影响；同时将屋顶和自身的荷载传给基础。墙按承重与否，可分为承重墙和非承重墙；按墙所处的位置可分为外墙、内墙（隔墙）；按墙的长短可分为沿房舍长轴方向的纵墙和沿短轴方向的山墙（端墙）。畜禽舍一般以纵墙承重，屋架（梁）跨于两纵墙上，两纵墙之间的垂直距离称为畜禽舍的跨度。

畜禽舍的墙壁必须具备如下特性：坚固、耐久、抗震、耐水、抗冻；结构简单，便于清扫、消毒；同时具有良好的保温隔热性能。

墙体的构造设计包括建筑材料选择、保温与隔热层厚度确定、防结露和墙体保护措施等：

1. 材料选择　建造时尽可能选用隔热性能好的材料，保证最好的隔热设计，并有一定的厚度，是保证畜禽舍内小气候环境适宜最有力和最经济的措施。过去我国大部分地区的畜禽舍采用实体黏土砖墙，其制作需要占用大量的耕地良田，施工周期也比较长。目前我国大部分地区已经开始限制使用黏土砖，因此新建的畜禽舍应该优先选用新型砌体和复合保温板。特别是我国畜禽舍建设应该逐步采用装配式标准化畜禽舍，结构构件采用轻型钢结构，维护部分采用双层钢板中间夹聚苯板或岩棉等保温材料的板块，即彩钢复合板作为墙体，效果较好，还可以加快畜禽舍建造速度，也使造价降低。

2. 墙体厚度的确定　通过冬、夏季建筑热工计算确定外墙厚度，当砖墙计算厚度≤24cm时，梁下须设37cm×37cm砖垛或加混凝土柱。畜禽舍端墙（山墙）的厚度，一般应不小于37cm；其余墙体的厚度则根据其是否起承重作用或保温隔热作用来确定。单纯起隔离作用的隔墙，在满足强度要求的前提下，可以薄一些，以节约投资。

3. 防潮和保护设施　对墙体采取严格的防潮、防水措施，受潮将大大提高墙体的导热性能，同时也会造成舍内潮湿和墙体“霉变”，从而影响墙体的使用效果和寿命。如果地面、墙壁和天棚的隔热性能差，冬季舍内温度低于露点，易在畜禽舍的内表面形成结露，甚至再结成冰，因此冬季需要特别重视畜禽舍的防结露。

（1）用防水好且耐久的材料抹面以保护墙体不受雨雪的侵蚀。

（2）沿外墙四周做0.6～0.8m宽、坡度2%的散水，以便及时排除屋顶流下的雨水。

（3）在散水坡以上0.5m左右高的外墙面，抹水泥砂浆勒脚。外墙内表面一般用白灰水泥砂浆粉刷，以利于保温和提高舍内光照度，并便于消毒。

（4）猪、牛、羊舍的墙体应该做1.2～1.5m高的水泥砂浆墙裙，以防止粪尿、污水对墙角的侵蚀，并防止家畜弄脏墙面。这些措施对于加强墙的坚固性、防止水汽渗入墙体，提高墙的保温性均有重要作用。

（三）屋顶与天棚设计

1. 屋顶设计　屋顶是畜禽舍上部的外围护结构，主要作用是承重、保温隔热和防雨雪。它是由支承结构（屋架）和屋面组成。屋顶在夏季接受太阳辐射热比墙多，而冬季舍内空气受热上升，屋顶失热也较多，其对于畜禽舍的冬季保温和夏季隔热具有重要意义。因此，屋顶的构造设计主要解决保温、隔热、防水等问题。设计措施：

（1）选用隔热性能好的材料，可就地取材，造价便宜。

（2）有一定的坡度，以利于雨雪的排除，并且要求有一定的防火性能。

（3）在使用上要求耐久、结构简单、轻便。任何一种材料不可能兼有防水、保温、承重三种功能，所以正确选择屋顶形式、处理好三方面的关系，对于畜禽舍环境的控制极为重要。

屋顶形式种类繁多，在畜禽舍建筑中常用的形式及各种类型屋顶结构特点分别见图1-2、表1-1。

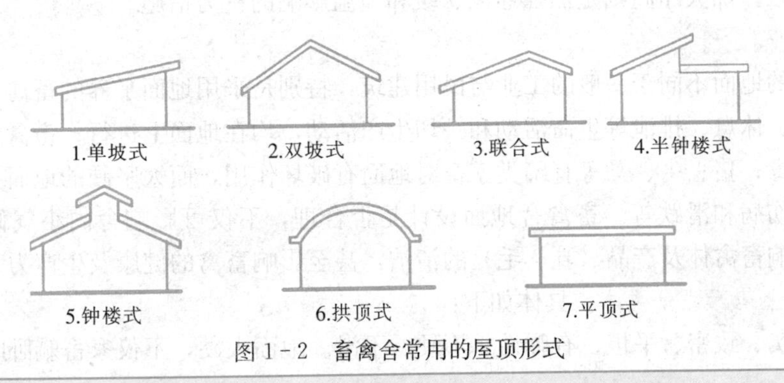

图1-2　畜禽舍常用的屋顶形式

表1-1 不同类型屋顶特点

屋顶类型	结构特点	优 点	缺 点	适用范围
单坡式屋顶	以山墙承重，屋顶只有一个坡向，跨度较小，一般为南墙高而北墙低	结构简单，造价低廉，既可保证采光，又缩小了北墙面积和舍内容积，有利于保温	净高较低不便于工人在舍内操作，前面易刮进风雪	适用于单列舍和较小规模的畜群
双坡式屋顶	是最基本的畜舍屋顶形式，屋顶两个坡向，适用于大跨度畜舍	结构合理，同时有利保温和通风且易于修建，比较经济	如设天棚，则保温隔热效果更好	适用于较大跨度的畜禽舍和各种规模的不同畜群
联合式屋顶	与单坡式基本相同，但在前缘增加一个短椽，起挡风避雨作用	保温能力比单坡式屋顶大大提高	采光略差于单坡式屋顶畜舍	适用于跨度较小的畜舍
钟楼式和半钟楼式屋顶	在双坡式屋顶上增设双侧或单侧天窗	加强了通风和防暑	屋架结构复杂，用料特别是木料投资较大，造价较高，不利于防寒	多在跨度较大的畜禽舍采用。适用于气候炎热或温暖地区及耐寒怕热家畜的畜舍，我国多用于牛舍

2. 天棚设计 又名顶棚、吊顶、天花板，是将畜禽舍檐高以下空间与屋顶下空间隔开的隔层。天棚和屋顶之间形成了封闭空间，由于空气导热性低，其间不流动的空气就是很好的隔热层，从而加强了畜禽舍冬季的保温和夏季的防热，同时也有利于通风换气。一栋8～10m跨度的畜禽舍，其天棚的面积几乎比墙的总面积大1倍；而18～20m跨度时，大2.5倍。冬季，双列式畜禽舍通过天棚失热可达36%，可见，天棚对畜禽舍温度调控有着重要的意义。

天棚材料要求导热性小、保温、隔热、不透水、不透气；本身要求结构简单、轻便、坚固、耐久、防潮、耐火；表面要求光滑、易于保持清洁，最好刷成白色，以增加舍内光照度。

不论在寒冷的北方或炎热的南方，天棚上铺设足够厚度的保温层（或隔热层），是提高天棚保温隔热性能的关键，而结构严密（不透水、不透气）是保温隔热的重要保证。

畜禽舍内地面至天棚的高度，通常称为净高。在寒冷地区，适当降低净高有利保温；而在炎热地区，加大净高则是加强通风、缓和高温影响的有力措施。

（四）地面设计

畜禽舍的地面不同于一般的工业与民用建筑，特别是采用地面平养的畜禽舍，畜禽的采食、饮水、休息、排泄等生命活动和一切生产活动，均在地面上进行；畜禽舍必须经常进行冲洗消毒；猪、牛、马等有蹄类家畜对地面有破坏作用，而太坚硬的地面又容易造成家畜的蹄部伤病和滑跌等。畜禽舍地面设计是否合理，不仅可影响舍内小气候与卫生状况，还会影响畜禽体及产品（乳、毛）的清洁，甚至影响畜禽的健康及生产力。

1. 畜禽舍地面设计要求 具体如下：

（1）坚实、致密、平坦、有弹性、不硬、不滑。地面太硬，不仅家畜躺卧时感到不舒适，且对家畜四肢（尤其拴养时）有害，易引起膝关节水肿，家畜也易疲劳。地面太滑，家畜易摔倒，以致挫伤、骨折、母畜流产。地面不平，如卵石地面，容易伤害家畜蹄、腱；也易积水，且不便清扫、消毒。地面不坚实，如土地面、三合土、砖地面等，易遭破坏形成坑洼，积存粪尿污水，使舍内潮湿，空气污浊。

（2）不透水，易于保持干燥和清扫消毒。地面的防水、隔潮性能对地面本身的导热性和舍内小气候状况、卫生状况的影响很大。地面隔潮、防水不好是地面潮湿、畜禽舍空气湿度大的原因之一。地面透水，粪尿、污水会渗入地面下土层，使地面导热能力增强，从而导致畜体躺卧时失热增多；同时微生物容易繁殖，污水腐败分解产生有害气体使空气污染。

（3）具有高度的保温隔热特性。如果在选用材料及结构上能有保证，当家畜躺在地面畜床上时，热能可被地面蓄积起来，而不致传导散失，在家畜站起后大部分热能放散至舍内空气中。这不仅有利于地面的保温，而且有利于调节舍温。有材料证明：奶牛在1日内有50%的时间躺在牛床上，中间起立12～14次，整个牛群起立后，舍温可升高1～2℃。

（4）有适宜的坡度利于排水。牛、马舍地面的适宜坡度为1%～1.5%，猪舍为3%～4%。坡度过大会造成家畜四肢、腱、韧带负重不均，而对拴养家畜会导致后肢负担过重，造成母畜子宫脱垂与流产。

当前畜禽舍建筑中，很难有一种材料能同时满足上述诸要求，因此与畜禽舍地面有关的家畜肢蹄病、乳房炎及感冒等病症比较难以克服。

2. 畜禽舍地面类型选择

（1）实体地面。根据使用材料的不同，实体地面分素土夯实地面、三合土地面、砖地面（实心砖或空心砖）、混凝土地面、沥青地面。图1-3是几种地面的一般做法。在畜禽舍建筑中，一般采用混凝土地面，它除了保温性能和弹性不理想外，其他性能均较好，造价也不太高，目前应用较多，但最好增加保温和防滑等措施来弥补其缺陷。土地面、三合

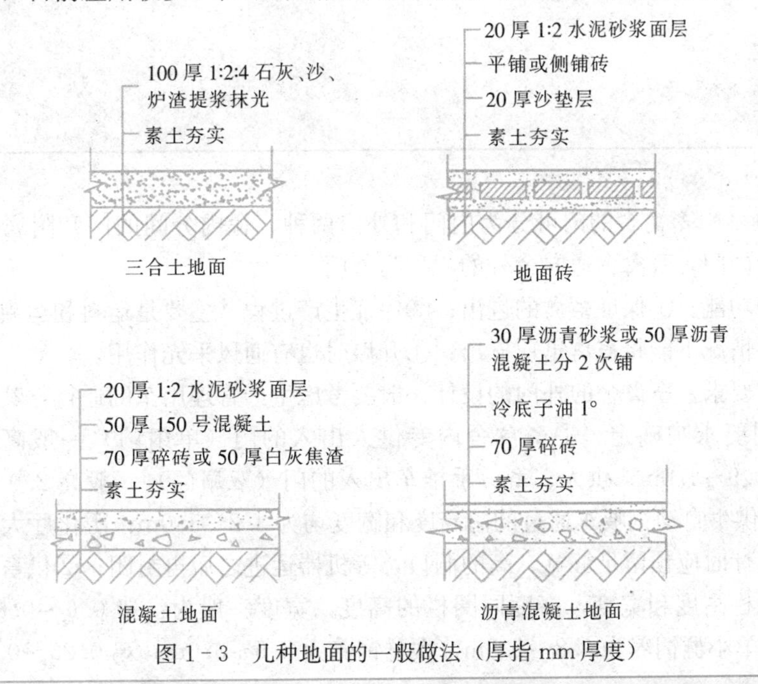

图1-3　几种地面的一般做法（厚指mm厚度）

土地面、砖地面、木地面等，保温性能虽好于混凝土地面，但不坚固、易吸水、不便于清洗和消毒，在家禽和羊等畜禽的小型养殖场中应用较多。沥青混凝土地面保温隔热较好，其他性能也较理想，但因含有危害畜禽健康的有毒有害物质，现已禁止在畜禽舍内使用。

（2）缝隙地板。缝隙地板有混凝土地板、塑料地板、铸铁地板、金属网地板。混凝土缝隙地板除了保温和弹性差外，在家畜踩踏下缝隙边沿易被破坏，造成局部缝隙增大而伤及畜体的肢蹄；铸铁地板在长期的粪尿环境里易发生锈蚀；高强度的塑料地板各项性能都较好，在国外已大量使用，我国也已经有专业厂家生产，是我国畜舍缝隙地板今后发展的主要类型。

事实上，不论哪种地面都很难同时具备所有要求。表 1-2 是几种常用畜禽舍地面的评定记分方法，供参考。因此，修建符合要求的畜禽舍地面应从下列三方面补救：①畜禽舍不同部位采用不同材料的地面，如畜床部位采用三合土、木板，而在通道采用混凝土；②采用特殊的构造，即地面的不同层次用不同材料，取长补短，达到良好的效果；③铺设厩垫，在畜床部位铺设橡皮或塑料厩垫以改善地面状况，并收到良好效果。铺木板、铺垫草也可视为厩垫。

表 1-2 几种常用畜禽舍地面的评定

地面种类	坚实性	不透水性	不导热性	柔软程度	不滑程度	可消毒程度	总分
夯实土地面	1	1	3	5	4	1	15
夯实黏土地面	1	2	3	5	4	1	16
黏土碎石地面	2	3	2	4	4	1	16
石地	4	4	1	2	3	3	17
砖地	4	4	3	3	4	3	21
混凝土地面	5	5	1	2	2	5	20
木地面	3	4	5	4	3	3	22
沥青地面	5	5	2	3	5	5	25
炉渣上铺沥青	5	5	4	4	5	5	28

（五）门、窗设计

1. 门的设计 畜禽舍的门可分为内门和外门两种。舍内分间的门和附属建筑物通向舍内的门称为内门，畜禽舍通向舍外的门称为外门。

（1）门的功能。①保证畜禽的进出；②保证生产过程（主要是运料和运粪）的顺利进行；③在意外情况下能将畜禽迅速撤出；④开启时也有通风采光作用。

（2）设计要求。畜禽舍的外门的设计一般要考虑生产管理用车的通行，其宽度应按所用车辆的使用要求来确定。①畜禽舍内专供人出入的门（单扇门）一般高度为 2.0～2.4m，宽度 0.9～1.0m；供人、畜、手推车出入的门（双扇门）一般高 2.0～2.4m，宽 1.2～2.0m；供牛自动饲喂车通过的门高度和宽度均为 3.2～4.0m；孵化厅大门需要运进孵化机组，设计时应预留足够宽、高的洞口，等机器运进之后再封闭；②供畜禽出入的圈栏门取决于隔栏高度和宽度，高度同圈栏的高度，宽度一般为：猪 0.6～0.8m；牛、马 1.2～1.5m；羊小群饲养为 0.8～1.2m，大群饲养为 2.5～3.0m；鸡 0.25～0.30m；③每栋畜禽舍，至少有两个外门，一般设在两端墙上，对着中央通道，便于饲料运输和清粪，也便于实现机械化作业；④对于大跨度畜禽舍可加设外门，对于长度过长或有运动场的畜禽舍应在纵墙上开设外门，但一般要求设在向阳背风的一侧；⑤畜禽舍门应向外开，门上不应有尖锐突出物，不应有门槛，不应有台阶，以便于家畜和手推车出入畜禽舍；⑥为了防止雨雪水淌入舍内，畜禽舍门外应有一定坡度，畜禽舍地面应高出舍外地面20～30cm。

2. 窗的设计

(1) 功能。畜禽舍窗户的功能在于保证畜禽舍的自然采光和自然通风。但由于窗多设在墙上，是畜禽舍失热的重要部分，所以与整个畜禽舍的保温隔热有一定的关系。

(2) 设计要求。窗的面积、数量、形状和位置等，应结合当地气候条件和畜禽的要求合理设计。

①在保证采光要求的前提下尽量少设窗户，以能保证夏季通风为宜。

②在畜禽舍建筑中也有采用密闭畜禽舍，主要是无窗鸡舍，目的是为了更有效地控制畜禽舍环境；但前提是必须保证可靠的人工照明和可靠的通风换气系统，要有充足可靠的电源。

③畜禽舍窗户有木窗、钢窗和铝合金窗，形式多为外开平开窗，也可用上悬窗、下悬窗或中悬窗。

④畜禽舍的窗一般不设纱窗，以利通风。鸡舍的窗应装设孔径不大于2cm的铁丝网，以防鸟兽。

二、畜禽舍类型选择

不同类型的畜禽舍一方面影响舍内气候条件如温度、湿度、通风换气、光照等；另一方面影响畜禽舍环境改善和人工调控程度。因此，应根据畜禽的需求和当地气候条件，确定适宜的畜禽舍类型。

畜禽舍的类型按照外墙的设置可分为：开放式、半开放式和密闭式三种类型，密闭式畜禽舍又可分为有窗式和无窗式（图1-4）。

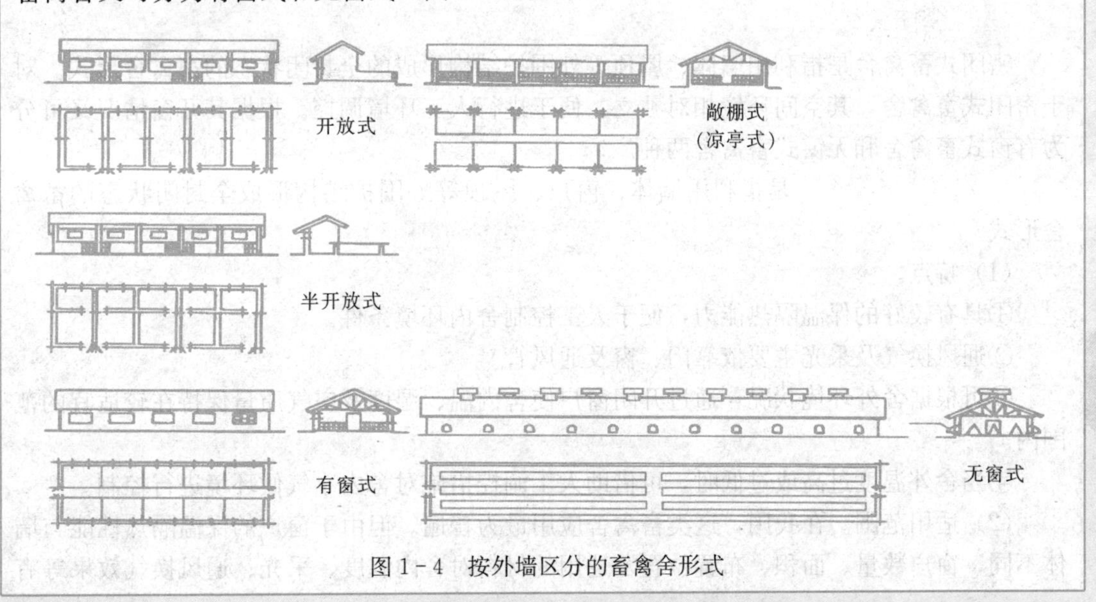

图1-4　按外墙区分的畜禽舍形式

（一）开放式畜禽舍

开放式畜禽舍也称为敞棚式、凉棚或凉亭式畜禽舍，四面无墙或只有端墙，主要起到遮阳、避雨的作用。

1. 特点

（1）夏季能隔绝太阳的直接辐射，四周敞开通风效果好，防暑效果比其他类型的畜禽舍好。

（2）冬季因没有墙壁阻挡寒风，对冷风的侵袭没有防御能力，防寒作用较差。

（3）开放式畜禽舍受舍外环境的影响较大，人工环境调控措施一般较难实施。

2. 适用范围　寒冷地区不能用作越冬舍，可作运动场上的凉棚或草料库；南方炎热地区也可用作成年畜禽舍，如夏季在棚下养蛋鸡效果较好。由于开放式畜禽舍用材少、施工简单、造价低，为了扩大其使用范围、克服其保温能力差的弱点，在畜禽舍前后设置隔热效果较好的卷帘，由机械传动升降，使用非常方便；夏季可全部敞开，冬季可完全闭合，结合一定的环境调控措施，使舍内的环境条件得到一定程度的改善。如简易节能开放型鸡舍、牛舍、羊舍，都属于这一类型。

（二）半开放式畜禽舍

半开放式畜禽舍指三面有墙，正面全部敞开或有半截墙的畜禽舍。

1. 特点

（1）通常敞开部分在南侧，因此冬季可保证有充足的阳光进入舍内，有墙部分冬季可起阻挡北风的作用，而在夏季南风可吹入舍内，有利于通风。

（2）半开放式畜禽舍比开放式畜禽舍抗寒能力有所提高，但因舍内空气流动性比较大，舍温受外界影响也较大，很难进行畜禽舍环境的调控。

2. 适用范围　在寒冷地区，这种畜禽舍主要用于饲养各种成年畜禽，特别是耐寒能力强的牛、马、绵羊等；温暖地区也可用作产房或幼畜舍。生产中，为了提高此类畜禽舍的防寒能力，冬季可在开敞部分设双层或单层卷帘、塑料薄膜、阳光板形成封闭状态，可有效地改善畜禽舍内小气候环境。

（三）密闭式畜禽舍

密闭式畜禽舍是指利用墙体、屋顶等外围护结构形成的全封闭状态的畜禽舍形式。对于密闭式畜禽舍，其空间环境相对独立，便于进行人工环境调控。根据其开窗情况又可分为有窗式畜禽舍和无窗式畜禽舍两种。

1. 有窗式畜禽舍　是指利用墙体、窗户、屋顶等外围护结构形成全封闭状态的畜禽舍形式。

（1）特点。

①具有较好的保温隔热能力，便于人工控制舍内环境条件。

②通风换气及采光主要依靠门、窗及通风管。

③可根据舍外环境状况，通过开闭窗户使舍内温、湿度及空气质量保持在较适宜的范围内。

④当舍外温度过高或过低时，可借助人工调控措施对舍内小气候环境进行控制。

（2）适用范围。在我国，这类畜禽舍应用最为普遍。但由于窗户的保温隔热性能与墙体不同，窗户数量、面积、布置位置及选用的材料对舍内温度、采光、通风换气效果等有一定影响，因此，畜禽舍设计中应予以考虑。详见“本项目任务五　畜禽舍光照调控”。

2. 无窗式畜禽舍　无窗式畜禽舍的墙体上，一般没有窗户或只设少量的应急窗，舍内环境条件完全采用人工调控。

（1）特点。

①这种畜禽舍的舍内环境稳定，基本不受外界环境的影响，自动化程度高，节省人工，生产效率高。

②舍内所有调控设备运行都须依靠电力，一旦电力供应不能保证，将很难实现正常生产。

（2）适用范围。无窗式畜禽舍比较适合于电力供应充足、电价便宜，劳动力昂贵的发达国家和地区；我国由于劳动力相对较为廉价，且电力供应紧缺，故无窗式畜禽舍使用不多。

除上述几种畜禽舍形式外，还有大棚式畜禽舍、拱板结构畜禽舍、复合聚苯板组装式畜禽舍、太阳能猪舍等多种建筑形式。另外还有一些新形式的畜禽舍，如联栋式畜禽舍，优点是减少畜禽场占地面积，缓解人畜争地的矛盾，降低畜禽场建设投资等。总之，畜禽舍的形式是不断发展变化的，新材料、新技术不断应用于畜禽舍，使畜禽舍建筑越来越符合畜禽对环境条件的要求。

在生产中，选择畜禽舍类型时，主要是根据当地的气候条件和畜禽种类及饲养阶段来确定。一般热带气候区域选用开放式畜禽舍，寒带气候区选择有窗式畜禽舍；成畜禽舍主要考虑防暑，幼畜禽舍主要考虑防寒。畜禽舍样式选择可参考表1-3。

表1-3　中国畜禽舍建筑类型分区

气候区域	1月份平均气温（℃）	7月份平均气温（℃）	平均湿度（%）	建筑要求	畜禽舍种类
Ⅰ区	−30～−10	5～26	—	防寒、保温、供暖	有窗式或无窗式
Ⅱ区	−10～−5	17～29	50～70	冬季保温、夏季通风	有窗式、无窗式或半开放式
Ⅲ区	−2～11	27～30	70～87	夏季降温、通风防潮	有窗式、半开放式或敞棚式
Ⅳ区	10以上	27以上	75～80	夏季防暑降温、通风、隔热遮阳	有窗式、半开放式或敞棚式
Ⅴ区	5以上	18～28	70～80	冬暖夏凉	有窗式、半开放式或敞棚式
Ⅵ区	5～20	6～18	60	防寒	有窗式或无窗式
Ⅶ区	−29～−6	6～26	30～55	防寒	有窗式或无窗式

任务二 畜禽舍温度调控

任 务 单

<table>
<tr><td>项目一</td><td colspan="5">畜禽舍环境调控</td></tr>
<tr><td>任务二</td><td colspan="2">畜禽舍温度调控</td><td colspan="2">建议学时</td><td>6</td></tr>
<tr><td>学习目标</td><td colspan="5">1. 知道大气及畜禽舍内温度的来源及变化
2. 熟知等热区和临界温度的概念及影响因素
3. 领会等热区和临界温度在养殖生产中重要意义
4. 熟记各种畜禽的等热区和临界温度
5. 能根据等热区、临界温度及生产效益确定最佳的生产环境温度
6. 能够掌握畜禽舍的防寒和防暑的技术措施
7. 熟悉畜禽舍加热和降温设备的种类及使用方法
8. 能采用正确的方法进行畜禽舍的温度测定</td></tr>
<tr><td>任务描述</td><td colspan="5">1. 学生根据不同畜禽的等热区和临界温度，制定最有效的防寒采暖和防暑降温措施。要求采取的措施，效果好，经济适用
2. 学生使用各种温度计，采用正确的方法对畜禽舍进行温度测定。要求根据畜禽的种类，确定测定点的高度，并合理选择测定位点</td></tr>
<tr><td>学时安排</td><td>资讯
2 学时</td><td>计划与决策
1 学时</td><td>实施
2 学时</td><td>检查
0.5 学时</td><td>评价
0.5 学时</td></tr>
<tr><td>材料设备</td><td colspan="5">1. 相关学习资料与课件
2. 创设现场学习情景
3. 普通温度计、最高温度计、最低温度计、最高最低温度计、半导体点温计、干湿球温湿度计
4. 实训室、畜禽舍、畜禽场</td></tr>
<tr><td>对学生的要求</td><td colspan="5">1. 懂得动物机体代谢过程中产热和散热的相关知识
2. 能根据高温、低温对人体的不良影响，领会出气温对畜禽机体健康和生产力的影响
3. 团队配合能力</td></tr>
</table>

资 讯 单

<table>
<tr><td>项目名称</td><td colspan="3">畜禽舍环境调控</td></tr>
<tr><td>任务二</td><td>畜禽舍温度调控</td><td>建议学时</td><td>6</td></tr>
<tr><td>资讯方式</td><td>学生自学与教师辅导相结合</td><td>建议学时</td><td>2</td></tr>
<tr><td>资讯问题</td><td colspan="3">1. 大气及畜禽舍内温度的来源及分布？
2. 畜禽的体热调节方式？
3. 等热区和临界温度的概念及影响因素？
4. 畜禽舍温度过高或过低对畜禽的热调节、健康和生产力产生哪些不良的影响？
5. 不同畜禽的等热区和临界温度？
6. 如何加强畜禽舍外围护结构的保温设计？
7. 养殖生产中加强畜禽舍防寒保温的管理措施有哪些？
8. 对于幼畜舍和分娩舍，采暖措施有哪些？
9. 加强畜禽舍的防暑措施有哪些？
10. 采用哪些设施、设备对畜禽舍进行降温？
11. 怎样进行畜禽舍温度的测定？测定时应注意什么问题？</td></tr>
<tr><td>资讯引导</td><td colspan="3">本书信息单：畜禽舍温度调控
《家畜环境与设施》，李保明，2004，70－80
《家畜环境卫生》，赵希彦，2009，10－14
畜禽舍环境控制技术，张义俊、王万章等，《中国家禽》，2007（5）
单片机技术在畜禽舍环境控制中的应用，黄华、牛智有，《农机化研究》，2009（5），185－189
北方地区猪舍的建筑设计，张凯，《畜牧兽医科技信息》，2009（5）
标准化规模化猪场中猪舍的环境控制，王美芝等，《猪业科学》，2011（3）
多媒体课件
网络资源</td></tr>
</table>

资讯评价	学生互评分		教师评分		总评分	

信 息 单

项目名称	畜禽舍环境调控		
任务二	畜禽舍温度调控	建议学时	2
信息内容			

一、空气温度与畜禽

空气温度简称气温，是表示空气冷热程度的物理量。空气温度对畜禽的生长发育、繁殖、生产力及健康产生着极其重要的影响，畜禽舍温度调控是畜禽舍环境调控最重要的一项任务。

（一）空气温度的来源与变动

1. 空气温度的来源　空气中热量主要来源于太阳辐射，太阳辐射到达地面后，一部分被地面反射，一部分被地面吸收，使地面增热；地面再通过辐射、传导和对流把热量传给空气，这是空气热量的主要来源。

2. 空气温度的变动　由于太阳辐射因纬度、季节和一日的不同时间而异。某一地区的气温也随太阳辐射强度的变化而发生周期性的变化。

（1）气温日变化。在一日中，日出之前气温最低，日出后气温开始逐渐升高，最高温度出现在14～15时（冬季出现在13～14时）；随后，气温逐渐下降，到第2天日出前为止。一日中气温最高值与最低值之差被称为“气温日较差”。

（2）气温年变化。一年当中，一般1月份气温最低，7月份气温最高，最热月与最冷月平均气温之差，称为“气温年较差”。距海洋近的地区，由于水的缓冲作用，夏季不太热，冬季不太冷，气温年较差小；沙漠的热容量小，沙漠地区气温的年较差则较大。

气温日较差和气温年较差与地理位置、纬度等有关，了解某一地区的“气温日较差”和“气温年较差”，对于畜禽生产管理和畜禽舍建筑设计有重要意义。如某地春季气温日较差较大，生产管理中应注意夜间防寒；我国南方气温年较差较小，畜禽舍建筑中主要以防暑为主；北方地区气温年较差较大，冬季异常寒冷，畜禽舍建筑中以防寒为主，但也要兼顾夏季防暑。

气温除有周期性的日、年变化外，还往往有大规模的冷暖气流的水平运动所引起的变化，这种气温的变化幅度和时间没有一定的周期性，称为气温的非周期性变化。例如我国春末夏初气温回暖时，常因西伯利亚冷空气南下，使气温大幅度下降，有人称之为倒春寒；秋末冬初，若有南方来的暖空气，可出现气温陡增现象。

（二）舍内气温的来源与变动

1. 畜禽舍内空气热量的来源　寒冷的冬季，密闭式成年畜禽舍内空气热量，主要来自于畜禽机体的散热，冬季平均日产乳20kg的成年母牛，每小时散热315.172kJ；1栋容纳2万只产蛋鸡的鸡舍，1h散热618.640kJ，这些热量，使舍内温度明显增高。若畜禽舍的保温性能好，即使外界气温较低，密闭式畜禽舍内仍可依靠畜禽机体散热维持比较适宜的环境温度；若畜禽舍保温不良，舍温则会因外围护结构的散热，而显著受舍外气温的影响。另外，供暖幼畜禽舍的热量来自于散热器。夏季则大部分来自舍外空气和太阳辐射经畜禽舍外围护结构传递的热量，隔热性能良好的畜禽舍，可使舍内的炎热程度得到显著的改善；而隔热性能差的畜禽舍，则舍温为外界气温所左右，若没有降温设施，舍温很可能高于舍外，从而使机体的散热受影响，导致畜禽的生产力下降。

2. 畜禽舍内温度的分布规律　由于畜禽体散热，温暖潮湿空气上升，加之舍内外温差及外围护结构保温隔热性能、通风条件等差异，畜禽舍内温度分布并不均匀。保温良好的畜禽舍内，愈接近天棚温度愈高，接近地面处温度较低；如果天棚或屋顶保温性能较差，会出现夜间舍温上部低下部高的现象。正常情况下，舍内垂直温差一般为2.5～3.0℃；或每升高1m，温差不超过1.0℃。水平方向上，舍温由中心向四周递降，靠近门、窗、墙等部位的温度较低，且随畜禽舍跨度增加，水平温差加大。在寒冷冬季，舍内的水平温差不应超过3℃。实际生产中为减少舍内温差，在进行畜禽舍设计时，可通过加强畜禽舍外围护结构的保温隔热设计，减少门、窗缝隙的冷风渗透等加以实现。

（三）等热区和临界温度

1. 概念　新陈代谢是动物机体一切生命活动的基础。动物机体在新陈代谢过程中，伴随着热量的产生，同时又不断将热量扩散到周围的环境中。就热量而言，动物机体的新陈代谢包括产热和散热两个方面。对恒温动物而言，其已具备了高度发达的体温调节能力：能把体内产生的热能贮存一部分在体内，使机体体温保持恒定；同时，能够根据环境温度的变化调节产热和散热活动，体温不随环境温度的变化而变化。这种调节能力确保了机体的新陈代谢始终处于正常水准，并可使环境对机体的影响降到最低。

机体的体温调节主要通过散热调节和产热调节两种方式来实现。散热调节也称为物理调节，是指在炎热或寒冷环境中，机体通过增加或减少散热来维持体热平衡和体温恒定的调节方式。产热调节也称为化学调节，是指在冷热应激下，机体须通过增加或减少体内营养物质的氧化，来增加或减少产热量，以维持正常体温的调节方式。

在一定的环境温度范围内，机体产热几乎等于散热，动物既不感觉冷又不感觉热，不需要进行体热调节即可保持体热平衡，这个环境温度范围称作"舒适区"。

环境温度高于或低于舒适区，在一定范围内变化时，机体可不必利用化学调节方式，即通过物理调节就能维持体热平衡和体温正常，这一温度范围称为"等热区"（图1-5之B-B'）。从畜禽生产本身来说，环境温度在等热区范围内时，饲养畜禽最为适宜，效益也最高。

当气温低于等热区下限（图1-5之B点以下），机体必须提高代谢率，以增加产热量来维持体温恒定（图1-5之B-C）。通常把等热区的下限温度［即机体开始提高代谢率、增加产热量（化学调节），以保持体热平衡的环境温度］称为临界温度或下限临界温度（图1-5之B点）。此时，由于体内营养物质分解产热，用于维持体温恒定，因此饲料利用率下降，如果不增加饲料的供给，则生产力亦下降。

当气温超过等热区上限（图1-5之B'点以上），机体必须降低代谢率，以减少产热量来维持体温恒定（图1-5之B'-C'）。通常把等热区的上限温度［即机体开始降低代谢率、减少产热量（化学调节），以保持体热平衡的环境温度］称为过高温度或上限临界温度（图 1-5 之 B' 点）。此时畜禽采食量下降，如不采取防暑降温措施，则生产力下降。

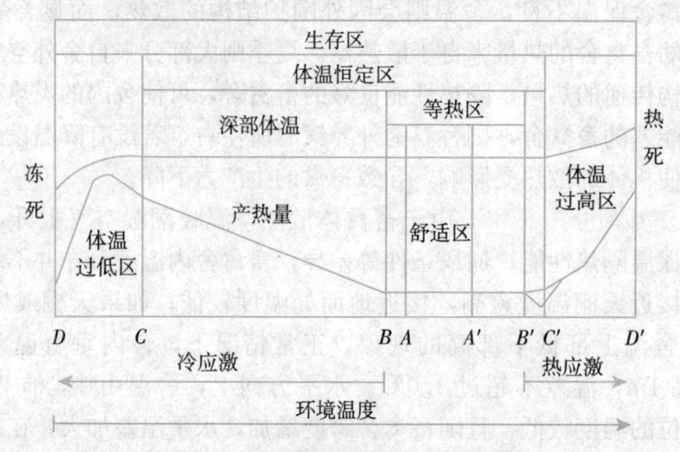

图 1-5　环境温度与畜禽体热调节

A. 舒适区下限温度　A′. 舒适区上限温度　B. 临界温度　B′. 过高温度
C. 体温开始下降温度　C′. 体温开始上升温度　D. 冻死温度　D′. 热死温度

当环境温度超过图 1-5 中的 C 点或 C' 点继续降低或升高时，这已超过了机体的调节范围，机体同时动员物理调节和化学调节也无法保持体热平衡。因此，在环境温度低于 C 点后，随着温度的降低产热反而减少，体温下降，直至冻死（D 点）；而在环境温度高于 C' 点后，随着温度的升高产热反而增加，体内积热，体温升高，直至热死（D' 点）。

2. 影响等热区和临界温度的因素　等热区是一个温度范围，并不是一个定值，它受很多因素影响：

（1）动物种类和品种。一般体型较大、每单位体重体表面积较小的动物，较耐寒而不耐热，其等热区下限临界温度较低。不同品种畜禽，由于自身特点和对气候的适应性不同，等热区也有差异。例如，荷兰牛与瑞士牛相比，其等热区较窄，气温高于 18℃时，产乳量就明显减少；而瑞士牛在 30℃左右产乳量才显著减少。

（2）年龄和体重。初生幼畜（雏禽）临界温度较高，等热区范围很窄，其原因是一方面初生幼畜（雏禽）刚刚脱离温度较高的母体（或孵化环境），体内营养物质储备量很少，产热能力低，体热调节机能尚不完善；另一方面，幼畜（雏禽）体格小，体表面积相对较大，散失热量也多。初生仔猪和雏鸡的等热区分别为 33～34℃和 34～35℃。随着年龄和体重的增加，畜禽热调节机能逐渐完善，产热量增大，相对散热量减少，临界温度降低（表 1-4）。

表 1-4　猪的体重与临界温度

活重（kg）	临界温度（℃）	每降低 1℃需补充的饲料（g）
10	25	6
20	22	10
40	17	16
60	14	18
80	12	20
100	10	20

（3）被毛与皮肤状态。被毛致密或皮下脂肪较厚的动物，散热困难，其等热区较宽，临界温度较低。如饲喂维持日粮，被毛长1～2mm、18mm、120mm的绵羊，其临界温度分别为32℃、20℃和－4℃。

（4）生产力。生长、肥育、妊娠、泌乳、产蛋和劳役等生产过程均使代谢率提高、产热量增加、临界温度降低。因此，生产力高的个体临界温度较低。如日增重1.0kg和1.5kg的肉牛，临界温度分别为－13℃和－15℃；干乳期和日产乳9L、23L的奶牛，临界温度分别为－14℃和－24℃、－32℃。

（5）日粮营养水平。日粮营养水平决定热增耗的多少，热增耗是维持体温的最重要的热量来源，饲养水平愈高，体增热愈多，因而临界温度愈低。例如：肉牛在维持饲养时临界温度为7℃，饥饿时临界温度升高到18℃；刚剪毛饲喂高营养水平日粮的绵羊临界温度为25.5℃，饲喂维持日粮时临界温度为32℃。

（6）管理制度。畜禽饲养密度大时互相拥挤，散热面积减小，失热量减少；因此，临界温度比单养畜禽低。例如，4～6只体重1～2kg的仔猪同放在一个圈中饲养，临界温度为25～30℃；如果单独饲养，则仔猪临界温度为34～35℃。此外，有垫草的地面，可使临界温度下降，如猪在有垫草时4～10℃的冷热感觉与无垫草时15～21℃的感觉相同。

3. 等热区和临界温度在畜禽生产中的应用

（1）是畜禽舍温度调控的依据。畜禽在等热区内产热量最少，除了基础代谢外，用于维持的能量消耗最低，在这种条件下饲养畜禽，饲料利用率和生产力都最高，抗病力也较强，饲养成本也最低。根据影响等热区和临界温度的因素，对于不同种类、年龄、体重、生产力和被毛状态的畜禽应区别对待，提供不同的舍温，以保证不同畜禽尽可能在其等热区或接近等热区范围内生活和生产。

（2）为制定畜禽的饲养管理措施提供依据。当气温超过等热区时，动物就会产生热应激或冷应激，生产性能和健康都会受到不良影响，饲养管理本身就是影响等热区和临界温度的重要因素。在寒冷季节，对隔热性能比较差的畜禽如猪和幼畜禽，增大饲养密度、并圈饲养、提高日粮能量水平、使用干燥的垫草、严防“贼风”，都可以显著降低临界温度；对于草食家畜，可多供给粗料，以供维持体温的需要。而在炎热季节则相反，应减少饲养密度、加大舍内通风、采取降温措施等。

（3）是畜禽舍热工设计的理论依据。对临界温度较高的幼畜禽如仔猪、雏鸡等，要有外围结构保温隔热性能较好的畜禽舍，必要时辅以人工采暖设施，但也应有利于夏季的自然通风。对于临界温度较低的成年草食家畜，特别是高产奶牛和肥育牛，畜舍设计主要是防止夏季屋顶和凉棚传入过多的太阳辐射热，因而，在屋顶或凉棚铺设隔热层十分必要。

应该指出，无论在饲养管理措施或畜禽舍设计上，要使畜禽完全生活在等热区是不可能的，在技术上难以做到，同时会大大增加投资。因此，实际生产中，可将这一温度范围适当放宽。在放宽后的温度区域内，畜禽能够适应，一般不会导致畜禽的生产力明显下降和健康状况的明显恶化，同时又能符合经济和生产技术要求。通常，称这一温度区域为生产适宜温度范围，这一范围远比等热区要宽（表1－5）。

表1-5 生产中适宜的环境温度范围

畜禽种类	生产中适宜温度范围（℃）	畜禽种类	生产中适宜温度范围（℃）
猪		马	
妊娠母猪	11～15	成年马	7～24
分娩母猪	15～20	马驹	24～27
带仔母猪	15～17		
初生仔猪	27～32	羊	
哺乳仔猪（4～23kg）	20～24	母绵羊	7～24
后备猪（23～57kg）	17～20	初生羔羊	24～27
育肥猪（55～100kg）	15～17	哺乳羔羊	5～21
牛		鸡	
乳用母牛	5～21	蛋用母鸡	13～20
乳用犊牛	10～24	肉用仔鸡	24

（四）气温对畜禽热调节的影响

1. 高温时的热调节　高温时畜禽机体所面临的困难是产热多于散热，为维持体温的恒定，可通过物理调节和化学调节方式来增加散热量，减少产热量。

（1）增加散热量（物理调节）。

①加速外周血液循环，提高散热量。当气温升高时，机体皮肤血管扩张，皮肤血流量增加，使体内代谢产生的热量更多地带到体表，这时皮温升高，皮温与气温之差加大，提高了可感散热量。同时在扩张的毛细血管中，血液中的水分很容易渗透到组织和汗腺中，以供皮肤和呼吸道蒸发所需。

②提高蒸发散热量。当环境温度等于皮温时，非蒸发散热完全失效。当环境温度高于皮温，机体则通过辐射、传导和对流等方式从环境得热，这时蒸发散热必须排除体内产生的热量以及从环境获得的热量，才能维持体热平衡。但是只有汗腺机能高度发达的人和其他灵长类才具有这种能力，而汗腺不发达或缺乏的畜禽，在这种情况下很难维持体温的恒定。

（2）减少产热量（化学调节）。高温环境中，动物一方面增加散热量，同时还要减少产热量。在行为上表现为肌肉松弛，嗜睡懒动，采食量减少或拒食；内分泌机能也发生变化，甲状腺激素分泌减少。

2. 低温时的热调节　低温时的热调节与高温时相反。

（1）减少散热量（物理调节）。

①随着环境温度的下降，皮肤血管收缩，皮肤血流量减少，皮温下降，皮温与气温之差减少；汗腺停止活动，呼吸变深，频率下降，可感散热和蒸发散热量都显著减少。

②同时动物可通过肢体蜷缩、群集等行为变化，减少散热面积。

③通过竖毛肌收缩，被毛逆立，以增加被毛内空气缓冲层的厚度。但低温时仅靠物理调节方式减少散热量，一般不能维持体热平衡，还必须提高代谢率，增加产热量。

（2）增加产热量（化学调节）。当环境温度下降到临界温度以下时，动物开始加强体内营养物质的氧化，以增加产热量。动物表现为肌肉紧张度提高、颤抖、活动量和采食量增大，同时内分泌机能也发生相应变化。

动物在突然遭受寒冷刺激时，除颤抖外，肾上腺素、去甲肾上腺素和肾上腺皮质激素分泌加强，这促进了糖原和脂肪组织的分解，从而提高了产热量。长期处在寒冷环境中的动物，其甲状腺分泌增加，以提高代谢率、增加产热量、维持体温的恒定。

（五）气温对畜禽生产性能的影响

1. 对繁殖的影响　主要表现在高温时，低温影响不明显。

（1）公畜禽。

①高温使畜禽营养状况降低，活动减少，性机能下降且性欲减退。

②高温还使睾丸温度升高，精液质量下降且量减少，精子数减少且畸形率上升。

（2）母畜禽。

①高温使小母畜的初情期延迟，母畜不发情或发情不明显，发情持续期缩短，排卵数量少且卵子质量下降，受胎率下降。高温还不利于受精卵的附植和发育，导致胎儿死亡率增加、初生重下降，甚至流产等；主要表现在配种前后和妊娠后1/3的一段时间内。

②高温还使母畜采食量减少，脏器的血流量减少，引起死胎、流产。在高温环境中，母禽性成熟及开产日龄延迟。

总之，各种畜禽夏季的繁殖力普遍下降，调查发现，南方不少猪场上半年窝产仔数较下半年高，主要原因是由于下半年产仔主要集中在8～10月份，妊娠期要经过6～9月份的高温期。

2. 对生长增重的影响　各种畜禽在不同的年龄内，都有它最适宜的生长温度，在这种温度下，生长最快，饲料利用率最高，育肥效果最好，饲养成本最低。这个温度范围就是等热区。当环境温度低于临界温度或高于过高温度时，对畜禽的生长肥育速率和饲料利用率均产生不利影响。

（1）低温的影响。

①低温时动物采食量增加，大部分用于产热维持体温的恒定。但畜禽采食量和消化能力都有一定的限度，在气温太低的情况下，即使进行丰富饲养，食进的能量也不足以弥补散失的热量，畜禽必须动用体内的贮备，饲料转化率降低，生长缓慢甚至体重下降。

②甲状腺素分泌增加，胃肠蠕动加快，饲料利用率较低。和其他动物相比，猪的体温调节机能较差，寒冷对猪的增重影响较大。

（2）高温的影响。

①高温时动物采食量下降。

②甲状腺分泌减少，胃肠血液循环减少，蠕动减弱，营养物质吸收减弱。气温高于过高温度时，采食量明显下降，一般来看，气温每升高1℃，畜禽采食量降低1%～1.5%，同时因饲料消化率降低，畜禽增重因而受到影响。

3. 对产乳的影响

（1）高温的影响。奶牛对高温敏感，气温高于过高温度时，奶牛采食量下降，饲料利用率降低，产乳量随温度升高而降低。一般来看，气温高于22℃时，奶牛产乳量就会下降。高温下产乳量随气温升高而降低的程度与奶牛品种有关，如黑白花奶牛不耐热，适宜温度为10～15℃，超过21℃产乳量就下降。奶牛对高温的敏感程度也与产乳量相关，产乳量越高，对高温越敏感，发生热应激时，产乳量下降的速度越快。可见在炎热夏季对奶牛及时采取防暑降温措施有重要意义。

（2）低温的影响。奶牛对低温有较大的耐受性，但气温降到一定程度时，奶牛产乳量也会受到影响。一般来说，气温低于5℃时产乳量会下降。

4. 对产蛋的影响

（1）高温的影响。高温环境会造成禽产蛋率下降，蛋形变小、蛋重变轻、蛋壳变薄。这是因温度升高时，采食量下降所致。温度为20～30℃时，每升高1℃，采食量下降1%～1.5%；温度为32～38℃，每升高1℃，采食量下降5%。

（2）低温的影响。低温环境中禽的产蛋率下降，而蛋形及蛋壳厚度与强度可基本保持不变。相对而言，鸡比较耐寒。产蛋鸡的适宜温度一般为13～25℃，最佳温度是18～23℃。低于7℃或高于27℃对产蛋率有不良影响。

5. 对畜禽产品质量的影响　气温对畜禽产品的品质也有一定的影响。气温升高，乳脂率下降，乳中非脂固形物及酪蛋白含量降低。气温降低，乳蛋白和乳糖减少，乳脂率则可因乳液体部分分泌减少而有所增加。6～8月份平均乳脂率为3.0%左右，11～12月份平均3.5%左右。高温时蛋壳表面出现斑点，颜色异常，蛋壳变薄易碎，商品价值低。

（六）气温对畜禽健康的影响

气温过低或过高会造成机体冷或热应激，均可使畜禽对某些疾病的抵抗力减弱，一般的非病原微生物即可引起畜禽发病。

1. 直接引起机体发病

（1）引起热射病。在高温环境中，机体散热困难，体内蓄热，体温升高，造成一系列生理改变，氧化加强，动物出现昏迷，甚至死亡。

（2）导致热痉挛。高温时机体排汗增加，NaCl大量丢失，如果不能得到补充，细胞外液渗透压下降，造成细胞水肿，兴奋性增高，动物出现肌肉痉挛。

（3）引起冻伤。寒冷的冬季，可造成动物机体局部冻伤、坏死（如家畜在冬季冻掉耳朵和尾巴）。低温使仔畜、幼禽的成活率下降。如果外界温度过低，动物就会冻死。

（4）诱发感冒性疾病。气温大幅度下降，是感冒性疾病发生的主要原因。如支气管炎、肺炎、关节炎、风湿症等。寒冷刺激常使幼龄动物大批发生肺炎，并诱发鼻炎、肾炎等。

2. 间接引起畜禽发病

（1）动物采食了冰冻的块茎、块根、青贮等多汁饲料，或饮用了温度过低的水，易患胃肠炎、鼓胀、下痢等疾病，甚至流产。

（2）气温过低，饲料供应不足，或气温过高采食量下降，都可使畜禽抵抗力下降，从而继发其他疾病。

（3）气温过高或过低，又是猪丹毒、羔羊痢疾、牛口蹄疫等疾患的病因或诱因。

总之，在现代畜禽生产中，合理的舍温调控是保证畜禽健康，有效利用饲料，最大限度获得畜产品的重要措施之一。目前生产中温度调控主要包括防暑降温、防寒采暖两方面。

二、畜禽舍防暑与降温

从生理角度讲，畜禽一般比较耐寒而怕热，高温对畜禽健康和生产力的影响比低温大。在高温季节畜禽生产性能显著下降，给畜禽生产带来了重大的损失。因此，必须采取防暑与降温措施。在炎热地区造成舍内过热的原因是：过高的大气温度、强烈的太阳辐射以及畜禽在舍内放散的体热。夏季防暑降温措施主要是减少通过畜禽舍外围护结构传入舍内的热量和进入舍内的直射光线，并通过加大通风量排除畜禽散发的体热。

（一）加强畜禽舍外围护结构的隔热设计

加强畜禽舍外围护结构的隔热设计可以防止或削弱高温与太阳辐射对舍温的影响。

1. 屋顶隔热设计　在夏季，强烈的太阳辐射和高温，可使屋顶的温度达到60～70℃，甚至更高。因此，屋顶隔热性能的好坏，对畜禽舍内温度影响很大。屋顶隔热的设计可采取以下措施：

（1）选择隔热性能好的材料。应选择导热系数较小的、热阻较大的建筑材料建造屋顶以加强隔热。

（2）确定合理构造。单一材料往往不能保证最有效的隔热，必须合理利用几种材料确定多层结构屋顶，以形成较大热阻，达到良好隔热效果。其原则是：屋面的最下层铺设导热系数较小的材料，中间层为蓄热系数较大材料，最上层是导热系数大的建筑材料。这样的多层结构的优点是，当屋面受太阳照射变热后，热传到蓄热系数大的材料层而蓄积起来，而下层由于传热系数较小、热阻较大，使热传导受到阻抑，缓和了热量向畜禽舍内的放散。当夜晚来临，被蓄积的热又通过上层导热性较大的材料层迅速散失，从而避免舍内升温而过热。这种结构设计只适用于冬暖、夏热的地区；对冬冷、夏热的地区，应将屋面上层的传热性较大的建筑材料，换成导热性较小的建筑材料。根据当地气候特点，屋顶除了具有良好的隔热结构外，还必须有足够的厚度。

（3）采用通风屋顶。在屋顶面层和基层之间设置可以流动的间层，面层接受太阳辐射热使间层空气升温、相对密度变小，由间层的排风口排出，并将传入的热量带走，同时相对密度较大的外界冷空气由进风口不断流入间层，如此不断流动，可大大减少通过基层传入舍内的热量；当舍外气温低于舍内时，舍内热量通过基层外表面向间层散热，被间层空气带走，使舍内温度很快降低。

为了保证通风间层隔热良好，要求间层内壁必须光滑，以减少空气阻力，同时进风口尽量与夏季主风方向一致，排风口应设在高处，坡屋顶可设在层脊处，以充分利用风压与热压的作用。间层的风道应尽量短直，以保证自然通风畅通；同时间层应具有适宜的高度，如坡屋顶间层高度为12～20cm；平屋顶间层高度为20cm；对于夏热冬冷和寒冷地区，不宜采用通风屋顶，因为冬季舍内温度大大高于舍外温度，通风间层的下层吸收热量加剧间层空气形成气流，从而加速舍内热量的散失，会导致舍内过冷（图1-6）。

（4）设置屋顶通风口。在夏热、冬暖地区，或饲养奶牛等耐寒不耐热家畜的畜舍，可以选择钟楼式或半钟楼式屋顶，或屋脊处设置通畅的通风缝隙，以这些措施来提高排风口的位置，加强自然通风。若辅以地窗，则通风效果更好（图1-7）。

（5）增强屋顶反射。屋顶表面的颜色深浅和光滑程度，决定对太阳辐射热的吸收与反射能力。色浅且光滑的屋顶对辐射热吸收少而反射多；反之则吸收多而反射少。由此可见，采用色浅、光滑屋顶，可有效地减少太阳辐射热向畜禽舍内的传递。

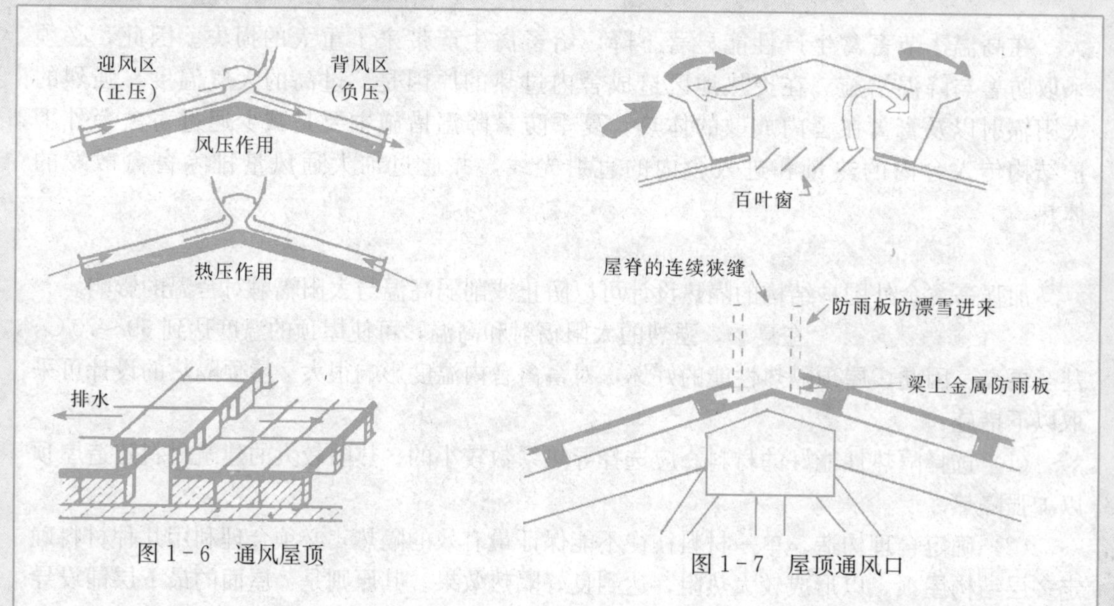

图 1-6 通风屋顶

图 1-7 屋顶通风口

2. 墙壁隔热设计 炎热地区一般采用开放舍或半开放舍，墙壁的隔热已失去意义。但在夏热、冬冷地区，必须兼顾冬季保温，做到既有利于保温，又有利于夏季防暑。如现行的组装式畜禽舍，冬季组装成保温封闭舍，夏季可拆卸成半开放舍，冬、夏两用，比较适用。炎热地区封闭舍的墙壁隔热，应按其屋顶的隔热设计来进行处理，特别是受太阳强烈照射的西墙。外墙面采用白色或浅色，增加其反射太阳辐射的作用，可以减少太阳辐射热向舍内传递。

（二）加强畜禽舍通风设计

通风是畜禽舍夏季降温的重要手段之一，若舍外温度低于舍内温度，通风可驱散舍内热能，从而不至于导致舍温过高。因此，在畜禽舍建筑中应设置地窗、天窗、通风屋脊、屋顶风管等，这些都是加强畜禽舍通风的有效措施。舍外有风时，设置的地窗加大了通风面积，并形成“扫地风”、“穿堂风”。无风天气，舍内通风量取决于进排风口的面积、进排风口之间的垂直距离和舍内外温差。因此，设天窗、通风屋脊或屋顶风管作为排气口，窗和地窗作为进气口，这可以加大进、排风口之间的垂直距离，从而增加了通风量。在冬冷夏热地区，宜采用屋顶风管，管内设翻板调节阀，以便冬季控制风量或关闭风管。地窗应做成保温窗，冬季关严以利防寒。应当指出，夏季炎热地区，舍内外温差很小，中午前后，舍外气温甚至高于舍内，此时，加强通风的主要目的不在于降低舍温，而在于促进畜禽体蒸发散热和对流散热。

（三）遮阳与绿化

1. 遮阳 遮阳是指一切可以阻挡太阳光线直接进入舍内的措施，畜禽舍遮阳常采用的方法有：

（1）挡板遮阳。指能够遮挡正面射到窗口处阳光的一种方法。适用于对东、西向或接近东、西向的窗口遮阳。

（2）水平遮阳。指能够阻挡从窗口上方射来的阳光的方法。适用于南向及接近南向的窗口。

（3）综合式遮阳。指能够同时遮挡窗口上方（水平挡板）和左、右两侧（垂直挡板）射来的阳光的方法。这种方式可适用于南向、东南向、西南向以及接近此朝向的窗口。

（4）设凉棚。在运动场设置凉棚一般可使畜禽得到的辐射热负荷减少30%～50%。凉棚以长轴东西向配置最有利于遮阳。凉棚的高度视畜禽的种类和当地气候条件而定，猪2.5m左右，牛约3.5m；若跨度不大，棚顶宜呈单坡、南低北高，顶部刷白色、底部刷黑色，较为合理。

（5）在畜禽舍周围种植树干高、树冠大的落叶乔木以及在畜禽舍外墙周围种植攀附植物，可吸收大量太阳辐射热，降低舍内温度。此外，加宽畜禽舍挑檐、挂竹帘等都是简便易行、经济实用的遮阳方法。

可见，在炎热地区采取遮阳是畜禽舍防暑的有效措施。但是，遮阳往往与采光通风矛盾，应全面考虑。

2. 绿化　绿化是指栽树、种植牧草和饲料作物以覆盖裸露地面，吸收太阳辐射，降低畜禽场空气环境温度。绿化降温的作用有三方面：

（1）通过植物的蒸腾作用和光合作用，吸收太阳辐射热以降低气温。树林的树叶面积是树林种植面积的75倍；草地上草叶面积是草地面积的25～35倍。这些比绿化面积大几十倍的叶面积通过蒸腾作用和光合作用，大量吸收太阳辐射热，从而可显著降低空气温度。

（2）通过遮阳以降低辐射热。草地上的草可遮挡80%的太阳光，茂盛的树木能挡住50%～90%的太阳辐射热。因此，裸地的辐射热比绿化了的地面高4～15倍，绿化可使建筑物和地表面温度显著降低。

（3）通过植物根部所保持的水分，可从地面吸收大量热能而降低空气温度。

由于绿化的这些作用，可使畜禽舍周围的空气“冷却”，降低地表温度，从而减少辐射到畜禽舍外墙、屋面和门、窗的热量，并通过树木遮阳使透入舍内的阳光减少，降低了畜禽舍温度。

（四）加强防暑饲养管理

1. 降低饲养密度　在高温环境中，降低畜禽的饲养密度，有利于机体散热和降低环境温度。

2. 增大通风量　在夏季中午前后畜禽舍内温度有时高于舍外温度，畜禽体表面温度高于空气温度时，加大通风量，可以促进畜禽机体的对流散热，同时还可促进机体的蒸发散热。

3. 充足饮水　饮水不足，会使动物的耐热性能下降。水的比热容很大，畜禽饮冷水可吸收畜禽体内产生的大量热，大大减轻畜禽的散热负担。同时可降低中枢神经系统对动物食欲的抑制作用，增加畜禽的采食量，对提高生产性能有一定作用。

4. 改变饲喂时间　在清晨和傍晚凉爽时间饲喂畜禽，可提高畜禽的采食量，同时可避免食后增热出现在环境温度最高的时间段，这有助于提高畜禽生产性能。也可采用夜间饲喂，其效果更为明显。

5. 提高日粮能量水平和蛋白质质量浓度　在高温环境中，畜禽采食量下降，为了保证畜禽在高温采食量下降的情况下摄入足够的能量和蛋白质，应在日粮中添加动物脂肪和植物油等高能量物质，增加日粮中蛋白质质量浓度，减少日粮的粗纤维含量。同时饲喂蛋白质平衡日粮，可减少不能被畜禽利用的蛋白质在体内降解及其氨基酸在脱氨过程中的产热。研究表明，高温季节按理想蛋白质体系配制日粮，可提高畜禽的生产性能。

6. 减少畜禽活动量　夏季应尽量减少畜禽不必要的运动，即便是种畜也应减少驱赶运动时间。在饲料中加入适量的中枢神经镇静剂（氯丙嗪等）有减少畜禽活动量的作用。

7. 添加必要的矿物质　在高温环境中，大量的出汗和尿液的浓缩，使动物血液中钾、钠、氯、钙等离子浓度减小。动物因呼吸频率增加而使血液的 CO_2 和 HCO_3^- 减少。因此，在高温环境中，给畜禽日粮中添加氯化钾、氯化铵、碳酸氢钠，有利于维持畜禽体内环境的稳定和生产性能的提高。

8. 添加维生素　在高温环境中，畜禽采食量减少，但对维生素的需求量却增加。另外，高温环境使畜禽饲料中的维生素遭到破坏，因此，在畜禽日粮中添加维生素 C、维生素 E、维生素 B_6、维生素 B_{12}，有利于提高机体的调节机能，减少高温对畜禽的不良影响。

（五）畜禽舍降温技术

在炎热条件下，通过外围护结构隔热、通风、遮阳及绿化等措施不能满足畜禽的要求时，可采取必要的防暑设备与设施进行降温，从而避免或缓和因热应激对畜禽健康和生产力造成较大影响。除采用机械通风设备，增加通风量、促进对流散热外，还可采用加大水分蒸发或直接的制冷设备降低畜禽舍空气温度或畜禽体温度。

1. 蒸发降温　这种方法是将冷却水喷洒于空气和物体（包括畜体）表面，当水从液态转化为气态时吸收畜禽体或空气中的大量热量而降低畜禽体表面或环境温度。主要有喷淋、喷雾和蒸发垫（湿帘）等设备。蒸发降温的效果受空气湿度制约，因此，蒸发降温必须和通风结合。

（1）喷雾降温。喷雾降温是用高压水泵通过喷头将水喷成直径小于 100μm 的雾粒。雾粒在畜禽舍内漂浮时因吸收空气的热量而汽化，使舍温降低（图 1-8）。当舍温上升到所设定的最高温度时，开始喷雾，喷 1.5～2.5min，然后间歇 10～20min 再继续喷雾。当舍温下降至设定的最低温度时则停止喷雾。常用的喷雾降温系统主要由水箱、水泵、过滤器、喷头、管路及自动控制装置组成。喷头采用旋芯式喷头，其主要参数是：喷雾量 60～100g/min；喷雾锥角大于 70°；雾粒直径小于 100μm；喷雾压力 265Pa。喷雾降温系统有以下优点：

图 1-8　猪舍喷雾降温

①投资低。在美国，其成本仅为湿垫风机降温系统的一半左右。

②适应范围广。不仅适用于密闭式畜禽舍，也适用于开放式畜禽舍。既适合于机械负压通风，也适合于自然通风。

③在水箱中添加消毒药物后，还可对畜禽舍进行消毒。

（2）喷淋降温。在猪舍、牛舍粪沟或畜床上方，设喷头或钻孔水管，定时或不定时为家畜淋浴。系统中，喷头的喷淋直径约3m。水温低时，喷水可直接从畜体及舍内空气中吸收热量，同时，水分蒸发可加强畜体蒸发散热，并吸收空气中的热量，从而达到降温的目的。与喷雾系统不同，喷淋降温系统不需要较高的压力，可直接将降温喷头安装在自来水系统中，因此，成本较低。该系统在密闭式或开放式畜禽舍中均可使用。系统管中的水在水压的作用下通过降温喷头的一个很细的喷孔喷向反水板，然后溅射成小水滴向四周喷洒。淋在猪、牛表皮上的水一般经过1h左右才能全部蒸发掉，因此系统运行应间歇进行，建议每隔45～60min喷淋2min，采用时间继电器控制。使用喷淋降温系统时，应注意避免在畜体的躺卧区和采食区喷淋，以保持这些区域的干燥；系统运行时不应造成地面积水或汇流。实际生产中，使用喷淋降温系统一般都与机械通风相结合，从而可获得更好的降温效果。

(3) 湿垫风机降温。湿垫（帘）风机降温系统一般由纸质波纹多孔湿帘、湿垫冷风机、水循环系统及控制装置组成（图1-9）。湿帘可以用麻布、刨花或专用蜂窝状纸等吸水、透风材料制作。

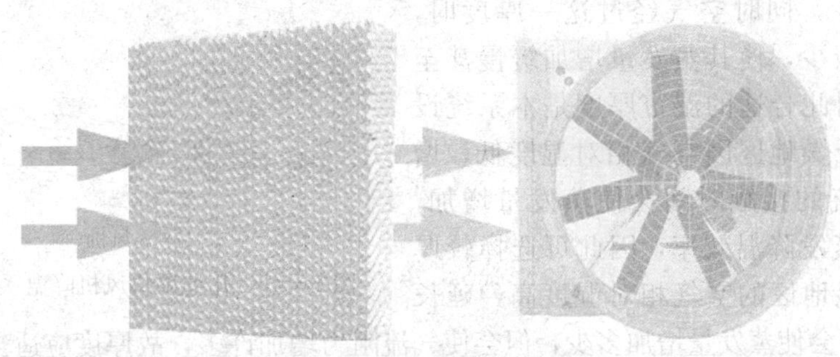

图1-9　湿垫风机

①工作原理。水泵将水箱中的水经过上水管送至喷水管中，喷水管的喷水孔把水喷向反水板（喷水孔要面向上），从反水板上流下的水再经过特制的疏水湿帘确保水均匀地淋湿整个降温湿帘墙，从而保证与空气接触的湿帘表面完全湿透。剩余的水经集水槽和回水管又流回到水箱中。安装在畜禽舍另一端的轴流风机向外排风，使舍内形成负压区，舍外空气穿过湿帘被吸入舍内。热空气通过湿润的湿帘表面，导致水分蒸发，从而使舍内温度降低、湿度增大（图1-10）。湿帘风机降温系统在鸡舍中的试验表明，可使舍温降低5～8℃；在舍外气温高达35℃时，舍内平均温度不超过30℃。

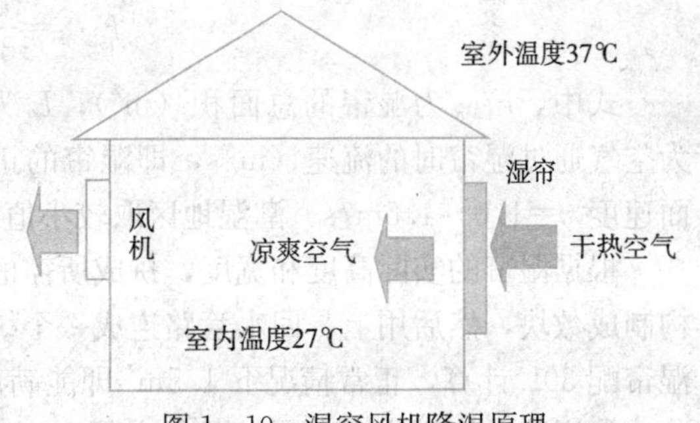

图1-10　湿帘风机降温原理

湿帘风机降温系统的控制一般由恒温器控制装置来完成。当舍温高于设定温度范围的上限时，控制装置启动水泵向湿帘供水，随后启动风机排风，湿帘风机降温系统处于工作状态。当舍温降低至低于设定温度范围的下限时，控制装置首先关闭水泵，再经过一段时间的延时（通常为30min），将风机关闭，整个系统停止工作。延时关闭风机的目的是使湿帘完全晾干，以利于控制藻类等的滋生。

根据畜禽舍负压机械通风方式的不同，湿帘、风机的位置有着不同的布置方式（图1-11）。湿帘应安装在迎着夏季主导风向的墙面上，以增加气流速度，提高蒸发降温效果。在布置湿帘时，应尽量减少通风死角，确保舍内通风均匀、温度一致。

②湿帘风机降温系统设计。在湿帘风机降温系统中，风机的计算可参照“本项目任务四　畜禽舍气流调控”部分进行，湿帘设计则需要确定其面积和厚度。厚度的确定：增大湿帘厚度，使气流经过湿帘时与其接触时间加长，有利于提高蒸发降温效率。但过厚的湿帘使气流所受阻力增大，进而使空气流量相对减少，同时空气经过这一厚度时，蒸汽压力差减少，使其蒸发量增加缓慢甚至不能增加。因此合适的湿帘厚度是本系统设计的关键。干燥地区因空气相对湿度低，增加湿帘与气流的接触时间会使蒸发量增加，有利于提高蒸发降温效率，因此可选择较厚的湿帘。潮湿地区的空气相对湿度高，延长接触时间也不会使蒸发量增加多少，但会使气流阻力增加许多，故厚度应适当减小。进行系统设计时，可参照供货商所提供的规格进行，一般情况下，湿帘厚度以100～300mm为宜。湿帘面积的计算：

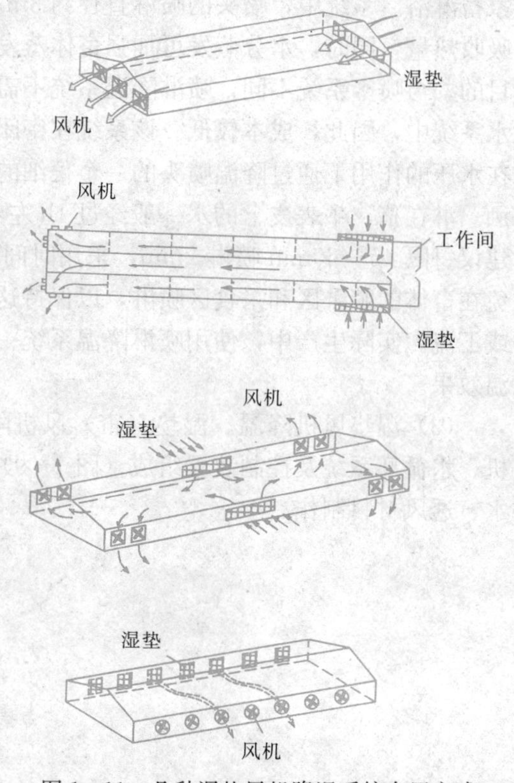

图1-11　几种湿垫风机降温系统布置方式

湿帘的总面积根据式1-1计算：

$$F_{湿帘}=\frac{L}{3\ 600\cdot v} \tag{1-1}$$

式中，$F_{湿帘}$为湿帘的总面积（m^2）；L为畜禽舍夏季所需的最大通风量（m^3/h）；v为空气通过湿帘时的流速（m/s，即湿帘的正面速度或称为迎风速度），一般取湿帘的正面速度$v=1.0$～$1.5m/s$。潮湿地区取较小值，干燥地区取较大值。

根据湿帘的实际高度和宽度，拼成所需的面积。每侧湿帘可拼成一块，或根据墙的结构制成数块，然后用上、回水管路连成一个统一的系统。与系统配套的水箱容积按每1m^2湿帘配30L计算，正常情况下1.5m^3即能满足要求。

③安装、使用注意事项。湿帘底部要有支撑，其面积不少于底部面积的50%，底部不得浸渍于集水槽中；若安装的位置能被畜禽触及，则必须用粗铁丝网加以隔离；应使用pH为6～9的水；应当使用井水或自来水，不可使用未经处理的地面水，以防止藻类的滋生；至少每周彻底清洗一下整个供水系统；在不使用时要将湿帘晾干（停水后30min再停风机即可晾干湿帘）；当舍外空气相对湿度大于85%时，停止使用湿帘降温；不可用高压水或蒸汽冲洗湿帘，应该用软毛刷上下轻刷，不要横刷。

（4）滴水降温。滴水降温是一种直接降温的方法，即将滴水器水滴直接滴到家畜的肩颈部，达到降温的目的。滴水降温系统的组成与喷淋降温系统相似，只是将降温喷头换成滴水器（图1－12）。通常，滴水器安装在家畜肩颈部上方300mm处。目前，该系统主要应用于分娩猪舍中。由于刚出生的仔猪不能淋水和仔猪保温箱需要防潮，采用喷淋降温不太适宜。且母猪多采用定位饲养，其活动受到限制，因此可利用滴水为其降温。由于猪颈部对温度较为敏感，在肩颈部实施滴水，猪会感到特别凉爽。此外，水滴在猪背部体表时，有利于机体蒸发散热，且不影响仔猪的生长及仔猪保温箱的使用。滴水降温可使母猪在哺乳期间的体重下降少，仔猪断乳体重明显增加。此外，此系统也适合于在定位饲养的妊娠母猪舍中使用。

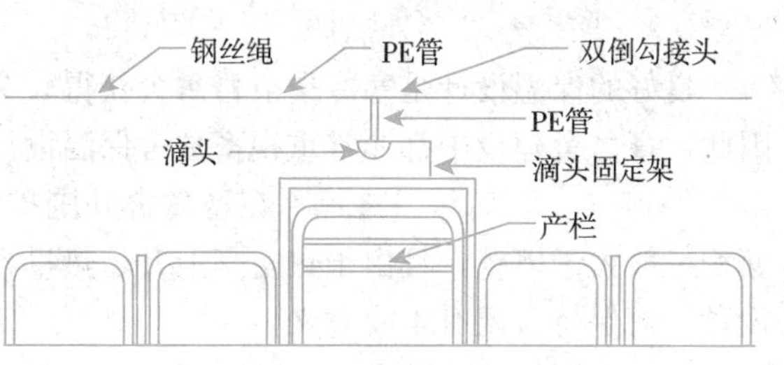

图1－12　滴水降温系统

滴水降温也应采用间歇进行方式。滴水时间可根据滴水器的流量调节，使猪颈部和肩部都湿润又不使水滴到地上为宜。比较适宜的时间间歇为45～60min。

2. 冷风设备降温　冷风机是一种喷雾和冷风相结合的新型设备，国内外均有生产。冷风机技术参数各厂家不同，一般喷雾雾滴直径可在30μm以下，喷雾量可达0.15～0.20m³/h；通风量为6 000～9 000m³/h，舍内风速可达1.0m/s以上；降温范围长度为15～18m，宽度8～12m。这种设备降温效果比较好。

3. 地板局部降温　在夏季，利用低温地下水（15～20℃）通过埋在躺卧区的管道，对躺卧区进行局部降温，使家畜获得一个相对舒适的躺卧环境。这种系统不仅可用于密闭式畜舍，也可用于开放舍。据报道，利用地下水进行地板局部降温，在外界温度34℃时，仍能使开放式猪舍地面的躺卧区温度维持在22～26℃，具有良好的降温效果。

4. 机械制冷　即空调降温，机械制冷是根据物质状态变化（从液态到气态或从气态到液态）过程中吸热、放热原理设计而成。储存于高压密封循环管中的液态制冷剂（常用氮或氟利昂），在冷却室中汽化，吸收大量热量，然后在制冷室外又被压缩为液态而释放出热量，实现了热能转移降温。由于此项降温方式不会导致空气中水分的增减，故和二氧化碳干冰直接降温统称为“干式冷却”。每千克水蒸气凝结成水时放出约2 260kJ热；每千克气态氮被压缩成液态氮时，放出1 225kJ热。反之，当这些物质由液态恢复到气态时，则吸收等量的热，而使空气降温。机械制冷效果好，但成本很高，因此，目前仅在少数种畜禽舍、种蛋库、畜产品冷库中应用。

三、畜禽舍防寒与采暖

畜禽舍温度高低取决于舍内热量的来源与散失，在无采暖设备的前提下，冬季畜禽舍内热量的主要来源是畜禽散发的体热和日光照射。热的散失途径很多，其大小取决于畜禽舍的外围护结构、材料、通风和管理情况等。因此，冬季畜禽舍防寒保温的主要措施是最大限度地增加库存畜禽体散热和获得较多的日光热，并尽量减少热的散失。这就要求提高屋顶和墙壁的保温性能，控制门窗的开启，合理设计采光和通风系统，适当增加饲养密度以及加强防寒管理等，幼畜禽舍应有采暖措施。

（一）加强畜禽舍外围护结构保温设计

良好的保温设计是寒冷季节畜禽舍获得较为适宜环境温度的最有效和最节能的措施。因此，畜禽舍建设中都非常重视畜禽舍保温设计。

1. 加强屋顶的保温设计　在畜禽舍外围护结构中，屋顶失热最多。这是因为其散热面积一般大于墙壁，且由于热空气上升，热量容易通过屋顶散失。为此，加强屋顶的保温设计，对保持舍温有重要意义。

（1）选用导热系数小的材料。现在一些新型保温材料已经应用在畜禽舍建筑上，如中间夹聚苯板的双层彩钢复合板、透明的阳光板、钢板内喷聚乙烯发泡等，可结合当地的材料采用。

（2）合理设置天棚。屋顶吊装天棚是重要的防寒保温措施。选择导热性小的天棚材料如胶合板、矿棉吸音板等，并在天棚上铺设足够厚度的炉灰、锯末、玻璃棉、膨胀珍珠岩、矿棉、泡沫等材料，以提高屋顶热阻值。目前，一些轻型高效的合成隔热材料如玻璃棉、聚苯乙烯泡沫塑料、聚氨酯板等，已在畜禽舍天棚中得以应用，使得屋顶保温能力进一步提高，为解决寒冷地区冬季保温问题提供了可能。

（3）修建多层畜禽舍。多层畜禽舍除顶层屋顶与首层地面之外，其余屋顶和地面不与外界接触，冬季基本上无热量散失，既有利于畜禽舍环境的控制，又有利于节约建筑材料和土地。故在寒冷地区修建多层畜禽舍，是解决保温和节省燃料的一种办法，我国一些地方实行二层舍养猪、养鸡，效果很好。但多层畜禽舍投资大，转群及饲料、粪污和产品的运进、运出均需靠升降设备。

（4）减少屋顶面积。屋顶面积越大，失热越多，特别是北坡。因此，应尽可能减少屋顶面积。

2. 加强墙壁保温设计　墙壁的失热仅次于屋顶，为提高畜禽舍墙壁的保温能力，可采取下列措施：

（1）选择导热系数小的材料，如采用空心砖（39mm×19mm×19mm）替代普通红砖，可使墙的热阻值提高41%；用加气混凝土块，则可提高6倍以上。目前，国外广泛采用的典型保温墙总厚度不到12cm，但总热阻可达3.81。其外侧为波形铝板，内侧为防水胶合板（10mm）；在防水胶合板的里面贴一层0.1mm的聚乙烯防水层，铝板与胶合板间充以100mm玻璃棉。该墙体具有导热系数小、不透气、保温性能好等特点，经过防水处理，克服了吸水和透气的缺陷。外界气温对舍内温度影响较小，有利于保持舍温的相对稳定，其隔热层不易受潮，温度变化平缓，一般不会形成水汽凝结。国内近年来也研制了一些新型经济的保温材料，如全塑复合板、夹层保温复合板等，除了具有较好的保温隔热特性外，还有一定的防腐防燃防潮防虫功能，比较适合于周围非承重结构墙体材料。此外，由聚苯板及无纺布作基本材料经防水强化处理的复合聚苯板，其导热系数为0.033～0.037，可用于组装式拱形屋面和侧墙材料。

（2）确定合理的保温结构。利用空心墙体或在空心墙中充填导热性小的材料，墙的热阻值会进一步提高。采用外粘贴聚苯板、内砌砖的复合墙体保温性能最好，适用于北墙。

（3）提高施工质量。透气、变潮都可导致墙体对流和传导失热增加，降低保温隔热效果。在建筑施工中应保证结构严密，防止冷风渗透，最好墙壁内外都抹面。

（4）减少外墙壁的散热面积。通过降低畜禽舍净高度（吊顶到地面）和加大跨度来实现。寒冷地区畜禽舍净高一般为2.7～3.0m。有吊顶的笼养鸡舍，笼顶至吊顶的垂直距离宜保持1.0～1.3m，以利于通风排污。畜禽舍的跨度与外墙面积有关，相同面积和高度的畜禽舍，跨度大者其外墙总长度小。例如面积均为600m^2、墙高均为2.7m的两栋畜禽舍，6m跨度、100m长的一栋，外墙总长度为212m，外墙总面积为572.4m^2；10m跨度、60m长的一栋，外墙总长度和总面积分别为140m和378m^2，都分别为前者的66%。但加大跨度不利于通风和光照，特别是采用自然通风和光照的畜禽舍，跨度一般不宜超过8m；否则，夏季通风效果差，冬季北侧光照少、阴冷。

3. 加强门窗保温设计　门窗的热阻值远比墙壁小。同时，门窗缝隙还会造成冬季的冷风渗透，外门开启失热也很大。因此，在寒冷地区，门窗的设置应在满足生产需要、通风和采光的条件下，尽量少设。北侧和西侧冬季迎风，应尽量不设门，必须设门时应加门斗，以防冷空气直接侵入，并可缓和舍内热能的外流。门斗的深度应不小于2m，宽度应比门大1.0～1.2m。

北侧窗面积应酌情减少，一般可按南窗面积的1/4～1/2设置。畜禽舍的窗应采用双层窗或单框双层玻璃窗。

4. 加强地面保温设计　畜禽舍地面的保温、隔热性能直接影响地面平养畜禽的体热调节，特别是猪舍；也关系到舍内热量的散失，因此畜禽舍地面保温很重要。为了提高地面的保温性能，可在地面中铺设导热系数小于1.16W/（m·K）的保温层。亦可在畜禽舍的畜床上加设木板或塑料等材料，以减缓地面散热。同时还要做好防水和排水设计，各种地面最好有防水层，并有一定坡度，利于排水，因为潮湿的水泥地面热量的损失是干燥地面的2倍。

（二）选择适宜于防寒的畜禽舍形式和朝向

1. 畜禽舍形式的选择　确定畜禽舍形式时应考虑当地冬季严寒程度和饲养畜禽的种类及饲养阶段。比如，寒冷地区应选择有窗或无窗密闭式畜禽舍；冬冷、夏热地区可选择开放式或半开放式畜禽舍，在冬季，可搭建塑料薄膜保温。

2. 畜禽舍朝向的选择　畜禽舍朝向，与冬季冷风侵袭有关。由于冬季主导风向对畜禽舍迎风面所造成的压力，使墙体细孔不断由外向内渗透寒气，失热量增加，致使畜禽舍温度下降。在设计畜禽舍朝向时，应根据本地风向频率，结合防寒、防暑要求，确定适宜朝向。宜选择畜禽舍纵墙与冬季主风向平行或形成0～45°角的朝向，这样冷风渗透量减少，有利于保温。在寒冷的北方，由于冬春季风多偏西、偏北，故在实践中，畜禽舍以南向为好。

（三）加强防寒饲养管理

对畜禽的饲养管理及对畜禽舍本身的维修保养与越冬准备，直接或间接地对畜禽舍的防寒保温起到不容忽视的作用。

1. 调整饲养密度　在不影响饲养管理及舍内卫生状况的前提下，适当加大舍内畜禽的饲养密度，等于增加热源，可提高舍温，所以这是一项行之有效的辅助性防寒措施。

2. 铺垫草　垫草可保温吸湿，铺垫草不仅可改进冷硬地面的使用价值，而且可在畜体周围形成温暖的小气候状况，是寒冷地区常用的一种简便易行的防寒措施。此外，铺垫草也是一项防潮措施。

3. 控制湿度，保持干燥　水的导热系数为空气的25倍，潮湿空气、地面、墙壁、天棚等导热系数一般会比干燥状态下的增大若干倍，从而降低畜禽舍外围护保温性能，同时由于空气潮湿不得不加大通风换气，使舍温进一步下降。因此在寒冷地区应加强防潮设计。

4. 加强畜禽舍入冬前的维修与保养　封门、封窗、设挡风障、粉刷和抹墙等，堵塞一切缝隙，防止冷风渗透。这些措施对于提高畜禽舍防寒保温性能都有重要的作用。实践证明，在冬季，舍内气流由0.1m/s增大到0.8m/s，相当于舍温降低6℃。

5. 科学配制日粮　提供营养平衡、数量充足的日粮，满足畜禽御寒和生产的需要。在低温环境中，增加碳水化合物质量浓度、提高日粮能量水平，是保障畜禽正常生产的重要措施。在日粮中添加维生素C，可促进肾上腺素和去甲肾上腺素合成，提高畜禽抗寒力；添加胆碱、色氨酸和酪氨酸，可增强神经内分泌机能，提高畜禽的抗寒力。

6. 加热饮水和饲料，杜绝喂冰冻料及饮冰冻水　可减少能量消耗，提高低温环境中畜禽的抗寒能力。

（四）畜禽舍采暖

对于成年畜禽舍，如果能采取上述措施，完全可达到生产所要求的温度，但对幼畜舍、雏禽舍由于要求的温度较高，须采取供暖措施。畜禽舍供暖方式分集中供暖和局部供暖。

1. 集中采暖　集中采暖是通过一个热源（如锅炉房）将热水、蒸汽或预热后的空气，通过管道输送到畜禽舍的散热器（暖气片等），对整个畜禽舍进行全面供暖，使舍温达到适宜的程度。目前，集中采暖主要有以下几种：

（1）热水散热器采暖。热水散热器主要由热水锅炉、管道和散热器三部分组成。我国采暖工程中常用的散热器一般为铸铁或钢，按其形状可分为管形、翼形、柱形和平板形四种。其中铸铁柱形散热器传热系数较大，不易集灰，比较适合于畜禽舍使用。散热器布置时应尽可能使舍内温度分布均匀，同时应考虑到缩短管路长度。散热器可分成多组，每组片数一般不超过10片。柱形散热器因只有靠边两片的外侧能把热量有效地辐射出去，应尽量减少每组片数，以增加散热器的有效散热面积。散热器一般布置在窗下或喂饲通道上。

（2）热水管地面采暖。热水管地面采暖在国外养猪场中已得到普遍应用。即将热水管埋设在畜舍地面的混凝土内或其下面的土层中，热水管下面铺设防潮隔热层以阻止热量向下传递。热水通过管道将地面加热，为畜禽生活区域提供适宜的温度环境。采暖热水可由统一的热水锅炉供应，也可在每个需要采暖的舍内安装一台电热水加热器。水温由恒温控制器控制，温度调节范围为45～80℃。与其他采暖系统相比，热水管地面采暖有如下优点：①节省能源。它只是将猪活动的地面及其附近区域加热到适宜的温度，而不是加热整个猪舍空间；②保持地面干燥，减少痢疾等疾病发生；③供热均匀；④利用地面的高贮热能力，使温度保持较长的时间。

但应注意，热水管地面采暖的一次性投资比其他采暖设备投资大2～4倍；一旦地面裂缝，极易破坏采暖系统而且不易修复；同时地面加热达到设定温度所需的时间较长，对突然的温度变化调节能力差。

（3）热风采暖。热风采暖是利用热源将空气加热到要求的温度，然后将加热的空气通过管道送入畜禽舍内。热风采暖设备投资低，可与冬季通风相结合。在为畜禽舍提供热量的同时，也提供了新鲜空气，降低了能源消耗；热风进入畜禽舍可以显著降低畜禽舍空气的相对湿度，同时有害气体减少；便于实现自动控制。热风采暖系统的最大缺陷就是不宜远距离输送，这是因为空气的贮热能力很低，远距离输送会使温度递降很快。热风采暖主要有热风炉式（图 1-13)、空气加热器式和暖风机式三种。

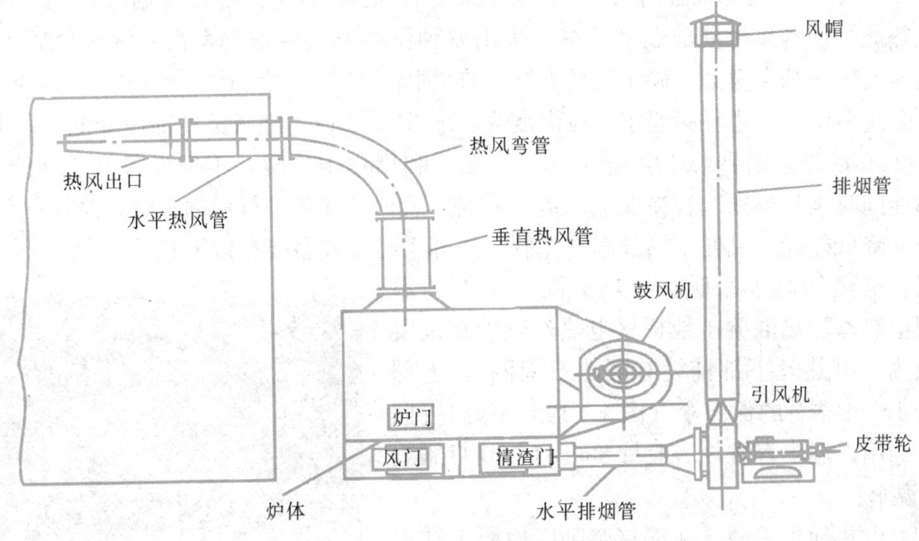

图 1-13　热风炉供暖系统（卧式）

热风炉供暖系统主要由热风炉、轴流式风机、有孔塑料管和调节风门等设备组成。它以空气为介质、煤为燃料，为空间提供无污染的洁净热空气，用于畜禽舍的加温；该设备结构简单、热效率高、送风快、成本低。

热风采暖时，送风管道直径及风速对采暖效果有很大影响。管径过大或管内风速过小，采暖成本增加；相反，管径过小或管内风速过大，会加大气体管内流动阻力，增加电机耗电量。当阻力大于风机所能提供的动压时，会导致热风热量达不到所规定的值。通常要求送风管内的风速为 2～10m/s。

热空气从侧向通过送风孔向舍内送风。这种方式可使畜禽活动区温度和气流比较均匀，且气流速度不致太大。送风孔直径一般取 20～50mm，孔距为 1.0～2.0m。为使舍内温度更加均匀，风管上的风孔应沿热风流动方向由疏而密布置。

采用热风炉采暖时，应注意：①每个畜禽舍最好独立使用一台热风炉；②排风口应设在畜禽舍下部；③对三角形屋架结构畜禽舍，应加吊顶；④对于双列及多列布置的畜禽舍，最好用两根送风管往中间对吹，以确保舍温更加均匀；⑤采用侧向送风，使热风吹出方向与地面平行，避免热风直接吹向畜体；⑥舍内送风管末端不能封闭。

（4）太阳能集热——贮热石床采暖。太阳能集热为太阳能采暖方式中的一种，它由太阳能接收室和风机组成。冷空气经进气口进入太阳能接收室后，被太阳能加热，由石床将热能贮存起来，夜间用风机将经过加热后的空气送入畜禽舍，使舍温升高。太阳能接收室一般建在畜禽舍南墙外侧，用双层塑料薄膜或双层玻璃作采光面，两层之间用方木骨架固定，使之形成静止空气层，以增加保温性能。太阳能接收室内设有由涂黑漆的铝板（或其他吸热材料）制成的集热器，内部为由带空隙的石子形成的贮热石床，石床下面及南侧用泡沫塑料和塑料薄膜制成防潮隔热层。白天，通过采光面进入到接收室的太阳能被集热器和石床接受并贮存；为减少集热器和石床的热损失，夜间和阴天可在采光面上铺盖保温被或草苫。太阳能采暖受气候条件影响较大，较难实现完全人工控制环境，因此，为确保畜禽舍供暖要求，太阳能采暖一般只作为其他采暖设备的辅助装置使用。

2. 局部采暖 局部采暖由火炉（包括火墙、地龙等）、电热器、保温伞、红外线等就地产生热能，使畜禽舍局部温度升高。采用哪种供暖方式应根据畜禽要求和供暖设备投资、运转费用等综合考虑，确定最佳方案。在我国，初生仔猪和雏鸡舍多采用局部供暖，在猪场分娩舍中，初生仔猪要求环境温度为32～34℃，以后随日龄增加而降低，1月龄时为20～25℃；母猪则要求环境温度15～20℃。利用集中采暖，不但设备投资、能耗大，而且不能同时满足要求。若在保证母猪所需温度后，对仔猪进行局部采暖，这样既节约设备投资和降低能耗，又便于局部温度控制。局部采暖方式主要有以下几种：

（1）电热保温伞采暖。电热保温伞下部为温床，用电热丝加热混凝土地板（电热丝预埋在混凝土地板内，电热丝下部铺设有隔热石棉网），上部为直径1.5m左右的保温伞（图1-14），伞内有照明灯。利用保温伞育雏，一般每800～1 000只雏鸡1个保温伞。

图1-14 电热保温伞

（2）电热地板采暖。在仔猪躺卧区地板下铺设电热缆线，每平方米供给电热300～400W；电缆线应铺设成嵌入混凝土内38mm，均匀隔开；电缆线不得相互交叉和接触，每4个栏设置一个恒温器。

（3）红外线灯保温伞采暖。红外线灯保温伞下部为铺设有隔热层的混凝土地板，上部为直径1.5m左右的锥形保温伞，保温伞内悬挂有红外线灯。保温伞表面光滑，可聚集并反射长波辐射热（图1-15），提高地面温度。在母猪分娩舍采用红外线灯照射仔猪效果较好，一般一窝一盏（125W），这样既可保证仔猪所需的较高温度，而又不影响母猪。保温区的温度与红外线灯悬挂的高度有着密切的关系，在灯泡功率一定条件下，红外线灯悬挂高度越高，地面温度越低。

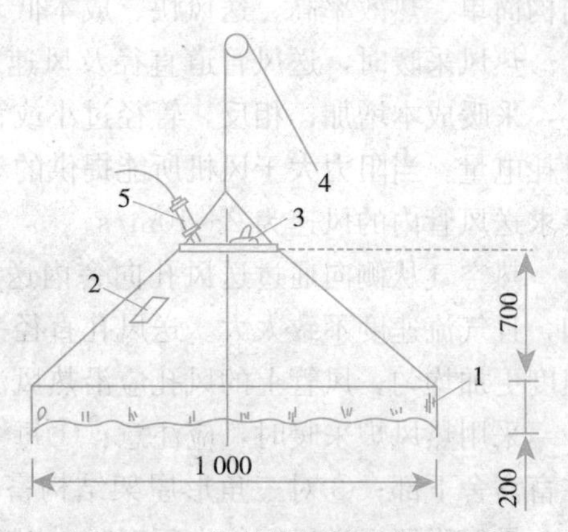

图1-15 红外线灯保温伞（mm）

1. 帘布 2. 观察窗 3. 开关 4. 吊绳 5. 感温仪

（4）电热育雏笼采暖。电热育雏笼由加热育雏笼、保温育雏笼、雏鸡活动笼三部分组成。每部分既可独立使用，也可根据房舍结构和需要组合使用。如舍温满足育雏温度要求时，只需选用雏鸡活动笼；温度较低时，可适当减少雏鸡活动笼组数，增加加热和保温育雏笼。电热育雏笼一般为四层，每层高度330mm，每笼面积为1 400mm×700mm，层与层之间是700mm×700mm的承粪盘，全笼高度1 720mm。通常每架笼采用1组加热笼、1组保温笼、4组活动笼的组合方式，外形总尺寸为高1 720mm、长度4 340mm、宽度

1 450mm，并配备有喂料槽 40 个、给水器 12 个、加湿槽 4 个。

四、畜禽舍温度测定

（一）玻璃液体温度计法（普通温度计法）

1. 构造原理 玻璃液体温度计由温度感应部和温度指示部组成，感应部为容纳温度计液体的薄壁玻璃球泡，指示部为一根与球泡相接的密封的玻璃细管，其上部充有足够压力的干燥惰性气体，玻璃细管上标以刻度，以管内的液体高度指示感应部温度。

液体温度计的工作取决于液体的膨胀系数。当感应部温度增加就引起内部液体膨胀，液柱上升，感应部内的液体体积的变化可在细管上映示为液柱高度变化。

常用的温度计液体为水银或酒精，故有水银温度计或酒精温度计之称。水银温度计灵敏度和准确度都较好。但由于水银的冰点高（－38.9℃），所以不适宜测定低温，通常制成最高温度计。酒精具有膨胀系数不够稳定、纯度差、易蒸发等缺点，但却具有冰点低（－117.3℃）的特点，所以用来测量低温比较好，可以准确测定至－80℃，通常制成最低温度计。酒精易于着色，便于观察。

2. 操作步骤

（1）防止日光热源辐射的影响，感应部需遮蔽。

（2）垂直或水平放置在测定地点，经 5～10min 后读数，读数时视线应与温度计标尺垂直，水银温度计按凸出弯月面最高点读数，酒精温度计按凹月面的最低点读数。

（3）读数应快速准确，以免人的呼吸气和人体辐射影响读数的准确性。先读小数值，后读整数值。

（4）零点位移误差的校正。由于玻璃热后效应，玻璃液体温度计零点位置应经常用标准温度计校正，如零点有位移时，应把位移值加到读数上。

（二）数显式温度计法

1. 构造原理 感应部分采用 PN 结晶热敏电阻、热电偶、铂电阻等温度传感器，感温是利用传感器自身阻值或温差电势随温度变化的原理后经放大，输送 3×1/2×A/D 变换器后，再送显示器显示（图 1－16）。测量范围为－40～90℃。

2. 操作步骤

（1）打开电池盖，装上电池，将传感器插入插孔。

（2）将传感器头部置于测定部位，并将开关置“开”的位置。

（3）待显示器所显示的温度稳定后，即可读其温度值。

（4）测温结束后，立即将开关关闭。

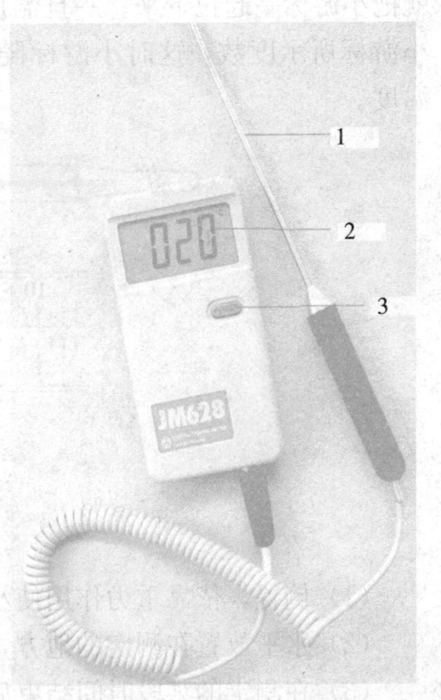

图 1－16 数显式温度计
1. 传感器 2. 显示器 3. 开关

（三）最高温度计法

1. 构造原理 由球部、狭窄部、毛细管和顶部缓冲球构成。球部与毛细管之间有一个狭窄处，用来增加阻力和摩擦力（图 1－17）。以水银作感应液的水银温度计，测某一段时间内的最高温度。当温度升高时，水银的膨胀力大于摩擦力，从而冲过狭窄部上升。但当温度下降时，水银收缩的内聚力小于狭窄部的摩擦力，毛细管内的水银在窄道处与球部水银断开不能回到球部，停留在原来位置不动，所以窄部以上这段水银柱的顶端所示度数就是观测阶段所感受到的最高温度。

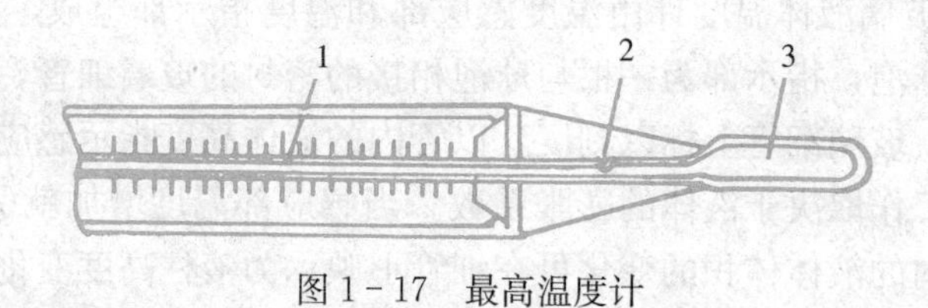

图 1-17 最高温度计

1. 感应部 2. 狭窄部 3. 球部

2. 操作步骤

（1）使用前先对表进行调整，用手握紧温度计的中部，球部向下用力甩几下，使管内的水银降至比当时温度示数稍低的刻度。

（2）水平放置在测定地点，先放球部，后放表身，防止水银柱滑向温度计顶端。

（3）测定的某段时间结束后，观察其读数。

（四）最低温度计法

1. 构造原理 由球部、毛细管、游标和顶部缓冲球构成。毛细管中的有色玻璃小游标能在酒精液柱里来回游动（图 1-18）。以酒精为感应液的酒精温度计，可测量某一段时间内的最低温度。当温度升高时，酒精体积膨胀绕小游标流过，因为小游标本身有质量及其两端与管壁有摩擦力，所以游标在原处不动；当温度下降时，酒精柱收缩，酒精柱顶部的表面张力大于小游标自身重力与摩擦力总和，所以当酒精顶部弯月面与小游标接触时就把小游标一起拉下来。一旦温度升高时，游标仍然不动，如果温度再下降，降至低于小游标所示度数，这时小游标随着酒精柱继续下降，所以它总指示某段时间内的最低温度。

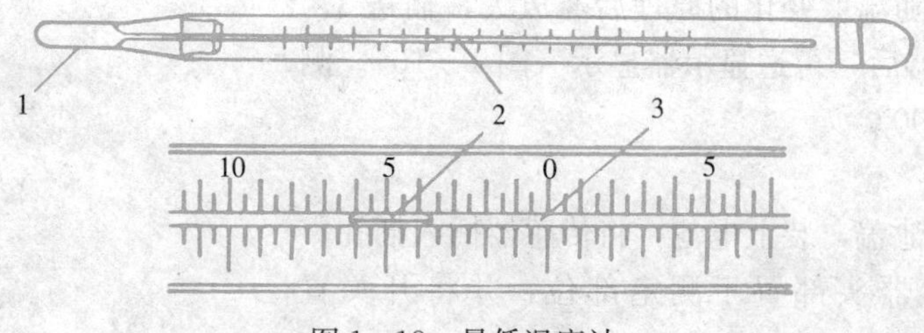

图 1-18 最低温度计

1. 感应部分 2. 游标 3. 酒精柱

2. 操作步骤

（1）倒置，依靠重力作用使小游标滑到液面。

（2）水平放置在测定的地方，放置时，要先放顶部，后放球部。

（3）在测定的某段时间结束后，观察其读数。读度数时一定读小游标靠近酒精柱的液面一端。

（五）最高最低温度计法

1. 构造原理　可用来测一段时间内的最高温度和最低温度，由U形玻璃管构成（图1－19）。U形管底部装有水银，左侧管上部及温度感应部（膨大部）都充满酒精；右侧管上部分及膨大的球部的一半装有酒精，其上半部充装压缩的干燥惰性气体，两侧管内水银面上各有一个带色的含铁指针。当温度升高时，左端球部的酒精膨胀压迫水银向右侧上升，同时也推动水银面上的指针上升；反之，当温度下降时，左端球部的酒精收缩，右端球部的压缩气体迫使水银向左侧上升，指针并不下降。因此，右侧指针的下端指示一定时间内的最高温度，左侧指针的下端指示出一定时间内的最低温度。

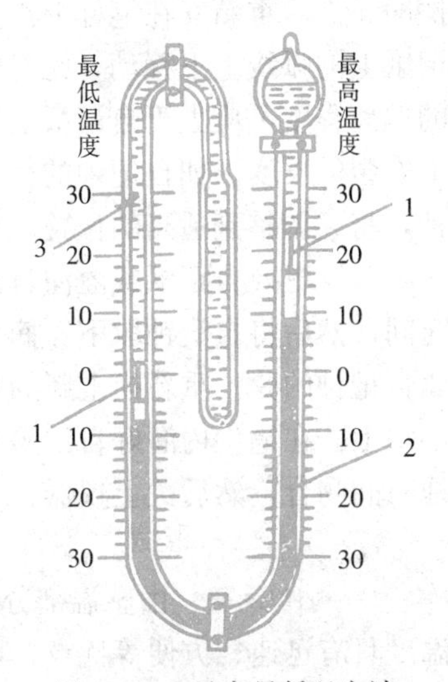

图1－19　最高最低温度计
1. 游标　2. 水银　3. 酒精

2. 操作步骤

（1）测定前，用磁铁将两个铁指针吸引到与水银面相接处。

（2）垂直悬挂于测定地点，在某段测定时间结束后进行读数，看指针下端所指的示数。

（3）观测后，用磁铁将指针吸引回到水银面上。

（六）自记温度计法

1. 构造原理　能自动记录气温连续变化的仪器，由感应部分、传动机构和自记部分构成。感应部分是一个双金属片，由两片具有不同膨胀系数的金属片焊接组成。当温度变化时，由于膨胀系数不同而发生变形。自记部分由自记钟、自记纸、自记笔组成。自记钟内部构造与钟表相同，上发条后，每日或每周自转一圈。

双金属片可随温度的变化向上或向下弯曲。金属片一端固定在支架上，另一端与垂直杆和水平轴等传动机构相连。自记笔的一端固定在水平轴上，笔尖接触自记钟筒。双金属片因温度下降而向上弯曲时，笔尖向下移动；双金属片因温度上升而向下弯曲时，笔尖向上移动。随着温度变化，自记笔尖上下移动，笔尖的贮斗内装有墨水并且与钟筒上自记纸接触，同时自记钟转动，自记纸上就出现温度变化曲线，从曲线可读出一日内（或一周内）任一时间内的温度值。

2. 操作步骤

（1）打开外罩，从笔挡上解开笔杆并拨开笔挡，取下自记钟筒并上紧自记钟弦。

（2）将自记纸套在钟筒上，自记纸要紧贴于钟筒表面，纸的下沿应与钟筒的下边缘贴紧，纸的接合处应保证水平线对齐，然后用自记纸夹夹紧。

（3）把自记钟插在中心轴上，并用手反时针方向转动钟筒，以消除啮合间隙。

（4）将笔尖灌上自记墨水，不要灌得溢出来，多余的墨水可用光硬纸剔净。拨动笔挡使笔尖与自记纸接触。

（5）使用仪器时不许用手触及感应元件双金属片。不许猛压笔挡、传动机构及其他零件。

（6）检查自记纸上的记录线质量，自记纸上记录线条的粗细不得超过0.3mm。记录质量不合要求时，可将笔尖取下，放入酒精内清洗或放在清水中数小时后用薄麻布或光纸擦净，然后重新安在笔杆上。为检查笔尖安装是否正确，可拧动定位螺钉，使笔尖沿着自记纸上的弧线上下移动，此时笔尖所划出的线条应与自记纸上的弧线重合或平行，其允许的偏离程度不应大于自记纸上相邻两时间弧线间距的 1/3，否则应缩短或放长笔尖在笔杆上安装的长度。如自记钟的行程误差超过了规定的数值时，可以取下防尘帽，拨动调速指针，将它调整到适当的位置，再用防尘帽将孔重新盖住。

（7）更换自记纸或灌注自记墨水时，用手轻轻按计时按钮，作出时间记号，记下中断时间；然后将自记钟取下，摘下自记纸并填写年、月、日和中断记录时间。反时针方向上紧自记钟的弦。重新换上新的自记纸，并在自记纸上注上起始时间，而后将自记钟套在中心轴上。在笔尖内灌好自记墨水，用手将钟筒转到使笔尖在自记纸上指示的时间位置与当地时间吻合，然后关上仪器。

（七）半导体点温度计法

1. 构造原理　由感温部分的半导体热敏电阻、仪表部分的电流表及电源构成。测量温度具有迅速、方便等优点，可测物体表面温度，如墙壁、地面、皮肤等。

热敏电阻对温度变化很敏感，它的电阻率很明显地随着温度的变化而变化，当温度升高时，热敏电阻的阻值下降；当温度降低时，热敏电阻的阻值增加。随着热敏电阻阻值的增减，仪表上产生的电流也就不同，这样就可把电流表上的读数直接刻成温度读数。

2. 操作步骤

（1）使用时仪器应放平，使用前开关应拨到“关”处，调节仪表上的调整器，使起刻线与指针重合。

（2）调整满度，将左侧开关调到“满度”处，使指针与满度刻线重合。若采用多量程仪表，首先确定测温范围，定出左面开关的量程数。这时再将右侧开关转向“满度”处，调整满度。有时调满度时不能重合，有可能仪表接触不佳；也可能电池电压不足，更换新电池即可。

（3）将感温元件接触被测部位，然后将右面开关由“满度”转向“测量”，仪表指针迅速移动，待稳定后所指示的温度，即是被测部位的温度。测定坚固物体表面温度时，在测定处贴一块胶布，可以提高测定的准确性。

（4）测温结束后，将右面开关由“测量”转到“关”，切断电源。

［注 1］温度计校正方法

零点校正：将欲校正的温度计的感温部分与二等标准水银温度计一并插入恒温水浴槽中，放入蒸馏水冰块或者干净的雪花，校正零点，经 5～10min 后记录读数。

刻度校正：提高水浴温度，记录标准温度计 20℃、30℃、40℃、50℃时的读数，先读标准温度计，后读被校正温度计，读后复读标准温度计一次，即可得到相应的校正温度。

［注 2］摄氏及华氏温度换算公式

$$℃ = (℉ - 32) \div 1.8 \quad (1-2)$$

$$℉ = ℃ \times 1.8 + 32 \quad (1-3)$$

［注 3］畜禽舍内舍温的测定高度与位置

牛舍：0.5～1.0m，固定于各列牛床的上方；散养舍固定于休息区。

猪舍：0.2～0.5m，装在舍中央猪床的中部。

笼养鸡舍：笼架中央高度，中央通道正中鸡笼的前方。

平养鸡舍：鸡床的上方。

因测试目的不同，可增加畜床、天棚、墙壁表面、门窗处及舍内各分布区等测试点。畜禽舍舍温测试，所测得数据要具有代表性，应该具体问题具体分析，选择适宜的温度测定位点。例如，猪的趴卧休息行为占80%以上，故厚垫草养猪时，垫草内的温度才是具有代表性的环境温度值。

任务三　畜禽舍湿度调控

任　务　单

<table>
<tr><td>项目一</td><td colspan="5">畜禽舍环境调控</td></tr>
<tr><td>任务三</td><td colspan="2">畜禽舍湿度调控</td><td colspan="2">建议学时</td><td>4</td></tr>
<tr><td>学习目标</td><td colspan="5">1. 知道畜禽生产中表示空气湿度的常用指标
2. 熟知高湿对畜禽热调节、生产力和健康的影响
3. 熟记畜禽舍适宜的湿度标准
4. 熟悉畜禽舍粪便的清除方式
5. 明确不同清粪方式排水系统的组成
6. 清楚建筑防潮的重要性
7. 说出畜禽舍的防潮管理措施
8. 熟练掌握畜禽舍湿度的测定方法</td></tr>
<tr><td>任务描述</td><td colspan="5">1. 学生根据环保、节水、污水处理及防潮的需要，选择适宜的排水方式，并根据所选择的排水方式合理设计排水系统的各部分
2. 学生从畜禽舍建筑及日常管理等方面采取综合措施，防止畜禽舍潮湿
3. 学生采用不同的方法准确测定畜禽舍湿度</td></tr>
<tr><td>学时安排</td><td>资讯
1 学时</td><td>计划与决策
0.5 学时</td><td>实施
1.5 学时</td><td>检查
0.5 学时</td><td>评价
0.5 学时</td></tr>
<tr><td>材料设备</td><td colspan="5">1. 相关学习资料与课件
2. 创设现场学习情景
3. 通风干湿球温湿度计、干湿球温湿度计、毛发湿度计、氯化锂湿度计
4. 实训室、畜禽舍、畜禽场</td></tr>
<tr><td>对学生的要求</td><td colspan="5">1. 清楚影响畜禽机体蒸发散热的因素
2. 能根据高湿对人体所产生的不良影响，领会出高湿对畜禽机体健康和生产力的影响
3. 具备团队配合能力</td></tr>
</table>

资　讯　单

项目名称	畜禽舍环境调控		
任务三	畜禽舍湿度调控	建议学时	4
资讯方式	学生自学与教师辅导相结合	建议学时	1
资讯问题	1. 畜禽生产中表示空气湿度常用指标？ 2. 畜禽舍湿度过高时对畜禽的热调节、健康和生产力产生哪些不良影响？ 3. 畜禽舍湿度过低时会对畜禽产生哪些不良的影响？ 4. 畜禽舍适宜的湿度标准？ 5. 畜禽舍粪尿的排除方式有哪些？各有什么优缺点？如何选用？ 6. 畜禽舍采用人工清粪方式的排水系统由哪些部分组成？如何设计？ 7. 畜禽舍采用漏缝地板清粪方式的排水系统由哪些部分组成？如何设计？ 8. 畜禽生产中，畜禽舍的防潮措施有哪些？ 9. 畜禽舍湿度的测定方法有哪些？测定时应注意什么问题？		
资讯引导	本书信息单：畜禽舍湿度的调控 《畜禽环境卫生》，蔡长霞，2006，54－58 《畜禽环境卫生》，赵希彦，2009，15－16 《家畜环境卫生学》，刘凤华，2004，155－156 空气湿度与动物的关系，张心如、罗宜熟等，《家畜生态学报》，2006（6） 猪舍内环境条件的掌控，冯国民，《中国猪业》，2010（7） 冬季密闭猪舍的环境控制，《乡村科技》，2011（1） 多媒体课件 网络资源		

资讯评价	学生互评分		教师评分		总评分	

信 息 单

项目名称	畜禽舍环境调控		
任务三	畜禽舍湿度调控	建议学时	4
信息内容			

一、空气湿度与畜禽

（一）空气湿度表示指标

空气在任何温度下都含有水汽，大气中的水汽主要来自海洋、江、河、湖泊等水面和地表蒸发及植物的水分蒸腾。空气中水汽含量用“空气湿度”来表示，简称“气湿”。空气湿度通常用下列指标表示。

1. 水汽压 指空气中所含水汽产生的压力。它是大气压力的一部分，其单位为帕斯卡，简称“帕”。在一定温度下，空气所能容纳的水汽的量是一个定值，当大气中水汽达到最大值时的状态称为饱和状态，这时的水汽压称为“饱和水汽压”。如果空气中水汽含量超过此值时，多余的水汽就会凝结为液体或固体。饱和水汽压随气温的升高而增大（表1-6）。

表 1-6 在不同温度下的饱和水汽压

温度（℃）	−10	−5	0	5	10	15	20	25	30	35	40
饱和水汽压（Pa）	287	421	609	868	1 219	1 689	2 315	3 136	4 201	5 570	7 316
饱和水汽压（g/m³）	2.16	3.26	4.85	6.80	9.40	12.83	17.30	23.05	30.57	39.60	51.12

2. 绝对湿度 指单位体积空气中所含水汽的质量，也就是空气中水汽的密度。可以用质量或水汽压表示。单位是 g/m^3 或帕（Pa）。绝对湿度直接表示空气中水汽的绝对含量，即绝对湿度越大，空气中水汽含量越多。绝对湿度不能反映出空气中水汽的饱和程度。

3. 相对湿度 指空气中实际水汽压与同温度下饱和水汽压的百分比。可用式（1-4）表示：

$$相对湿度=\frac{实际水汽压}{同温度饱和水汽压}\times 100\% \quad (1-4)$$

相对湿度表明空气中水汽含量距离饱和的相对程度，是生产中应用最多的一个指标。当空气中水汽达到饱和时，相对湿度为 100%；未饱和时，相对湿度小于 100%。一般认为相对湿度超过 75%为高湿，低于 30%为低湿。

4. 饱和差 在一定温度下饱和水汽压与实际水汽压之差。饱和差对水分蒸发的影响很大，差值越小，空气越接近饱和，水分的蒸发就越慢；差值越大，空气离饱和越远，水分蒸发就越快。

5. 露点 结露时的空气温度。即空气中实际水汽含量不变，且压力一定时，因气温下降，使水汽达到饱和时的温度称为“露点温度”，简称“露点”。空气中水汽含量越高，露点越高，反之则低。

由于影响湿度变化的因素（气温、蒸发等）有周期性的日变化和年变化，所以空气湿度也有日变化和年变化的现象，因气温影响地面的蒸发，绝对湿度基本上受气温的支配，所以在一日和一年中，温度最高的时候，绝对湿度最高。而相对湿度则与气温的日变化和年变化相反，在一日中温度最低的时候，相对湿度最高，在清晨日出前往往达到饱和而凝结为露、霜和雾。在我国，相对湿度的年变化又受季风的影响，最高值出现于降水最多的夏季，最低值在冬季。

（二）舍内湿度来源与分布

1. 来源 畜禽舍中空气湿度一般高于舍外，其水汽主要来自畜体皮肤、呼吸道以及排泄物、潮湿地面和垫料、粪便的不断蒸发。通常，畜禽舍中的水汽有70%～75%来自畜禽体本身，10%～25%由暴露水面和潮湿物体蒸发产生，由舍外大气带入占10%～15%。

2. 分布 舍内湿度不仅高于舍外，且分布不均。对于密闭式或通风不良的畜禽舍，由于其下部畜禽体和地面等的不断蒸发，轻、暖的水汽又不断上升并聚集在畜禽舍上部，因而导致畜禽舍内上下部湿度较高。畜禽舍的保温隔热性能差，舍内温度达到露点温度时，空气中的水汽会在天棚、墙壁、地面等物体表面大量凝结。

（三）气湿对畜禽热调节的影响

气湿对畜禽体热调节的影响，受气温的制约；同时气湿的大小，又反过来加剧或缓解气温对畜禽产生的不良影响。

（1）在温度适宜的环境条件下，空气湿度对畜禽的体热调节不产生影响。

（2）高温时，高湿对机体热调节的影响。在高温环境中，机体皮肤温度与空气温度之差减小，辐射、传导、对流散热量降低。机体主要依靠蒸发散热，而蒸发散热量和畜体蒸发面（皮肤与呼吸道）的水汽压与空气水汽压之差成正比。畜体蒸发面的水汽压决定于蒸发面的温度和潮湿程度，皮温愈高，愈潮湿（如出汗），则水汽压愈大，对蒸发散热愈有利。如果空气的水汽压升高，畜体蒸发面水汽压与空气水汽压之差减小，则蒸发散热量亦减少，所以高湿不利于高温环境中动物体热的散发，使动物感到更加炎热。

（3）低温时，高湿对机体热调节的影响。畜禽处在低温环境中，主要通过非蒸发散热（辐射、传导和对流）的方式散热，并力图减少散热量来维持体温的恒定。空气湿度高可直接加大机体的非蒸发散热。一方面是因为高湿空气的导热性和容热量都比干燥空气大，同时高湿空气又善于吸收机体的长波辐射热；另一方面高湿还使机体被毛（或羽毛）及皮肤易于吸收空气中的水汽，而加大毛层的导热性。因此，低温高湿的环境能显著提高机体的散热量，使动物感到更冷。

（四）气湿对畜禽生产的影响

1. 对生长、肥育的影响 湿度对生长、肥育的影响主要表现在高温时，且在高温条件下高湿的影响最大。据报道，气温在22℃时，相对湿度从60%～70%增至90%～95%，对生长猪的生长率无影响；但在28℃时，生长率下降8%。一般认为，在气温14～23℃时，相对湿度50%～80%对猪的生长、育肥效果较好。

2. 对产乳及乳成分的影响　高温时，湿度升高会加剧对产乳量和乳汁组成的不良影响。据研究，气温在24℃以下，湿度的高低对牛的产乳量、乳的组成等没有影响；但在此温度以上，相对湿度升高时，牛的采食量、产乳量进一步下降。在产乳量下降的同时，乳脂含量也减少。在30℃时，当相对湿度从50%增加到75%，奶牛产乳量下降7%，乳脂、乳蛋白含量也下降。

3. 对产蛋的影响　在适宜温度和低温条件下，空气相对湿度对产蛋量无显著影响，但在高温环境中，产蛋鸡所能耐受的最高温度，随湿度的增加而下降。如相对湿度30%、50%、75%时，产蛋鸡的上限温度分别为33℃、31℃、28℃。这三种环境对鸡产蛋影响相同，即相对湿度自30%升高到75%，相对于产蛋鸡耐受的最高温度下降5℃。

4. 气湿对畜禽舍使用的影响　高湿会降低畜禽舍的保温隔热能力和使用年限。若畜禽舍的保温隔热性能差，冬季舍温降至露点时，水汽会在畜禽舍墙壁表面凝结并被吸附，水分很快渗入其内部；当温度升高时，这些水分又重新蒸发出来，使舍内始终处于高湿状态。不仅如此，潮湿的围护结构，还可导致其保温隔热性能下降，天棚墙壁会生长绿霉，灰泥脱落，从而影响建筑物的使用寿命，并增加维修保养费用。

（五）气湿对畜禽健康的影响

1. 高湿的影响

（1）高温环境下高湿对畜禽健康的不良影响。

①高温高湿不利于机体散热，易患中暑性疾病，使畜禽的抵抗力下降，发病率和死亡率增加。

②高湿环境也为病原微生物的繁殖、感染、传播创造了条件，使畜禽对传染性疾病的感染率增加，易造成传染病的流行。例如在高温、高湿的环境中，猪瘟、猪丹毒等最易发生流行。

③高湿能促进病原性真菌、细菌和寄生虫的发育，使畜禽易患疥、癣、湿疹等皮肤病。

④高温高湿有利于霉菌的繁殖，造成饲料、垫草的霉烂，使赤霉病及曲霉菌病大量发生，易引起畜禽霉菌毒素中毒。

⑤高湿又是鸡、兔球虫病发生、蔓延的条件，可导致鸡、兔大批发病、死亡，严重时全军覆没。

（2）低温环境下高湿对动物健康的不良影响。在低温高湿的条件下，畜禽机体热量损失增多，抵抗力降低，对疾病敏感性增加，易患各种呼吸道疾病、神经疼、风湿症、关节炎等；高湿还会使舍内有害气体增多，从而危害畜禽的健康。

2. 低湿的影响　低湿虽然可部分抵消高温和低温的不良影响，但湿度过低对畜禽健康也是不利的。

（1）高温时，畜禽皮肤及外露黏膜（眼、口、唇、鼻黏膜等）水分过分蒸发而干裂，从而减弱皮肤和黏膜对微生物的防卫能力，抗病力降低。相对湿度低于40%时，畜禽呼吸道疾病发病率显著增加。

（2）湿度过低也是家禽羽毛生长不良、蓬乱的原因之一。

（3）低湿会造成鸡啄癖、啄肛、猪皮肤脱屑和开裂等。

（4）低湿还有利于白色葡萄球菌、金黄色葡萄球菌、鸡白痢沙门氏菌及具有脂蛋白的囊膜病毒的存活。

(5) 空气过分干燥还会导致畜禽舍灰尘量过大，畜禽呼吸道发病率升高。

3. 畜禽舍的适宜湿度标准 根据动物的生理机能，相对湿度在50%～70%比较适宜，最高不超过75%，牛舍因用水量大，可放宽到85%。相对湿度高于85%时，为高湿环境；低于40%时，为低湿环境。不管是高湿环境还是低湿环境，对畜禽健康都有不良影响。

二、畜禽舍湿度的调控技术

舍内湿度过大，是目前无采暖设备畜禽舍的主要问题。由于高湿对畜禽健康和生产都有不利影响。因此，需要对畜禽舍湿度进行合理的调控。生产中主要通过合理设计畜禽舍排污系统以及加强畜禽舍日常的防潮管理等来最大限度地降低畜禽舍湿度。

(一) 合理设置畜禽舍排污系统

畜禽每天排出的粪尿量很大，而且日常管理所产生的污水也很多。如果畜禽舍的排水系统性能不良，会使舍内湿度过高。据统计，畜禽每天的粪尿量与其体重之比，牛为7%～9%，猪为5%～9%，鸡为10%；生产1kg牛乳所排出的污水约为12kg，生产1kg猪肉所排出的污水约为25kg。各种畜禽粪尿量见表1-7。因此，合理设置畜禽舍的排水系统，保证粪尿、污水能及时排出，是防止舍内潮湿、保持良好的空气卫生状况和畜禽体卫生的重要措施。

表1-7 畜禽粪尿产量［kg/(d·头)］

畜禽种类	产粪量	产尿量
乳用牛	25	6
肉用牛	15	4
猪	3	3
鸡	0.16	
肉用仔鸡	0.05～0.06	

畜舍的排水系统应根据清粪方式进行设计，畜舍的清粪方式一般分为人工清粪、机械清粪和水冲清粪等几种清粪方式。

1. 人工及机械清粪方式排水系统设置 人工及机械清粪是指依靠手工或机械清除固形物，而液形物经排水系统自然流入粪水池的清粪方式。这种清粪水方式又称为固液分离或干清粪。当粪便与垫料混合或粪尿分离时，常采用此法。排水系统一般由畜床、尿沟、降口、地下排出管及粪水池组成。

(1) 畜床设计。畜床是畜舍内家畜躺卧休息、采食、饮水的地方。畜床应高出粪沟5～10cm，并有一定坡度，坡向粪尿沟方向，以利于尿液流淌和冲洗，易于保持干燥，一般牛舍坡度为1%～1.5%，猪为3%～4%。坡度过大会造成家畜四肢、腱、韧带负重不均，而对拴养家畜会导致后肢负担过重，造成母畜子宫脱垂与流产。

(2) 排尿沟设计。排尿沟功能是承接和排出畜床流来的粪尿和污水。①位置的确定。单列式畜舍一般设在畜床的后端。双列式牛舍如为对头式，则设在畜床的后端，紧靠除粪通道，与除粪通道平行；如为对尾式，则设在中央通道（除粪道）的两侧；②建筑设计要求。排尿沟一般用水泥砌成，要求表面光滑不透水，便于清扫和消毒。朝降口的方向要有一定的坡度，一般为1.0%～1.5%。排尿沟宽度为15～30cm，深度根据不同的畜种而异（表1-8），在畜舍内部的排尿沟不能太深。如牛舍，太深时蹄踏入易受伤；③尿沟的形式。尿沟的形式有方形、倒梯形、半圆形等（表1-8）。生产中常见的为方形或半圆形尿沟。此外，尿沟还分为明沟和暗沟，暗沟不易清洗和消毒，一般建议用明沟。生产中有时为了防止家畜蹄踏入尿沟受伤或引起孕畜流产，有的牛舍还在排尿沟上设置铁栅；生产实践证明，这种设置不易清洗与消毒，久而久之，在尿沟中积累的污物会发酵分解，产生大量的氨气，导致畜舍内有害气体含量升高。

表1-8 排尿沟的尺寸

家畜种类	宽度（cm）	深度（cm）	形状
猪	13～15	10	方形、半圆形
马	20	12	半圆形
牛	30～40	20	方形

（3）降口的设计。降口是排尿沟与地下排出管的衔接部分，其作用是使尿液、污水中的固体物质临时沉淀，防止管道堵塞（图1-20）。

降口是位于排尿沟底部的方形坑，设置的数量依排尿沟的长度而定，每隔20～30m设一个。一般设在畜舍的中段。为了防止粪草落入引起堵塞，上面应加盖铁箅子，铁箅子应与尿沟底部同高。在降口下部，地下排出管口以下应形成一个深入地下的伸延部分，即沉淀池，以减少粪尿中固形物随水冲入地下管道而造成的堵塞现象。在降口内可设水封，用以阻止粪水池中的臭气经由地下排出管进入舍内。水封是用一块板子斜向插入降口沉淀池内，因重力作用，流入降口的粪水顺板流下，先进入沉淀池临时沉淀，再使上清液部分由排出管流入粪水池。没有污水流下时，板子会自动弹起，从而起到了阻挡有害气体的作用。

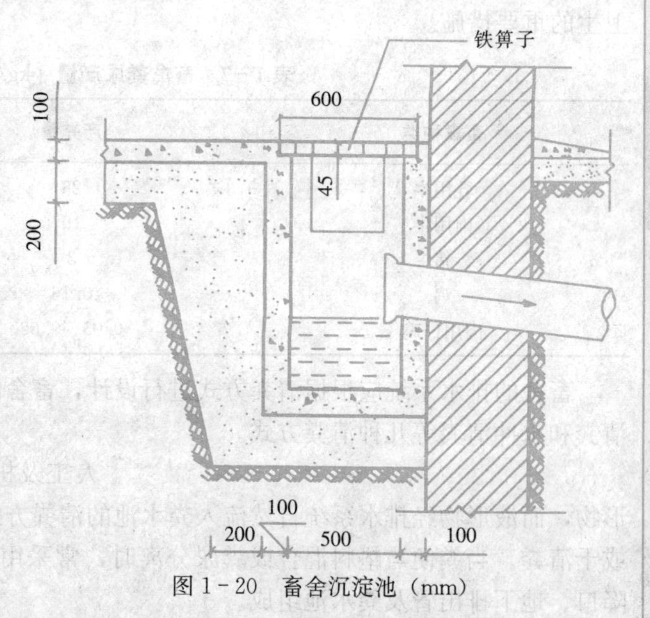

图1-20 畜舍沉淀池（mm）

（4）地下排出管设计。与排尿沟呈垂直方向，与降口相连端应比沉淀池底高50～60cm。用于将沉淀池内经沉淀后的污水导入畜舍外的粪水池中，因此需向粪水池方向有3%～5%的坡度。在寒冷地区，伸到舍外的部分应埋在冻土层以下，且需采取防冻措施，以免管中污液结冰。如果地下排出管自畜舍外墙至粪水池的距离大于5m时，应在墙外设一检查井，以便在管道堵塞时进行疏通。但在寒冷地区，要注意检查井的保温。

（5）粪水池设计。一般设在舍外地势较低处，且在运动场相反的一侧。距离畜舍外墙至少5m以上。粪水池距饮水井100m以上。须用不透水耐腐蚀的材料做成，以防污水渗漏，造成土壤和地下水的污染。粪水池的容积及数量根据舍内畜禽种类、数量、舍饲期长短与粪水贮放时间来确定。一般按储积20～30d、容积20～30m³来修建。对于畜舍排污系统须定期用水冲洗及清除降口中的沉淀物，防止堵塞；为防止粪水池过满引起外溢，应按时清掏。

（6）清粪设施。包括人力小推车、地上轨道车、单轨吊罐、牵引刮板、电动或机动铲车等。

2. 水冲或水泡清粪方式排水系统设计　水冲或水泡清粪方式是指将家畜的粪尿和污水混合一同排出舍内，流入化粪池，定期或不定期用污水泵将粪水抽入罐车运走的清粪方式。在不使用垫草、采用漏缝地面时应用此法。这种排水方式由漏缝地板、粪沟、粪水清除设施和粪水池组成。

（1）漏缝地板的设计。漏缝地板（图1-21），是将畜舍地面修成缝状、孔状或网状，粪尿落到地面上，液体物从缝隙流入地面下的粪沟，固形的粪便被家畜踩入沟内，少量残粪由人工用水略加冲洗清理。

图1-21　漏缝地板

①材料选择。漏缝地板可用各种材料制成，常见木板、硬质塑料、钢筋混凝土或金属等。木制漏缝地板很不卫生，且易破损，使用年限不长；金属漏缝地面易遭腐蚀，生锈；混凝土漏缝地板经久耐用，便于清洗消毒，比较合适；塑料漏缝地面比金属制的漏缝地面抗腐蚀易清洗，各种性能均比较理想，只是造价高。

②漏缝地面板条宽度和缝隙间距离的确定。因畜种不同而异，参见表1-9。猪、牛、羊等家畜的漏缝地板应考虑肢蹄负重，地面缝隙和板条宽度应与其蹄表面积相适应，以减少对肢蹄的损伤。

表1-9　家畜禽的漏缝地板尺寸（mm）

畜禽种类		缝隙宽	板条宽
牛	10d至4月龄	25～30	50
	5～8月龄	35～40	80～100
	9月龄以上	40～45	100～150
猪	哺乳仔猪	10	40
	育成猪	12	40～70
	中猪	20	70～100
	育肥猪	25	70～100
	种猪	25	70～100
绵羊	羔羊	15～25	80～120
	育肥羊	20～25	100～120
	母羊	25	100～120
种鸡		25	40

③形式确定。漏缝地面的形式有全部漏缝（图 1－22）和局部漏缝（图 1－23）两种设置。局部漏缝用于猪舍较成功，猪有 2 个地方不排粪，即躺卧休息和采食的地方不排粪；且喜欢在潮湿地方排便。因此刚进猪时，可在局部漏缝的地方放上粪便，洒湿漏缝地面，调教猪定点排粪尿等。局部漏缝有利于家畜的活动、休息，也有利于幼龄动物的保温，适合北方地区。局部漏缝地板至少应占整圈地面 30%～40%的面积。全部漏缝地面，猪在任何位置排粪都能漏下，省工省时，猪舍环境较好；但地面凉，不保温，适合南方地区。

图 1－22　全漏缝地面猪舍

图 1－23　局部漏缝地面猪舍

（2）粪沟的设计。位于漏缝地面的下方，其宽度不等，视漏缝地面的宽度而定，通常为 0.8～2m；其深度为 0.7～0.8m；水冲清粪的沟底应根据长度高 0.5%～2%的坡度；水泡粪时，沟底可不设坡而畜舍排出口一端须设闸门。

（3）粪水清除设施。漏缝地板清粪方式一般采用水冲（水泡）和刮粪板清粪：①水冲和水泡清粪（图 1－24）。靠家畜把粪便踩踏下去，落入粪沟，在粪沟的一端设自动翻水箱，水箱内水满时自动翻转，利用水的冲力将粪水冲至粪水池中，此为水冲清粪。在粪沟一端的底部设挡水板，使粪沟内总保持有一定深度的水（约 15cm），使漏下的粪便被浸泡变稀，随水溢过沟坎，流入粪水池为水泡粪；②刮粪板清粪。使用牵引式清粪机，拉拽粪尿沟内的刮板运行，将粪尿刮向畜舍一端的横向排水沟，该工艺减少了用水量和粪尿总量，便于后期粪尿处理。存在的问题是：刮板、牵引机、牵拉钢丝绳易被粪尿严重腐蚀，缩短使用寿命；耗电较多；噪声也较大。

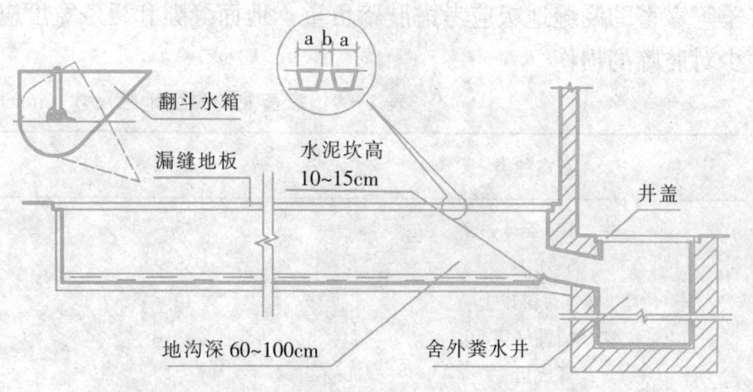

图 1－24　漏缝地板排水系统的一般模式
a. 板条宽　b. 缝隙宽

（4）粪水池。分地下式、半地下式及地上式三种形式。不管哪种形式都必须防止渗漏，以免污染地下水源。

水冲或水泡清粪方式与干清粪方式相比，易于冲洗，便于保持栏内的清洁卫生，减少畜禽与粪便接触，从而降低了畜禽发病率；而且可大大节省人工，提高劳动生产效率。缺点是：采用漏缝地面水冲清粪，往往用水量大，易导致舍内空气湿度升高，冬季产生冷风倒灌、失热增多等问题，漏缝地面下不便消毒；并且土建工程复杂、投资大，耗水多、产生的粪水量大，粪水处理和利用困难，易造成环境污染。目前我国除部分大型畜禽场外，很少采用。

（二）加强畜禽舍建筑防潮

（1）妥善选择场址，畜禽舍应建在地势高燥、地下水位较低、排水畅通的地方。

（2）畜禽舍的墙基和地面应设防潮层，以防止土壤中水分沿墙和地面上升。

（3）对新建的畜禽舍应待其充分干燥后再开始使用。

（三）加强日常防潮管理

畜禽舍防潮，特别在冬季，是一个比较困难而又十分重要的工作。生产中，可结合下列管理措施，减少舍内湿度。

（1）在生产中尽量减少舍内用水，冬季避免冲刷地面。

（2）力求及时清除粪便和污湿垫草，以降低水分的蒸发。

（3）保证舍内排水畅通，并防止饮水器的漏水。

（4）加强畜禽舍保温，勿使舍温降至露点以下，防止天棚、墙壁水汽凝结。

（5）保持舍内通风良好，及时将舍内过多的水汽排出。

（6）训练家畜（如猪）定点排粪排尿。

（7）铺垫草可以吸收大量水分，是防止舍内潮湿的一项重要措施，但要及时更换。

三、湿度的测定

（一）干湿球温湿度计法

1. 构造原理　是一种可同时测得气温和气湿的一种仪器（图1-25）。由两支相同的50℃的普通温度计组成，其中一支用于测定气温，称为干球温度计；另一支在球部用蒸馏水浸湿的纱布包住，纱布下端浸入蒸馏水中，称为湿球温度计。干球温度计表示空气的实际温度，湿球感应部位用湿润纱布包裹，由于湿纱布上水分蒸发散热，湿球上温度往往比干球的温度低，其相差度数与空气中相对湿度成一定比例。空气湿度越大，水分蒸发散热速度越慢，干湿球温差越小；相反，空气湿度越小，水分蒸发散热速度越快，干湿球温差越大。简易干湿球温湿度计在生产现场使用最多，而且多用附带的简表求出相对湿度。

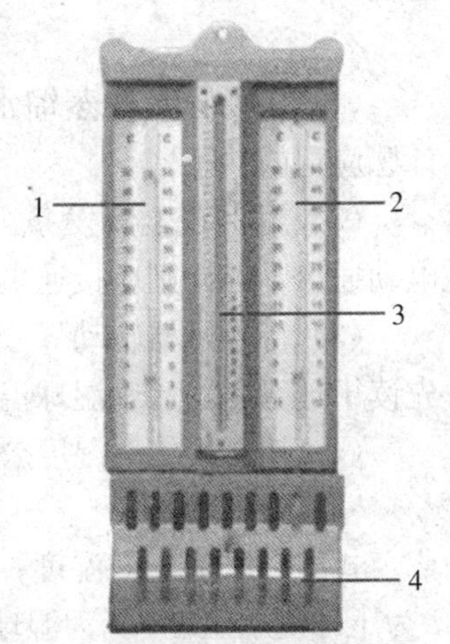

图1-25　干湿球温湿度计
1. 干球温度计　2. 湿球温度计
3. 干湿球温差　4. 水槽

2. 操作步骤

（1）先在湿球的水杯中注入1/3～1/2的清洁水，再将纱布浸于水杯中，悬挂于测定地点15～30min后读数，先读湿球温度，再读干球温度，计算出两者的差数。

（2）转动干湿球温湿度计中间的圆滚筒，在其上端找出干、湿球温度的差数。

（3）在实测干球温度的水平位置作水平线与圆筒竖行干湿球温差相交点读数，即为相对湿度的百分数。例如：干球25℃、湿球23℃时，其温差2℃对应之纵栏与干球25℃对应之横栏交叉处的82，就是表示相对湿度为82%。

3. 使用注意事项

（1）湿球纱布在没有浸湿前，先检查两支温度计显示的度数是否一致，温差最好不超过0.1℃，超过太多时需要校正。

（2）水杯中的水要用干净的蒸馏水或纯净水，并且在水杯中注水时干球不应沾到水。湿球的纱布使用过久受污染后，吸水能力会减弱，因此要经常更换。

（3）测定时要避免仪器受直射阳光或其他辐射源的影响，在舍内不要在墙角或空气不流通的地方测定，测定的高度一般以畜禽的头部高度为准。

（4）读数时，不要用手触摸温度计或对着温度计呼气；读数时间应短，先读干球，后读湿球；目光垂直刻度度数，以免产生视差。

（二）通风干湿球温湿度计法

1. 构造原理 通风干湿球温湿度计的构造原理与干湿球温湿度计相似，但又有其特殊结构的部分。两支水银温度计都装入金属套管中，球部都有双重辐射防护管（图1-26）。套管顶部装有一个用发条或电驱动的风扇，启动后抽吸空气均匀地通过套管，使球部处于≥2.5m/s的气流中（电动的可以达到3m/s），可以形成固定风速，加之金属筒的反射作用，减少了气流和辐射热的影响，所以可测得较准确的温度和湿度。

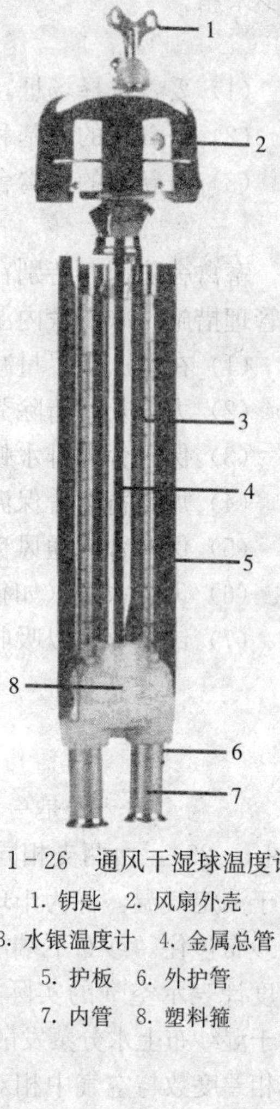

图1-26 通风干湿球温度计

1. 钥匙 2. 风扇外壳 3. 水银温度计 4. 金属总管 5. 护板 6. 外护管 7. 内管 8. 塑料箍

2. 操作步骤

（1）用吸管吸取蒸馏水送入湿球温度计套管，湿润温度计感应部的纱条。

（2）用钥匙上满发条，将仪器垂直挂在测定地点，如用电动通风干湿计则应接通电源，使通风器转动。

（3）待通风器转动3～5min后读干、湿温度计所示温度。先读干球温度，后读湿球温度。

（4）按下列绝对湿度公式计算绝对湿度：

$$K=E-a(t-t')P \tag{1-5}$$

式中，K为绝对湿度；E为湿球所示温度时的饱和湿度；a为湿球系数（0.000 67）；t为干球所示温度；t'为湿球所示温度；P为测定时的气压。

3. 注意事项

（1）夏季测量前15min，冬季测量前30min，将仪器放置测量地点，使仪器本身温度与测量地点温度一致。

（2）测量时如有风，人应站在下风侧读数，以免受人体散热的影响。在户外测定时，如风速超过4m/s，就应将防风罩套在风扇外壳的迎风面上，以免影响仪器内部的吸入气流。

（三）毛发湿度计法

1. 构造原理 毛发湿度计是根据毛发长度随空气湿度的变化而伸缩的原理制成。仪器有一个小金属框，在其中央垂直方向安装数根脱脂毛发，毛发一端固定不动，另一端系于滑车上；以细线拉动滑车使指针在固定的金属刻度板上移动，刻度为相对湿度，可在刻度板上读当时的空气湿度。

2. 操作步骤

（1）打开毛发湿度计盒盖，将毛发湿度计平稳地放置于测定地点。

（2）如果毛发及其部件上出现雾凇或水滴，应轻敲金属架使其脱落，或在室内使它慢慢干燥后再使用。

（3）经20min待指针稳定后读数，读数时视线需垂直刻度面。指针尖端所指读数应精确到0.2mm。

（四）氯化锂湿度计法

1. 构造原理 由玻璃纤维测头和指示仪表组成，玻璃纤维测头为感应部分。这种湿度计的检测元件表面有一薄层氯化锂涂层。氯化锂是一种在大气中不分解、不挥发，也不变质且稳定的离子型无机盐类，它能从周围气体中吸收水蒸气而导电。周围空气相对湿度越高，氯化锂吸水率越大，两支电极间的电阻就越小；反之，则使电阻增加。因此，通过电极的电流大小可反映出周围空气的相对湿度。应用现代计算机技术，空气温度和相对湿度可直接在仪器上显示，测定精度不大于±3%，相对湿度的测定范围为12%～100%（图1-27）。

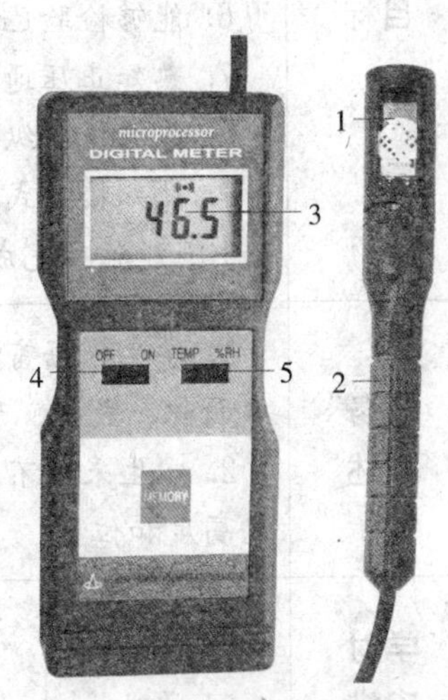

图1-27 氯化锂湿度计
1. 感测头防护罩 2. 感测棒 3. LCD显示器 4. 电源开关 5. 测量选择键

露点式氯化锂湿度计，是利用氯化锂饱和溶液的水汽压与环境温度的比例关系来确定空气露点。在电极间加氯化锂溶液薄层，测头上氯化锂的水汽分压低于空气的水汽分压时，氯化锂溶液吸湿，通电流后，测头逐渐加热，氯化锂溶液中的水汽分压逐渐升高，水汽析出，当氯化锂溶液达金属饱和时，电流为零，与水汽压平衡。测得电极的温度，即可推定空气的露点温度。

2. 操作步骤

（1）打开电源开关观察电压是否正常。

（2）测量前需进行补偿，用旋钮调“满度”，将开关置于“测量”位置，即可读数。

（3）通电10min后再读数。

（4）氯化锂测头连续工作一定时间后必须清洗。湿敏元件不要随意拆动，更不得在腐蚀性气体（如二氧化硫、氨气及酸、碱蒸气）质量浓度高的环境中使用。

任务四 畜禽舍气流调控

任 务 单

<table>
<tr><td>项目一</td><td colspan="5">畜禽舍环境调控</td></tr>
<tr><td>任务四</td><td colspan="2">畜禽舍气流调控</td><td colspan="2">建议学时</td><td>6</td></tr>
<tr><td>学习目标</td><td colspan="5">1. 熟知气流的成因及变化规律
2. 掌握风向玫瑰图的绘制方法
3. 熟悉气流对体温调节及生产性能的影响
4. 领会自然通风的原理
5. 掌握自然通风系统的设计方法
6. 能够检验已建成畜禽舍的通风量是否满足要求
7. 熟知正压通风与负压通风的形式及应用范围
8. 能够根据纵向通风的参数和要求进行畜禽舍纵向通风设计
9. 熟知接力式通风的应用场所和设备安装方法
10. 能独立完成气流的测定任务</td></tr>
<tr><td>任务描述</td><td colspan="5">1. 学生根据畜禽舍所需通风量合理设计自然通风、机械通风的进风口和排风口面积、数量、形状和位置，并使畜禽舍内气流均匀分布
2. 学生采用不同的方法进行畜禽舍内气流的测定。并根据需要确定适宜的测定高度和位置</td></tr>
<tr><td>学时安排</td><td>资讯
1 学时</td><td>计划与决策
1 学时</td><td>实施
3 学时</td><td>检查
0.5 学时</td><td>评价
0.5 学时</td></tr>
<tr><td>材料设备</td><td colspan="5">1. 多媒体教学设备
2. 多媒体学习资料及课件
3. 杯状风速计、翼状风速计、热球式电风速计、卡他温度计
4. 实训室、畜禽舍、畜禽场</td></tr>
<tr><td>对学生的要求</td><td colspan="5">1. 具备一定专业课程的相关知识，并做好课前预习
2. 有一定的气象知识和地理知识
3. 了解畜牧机械的相关知识
4. 理解能力
5. 严谨的态度
6. 团队配合能力</td></tr>
</table>

资　讯　单

<table>
<tr><td>项目名称</td><td colspan="3">畜禽舍环境调控</td></tr>
<tr><td>任务四</td><td>畜禽舍气流调控</td><td>建议学时</td><td>6</td></tr>
<tr><td>资讯方式</td><td>学生自学与教师辅导相结合</td><td>建议学时</td><td>1</td></tr>
<tr><td>资讯问题</td><td colspan="3">1. 我国大陆气流总体变化规律？
2. 风向玫瑰图有何作用？如何绘制？
3. 畜禽舍内气流变化规律及标准？
4. 气流对畜禽体热调节有何影响？
5. 气流对畜禽健康和生产力有何影响？
6. 畜禽舍通风应考虑哪些因素？如何控制夏季和冬季的自然通风量和气流的分布？
7. 畜禽舍自然通风的原理及设计方法？
8. 畜禽舍机械通风的方式及特点？
9. 正压通风的设计内容？
10. 纵向通风和横向通风有何不同？应如何选择和应用？</td></tr>
<tr><td>资讯引导</td><td colspan="3">本书信息单：畜禽舍气流调控
《畜禽环境卫生》，蔡长霞，2006，58－64
《家畜环境卫生学》，刘凤华，2004，132－139
《畜禽环境卫生》，赵希彦，2009，45－50
基于畜禽舍的养殖环境控制自动化系统研究与实现，王坤、刘雪兰等，《电脑知识与技术》，2008（9）
猪舍通风系统的设计要求及其类型，栾居权，《养殖技术顾问》，2010（5）
建筑型式及人工调控通风方式对育肥猪舍环境的影响，耿爱莲等，《中国农业大学学报》，2009（3）
多媒体课件
网络资源</td></tr>
</table>

资讯评价	学生互评分		教师评分		总评分	

信 息 单

项目名称	畜禽舍环境调控		
任务四	畜禽舍气流调控	建议学时	1
信息内容			

一、气流与畜禽

(一) 气流的产生与变动

1. 气流的形成及变化规律　由于大气密度从海平面向上逐渐变小，所以，气压随海拔高度增加而减小。另一方面由于地表各地区空气温度不同，气温高的地区，气压低；气温低的地区，气压高。高气压地区的空气必然向低气压地区流动，空气的这种水平流动称为风。风速的大小与两地气压差成正比，而与两地距离成反比。我国大陆处于亚洲东南季风区，其特点是夏季大陆气温高气压低，海洋气温低气压高，所以夏季多刮东南风，同时带来海洋的潮湿空气，较为多雨；冬季大陆气温低气压高，海洋气温高气压低，故多刮西北风或东北风，西北风空气寒冷干燥，东北风多雨雪。我国西南地区受印度季风的影响，夏季刮西南风，冬季吹东北风。

2. 气流状态描述　气流是矢量，既有大小，又有方向。气流的状态通常用风速和风向来描述。风速是指单位时间内空气水平流动的距离，单位是 m/s；风向是指风吹来的方向，常由 8～16 个方位表示，即东、南、西、北、东南、西南、东北和西北。风向常常处于动态变化中，但一段时间内风向也会出现一定规律。一定时期内不同方向风的频率，可按罗盘方位绘制成图：即在四条或八条中心交叉的直线上，按罗盘方位，将一定时期内各种风向的次数用比例尺，以其绝对数或百分数画在直线上，然后将相邻各点依次用直线连接起来，这样所得的几何图形，称为风向频率图（图 1-28）；因其形似玫瑰花，所以又称为风向玫瑰图。可按月、季、全年、数年或更长期的风向资料绘制。从图 1-28 中可以看出某地某月、某季的主导风向，为场址选择、畜禽养殖场的功能分区、畜禽舍朝向的选择及畜禽舍门窗设计等提供参考。如夏季应最大限度地利用自然风，使舍内有较大的气流，有利于防暑降温；冬季应减少气流，以利于防寒保暖。

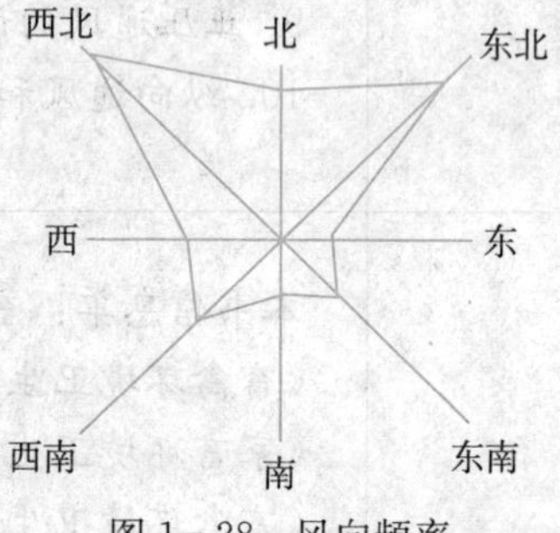

图 1-28　风向频率

(二) 舍内气流的来源与变动

对于密闭式畜禽舍，在没有机械通风的条件下，舍内气流变化不大。由于舍内外温差和风压作用，会使舍内外的空气通过门、窗、通气口和一切缝隙进行自然交换，从而形成空气的内外水平流动。又由于畜禽体的散热和蒸发作用，舍内空气温暖、潮湿，变轻而上升。而靠近畜禽舍外围护结构的空气，因受外界的影响，温度低、相对密度大，分别在两侧下沉，从而在舍内形成空气环流。舍内的气流方向和速度，主要取决于畜禽舍结构的严密程度和畜禽舍的通风方式。此外，舍内设备配置对其也有影响。例如用砖、混凝土筑成的猪栏，易导致栏内气流呆滞。又如，叠层笼养鸡舍中，机械通风时，笼具遮挡可导致风速下降5%～10%。

（三）气流对畜禽热调节的影响

气流主要影响畜禽的对流散热和蒸发散热，其影响程度因气流速度、温度、湿度的不同而不同。

1. 高温环境时加大气流　高温时，如果气流温度低于皮温，增大风速有利于畜禽体的对流散热，风速越大，对流散热越多；而当气流的温度高于皮温时，加大风速使畜禽体周围的水汽迅速排走，从而加快了皮肤和呼吸道表面的水分蒸发，一般蒸发散热量与风速成正比，与湿度成反比。因此高温时加大气流对畜禽体的热调节有利。

2. 低温环境时加大气流　在低温环境中，气流主要影响畜禽机体的对流散热。风速越大，对流散热越多，对流散热量还与气流温湿度有关，温度越低、湿度越大，散热越多。冬季低温而潮湿的空气能显著提高畜禽机体的散热量，同时使机体产热量增加，从而使热损耗增多。因此，低温时加大气流不利于畜禽的体热调节。

（四）气流对畜禽生产力的影响

气流通过影响热调节而影响畜禽生产力。夏季，气流有利于畜禽机体的热调节，因而对畜禽健康和生产力具有良好的作用。冬季，气流会增加畜禽的能量损耗，使饲料利用率和生产力下降。

1. 生长和肥育　①在低温环境中，增加气流，畜禽生长发育和肥育速度下降。例如，仔猪在低于下限临界温度（如18℃）的气温中，风速由0m/s增加到0.5m/s，生长率和饲料利用率分别下降15%和25%；②在适宜温度时，增加气流速度，畜禽采食量有所增加，生长肥育速度不变；③当气温高于仔猪的最适温度，如在31℃高温中，加大风速可提高其采食量和生长率。增大风速也能显著提高牛增重和饲料利用率（表1-10）。因此，在高温环境中，增加气流速度，可提高畜禽生长和肥育速度。

表1-10　风速对牛增重的影响

季节及气象条件	夏　季（平均气温32.4℃，相对湿度40%）		夏　季（平均气温31.3℃，相对湿度36%）	
平均风速（m/s）	0.28	1.58	0.28	1.56
平均日增重（kg）	0.64	1.06	0.85	1.09
平均日耗料（kg）	7.81	9.73	8.35	8.72

2. 产蛋性能　①在低温环境中，增加气流速度，可使蛋鸡产蛋率下降（表1-11）；②在高温环境中，增加气流，可提高产蛋量。例如，气温为32.7℃、湿度为47%～62%时，风速由1.1m/s提高到1.6m/s，来航鸡的产蛋率可提高1.3%～18.5%。在30℃环境中，风速从0m/s增至0.8m/s，鹌鹑产蛋率从81.9%增至87.2%；③在适宜温度环境中，风速低于1m/s的气流对产蛋量无明显影响。

表 1-11　低温时风速对蛋鸡生产性能的影响

平均气温（℃）	风速（m/s）	采食量（g/d）	产蛋率（%）	平均蛋重（g/个）	日平均产蛋重（g/d）	料蛋比
2.4	0.25	121	76.7	64.5	49.4	2.46：1
	0.50	115	64.8	61.7	40.1	2.87：1
12.4	0.25	111	79.7	64.6	51.5	2.16：1
	0.50	120	76.5	65.5	50.1	2.40：1

3. 产乳量　①在适宜温度条件下，风速对奶牛产乳量无显著影响。例如，气温在26.7℃以下、相对湿度为65%时，风速为2～4.5m/s，对欧洲牛及印度牛的产乳量、饲料消耗和体重都没有影响；②但在高温环境中，增大风速，可减小高温对奶牛产乳量的影响。例如，与适宜温度相比较，在29.4℃高温环境中，当风速为0.2m/s时，产乳量下降10%；但当风速增大到2.2～4.5m/s，奶牛产乳量可恢复到原来水平。

（五）气流对畜禽健康的影响

气流对畜禽健康的影响程度，取决于风速大小、气温和气湿的高低。

（1）低温、潮湿的气流促使畜禽体大量散热，使热量损耗增多。若畜禽的营养需要不能得到满足，会导致机体免疫力下降，对疾病抵抗力降低，容易诱发各种疾病，如鸡新城疫、仔猪下痢、感冒甚至发生肺炎；还可使仔猪、雏鸡、羔羊和犊牛的死亡率增加（表1-12）。如果畜禽体长期暴露在低温和大风的环境下，会使体温下降，特别是被毛短和营养不良的畜禽，还有可能死亡。因此，冬季尽可能保持低而适宜的气流，以利于保温；同时保持一定气流有助于有害气体、灰尘和微生物等有害物质的排出。这都会间接影响畜禽的健康。

表 1-12　温度与气流对雏鸡增重和死亡率的影响

舍温（℃）	风速（m/s）	死亡率（%）	1日龄体重（g）	7日龄体重（g）
18	0.35	6	37	80
10	0.10	16	37	79
9	0.35	51	37	74

注：各舍均饲养雏鸡1 000只。

（2）“贼风”对畜禽健康的影响。“贼风”是指从畜禽舍缝隙进入的一股温度很低，速度很大的气流。冬季畜禽舍内的“贼风”可以使畜禽机体局部受冷，而机体其他部位处于舒适环境中，因此不能对局部进行有效调节，易引起关节炎、肌肉炎、神经炎、冻伤、感冒甚至瘫痪等。因此，人们常说：“不怕大风一片，就怕贼风一线。”在寒冷季节，应堵塞畜禽舍内一切缝隙，避免冷风渗透；畜禽舍的进气口应安装在墙壁的上方；设置漏缝地板的猪舍，应尽量缩小使用面积，并远离畜床，以避免“贼风”侵袭。

（3）高温时，气流有利于机体蒸发散热和对流散热，使机体感到舒适，对畜禽健康有良好的作用，因此，夏季应尽可能增大舍内气流，加速机体散热。

（六）舍内气流标准

畜禽舍内的气流速度，可以说明畜禽舍的换气程度。若气流速度为0.01～0.05m/s，说明畜禽舍的通风换气不良；在冬季，畜禽舍内气流大于0.4m/s，对保温不利。在寒冷季节，为避免冷空气大量流入，气流速度应为0.1～0.2m/s，最高不超过0.25m/s；在炎热的夏季，应当尽量加大气流或用风扇、风机加强通风，速度一般要求不低于1m/s。通风在一定程度上能够起到降温的作用，但过高的气流速度会因气流与畜禽体表间的摩擦而使畜禽感到不舒适，因此，畜禽舍夏季机械通风的风速不应超过2m/s。

二、畜禽舍气流的调控技术

无论在任何季节，畜禽舍都应保持适宜的气流。它直接影响舍内的温度、湿度和空气质量。通风换气是畜禽舍环境调控的重要手段之一，对于集约化、规模化养殖场，通风技术尤为重要。夏季加强通风，促进畜禽体的蒸发散热和对流散热，缓和高温的不良影响称之为通风；冬季密闭的畜禽舍内，引进舍外新鲜空气，排除舍内污浊空气，防止舍内潮湿，提高空气质量称为换气。

畜禽舍气流的调控措施主要是确定适宜的通风换气量，设计合理的通风系统以及选择适宜的通风系统形式等。

（一）通风换气量确定

要设计出合理的通风系统，保证有效通风，必须首先确定畜禽舍所需的通风量。畜禽舍的通风换气一般以通风量（m^3/h）和风速（m/s）来衡量。通风换气量的确定，可根据排除舍内多余水汽或二氧化碳的要求进行计算，但通常是根据畜禽通风换气参数和换气次数来确定。

1. 根据畜禽舍通风换气参数计算通风量　通风换气参数是畜禽舍通风设计的主要依据。近年来，一些国家为各种畜禽制订了通风换气量技术参数，从而给畜禽舍通风系统的设计，提供了方便。表1-13、表1-14、表1-15给出了一些通风换气量的技术指标，供参考。

表1-13　不同气候条件下各种鸡舍的最大通风量（每千克体重，m^3/h）

鸡舍种类	体重（kg）	温和（27℃）	炎热（>27℃）	寒冷（15℃）
雏　鸡	—	5.6	7.5	3.75
后备母鸡	1.15～1.18	5.6	7.5	3.75
蛋　鸡	1.32～2.25	7.5	9.35	5.6
肉用仔鸡	1.35～1.8	3.75	5.6	3.75
肉用种鸡	3.15～4.5	7.5	9.35	5.6

表1-14　各类猪舍的必需换气参数［m^3/（h·头）］

猪舍种类	体重（kg）	冬季		夏　季
		最　低	正　常	
母猪（带仔）	1～9	36	132	354
商品肉猪	9～18	2.4	18	60
	18～45	4.2	18	78
	45～68	4.2	24	120
	68～91	5.4	30	138
母　猪	100～113	3.6	36	204
	115～136	4.8	42	306
种公猪	136以上	6.6	48	420

表 1-15 牛、羊、马舍换气量参数（m^3/h）

畜舍种类	体重（kg）	冬 季	夏 季
肉用母牛	454	168	342
去势公牛（漏缝地板）	454	126～138	852
乳用母牛	454	168	342
绵羊	按单只计	38～42	66～84
肥育羔羊	按单只计	18	39
马	454	102	270

根据畜禽的通风换气参数与饲养规模，可计算出畜禽舍通风换气量，其公式为：

$$L=1.1\times K\cdot m \quad (1-6)$$

式中，L 为畜禽舍通风换气量（m^3/h）；K 为通风换气参数［$m^3/(h\cdot 头)$］；m 为畜禽数量（头或只）；1.1 为按 10%的通风短路估测通风总量损失。

在生产中，以夏季通风量为畜禽舍最大通风量，冬季通风量为畜禽舍最小通风量。畜禽舍采用自然通风系统时，在北方寒冷地区应以最小通风量，即冬季通风量为依据确定通风口面积，尽可能少地带走热量；采用机械通风时，必须根据最大通风量即夏季通风量确定总的风机风量，以便在最热时期，尽可能多地排除热量和水汽。

2. 根据换气次数来确定通风量 换气次数是指 1h 内换入新鲜空气的体积为畜禽舍容积的倍数。一般规定，畜禽舍冬季换气应保持 3～4 次/h，一般不超过 5 次/h，冬季换气次数过多，容易引起舍内气温下降。这种方法只能作粗略估计，不太准确，其通风换气量计算公式为：

$$L=N\times V \quad (1-7)$$

式中，L 为通风换气量（m^3/h）；N 为通风换气次数（次/h）；V 为畜禽舍容积（m^3）。

（二）自然通风系统设计

根据舍内气流形成的动力不同，将畜禽舍的通风换气分为自然通风和机械通风两种方式。畜禽舍的自然通风是指依靠自然的风压或热压，产生空气流动，通过畜禽舍外围护结构的缝隙（门窗、通风口）所形成的气体交换。

自然通风系统的设计任务是根据畜禽舍所需风量，合理设计自然通风的进风口和排风口面积、数量、形状和位置，以保证畜禽舍的通风量，并使之在畜禽舍内均匀分布。

1. 自然通风原理 自然通风的动力为风压和热压。

（1）风压通风原理。风压是指大气流动（刮风）时，作用于建筑物表面的压力。风压通风是当风吹向建筑物时，迎风面形成正压，背风面则形成负压，气流从正压区开口流入，由负压区开口流出，所形成的舍内外气体交换（图 1-29）。通风量的大小取决于气流与开窗墙面的夹角、风速、进风口和排风口的面积；而气流的分布取决于进风口和排风口的形状、位置及分布。

（2）热压换气原理。热压指空气温度不均而发生密度差异产生的气压差。热压通风即舍内空气受热源作用而膨胀变轻上升，聚积于畜禽舍顶部，于是在畜禽舍上部形成高压区，如果屋顶有开口或缝隙，热空气就会逸出舍外；畜禽舍下部冷空气不断遇热上升，形成了空气稀薄的负压区，舍外较冷的新鲜空气不断渗入舍内补充，如此循环，形成自然通风（图1-30）。

图1-29　风压通风

图1-30　热压通风

热压通风量的大小取决于畜禽舍内外的温差、进风口和排风口的面积、进风口和排风口中心的垂直距离；气流的分布取决于进风口和排风口的形状、位置和分布。

自然通风往往是风压通风和热压通风同时进行，在寒冷地区和温暖地区的寒冷季节，畜禽舍处于封闭状态，因此主要考虑热压作用；夏季由于舍内外温差较小，热压作用相对较弱，以风压通风为主。要提高畜禽舍自然通风效果，应注意畜禽舍跨度不宜过大，9m以内为好。靠自然通风的畜禽舍应相距15～18m，否则自然通风效果不好。

2. 确定排气口的面积　在自然通风系统设计中，由于畜禽舍外风力无法确定，故一般按无风时设计，以热压为动力计算。这样，夏季有风时，畜禽舍通风量大于计算值，对畜禽更为有利；在冬季有风时，可通过关闭门窗，减少外部气流对畜禽的不利影响。在确定畜禽舍通风换气量之后，可求出通风换气面积，即风口面积。根据空气平衡方程式：进风量$L_{进}$等于排风量$L_{排}$，故畜禽舍通风量为$L(m^3/s)=L_{进}=L_{排}=3600FV$。

排风速度V（m/s）的计算公式为：

$$V(m/s)=\mu\sqrt{2gH(t_n-t_w)/(273+t_w)} \quad (1-8)$$

式中，H为进风口与排风口的垂直距离（m）；μ为排气口阻力系数，取0.5；g为重力加速度9.8（m/s^2）；t_n、t_w分别为舍内、外通风计算温度（℃）；273为相当于0℃的热力学温度（K）。

由上述$L_{排}$、F及V的关系，可推导出排气口截面积$F(m^2)$的计算公式：

$$F=L/\left[3600\times0.5\times4.427\times\sqrt{H(t_n-t_w)/(273+t_w)}\right] \quad (1-9)$$

进风口的面积理论上讲，应与排气口面积相等，但通过孔洞以及门窗启闭时，一部分空气会进入舍内；所以，进气口面积往往小于排气口面积，一般按排气口面积的50%～70%设计。

按热压来设计自然通风，计算方式仍较繁琐，为简化手续可按畜禽舍容纳畜禽的种类和数量，查表1-13、表1-14、表1-15计算夏季、冬季所需通风量（L）；气流速度（V）以畜禽要求的风速作为排风速度，并在确定进、排风口高度后，求得排风口面积。

3. 检验采光窗夏季通风量能否满足要求　一般情况下，采光窗用作通风窗，其H值为窗高的一半，上部为排风口，下部为进风口，进、排风口面积各占窗口面积的1/2。根据$L=3600FV$求得总通风量，F为排风口总面积。如果南、北窗面积和位置不同，应分别计算各自的通风量，求其和即得该间畜禽舍的总通风量，与畜禽舍所需风量比较即可知通风是否达标。如果能满足夏季通风要求，即可着手进行冬季通风设计；如不能满足要求，则需增设地窗、天窗、通风屋脊、屋顶风管等加大夏季通风量。

4. 地窗、天窗、通风屋脊、屋顶风管设计

（1）地窗设置。一般设置在南北采光窗下（图1-31），可使畜禽舍热压中性面下移，增大排风口（采光窗）的面积，从而增加了热压通风量；此外，有风时还可形成靠近地面的“穿堂风”和“扫地风”，增大了防暑的效果。

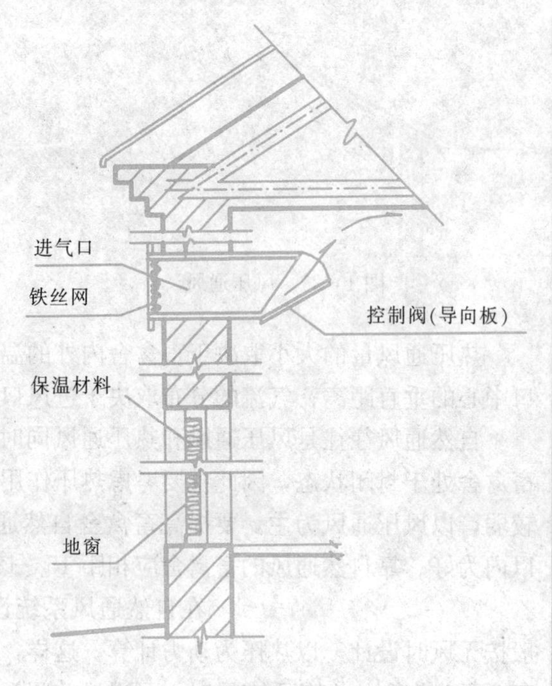

图1-31 地窗和冬季进风口

地窗一般按采光窗面积的30%～50%设计。设地窗后再计算其通风量，检验能否满足夏季通风要求。为简化计算手续，排风口面积按采光窗面积计，H 值取采光窗中心至地窗中心的垂直距离，南北窗面积和位置不同时，分别计算通风量后求和。如果设置地窗后仍不能满足夏季通风要求，则应在屋顶设置天窗、通风屋脊，以增加热压通风。

（2）天窗设置。可在半钟楼式畜禽舍的一侧或钟楼式畜禽舍的两侧设置，也可沿屋脊长度方向间断设置（图1-32）。一般间距为4～6m，外形尺寸为1.5m（长）×1m（宽）×0.8m（高），天窗四周要封闭严密，顶部加装风帽，底部或侧面设置可人工调节的翻板，以便在室外温度变化时调整换气量大小。

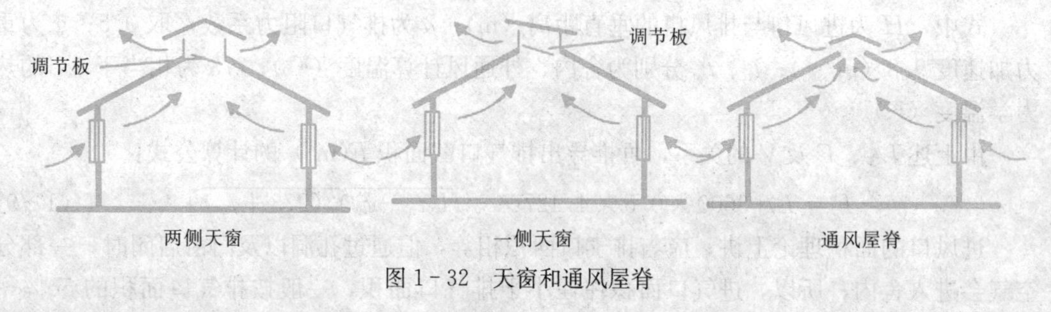

图1-32 天窗和通风屋脊

（3）通风屋脊设置。通风屋脊结构简单，但无法关闭，只能适合炎热地区，一般沿屋脊通长设置，宽度为0.3～0.5m。设地窗和通风屋脊后，即使不能满足夏季通风量，差值也不会太大，故不必再进行检验。

夏热冬冷地区，考虑冬季防寒和便于控制通风量，可设屋顶风管。进风口应设于墙上部，以防止冷风直接吹向畜体（风管设计见后）。

5. 采用机械辅助通风 采用以上自然通风设计后，如果夏季通风仍不足时，可以设置吊扇或在屋顶风管中安装风机；亦可在舍内沿长轴每隔一定距离设一台大直径风机，进行“接力式”通风，风机间距根据其排风有效距离而定。

6. 冬季通风设计　考虑到冬季避风防寒，畜禽舍常关闭采光窗和地窗。此时，对不设天窗或屋顶风管的小跨度畜禽舍，由于冬季通风量相对较小，门窗缝隙冷风渗透较多，可在南窗上部设置类似风斗的外开下悬窗作排风口，每窗设1个或隔窗设1个，酌情控制启闭和开启角度，以调节通风量，其面积不必再行计算。对大跨度畜禽舍（7～8m及以上），宜结合夏季通风需要，设置屋顶排气管；进气管应按防寒要求进行设计。

（1）排气管的设计。

①屋面排风管，上端高出屋顶1m，下端伸入舍内不少于0.6m；如有天棚应从天棚开始，上口设风帽，防雨、防雪。

②下口原则上以设在舍内粪水沟上方为好，便于有害气体的排除。

③为控制风量，管内应设调节板以便控制开启及大小。

④风管面积可根据畜禽舍冬季所需通风量查表1-16确定。

⑤烟囱式排风管的截面积一般为60cm×60cm。

⑥风管最好做成圆形，以便必要时安装风机，风管直径以0.3～0.6m为宜。

⑦确定每管面积后，按所需总面积可求得风管数量，然后根据间距数尽量均匀布置，一般两个排气管的间距为8～12m。

⑧跨度小的畜禽舍，所需风量少，排风管可布置为一排；跨度大的畜禽舍，宜沿屋脊两侧交错布置为两排。

⑨在严寒地区，为防止风管内凝水或结冰，排气管需用保温材料制成（要有套管，内充保温材料），并要求管壁光滑、严密，管下口应设接水盘。

⑩在北方地区，为防止水汽在管壁凝结，可在总断面积不变情况下，适当增加每个排气管的面积，而减少排气管的数量。

表1-16　畜禽舍冬季通风量每1 000m^3/h所需排风口面积（m^2）

舍内外温差（℃）	风管上口至舍内地面的高度（m）							舍内外温差（℃）	风管上口至舍内地面的高度（m）						
	4	5	6	7	8	9	10		4	5	6	7	8	9	10
6	0.43	0.38	0.35	0.32	0.30	0.28	0.27	24	0.21	0.18	0.17	0.16	0.15	0.14	0.13
8	0.36	0.33	0.30	0.28	0.26	0.24	0.23	26	0.20	0.18	0.16	0.15	0.14	0.13	0.12
10	0.33	0.29	0.26	0.25	0.23	0.22	0.21	28	0.19	0.17	0.15	0.14	0.13	0.13	0.12
12	0.30	0.26	0.24	0.22	0.21	0.20	0.19	30	0.18	0.16	0.15	0.14	0.13	0.12	0.11
14	0.28	0.25	0.22	0.21	0.19	0.18	0.17	32	0.17	0.16	0.14	0.13	0.12	0.12	0.11
16	0.25	0.23	0.21	0.19	0.18	0.17	0.16	34	0.17	0.15	0.14	0.13	0.12	0.11	0.11
18	0.24	0.22	0.20	0.18	0.17	0.16	0.15	36	0.16	0.15	0.13	0.12	0.12	0.11	0.10
20	0.23	0.20	0.19	0.17	0.16	0.15	0.14	38	0.16	0.14	0.13	0.12	0.11	0.11	0.10
22	0.22	0.19	0.18	0.16	0.15	0.14	0.14	40	0.14	0.14	0.13	0.12	0.11	0.10	0.10

（2）进气管设计。进气管要求能使空气均匀分布，大小要满足最大通风量的需求。

①为防止冷风直接吹向畜禽体，将进风管设于背风侧墙的上部，使气流先与上部空气混合后再下降，气流不仅经过预热，而且靠与天花板的“贴附作用”使其分布均匀。

②进气管可用木板或PVC管制成，其断面为方形、矩形，通常均匀地镶嵌在纵墙上。在温暖地区，进气口设置在窗户的下侧，距墙基10～15 cm处，也可以用地坪窗代替。寒

冷地区，进气口通常设置在窗户的上侧，距天棚 40～50cm，在纵墙两窗之间的上方，进气管彼此间距离应为 2～4m。

③墙外进气口向下弯曲，或加“<”形板，以防冷空气或降水直接侵入。

④墙内侧进气口应装调节板，用以将气流挡向上方，避免冷空气直接吹向畜体，并可以调节进气口大小，以控制换气量，在畜禽舍不需要气流时可以将进气口关闭。

⑤进风口外侧应装铁网防鸟雀。

⑥当进气口的总面积一定时，其数量宜多一些，以便于均匀布置。进气管总面积按排气管面积的 70%设计。

⑦进气口形状以扁形为宜。

⑧大跨度畜禽舍采用有管道自然通风时，应将进风管伸进舍内深部 1～3m，或长短交错布置，如畜禽舍吊棚，可将进风管沿天棚下平行设置（图 1－33 左）；未吊棚的畜禽舍可将进风管沿屋顶方向倾斜设置（图 1－33 右）。

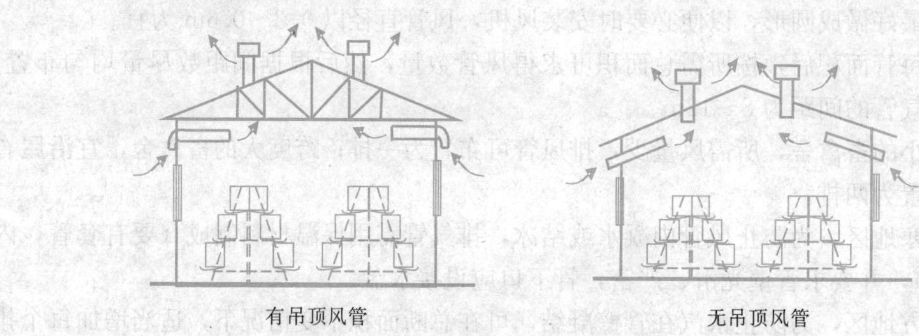

图 1－33 鸡舍进、排风管

（3）风帽设计。风帽是排气管上端的附加装置，作用是防止雨雪降落和利用风压加强通风效果。风帽工作的原理是：当风吹向风帽从其周围绕过时，在风帽四周形成风压较低的负压区，于是管内气流通过风帽迅速排出。风帽的形式较多，常用的为屋顶式风帽和百叶式风帽。其构造基本相同，百叶式风帽既可以有效地防止降水落入管缝隙，又可以加大排气管内气流速度（图 1－34）。

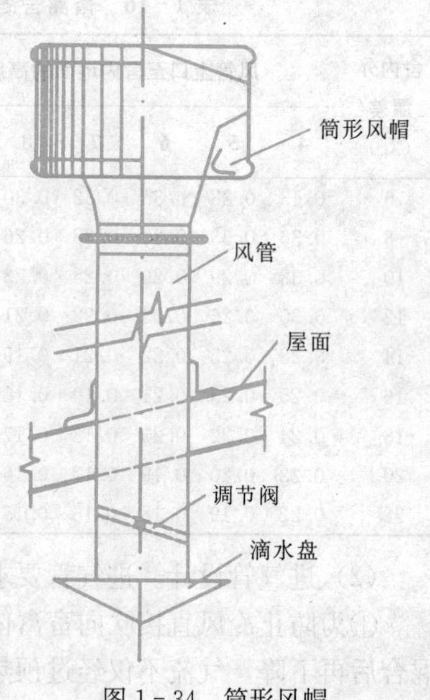

图 1－34 筒形风帽

（三）畜禽舍机械通风设计

机械通风也称为强制通风，是依靠风机强制舍内外进行气体交换的通风方式。克服了自然通风受外界风速变化、舍内外温差等因素的限制，可根据不同气候、季节和畜禽种类设计理想的通风量和舍内气流速度，尤其适用于大型密闭畜禽舍，为其创造良好的环境提供了可靠的保证。

机械通风设计的任务在于：根据所需通风量选择和计算风机流量、风机数量，以保证通风量；同时要合理设计通风口面积、形状和位置，以保证气流分布均匀和合适的进风速。

机械通风按照舍内气压的变化可分为正压通风、负压通风和联合通风三种形式。

1. 正压通风设计　正压通风也称为进气式通风或送风，是指通过风机将舍外新鲜空气强制送入舍内，使舍内气压增高，舍内污浊空气经风管或通风口自然排出的换气方式。正压通风的优点在于：

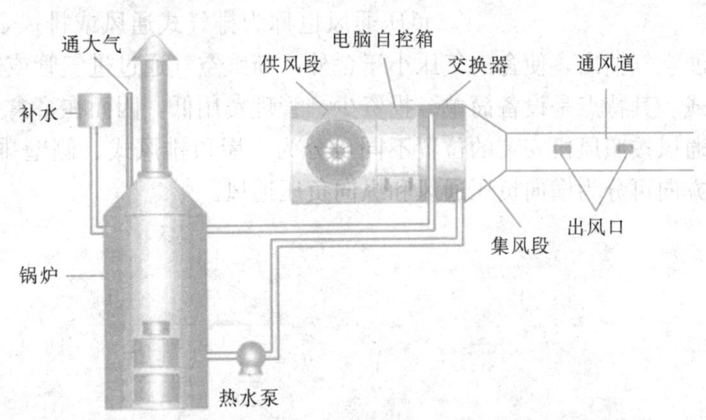

图 1-35　畜禽舍通风、供暖、排污、排湿综合调控系统

（1）可实现一套系统解决通风、供暖、降温、排污、排湿的综合调控（图 1-35）。

（2）可实现对畜禽所在部位局部环境的调整，降低环境调整的设备投资和能耗。

（3）冬季可将温暖、干燥、清洁的空气送至畜禽体周围。

（4）夏季可不必关窗，实现自然通风与机械通风相结合，节约能耗。

（5）对进入的空气可进行加热、冷却以及过滤、消毒等预处理，从而有效地保证畜禽舍内适宜温湿状况和良好的空气环境，在严寒、炎热地区均适用。正压通风根据风机位置分为侧壁送风、两侧壁送风、屋顶送风形式（图 1-36）；也可通过管道系统送入畜禽舍或送到需要的部位。

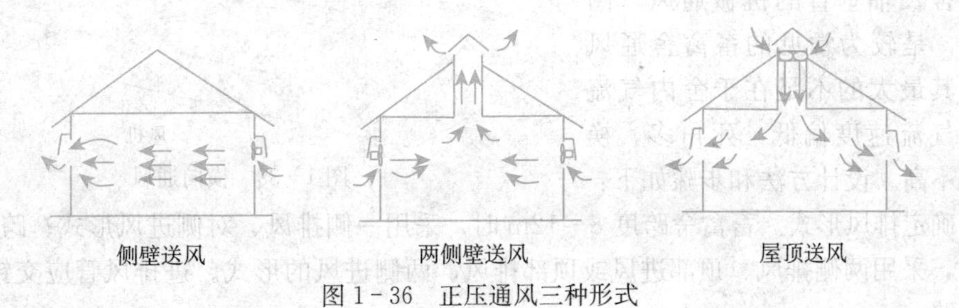

图 1-36　正压通风三种形式

畜禽舍正压通风一般采用屋顶水平管道送风系统，即在屋顶下水平铺设通风孔的送风管道（图 1-37），采用离心式风机将空气送入管道，风经通风孔流入舍内。安装该系统时如畜禽舍跨度在 9m 以内时可铺设一条管道，超过 9m 时可铺设 2 条管道。管道材料一般选用镀锌铁皮、玻璃钢、PVC 塑料或编织布等材料制成；在管道上每间隔一定距离设置一个出风口，其面积大小需经过周密计算，一般是从通风管始端开始孔径逐渐变大，可保证末端风量与始端相当，做到通风均匀。该系统主要应用于规模

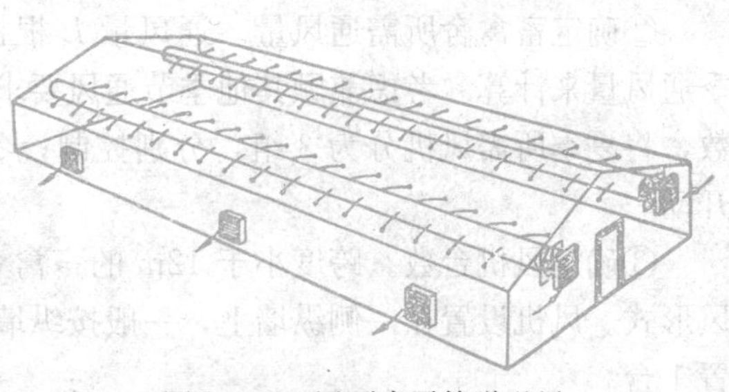
图 1-37　屋顶水平管道送风

化畜禽养殖场中的育雏舍、肉仔鸡舍、仔猪保育舍和孵化室，可在进风口附加设备，对空气进行预热或冷却、过滤处理后送入舍内，对畜禽舍的环境控制效果良好。

2. 负压通风设计　负压通风也称为排气式通风或排风，是指利用风机将封闭舍内污浊空气抽出，使舍内气压小于舍外，新鲜空气通过进气管或进气口自然流入舍内的换气方式。其特点是设备简单、投资少、管理费用低，因而在畜禽生产中得到了广泛应用。负压通风按照风机安装的位置不同可分为：屋顶排风式、侧壁排风式（图 1-38）；按气流的方向可分为横向负压通风和纵向负压通风。

图 1-38　负压通风

一般跨度小于 12m 的畜禽舍可采用横向负压通风，如果通风距离过长，易致舍内气温不均、温差大，对畜禽体不利。跨度大的畜禽舍可采用屋顶排风式负压通风，高床饲养工艺的畜禽舍采用两侧排风式负压通风。纵向通风可适用于各类畜禽舍。

（1）横向负压通风设计。横向负压通风是指畜禽舍内的气流方向与畜禽舍长轴垂直的机械通风（图 1-39），是较为常见的畜禽舍通风方式。其最大的不足在于舍内气流不均，气流速度偏低，死角多，换气质量不高。设计方法和步骤如下：

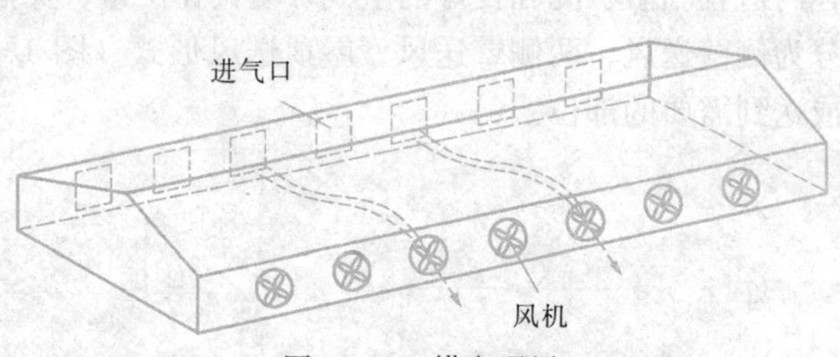

图 1-39　横向通风

①确定排风形式。畜禽舍跨度 8～12m 时，采用一侧排风、对侧进风形式；跨度大于 12m 时，采用两侧排风、顶部进风或顶部排风、两侧进风的形式。进排风管应交错安装，防止短路。

②确定畜禽舍所需通风量。通风量 L 根据各种畜禽的通风换气参数的最大值，即夏季通风量来计算。考虑兼顾其他季节通风要求，可分别求出冬季和过渡季节所需风机的台数，将夏季所需风机分为 3 组，分别控制；冬季开 1 组，过渡季节开 2 组，夏季可全部开动。

③确定风机台数。跨度小于 12m 的畜禽舍，通常采用一侧排风、对侧进风的负压通风形式。风机设置在一侧纵墙上，一般按纵墙长度（值班室和饲料间不计），每 7～9m 设置 1 台。

④确定每台风机流量 Q。计算公式如下：

$$Q=\frac{K\cdot L}{N} \tag{1-10}$$

式中，Q 为风机的风量（m^3/h）；K 为风机效率的通风系数（取 1.2～1.5）；L 为夏季所需通风量（m^3/h）；N 为风机数量（台）。

⑤确定风机全压 H。风机全压应大于进、排风口的通风阻力，否则将使风机的效率降低，甚至损坏电机。风机全压计算公式如下：

$$H=6.38V_1^2+0.59V_2^2 \tag{1-11}$$

式中，H 为风机全压（Pa）；V_1 为进风速度（m/s），夏季 3～5m/s，冬季 1.5m/s；V_2 为排风速度（m/s），根据每台风机的流量和选择风机的叶片直径（d）计算。

$$V_2=\frac{4Q}{3600\pi d^2} \tag{1-12}$$

求得 Q 和 H 值后，可在风机性能表中选择风机风量和全压大于或等于 Q 和 H 计算值的风机型号。

⑥确定进风口总面积。进气口总面积一般是 1 000m^3/h 的排风量需 0.1～0.12m^2 的进气口面积；如进气口设遮光罩，面积应按 0.15m^2 计算。进气口的面积也可按如下公式计算：

$$A=\frac{K\cdot L}{3600V_1} \tag{1-13}$$

式中，A 为进风口面积（m^2）；其他符号 K、L 和 V_1 同前。

⑦确定进风口的数量（n）和每个进风口的大小。进风口的数量可按畜禽舍长度 I 与畜禽舍跨度 S 的 0.4 倍的比值进行计算，公式如下：

$$n=I/0.4S \tag{1-14}$$

每一进气口的面积：

$$a(m^2)=A/n \tag{1-15}$$

进风口大小一般先确定其高度，可选 0.12m、0.24m、0.3m，以便于砖墙施工；根据其面积和高度即可求出进风口的宽度。进风口的高宽比一般以 1∶5～8 为宜，如果初步确定的高宽比例相差太大，可调整高度或数量，重新计算。

⑧布置风机和进风口。为保证通风量和气流分布均匀，风机和进气口的布置应注意以下几点：

a. 一侧进风另一侧排风时，风机（排风口）宜设置于一侧墙下部，进风口均匀布置于对侧墙上部（考虑到夏季放热，可在其下部设地窗，冬季关闭，夏季打开）交错安装。风机口应设铁皮弯管，进风口应设遮光罩以挡光避风（图 1-40）。相邻两栋畜禽舍的风机或进风口，应相对设置，以免前栋舍排出的污浊空气被后栋舍的进风口吸入。

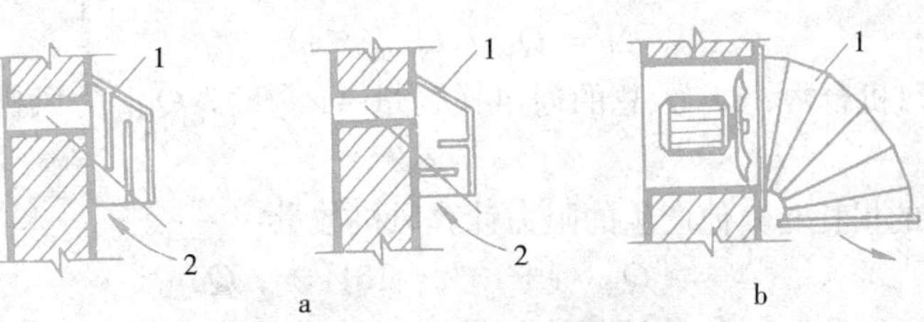

图 1-40　进风口的遮光罩和风机口

a. 进风口的遮光罩　b. 风机口的弯

1. 遮光罩　2. 进风口

b. 采用上排下进时（屋顶排风），两侧墙上的进风口不宜过低，并应装导向板，防止冬季冷风直接吹向畜体。

c. 为保证停电或通风故障时畜禽舍的采光和通风换气，无窗舍应按舍内地面面积的2.5%设应急窗（不透光的保温窗），在两纵墙上均匀布置，平时关闭，必要时开启采光通风。

（2）纵向负压通风设计。纵向负压通风是指舍内空气流动方向与畜禽舍长轴方向平行的机械通风（图1-41）。由于通风的截面积比横向通风相对缩小，故使舍内风速增大，克服了横向通风的缺陷，可确保畜禽舍获得新鲜空气，适用于各类畜禽舍。但由于纵向通风的风机直径大，一般不能兼作冬季换气之用。其设计步骤与横向通风设计基本相同。

图1-41 畜禽舍纵向通风

①通风量确定。畜禽舍的纵向通风换气量可根据以下两方面确定。一方面根据通风换气参数来确定；另一方面可根据畜禽舍要求的风速来计算。

a. 根据参数确定通风换气量：

$$Q=N\times G\times P \quad (1-16)$$

式中，Q为通风换气量（m^3/h）；N为饲养的畜禽数量（头、只）；G为平均体重（kg/头或kg/只）；P为换气参数。

b. 根据舍内的风速确定通风换气量：

$$Q=S\times V \quad (1-17)$$

式中，Q为通风换气量（m^3/h）；S为纵向通风空气的过流面积（横截面积，m^2）；V为舍内的气流速度（m/s）。

②确定风机型号。纵向通风一般采用大流量节能型轴流风机，风机型号见表1-17。

③确定风机数量。根据畜禽舍的总排风量来计算所安装的风机台数。其计算公式如下：

a. 考虑风机的效率计算风机台数：

$$N=Q_{总}/(Q_{风机}\times\eta) \quad (1-18)$$

式中，N为风机台数；$Q_{总}$为总的通风换气量（m^3/h）；$Q_{风机}$为风机的风量（m^3/h）；η为风机的效率。

b. 考虑风机的损耗与其他产生的阻力计算风机数量：

$$N=[Q_{总}(1+10\%\sim15\%)]/Q_{风机} \quad (1-19)$$

式中，N为风机台数；$Q_{总}$为通风换气量（m^3/h）；$Q_{风机}$为风机的风量（m^3/h）。

④确定进风口的面积。纵向通风进气口的面积可按1 000m^3/h的排风量需0.15m^2的进气口面积进行计算。如不考虑承重墙、遮光等因素，一般应与畜禽舍横断面大致

相等。

⑤风机的安装。风机一般安装在畜禽舍污道一侧的山墙上或靠近山墙的两侧纵墙上；进气口设在畜禽舍的另一端山墙上或山墙附近的两侧纵墙上；当畜禽舍太长时，可将风机安装在两端或中部，进气口设在畜禽舍的中部或两端；风机安排可大小结合以适应不同季节通风的需要；纵墙上安装风机，排风方向应与屋脊成30°～60°角。

⑥畜禽舍纵向通风的优点。

a. 提高风速。纵向通风舍内平均风速比横向通风平均风速高5倍以上，因纵向通风气流断面积（即畜禽舍净宽）仅为横向通风断面（即畜禽舍长度）的1/10～1/5。纵向通风舍内风速可达0.7m/s以上，夏季可达1.0～1.2m/s。

b. 气流分布均匀。进入舍内空气均沿着一个方向平稳流动，空气流动路线为直线，因而气流在畜禽舍纵向各断面的速度可保持均匀一致，舍内气流死角少。

c. 改善空气质量。结合排污设计，将进气口设在清洁道侧，排气口设在污道侧，可以避免畜禽舍间的交叉污染。

d. 节能、降低费用。纵向通风采用大流量节能风机。风机排风量大，使用台数少，因而可以节约设备的投资及安装接线费用，可节约维修管理费用20%～35%，节约电能及运行费用40%～60%。

e. 提高生产力。鸡舍采用纵向通风，可使产蛋率、饲料报酬提高，死亡率下降。

⑦纵向通风应用。纵向通风应用时要求畜禽舍为封闭舍，对于有窗式封闭舍在实施纵向通风时要求关闭窗户，否则会造成气流短路，达不到通风要求；在夏季高温期一般与湿帘或湿墙配合使用，既达到了通风的目的，又起到了降低畜禽舍内温度的效果，一般可使舍内温度降低4～7℃，有效地缓解畜禽的热应激；畜禽舍在冬季采用纵向通风技术时，首先应提高舍温，一般与热风炉配合使用，但耗能相对较高，目前国内集约化大型养殖场有应用。

3. 联合通风　也称为混合式通风，是一种同时采用机械送风和机械排风的方式，因可保持舍内外气压差接近零，故又称为零压通风。大型封闭舍，尤其是无窗舍中，单靠机械排风或机械送风往往达不到应有的换气效果，故需采用联合式机械通风。联合式通风由于风机台数多，设备投资大，因而没有广泛应用。联合式通风系统风机安装形式基本上有三种：

（1）进气口设在较低处，装设送风风机将舍外新鲜空气送到畜舍下部，即畜禽活动区；排气口设在畜禽舍上部，由排风机将聚集在畜禽舍上部的污浊空气抽走，这种方式有利于降温，故适用于温暖和较热地区。

（2）进气口设在畜禽舍上部，风机由高处往舍内送新鲜空气；排气口设在较低处，风机由下部抽走污浊空气。这种方式既可避免在寒冷季节冷空气直接吹向畜体，也便于预热、冷却和过滤空气，故对寒冷地区或炎热地区都适用。

（3）接力式通风。风机安装在畜禽舍内屋梁下，纵向每8～10m安装一台，横向每4～5m安装一台，运行时可使畜禽舍内形成对流风，并排除舍内污浊空气（图1-42）。这种通风方式适用于温暖地区或寒冷地区的温暖季节。对于大型牛场，接力式通风与加湿设备配套使用，可有效地缓解高温应激。风机一般选用悬挂式轴流风机。

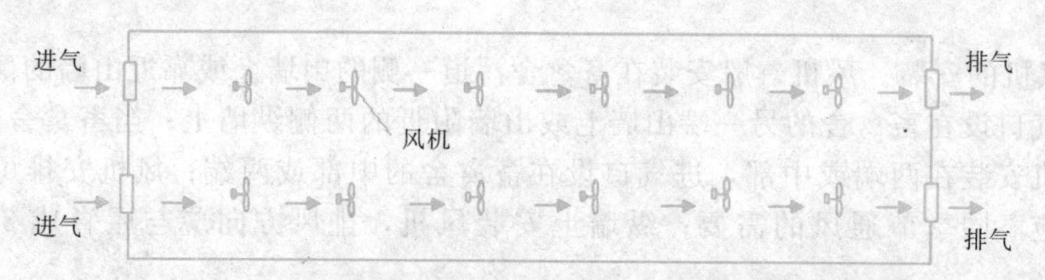

图 1-42 接力式通风

4. 风机选择 选择风机应考虑的因素：气流量、风扇曲面形状、功率、噪声、质量、价格等。畜禽舍负压通风主要用轴流式风机，正压通风主要用离心式风机。

(1) 轴流式风机。这种风机所吸入的空气与送出的空气的流向和风机叶片轴的方向平行。它由外壳及叶片所组成（图 1-43）。叶片直接装在电动机的转动轴上。畜禽舍负压通风主要用轴流式风机。

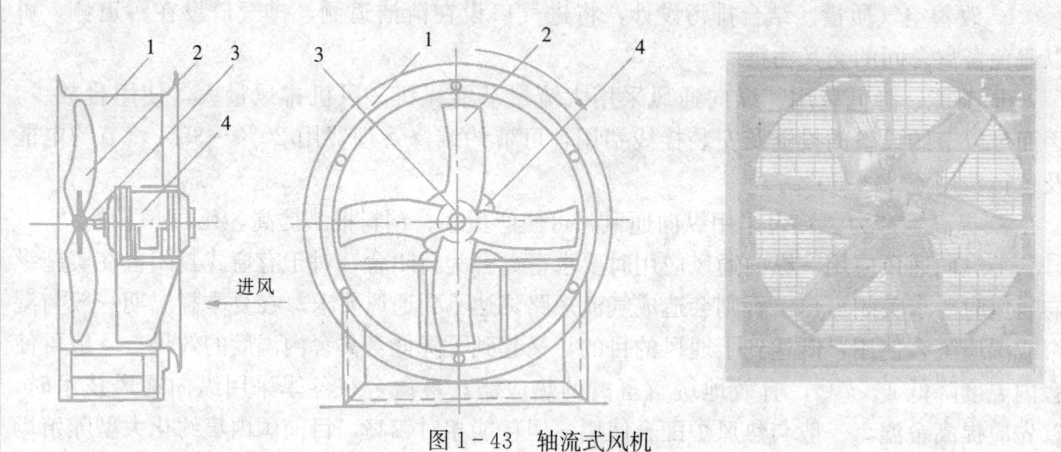

图 1-43 轴流式风机

1. 外壳 2. 叶片 3. 电动机转动轴 4. 电动机

轴流式风机的特点是：叶片旋转方向可以逆转，旋转方向改变，气流方向随之改变，而通风量不减少；通风时所形成的压力，一般比离心式风机低，但输送的空气量却比离心式风机大很多。故既可用于送风，也可用于排气。由于轴流式风机压力小，噪声较低，除可获得较大的流量，节能效果显著以外，风机之间整个进气气流分布也较均匀，与风机配套的百叶窗，可以进行机械传动开闭。目前用于我国畜禽舍的通风风机型号较多，其中叶轮直径为 1 400mm 的 9FJ-140 型风机，风量大于 50 000m^3/h。

(2) 离心式风机。空气进入风机时和叶片轴平行，离开风机时变成垂直方向。故这个特点使其自然地可适应通风管道 90°的转弯。这种风机运转时，气流靠带叶片的工作轮转动时所形成的离心力驱动。

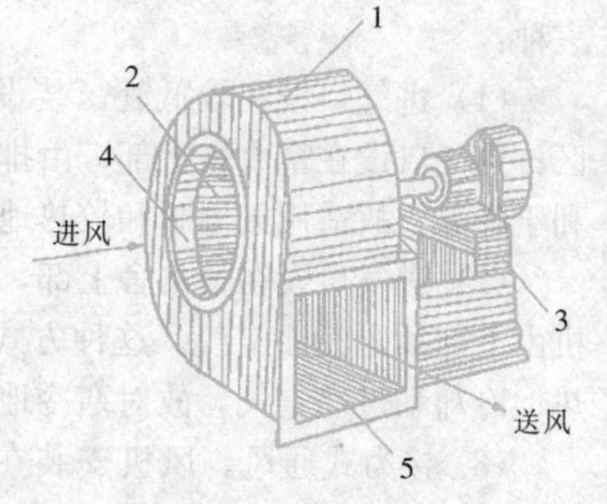

图 1-44 离心式风机

1. 蜗牛形外壳 2. 工作轮 3. 机座 4. 进风口 5. 出风口

离心式风机由蜗牛形外壳、工作轮和带有传动轮的机座组成（图 1-44）。空气从进风口进入风机，受旋转的带叶片的工作轮所形成的离心力作用，流经工作轮而被送放外壳，然后再沿着外壳经出风口送入通风管中。离心式风机不具逆转性，压力较强，在畜禽舍通风换气系统中，多半在送热风和冷风时使用。

在选择风机时，既要满足通风量要求，也要求风机的全压符合要求，这样风机克服阻力的能力强，通风效率高，才能取得良好的通风效果。畜禽舍一般采用大直径、低转速的轴流式风机，目前国产纵向通风的轴流风机的主要技术参数是：流量 31 400m³/h，风压 39.2Pa，叶片转速 352r/min，电机功率 0.75W，噪声不大于 74dB。选择风机时可参考表 1-17 畜禽舍常用风机主要性能参数表。

表 1-17　畜禽舍常用风机主要性能参数

风机型号	叶轮直径 (mm)	叶轮转速 (r/min)	风压 (Pa)	风量 (m^3/h)	轴功率 (kW)	配用电机功率 (kW)	噪声 [dB (A)]	机重 (kg)	备注
9FJ-140	1 400	330	60	56 000	0.760	1.10	70	85	
9FJ-125	1 250	325	60	31 000	0.510	0.75	69	75	
9FJ-100	1 000	430	60	25 000	0.380	0.55	68	65	
9FJ-71	710	635	60	13 000	0.335	0.37	69	45	
9FJ-60	600	930	70	9 600	0.220	0.25	71	25	静压时数据
		942	70	9 600	0.220	0.25	71	25	
9FJ-56	560	729	60	8 300	0.146	0.18	64		
SFT-No.10	1 000	700	70	32 100		0.75	75		
SFT-No.9	900	700	80	21 000		0.55	75		
SFT-No.7	700	900	70	14 500		0.37	69	52	
XT-17	600	930	70	10 000	0.250	0.37	69	52	
		1 450	176	15 297			1.50		
T35-56	560	960	61	7 101		0.37	>75		

5. 风机安装

（1）风机与风管壁间的距离保持适当，风管直径大于风机叶片直径 5～8cm 为宜。

（2）风机不能安装在风管中央，应在里侧。外侧装有防尘罩，里侧装有安全罩。

（3）风机不能离门太近，进风口和排风口距离要适当，防止通风短路。

（4）每台风机安装的间距，不要超过推荐的最大间距值。要沿着畜禽舍的中央部位，避开角落，便于接线和维修。

（5）定期清洁除尘、加润滑剂，冬季防止结冰。

（6）风速均匀恒定，不宜出现强风区、弱风区和通风换气死角区。

（7）畜禽舍内不宜安装高速风机，避免产生较大的噪声，且舍内冬、夏季通风的风速应有较大的差异。

（8）风机型号与通风要求匹配，不宜采用大功率风机。

6. 机械通风系统的控制　畜禽舍的机械通风大多采用人工控制和自动控制。人工控制虽然节省了控制装置的投资，但不易使舍内温度始终处于适宜范围内，效果不理想；而采用自动控制设备能达到较为理想的效果，其工作原理是利用恒温器控制风机的开启以调节通风量的大小。当畜禽舍温度在设定温度范围内时，环境控制器根据温度计，控制侧向风机的间断开启或断开以达到循环通风，保证畜禽舍内空气新鲜。当畜禽舍内的温度感应器显示舍内的温度高于所设定的温度时，侧向风机全程开启，直至畜禽舍温度恒定；当畜禽舍温度低于设定的温度时，环境控制器自动开启暖风炉引风机，温度高于设定值时，自动关闭引风机。

（四）畜禽舍自然、机械相结合的通风系统

这种系统以自然通风为主，辅以机械通风。在天气多变或极端天气条件下，很难充分控制自然通风畜禽舍的通风情况。在天气寒冷或炎热时就需要实行机械通风。

畜禽舍通风方式的选择与设计，应根据畜禽的种类、饲养工艺、当地的气候条件以及经济状况综合考虑，不能机械地生搬硬套；否则会影响畜禽的生产力和健康，使生产效益降低。

无论采用哪种方式，必须遵循：①维持适中的气温；②排出舍内过多的水汽；③要求舍内气流均匀、稳定、无死角，不会形成“贼风”；④消除畜禽舍内空气中的有害气体、灰尘、微生物。

三、畜禽舍气流测定

（一）气流方向测定

1. 舍外风向测定　常用风向标来测定舍外风向。风向标是一种头为箭形、尾部分叉，在垂直主轴上可任意旋转的仪器。测定时，风压加在尾部的分叉上，箭头指示的方向即为风向。

2. 舍内风向测定　常用“发烟法”来测定舍内风向。产生烟雾的方法可以用纸烟、蚊香或用氯化氨（浓氨水与浓盐酸反应制得）等，利用烟雾在舍内的漂流方向来判断气流方向。

图 1-45　三杯风速计
1. 风向标　2. 方向盘　3. 小套管制动部件　4. 十字护架　5. 感应组件旋杯　6. 风表主机体　7. 手柄

（二）气流速度测定

1. 杯状风速计法

（1）构造原理。由风向仪、风速表和手柄三部分组成（图 1-45）。感受风压部分为 3 个固定在十字架上的半球状旋杯，旋杯的凹面在风力的作用下，围绕中心轴转动，它的转速体现了风速的大小。中心轴下端连接齿轮系统，最后从指针式表盘读取数据。此外还附有风向标和方向盘指示风向。

用于测量风向和 1min 时间内平均风速。旋杯的启动风速不大于 0.8m/s，测量范围为 1～30m/s。

（2）操作步骤。

①取出仪器，切勿用手摸旋杯。

②拉下风向盘的固定套管，风向指针与方向盘所对的读数为风向，指针摆动时可读取中间值。

③压下风速表的启动杆，风速指针回零，放开后测定开始，红色时间指针开始计时。

④测定时不要按压启动杆，1min 后，时间指针停止转动，风速指针所示数值称为指示风速。

2. 翼状风速计法

（1）构造原理。原理同杯状风速计，只是以轻质铝制成的薄翼片代替旋杯而已。

（2）操作步骤。

①按下风速计上方的“回零”键，使指针回复到零。

②将风速计置于测定地点，翼轴对准气流方向。

③按下秒表计时，根据气流状况，自主决定测定时间，最后读风速计的累计值和时间，换算成风速。

（3）注意事项。

①勿用手拨杯（翼），或强迫停止转动。

②避免在腐蚀性气体或粉尘多的地方使用，并注意保持清洁。

③测定气流时，注意勿使身体或其他物体阻挡气流。

3. 热球式电风速计法

（1）构造原理。由测杆探头和测量仪表两部分组成。测杆探头有一个直径 0.8mm 的玻璃球，并装有两个串联的热电偶和加热探头的镍铬丝线圈。热电偶的冷端连接在碱铜质的支柱上，直接暴露在气流中，当一定大小的电流通过球部加热线圈后，玻璃球被加热温度升高的程度和风速成负相关，引起探头电压的变化，然后由仪表或通过显示器显示出来。该法使用方便、灵敏度高、反应速度快，可测 0.05～10.0m/s 的微风速度。

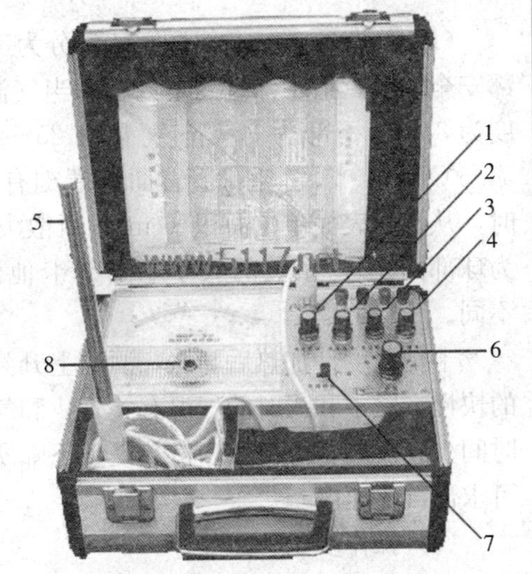

图 1-46 热球式电风速计

1. 零位粗调 2. 零位细调 3. 满度粗调 4. 满度细调 5. 测杆探头 6. 校正开关 7. 电源开关 8. 机械调零

（2）表式热球式电风速计（图 1-46）操作步骤。

①轻轻调整电表上的机械调零螺丝，使指针调到零点。

②将“校正开关”置于“断”的位置，将测杆插头插在插座内，测杆垂直向上放置，螺塞压紧使测杆密闭，这时探头的风速等于零。将“校正开关”置于“满度”，调整“满度调节”旋钮，使电表指针调至满刻度位置。

③将“校正开关”置于“零位”，调整“粗调”、“细调”旋钮，将电表指针调到零点位置。

④轻轻拉动测杆塞，使测杆探头露出，测头上的红点应对准风向，从电表上即可读出风速值。

（3）数显式热球电风速仪（图1-47）操作步骤。

①仪器使用前，先将风速传感器的电缆插头插在仪器面板的四孔插座内，然后将测杆垂直向上放置，使探头封闭在测杆内。

②开启面板上的电源开关，预热3min，数字表显示应为00.00。

③测量。轻轻拉动测杆顶端的螺塞，使探头露出并置于被测气流中，此时要注意，探头有红点的一方一定要对准风向，这时数字表上的显示值即为被测风速值（单位：m/s）。

④保持。当需要观测某时刻的风速稳定值时，按下“保持”按钮；放开按钮后仪器即恢复原测试状态。

⑤测量完毕后，关闭电源，同时将探头密封在测杆内，以免损坏敏感元件（热球），然后再取下测杆电缆插头。

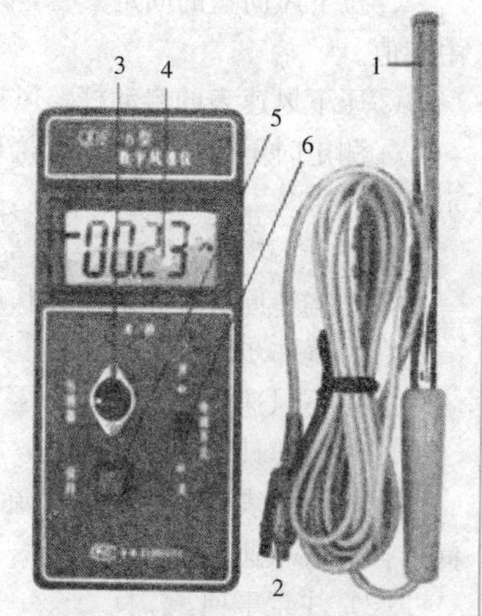

图1-47　数显式热球电风速仪
1. 测杆探头　2. 插头　3. 传感器（插座）
4. 显示屏　5. 保持按钮　6. 开关

（4）注意事项。热球式电风速计是精密仪器，使用时禁止用手触摸测杆探头；仪器装有四节电池，分为两组，一组是三节串联，一组是单节，在调整满度时，如果电表不灵，表明单节电池需要更换；在调整零位时，如果电表不灵，表明三节串联电池需要更换。

4. 卡他温度计法

（1）构造原理。卡他温度计可分为三部分，即较大球体感温部、毛细管的指示部和顶部安全球部。指示部有两个刻度。当气温小于30℃时，使用常温卡他温度计，其上部温度为38℃，下部为35℃；气温为25～50℃时，使用高温卡他温度计，其两端刻度为54.5℃和51.5℃。毛细管背面上端刻有F为卡他系数，指管内酒精从38℃下降到35℃时，从球部表面单位面积（cm^2）所散失热量的毫卡数；即$F=M/S$（M为总散热量，S为球部面积）。系数的大小主要与卡他温度计球部的特性有关，不同的仪器则F值也不同。

卡他温度计加热后膨胀，酒精上升到安全球；离开热源后，酒精受冷回缩。酒精下降的快慢，除了和当时的气温有关外，和气流有很大关系：气流大，散热快，则下降所需的时间少；反之，气流小，散热慢，下降所需的时间长。记录为t(s)、气温T(℃)，依公式可求出气流速度。

（2）操作步骤。

①先将卡他温度计浸入50～80℃的热水中，使酒精液柱上升到顶部安全球的2/3处。注意不能充满顶端安全球，以免胀破。

②从水中取出，用纱布擦干，否则影响准确度。悬挂于待测地点，避开阳光直射和热源。准备好秒表。

③用秒表记录酒精液柱经过上、下两刻度的时间。反复4次，取后3次的平均值为冷却时间。同时测定气温。

（3）结果计算。

①求卡他冷却值（H）。

$$H=F/t \qquad (1-20)$$

式中，H 为卡他冷却值；F 为卡他温度计系数；t 为冷却时间（s）。

②求温度差。

常温卡他温度计，$Q=36.5-T$ (1-21)

高温卡他温度计，$Q=53-T$ (1-22)

式中，Q 为温度差（℃）；T 为测定地点的温度（℃）；36.5 和 53 为卡他温度计的平均温度（℃）。

③求气流速度。

a. 常温卡他温度计。

$H/Q<0.6$ 时：$V=[(H/Q-0.2)/0.4]^2$ (1-23)

$H/Q>0.6$ 时：$V=[(H/Q-0.13)/0.47]^2$ (1-24)

b. 高温卡他温度计。

$H/Q<0.6$ 时：$V=[(H/Q-0.22)/0.35]^2$ (1-25)

$H/Q>0.6$ 时：$V=[(H/Q-0.11)/0.46]^2$ (1-26)

式中，V 为气流速度（m/s）。

例 1. 测定某鸡舍风速，使用系数为 400 的低温卡他温度计自 38℃降至 35℃的时间为 80s，舍内气温为 24℃，求其气流速度。

解：$F=400$　$T=80$　$H=400/80=5$　$Q=36.5-24=12.5$　$H/Q=5/12.5=0.4<0.6$

代入公式 $V=[(H/Q-0.2)/0.4]^2=[(0.4-0.2)/0.4]^2=[0.2/0.4]^2=[0.5]^2=0.25$m/s

例 2. 测定某猪舍风速，使用系数为 450 的高温卡他温度计自 54.5℃降至 51.5℃的时间为 35s，舍内气温为 35.5℃，求其气流速度。

解：$F=450$　$T=35$　$H=450/35=12.86$　$Q=53-35.5=17.5$　$H/Q=12.86/17.5=0.73>0.6$

代入公式 $V=[(H/Q-0.11)/0.46]^2=[(0.73-0.11)/0.46]^2=[0.62/0.46]^2=[1.35]^2=1.82$m/s

任务五 畜禽舍光照调控

任 务 单

<table>
<tr><td>项目一</td><td colspan="5">畜禽舍环境调控</td></tr>
<tr><td>任务五</td><td colspan="2">畜禽舍光照调控</td><td colspan="2">建议学时</td><td>6</td></tr>
<tr><td>学习目标</td><td colspan="5">1. 了解太阳辐射的变化规律
2. 熟知紫外线、红外线、可见光的生物学作用
3. 掌握紫外线、红外线在畜牧生产上的应用
4. 清楚可见光对畜禽生产力的影响
5. 在养禽业中，能根据生产需要制订合理的控光方案
6. 熟知不同畜禽舍对采光系数、入射角、透光角的要求
7. 熟知各种灯具的照明特点
8. 掌握畜禽舍人工照明灯具的布置安装要点
9. 能按照饲养畜禽的要求，对畜禽舍进行人工照明的设计
10. 能熟练进行畜禽舍的光照度、采光系数、入射角和透光角的测定和评价</td></tr>
<tr><td>任务描述</td><td colspan="5">1. 根据畜禽生产的需要合理选择和安装紫外线灯和红外线灯
2. 根据不同畜禽舍对采光系数、入射角、透光角的要求，合理确定畜禽舍窗户的面积、形状、数量和位置
3. 根据畜禽生产的要求，对畜禽舍进行人工照明设计
4. 采用正确的方法和手段对畜禽舍的采光进行测定和评价</td></tr>
<tr><td>学时安排</td><td>资讯
2 学时</td><td>计划与决策
1 学时</td><td>实施
2 学时</td><td>检查
0.5 学时</td><td>评价
0.5 学时</td></tr>
<tr><td>材料设备</td><td colspan="5">1. 相关学习资料与课件
2. 创设现场学习情景
3. 照度计、直尺、皮尺、卷尺、计算器、三角函数表
4. 实训室、畜禽舍、畜禽场</td></tr>
<tr><td>对学生的要求</td><td colspan="5">1. 具备一定的绘图能力
2. 具备畜禽舍照明设计相关知识
3. 理解能力
4. 严谨的态度
5. 团队配合能力</td></tr>
</table>

资 讯 单

<table>
<tr><td>项目名称</td><td colspan="6">畜禽舍环境调控</td></tr>
<tr><td>任务五</td><td colspan="3">畜禽舍光照调控</td><td colspan="2">建议学时</td><td>6</td></tr>
<tr><td>资讯方式</td><td colspan="3">学生自学与教师辅导相结合</td><td colspan="2">建议学时</td><td>2</td></tr>
<tr><td>资讯问题</td><td colspan="6">1. 太阳辐射光谱组成和一般作用是什么？
2. 紫外线的作用有哪些？在畜禽生产上如何应用？
3. 红外线的作用有哪些？在畜禽生产上如何应用？
4. 光周期对畜禽繁殖性能有何影响？在养禽业上如何应用？
5. 何为采光系数、入射角和透光角？有何要求？
6. 畜禽舍的采光系数、入射角和透光角如何测定和计算？
7. 畜禽舍自然采光时窗户的面积和数量如何确定？对窗户的形状有何要求？如何布置窗户？
8. 影响畜禽舍自然采光的因素有哪些？
9. 畜禽舍的人工光照的光源有几种？哪种比较适合畜禽舍？
10. 如何设计畜禽舍的人工照明系统？</td></tr>
<tr><td>资讯引导</td><td colspan="6">本书信息单：畜禽舍光照调控
《畜禽环境卫生》，赵希彦，2009，41-45
《家畜环境卫生学》，刘凤华，2004，147-153
《畜牧场规划与设计（附工作手册）》，俞美子，2011
北方地区猪舍的建筑设计，张凯，《畜牧兽医科技信息》，2009（5）
多媒体课件
网络资源</td></tr>
<tr><td>资讯评价</td><td>学生互评分</td><td></td><td>教师评分</td><td></td><td>总评分</td><td></td></tr>
</table>

信 息 单

项目名称	畜禽舍环境调控		
任务五	畜禽舍光照调控	建议学时	6
信息内容			

光照是畜禽舍环境中一个比较重要因素，是畜禽的生存和生产必不可少的外界条件。不同畜禽对光照要求有所不同，畜禽舍光照调控的目的是确保畜禽的光照要求，并尽可能保证舍内光照均匀。

一、光照与畜禽

（一）自然光照（太阳辐射）的概述

1. 太阳辐射概念　自然光照来源于太阳辐射，太阳是一个巨大的气体星球，在核聚变过程中产生巨大的能量，这种能量以电磁波的形式向宇宙放射，即太阳辐射。太阳辐射的电磁波波长为4～300 000nm。在这段波长范围内，按人的视觉可分为三个主要区域，其中可见光部分的波长为400～760nm，可见光谱中又分为红、橙、黄、绿、青、蓝、紫七色光，红光波长最长为760nm，紫光波长最短为400nm；波长小于400nm的太阳辐射光线称之为紫外线；波长大于760nm的是红外线。在太阳辐射中，红外线占50%～60%，紫外线约占1%，其余为可见光部分。

太阳辐射经过大气层到达地面后能量发生很大变化：约有18%被大气和云层所吸收，约有7%被各种气体分子和悬浮的微粒散射，约有27%被云层反射，仅约48%的太阳辐射能到达地面，其中30%为直射，18%为散射。

太阳辐射被减弱的程度除与大气的透明度有关外，还与太阳高度角（h）有关。太阳高度角指太阳直射光线和地表水平面之间的夹角，用h表示。h越小，太阳辐射被减弱的程度越大，到达地面的能量就越少；反之，太阳高度角越大，太阳辐射被减弱的程度越少，到达地面的能量就越多。也就是说，太阳辐射强度与其通过的大气层厚度有关。除太阳高度角外，海拔越高，太阳辐射通过的大气厚度越小。太阳高度角大小取决于纬度、季节和一日的不同时间。在同一时间，低纬度地区太阳高度角大，高纬度地区太阳高度角小；在同一地点，夏季太阳高度角大，冬季太阳高度角小，中午太阳高度角大，早晨和傍晚太阳高度角小。因此，太阳辐射强度最高值均出现在当地时间的正午。

掌握太阳辐射强度的变化，对确定畜禽舍建筑物朝向和遮阳、隔热的合理设计均有一定的参考价值。

2. 太阳辐射的一般生物学作用　太阳辐射作用于机体时，只有被机体吸收的部分才能对机体起作用，光能转化成了其他形式的能。太阳辐射在机体组织中的吸收情况，因光波波长不同而异：波长较短的紫外线几乎完全在表皮处被吸收，仅有少部分到达真皮的乳头和表面血管组织；红外线随波长逐渐增加，透入组织的深度亦逐渐增加。太阳辐射对畜禽的作用，决定于太阳辐射强度、被机体吸收的程度和它的生物化学作用。

(1) 光热效应。光的长波部分，如红外线，光量子能量较低，被组织吸收后，只能引起物质分子或原子的旋转或振动（热运动），光能转化成了热能，即产生了光热效应。这可使组织温度升高，改善局部血液循环，加速体内的各种物理化学过程，提高组织和全身的代谢，使皮温升高。

(2) 光化效应。光的短波部分，特别是紫外线，被组织吸收后，除一部分转化为热运动的能量外，还可使分子或原子中的电子吸收能量而使分子处于激发状态。处于激发态的分子不稳定，引起光化学反应，产生生物活性物质（如乙酰胆碱、组织胺等），这些物质刺激神经感受器而引起局部及全身反应。

(3) 光电效应。光电效应是入射光的能量更大，引起物质分子或原子中的电子逸出轨道，形成光电子或阳离子而产生光电效应。紫外线和可见光均可引起这种变化。

(二) 紫外线的生物学作用与应用

根据紫外线的生物学作用，将紫外线分为三段：①长波紫外线。波长 320～400nm，其生物学作用较弱，有明显的色素沉着作用，引起红斑反应的作用很弱；②中波紫外线。波长 275～320nm，是紫外线生物学效应最活跃部分。红斑反应的作用很强，具有杀菌、促进上皮细胞生长和黑色素产生等作用；③短波紫外线。波长 275nm 以下，不能到达地面，对机体细胞有强烈作用。对细菌和病毒有明显杀灭和抑制作用。

紫外线照射机体后，对机体可产生有益作用和有害作用。

1. 对机体的有益作用

(1) 杀菌作用。紫外线杀菌作用决定于波长、强度、作用时间以及微生物的抵抗力，其中照射强度最为重要。一般认为：波长在 300nm 以下的紫外线有明显的杀菌作用，而杀菌作用最强的波段为 253～260nm。紫外线具有广谱杀菌作用，且具安全及不存在毒物残留等优点，是常用的空气消毒方法之一。紫外线的消毒效果受多种因素的影响，如环境温度、湿度及空气洁净状态等。多数微生物在低温时对紫外线很敏感，一般以 20～40℃时杀菌效果最好。最适宜的杀菌湿度为 40%～60%，相对湿度高于 60%时，紫外线对微生物的杀灭率急剧下降。空气中的尘埃能吸收紫外线，因此污浊的空气影响紫外线的消毒效果。

紫外线不仅能杀死细菌，还能破坏某些细菌毒素（如白喉和破伤风毒素）。真菌对紫外线则具有较强的耐受力。

紫外线的杀菌作用可用于空气、物体表面的消毒及表面感染的治疗。在畜禽生产中，常用紫外线光源对畜禽舍进行灭菌。目前在鸡、鸭、猪等畜禽舍使用的低压汞灯，辐射出 254nm 紫外线，具有较好的灭菌效果。据生产实践证明，用 20W 的低压汞灯悬于畜禽舍 2.5m 的高空，每 $20m^2$ 悬挂 1 盏，即 $1W/m^2$，每日照射 3 次，每次 50min 左右，这样可降低畜禽的染病率和死亡率，生产效率明显提高。此外紫外线也可用于饲料、饲养用具的灭菌。

(2) 抗佝偻病作用。紫外线能使动物皮肤中的维生素 D 原（7-脱氢胆固醇）转变为维生素 D_3，波长 280～340nm 紫外线作用最强。维生素 D 的主要作用是促进动物肠道对钙、磷的吸收，保证骨骼的正常发育，因而具有调节钙、磷代谢的作用。家畜白色皮肤的表层较黑色皮肤易于被紫外线穿透，形成维生素 D_3 的效力也较强。所以，同样管理条件下，当饲料中缺乏维生素D时，黑猪较白猪易患佝偻病或软骨病。

紫外光可使植物中的麦角固醇转化为维生素D_2，因此将青草晒制后其中的维生素D_2含量增加。

在现代化的封闭式畜禽舍中，透过玻璃进入舍内的紫外线很少，为预防维生素D缺乏症，应为畜禽提供补充维生素D_3的全价日粮。

在畜禽养殖生产实践中，常用人工保健紫外线（280～340nm）照射畜禽，来提高其生产性能。实践证明，将15～20W的保健紫外线灯，安装在畜禽舍上空，安装剂量0.7W/m^2，距被照射机体1.5～2.0m的高度，每日照射4～5次，每次30min；经照射后的畜禽，其生长率、产蛋率和孵化率均比不照射的有所提高。用紫外线灯照射奶牛、奶羊，同样会提高产乳量及其乳中维生素D的含量。

需要强调的是，为防治佝偻病或软骨症而对畜禽进行紫外线照射时，必须选用波长283～295nm的紫外线，不可用一般杀菌灯来代替。

（3）红斑作用。皮肤经紫外线照射后，经2～10h的潜伏期，被照射部位的皮肤出现红斑。红斑的形成是由于皮肤经紫外线照射后乳头层的毛细血管扩张，血流量大量增加所致。红斑消失后，表面的血管网舒张仍维持很久，这样皮肤的血液循环和营养均得以改善。在人医和兽医临床上，常用紫外线的红斑作用治疗浅层炎症，如关节炎等。

（4）兴奋呼吸中枢，增强机体抵抗力。可使呼吸加深、频率下降，有助于氧的吸收和CO_2、水汽的排出，紫外线能使嗜中性粒细胞的数量增加，加强机体组织的代谢过程和抗病能力。紫外线照射局部时，还能促进局部血液循环，有止痛和消炎的作用，能促进伤口愈合。

（5）色素沉着作用。紫外线大剂量照射或小剂量多次照射，可使局部皮肤产生色素沉着，变黑。长波紫外线的色素沉着作用强，短波紫外线的色素沉着作用弱。皮肤的黑色素沉着是机体对光线的一种防御性反应，一方面黑色素增多，能增强皮肤对紫外线的吸收，防止大量紫外线进入体内，使内部组织免受伤害；另一方面，皮肤黑色素吸收紫外线产热，使汗腺迅速活跃起来，排汗散热，使体温不致升高。紫外线产生色素沉着作用的波长为320～400nm。

2. 有害作用

（1）引起光照性皮炎。紫外线尤其是300nm以下的短波高能辐射对生物细胞有着强烈的破坏作用。人长时间地接受紫外线辐射，会引起皮肤剧痒、灼痛，出现水肿、丘疹或水疱等光照性皮炎。

（2）引起光敏性皮炎。当动物体内含有某些异常物质时（如采食含有叶红素的荞麦、三叶草和苜蓿等植物，或机体本身产生异常代谢物，或感染病灶吸收的病毒等），在紫外线作用下，这些光敏物质对机体发生明显的作用，能引起皮肤过敏、皮肤炎症或坏死现象。光敏性皮炎多发于白色皮肤的动物，特别是在动物无毛和少毛的部位。

（3）引起光照性眼炎。过度的紫外线照射还会引起眼睛流泪、红肿和结膜炎，诱发老年性白内障等。

（4）引起皮肤癌。动物实验证明，大量紫外线照射，对动物机体有致癌作用。其中291～320nm的紫外线致癌作用最强，白色皮肤发病率高，据报道，海福特牛的眼睑为白色，较易致癌。在紫外线辐射强的地区及接受照射多的畜禽部位发病率高，如西藏藏山羊肛门易发生皮肤癌。

（三）红外线的生物学作用与应用

1. 有益作用

（1）消肿镇痛作用。红外线对机体主要产生热效应。其能量在照射部位的皮肤和皮下组织中转变为热能，从而引起温度升高、血管扩张、皮肤潮红、局部血液循环加强，最终使组织营养和代谢得到改善，因此具有消肿和镇痛等作用。

（2）御寒。畜禽生产中常用红外线灯作为热源，对雏鸡、仔猪、羔羊和病、弱畜禽进行照射，不仅可以御寒，而且可以改善机体的血液循环，促进生长发育（图1-48）。

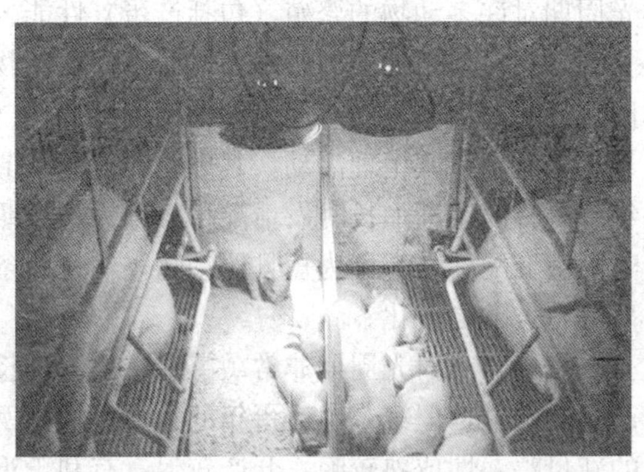

图1-48 仔猪栏红外线灯采暖

2. 有害作用

（1）胃肠功能下降。过度的红外线照射，可使热调节发生障碍。这时机体通过减少产热（皮肤的代谢升高，内脏的代谢降低）来适应新的环境，由于内脏血液量减少，使胃肠道对特异性传染病的抵抗力下降。

（2）皮肤烧伤。过强的红外线作用于皮肤时，皮肤温度可升高到40℃或更高，皮肤表面发生变性，甚至形成严重烧伤。

（3）日射病。波长600～1 000nm的红光和红外线能穿透颅骨，使脑内温度升高引发日射病。主要表现神经症状：兴奋、烦躁、昏迷、呼吸及血管中枢机能紊乱、出现气喘、脉搏加快、痉挛，终因心脏和呼吸中枢麻痹而死亡。

（4）眼睛疾患。波长1 000～1 900nm的红外线长时间照在眼睛上，可使水晶体及眼内液体的温度升高，引起羞明、白内障、视网膜脱落等眼睛疾病，多见于马属动物。因此，在夏季户外长时间使役牲畜时，应注意保护其头部和眼睛。

（5）引起热射病。夏季太阳光强烈照射皮肤，由于光热效应，使机体散热困难，体温升高，引起机体过热症。

（四）可见光的生物学作用与应用

可见光为太阳辐射中能使人和动物产生光觉和视觉的部分，其波长为400～760nm，它是一切生物生存所不可缺少的条件。可见光通过视觉器官影响畜禽生理机能，可见光对畜禽的影响，与光照度、光照时间、光照周期（明暗变化规律）及光的波长有关。

1. 光照度的影响 鸡对可见光十分敏感，光照度较低时比较适宜，鸡群比较安静，生产性能和饲料利用率都比较高；光照过强，会使鸡兴奋不安、神经质、出现啄癖；突然增强光照还容易引起鸡泄殖腔外翻。一般认为产蛋鸡以5.8～20 lx较为适宜，肉鸡或小鸡以5 lx为宜。目前在实际生产中鸡舍内光照往往偏大，不利于生产和节约能源。

畜禽在育肥期间，过强的光照会引起精神兴奋、活动增加、休息减少，甲状腺的分泌增加、代谢率提高，从而影响了增重。因此，为减少动物不必要的活动，减弱动物兴奋性，任何畜禽在育肥期间均应减少可见光强度，宜采用弱光照。光照度能满足饲养管理和动物采食、活动即可，如肥育猪舍以40～50 lx为宜；种猪舍可适当提高，以60～100 lx为佳。

2. 光周期和光照时间的影响　由于地球的自转，在地球上出现一日24h内有明暗的循环；而地球围绕太阳公转，又使每年冬至以后日照时间一日日地变长（即日出时间不断提前，日落时间逐渐推后）直至夏至（夏至为日照最长日），而后又逐渐缩短到冬至（冬至为日照最短日）。这种随着春夏秋冬的交替，光照时数呈周期性变化的现象称为光周期。光周期对许多动物的繁殖（包括产蛋）性能、生产力都有很大的影响。

（1）对繁殖性能的影响。光照不仅在动物机体的代谢过程及生命活动中起直接作用，而且还起着信号作用，即光照的周期性变化（季节性和昼夜性变化），使动物按着光的信号，全面调节其生理活动，其中之一就是季节性的性活动。马、驴、猫、鸟类等，都是每年春夏日照逐渐加长时发情配种，称为长日照动物；绵羊、山羊、鹿等是在秋冬日照缩短时发情交配，通常称为短日照动物。在自然条件下，随着季节变化，畜禽繁殖机能（产蛋率等）也随之变化。

①鸡。鸡对光周期非常敏感。在逐渐延长的光照条件下，培育的新母鸡较为早熟，开产日龄较早，但第一个产蛋年的小形蛋的比例较大；反之，在逐渐缩短的光照条件下培育的新母鸡，性成熟较晚，开产较迟，有利于鸡的生长发育，会提高成年后的产蛋率，增加蛋重。如12月份至翌年1月份孵化出的鸡育成期正处于日照渐长季节，其开产日龄较6～7月份孵出的鸡（育成期日照渐短）早24d；因日照增长有促进性腺活动的作用，日照缩短则有抑制作用，所以在自然条件下，鸡的产蛋会出现淡旺季，一般在春季逐渐增多，秋季逐渐减少，冬季基本停产。

为保证蛋鸡全年均衡生产，需要采取人工光照或补充光照，以克服自然光照的不足。试验证明，光照低于10h，鸡不能正常产蛋；光照低于8h，鸡产蛋停止；光照高于17h，对鸡生产亦无益，生产中一般采用8h黑暗∶16h照明的光照制度。

国外养禽业广泛应用“间歇光照法”，即24h光照周期中的光照不一定连续不断。由于机体并不是每个时刻都对光敏感，而是有时敏感，有时不敏感；间歇光照制度就是在其对光较敏感的时间给予光照。许多试验（如美国普利那公司采用间歇光照制）证明，在光照期间插入一段黑暗期，产蛋率基本不变，饲料费用和电费可显著降低，并且可以避免家禽因突然停电引起惊慌、炸群应激。但由于设备管理麻烦，生产实际上仍采用连续光照。

人工控制光照，主要是控制光照时数。方案很多，一般可分为两种：a. 渐减渐增法。该方法虽然适当推迟了蛋鸡开产时间，但有利于鸡的体格发育，整个产蛋期产蛋水平较高。具体方法为：第1周龄24h光照；2～20周龄渐减到8～10h；21～30周龄渐增到16～17h后，即保持稳定不变；b. 恒定法。育成期每天光照时间不变，产蛋时期逐渐延长。1～3日龄24h，3日龄～20周龄8h，20～30周龄渐增到16～17h。

②猪和牛。在人类长期饲养驯化下，季节性性活动已不明显，成为全年可繁殖的动物。适宜的光照时数可提高母猪的繁殖率，17h光照的母猪窝产活仔数比8h光照者多1.4头，仔猪死亡率低0.4%，仔猪出生窝重高1.23kg。

（2）对生长肥育、产乳和产毛的影响。

①对生长肥育的影响。光照时数对生长、肥育的影响情况目前还不太清楚，一般认为育肥畜禽应适当短一些，以减少活动，增加肥育效果；种畜可适当延长光照时数，以增加

运动，增强体质。

②对产乳量的影响。哺乳动物的产乳量呈现季节性变化，一般是春季最多，5～6月份达到高峰，7月份大幅度跌落，10月份又慢慢回升。这与牧草荣枯和温度高低有着直接关系，但光照时数的变化也是重要原因。据试验，在人工延长光照的条件下，牛的产乳量似有提高趋势，每天16～18h光照的奶牛比8～10h和24h光照的奶牛，产乳量高7%。

③对产毛的影响。一般夏季生长快，冬季慢。动物被毛的成熟与光照有密切关系，秋季光照时数日渐缩短，动物的皮毛随之逐渐成熟，到冬季皮毛的质量都达到最优。毛皮制品以冬季皮毛为原料较好。已有试验证实，用人为方法逐渐缩短光照时数，可使羊毛的生长速度减慢；逐渐延长光照时数则可使之加快，而且这种减慢和加快与温度无关。

鸡在自然条件下每年秋季换毛，当前大多数蛋鸡场多采用16～17h的恒定光照制度，光照缺乏周期性变化，鸡的羽毛一直不能脱落更换，一个产蛋期后，产蛋率下降。为了恢复产蛋率，一些鸡场采用强制换羽措施，淘汰弱鸡。经强制换羽后可使产蛋率40d左右恢复到约70%。该措施节省了蛋鸡育雏及育成的费用，有一定的经济意义。

强制换羽的方法分为常规法和化学法。常规法又称为饥饿法，经停水、停料、缩短光照等，造成强烈应激，使蛋鸡短时间内脱毛。化学法则是在饲料中添加化学物质如氧化锌等造成蛋鸡脱毛的方法。生产中可根据实际情况选择适当的强制换羽方法。

3. 波长（光色）的影响　主要是光色的影响。一般认为，蓝、绿光有利于动物生长；红、橙光有利于产蛋，红光还可减少鸡啄癖发生。

二、畜禽舍采光的调控技术

（一）自然采光调控

以太阳为光源，通过畜禽舍门、窗或设计的透光构件使太阳的直射光或散射光进入畜禽舍，称为自然采光。

畜禽舍主要通过窗户和开露部分透入太阳直射光和散射光，而进入舍内的光量与畜禽舍朝向、舍外情况、窗户的设置、玻璃的透光性能、舍内反光面、舍内设施设置等诸多因素有关。自然采光调控的任务就是通过合理设计采光窗的位置、形状、数量和面积，保证畜禽舍的自然光照要求，并尽量使光照度分布均匀。此外，还应做到夏季直射阳光照进畜禽舍较少，冬季直射阳光能照射到畜禽舍较深的位置上。

1. 确定窗口位置

（1）根据畜禽舍窗口的入射角与透光角确定。对冬季直射阳光无照射位置要求时，可根据入射角和透光角来计算窗口上、下缘的高度。如图1-49所示，窗口入射角是指畜禽舍地面中央一点至窗上缘（或窗檐）所引的直线与地面水平线之间的夹角 α（即$\angle BAD$），入射角越大，射入舍内的光量越多。为保证舍内得到适宜的光照，

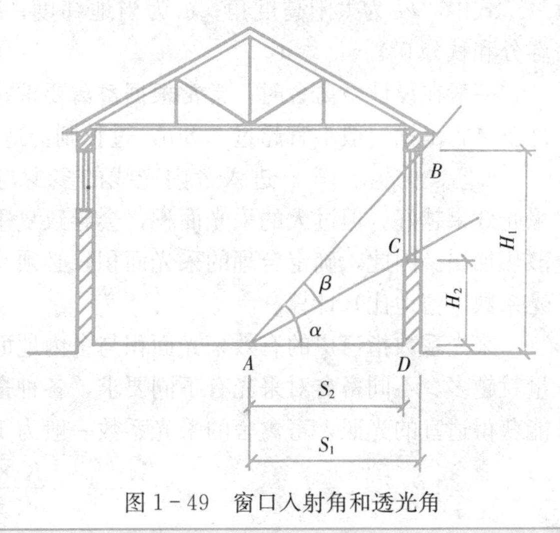

图1-49　窗口入射角和透光角

畜禽舍的入射角要求不小于25°。透光角是指畜禽舍地面中央一点到窗户上下缘引出的两条直线之间的夹角β（即$\angle BAC$），透光角越大，进光量越多。畜舍的透光角要求不小于5°。

由图1-49可知，窗口上、下缘至地面的高度H_1和H_2分别为：

$$H_1=\tan\alpha\times S_1 \quad (1-27)$$

$$H_2=\tan(\alpha-\beta)\times S_2 \quad (1-28)$$

要求$\alpha\geqslant 25°$、$\beta\geqslant 5°$及$(\alpha-\beta)\leqslant 20°$，故上式可改写为：$H_1\geqslant 0.4663S_1$；$H_2\leqslant 0.364S_2$。

式中，H_1、H_2分别为窗口上、下缘至舍内地坪的高度（m）；S_1、S_2分别为畜禽舍中央一点至外墙和内墙的水平距离（m）。

如果窗外有树或其他建筑物遮挡时，引向窗户下缘的直线应改为引向遮挡物的最高点。

（2）根据太阳高度角确定。从防暑和防寒方面考虑，我国大部分地区夏季都不应有直射光线进入舍内，而冬季则希望尽可能使阳光进入舍内更深的部位。为了达到这种要求，需先计算太阳高度角，然后计算南窗上、下缘高度和出檐长度。

太阳高度角的变化，直接影响到通过窗口进入舍内的直射光量。即当窗户上缘外侧（或屋檐）与窗台内侧所引直线同地面水平线之间的夹角小于当地夏至日的太阳高度角时，就可防止夏至前后太阳直射光进入舍内；当畜床后缘与窗户上缘（或屋檐）所引直线同地面水平线之间的夹角大于当地冬至日的太阳高度角时，就可使冬至前后太阳光线进入舍内，直射在畜床上（图1-50）。

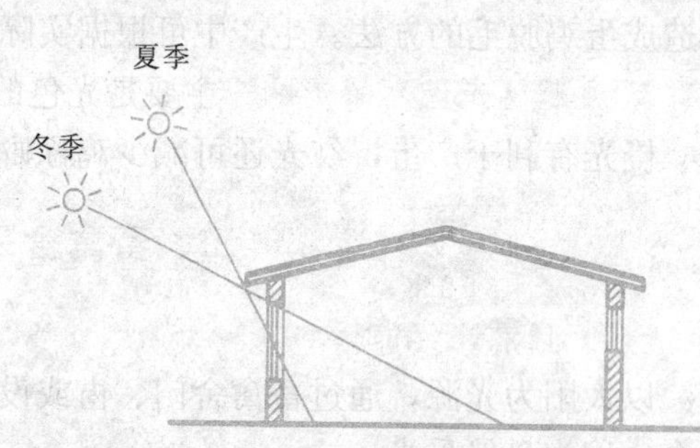

图1-50 根据太阳高度角设计窗户上、下缘的高度

太阳高度角计算公式：

$$H=90°-\varphi+\sigma \quad (1-29)$$

式中，H为太阳高度角；φ为当地纬度；σ为赤纬度（夏至23°27′，冬至−23°27′，春分和秋分0°）。

一般在设计畜禽舍时，常常根据畜禽要求，参考此种方法确定窗户上下缘的高度。另外畜禽舍出檐一般不宜超过0.8m，过长则会造成施工困难。

2. 窗口面积计算　进入舍内光线的多少与采光面积的大小成正比，采光面积越大，采光效果越好。但过大的采光面积，会导致夏季进入舍内太阳辐射热的增加以及冬季舍内散热加快。因此，确定合理的采光面积，必须与防暑、保温同时考虑。窗口面积可根据采光系数（窗地比）计算。

采光系数指窗户的有效采光面积与舍内地面面积之比。采光系数越大，进入舍内的光量就越多。不同畜禽对采光有不同要求，各种畜禽舍的采光系数见表1-18。为保证舍内能获得适宜的光照，畜禽舍的采光系数一般为1∶10～20。窗口面积可按下式计算：

$$A=\frac{K\times F_d}{\tau} \quad (1-30)$$

式中，A 为采光窗口的总面积（m^2）；K 为采光系数，以小数表示；F_d 为舍内地面面积（m^2）；τ 为窗扇遮挡系数（单层金属窗为 0.80，双层金属窗为 0.65；单层木窗为 0.70，双层木窗为 0.50）。

为简化计算，窗口面积也可按 1 间畜禽舍的面积（即间距×跨度，也称为“柱间距”）来计算。计算所得面积仅为满足采光之要求，如不能满足夏季通风要求，需酌情扩大。

表 1-18　各种畜禽舍的采光系数（窗地比）标准

畜禽舍种类	采光系数	畜禽舍种类	采光系数	畜禽舍种类	采光系数
种猪舍	1∶10～12	奶牛舍	1∶12	成绵羊舍	1∶15～25
肥猪舍	1∶12～15	肉牛舍	1∶16	羔羊舍	1∶15～20
成鸡舍	1∶10～12	犊牛舍	1∶10～14	母马及幼驹厩	1∶10
雏鸡舍	1∶7～9			种公马厩	1∶10～12

3. 窗的数量、形状和布置

（1）窗数量确定。窗的数量应首先根据当地气候特点确定南北窗面积比例，然后再考虑光照均匀和房屋结构对窗间墙宽度的要求来确定。炎热地区南北窗面积之比可为 1～2∶1，夏热冬冷和寒冷地区可为 2～4∶1。为使采光均匀，在每间窗面积一定时，增加窗的数量可以减小窗间墙的宽度，从而提高舍内光照均匀度。如图 1-51 所示，A 图每间一扇窗，窗间墙宽 1.2m；B 图每间两扇窗，窗间墙宽 0.6m。但窗间墙的宽度不能过小，必须满足结构要求，如梁下不得开洞，梁下窗间墙宽度不得小于结构要求的最小值。

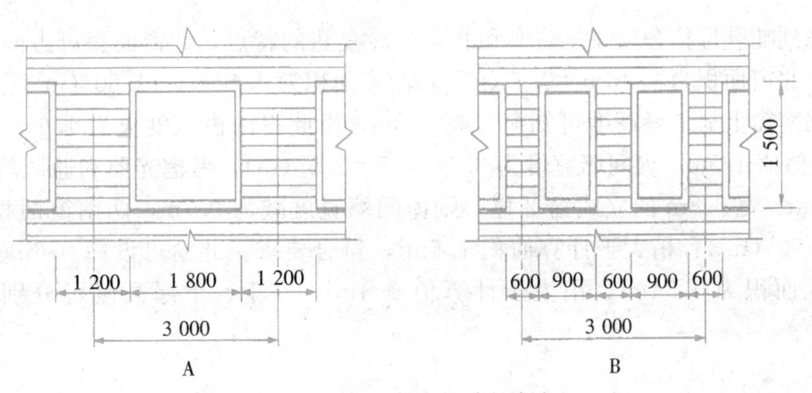

图 1-51　窗的数量与窗间墙的宽度（mm）

（2）窗形状确定。窗的形状也关系到采光与通风的均匀程度。在窗面积一定时，采用宽度大而高度小的“卧式窗”，可使舍内长度方向光照和通风较均匀，而跨度方向则较差；采用高度大而宽度小的“立式窗”，光照和通风均匀程度与卧式窗相反；方形窗光照、通风效果介于上述两者之间。设计时应根据畜禽对采光和通风的需要及畜禽舍跨度大小，酌情确定。从采光效果看，立式窗户比卧式窗户为好。但立式窗户散热较多，不利于冬季的保温；所以在寒冷的地区，南墙设立式窗户，北侧墙设卧式窗户为好。

例：北京市某猪场，猪舍 16 间，间距为 3m，净跨为 4.56m，窗上、下缘距舍内地坪分别为 1.95m 和 0.75m（图 1-52），设计该哺乳育成猪舍南、北窗的面积、数量和布置。

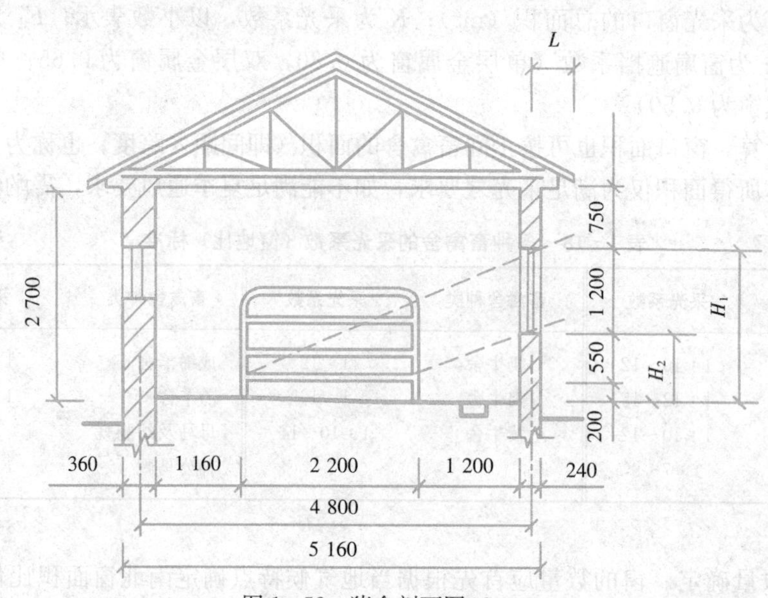

图 1-52 猪舍剖面图（mm）

H_1. 出檐长度 H_2. 舍内地坪至南窗上、下缘的高度

解：①根据已知条件可知，该舍每间面积为 13.68m²；查表 1-18 可知采光系数标准为 1∶10～12，可取 1∶10，如采用单层木窗，遮挡系数为 0.7，则可知每间所需窗口面积为：

$$A=\frac{0.1\times 13.68}{0.7}=1.954\approx 2.0\ (\text{m}^2)$$

②考虑到哺乳母猪舍须注意防寒和北京冬冷夏热的特点，北窗面积可占南窗的 1/4，则每间猪舍北窗面积为 2.0÷5=0.4（m²），南窗面积为 0.40×4=1.60（m²）。

③根据南窗上、下缘高度可知窗口高 1.2m，由此得南窗宽度应为 1.6÷1.2=1.33（m），取近似值 1.5m。窗间墙宽度为 3.0-1.5=1.5（m），考虑光照和通风均匀，可每间设高 1.2m、宽 0.8m 的立式窗 2 樘，则窗间墙宽度减为 0.7m，两南窗面积为 1.2×0.8×2=1.92（m²），稍大于计算面积 1.6m²，符合要求。北窗可设高 0.6m、宽 0.9m 的窗 1 个，面积为 0.54m²，稍大于计算值 0.4m²，其上、下缘高度可分别为 1.95m 和 1.35m。

（二）人工照明调控

人工照明是指以白炽灯、荧光灯等人工光源进行畜禽舍采光。自然光照虽节省电能，但光照度和光照时间有明显的季节性，一年四季、一日当中都在不断变化，难以控制，舍内光照度也不均匀，特别是跨度较大的畜禽舍，中央地带光照度更差。为了补充自然光照时数及光照度的不足，满足饲养管理工作的需要，自然采光畜禽舍应酌情设人工照明设备。无窗畜禽舍必须设置人工照明，其光照度和时间可根据畜禽要求或工作需要加以严格控制。人工照明设计的任务在于，保证舍内所需光照度和时间，并使光照度均匀。可按下列步骤进行：

1. 选择灯具　根据各种灯具的特性确定灯具种类：灯具主要有白炽灯与荧光灯（日光灯）两种。荧光灯比白炽灯节约电能，光线比较柔和，不刺眼睛，但设备投资较大，且需要在一定温度下（21.0～26.7℃）才能获得最高的光照效率，温度过低不易启亮，因此畜禽舍中一般用白炽灯作光源。

2. 计算所需灯具的总瓦数　根据畜禽舍光照标准（表 1－19）和 $1m^2$ 地面设 1W 光源提供的光照度（表 1－20），计算畜禽舍所需光源总瓦数。

光源总瓦数＝（畜禽舍适宜光照度/$1m^2$ 地面设 1W 光源提供的光照度）×畜禽舍总面积

表 1－19　畜禽舍人工光照标准

畜　禽　舍	光照时间（h）	光照度（lx）	
		荧光灯	白炽灯
牛舍			
奶牛舍、种公牛舍、后备牛舍饲喂处	16～18	75	30
休息处或单栏、单元内产间		50	20
卫生工作间		75	30
产房		150	100
犊牛室		100	50
带犊母牛的单栏或隔间		75	30
青年牛舍（单栏或群饲栏）		50	20
肥育牛舍（单栏或群饲栏）		50	20
饲喂场或运动场	14～18	5	5
挤乳厅、乳品间、洗涤间、化验室	6～8	150	100
猪舍			
种公猪舍、育成猪舍、母猪舍、仔猪舍	14～18	75	30
肥猪舍（瘦肉型）	8～12	50	20
羊舍			
母羊舍、公羊舍、断乳羔羊舍	8～10	75	30
育肥羊舍		50	20
产房及暖圈	16～18	100	50
剪毛站及公羊舍内调教场		200	150
鸡舍			
0～3 日龄	23	50	30
4 日龄～19 周龄	23 渐减或突减为 8～9		5
成鸡舍	14～16		10
肉用仔鸡舍	23 或 3 明：1 暗		0～3 日龄为 25，以后减为 5～10
兔舍及皮毛兽舍			
封闭式兔舍、各种皮毛兽笼（棚）	16～18	75	50
幼兽棚	16～18	10	10
毛长成的商品兽棚	6～7		

表 1-20　$1m^2$ 舍内面积设 1W 光源可提供的光照度（lx）

光源种类	荧光灯	白炽灯	卤钨灯	自镇流高压水银灯
1W 光源可提供的光照度（lx）	12.0～17.0	3.5～5.0	5.0～7.0	8.0～10.0

3. 确定灯具的数量和每盏灯泡的瓦数　灯具的行距和灯距按大约 3m 布置，靠墙的灯泡，同墙的距离应为灯泡间距的一半。或按工作面的照明要求布置灯具，不同行灯具应交叉排列，布置方案确定后，即可算出所需灯具盏数。根据总瓦数和灯具盏数，算出每盏灯具瓦数。

4. 确定灯泡的高度和布置　为使舍内的光照度比较均匀，应适当降低每个灯的瓦数，而增加舍内的总装灯数。鸡舍内装设白炽灯时，以 40～60W 为宜，不可过大。灯泡不可使用软线吊挂，以防被风吹动而使鸡受惊。如为笼养，灯泡的布置应使灯光照射到料槽，特别要注意下层笼的光照度；因此，灯泡一般设置在两列笼间的走道上方，灯具除左右交错排列外，还应上下交错排列来保证底层笼具的光照度，也可以设地灯保证底层的光照度。

灯的高度直接影响地面的光照度。灯越高，地面的光照度就越小，一般灯具的高度为 2.0～2.4m。为在地面获得 10 lx 光照度，白炽灯的高度应按表 1-21 设置。

表 1-21　为获得 10 lx 光照度，白炽灯的适宜高度（m）

光源（W）	15	25	40	60	75	100
有灯罩	1.1	1.4	2.0	3.1	3.2	4.1
无灯罩	0.7	0.9	1.4	2.1	2.3	2.9

5. 安装光照调控设备　光照自动控制器（图 1-53），主要用于自动控制开灯和关灯。目前我国已经生产出鸡舍光控器。有石英钟机械控制和电子控制两种，较好的是电子显示光照控制器，它的特点是：

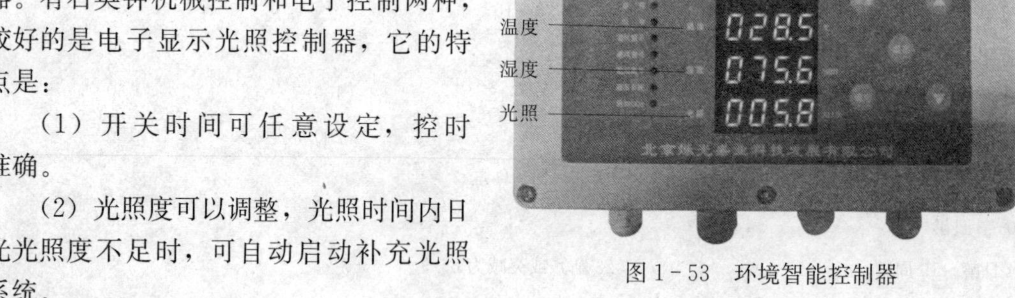

图 1-53　环境智能控制器

（1）开关时间可任意设定，控时准确。

（2）光照度可以调整，光照时间内日光光照度不足时，可自动启动补充光照系统。

（3）灯光渐亮和渐暗。

（4）遇到停电情况程序不乱等。

6. 设置灯罩　使用灯罩可使光照度增加 50%。避免使用上部敞开的圆锥形灯罩，因为它的反光效果较差，而且将光线局限在太小的范围内，一般应采用平或伞形灯罩。反光罩以直径 25～30cm 的伞形反光灯罩为宜。不加灯罩的灯泡所发出的光线，约有 30%被墙、顶棚、各种设备等吸收。

7. 保证灯泡质量与清洁度　灯泡质量差与阴暗要减少光照度30%，脏灯泡发出的光约比干净灯泡减少1/3。因此，要定期对灯泡进行擦拭。

三、畜禽舍光照度、采光系数测定

（一）光照度测定（照度计法）

1. 构造原理　照度计由感应部分（光电池）和仪表部分组成。照度计是利用光敏半导体元件的物理光电现象制成的。当外来光线照射到硒光电池（光电元件）后，硒光电池即将光能转变为电能，产生相应比例的电流，此电流通过导线传到灵敏电流表内，电流表显示光的光照度值。照度计有普通照度计和数字照度计（图1-54）两种。

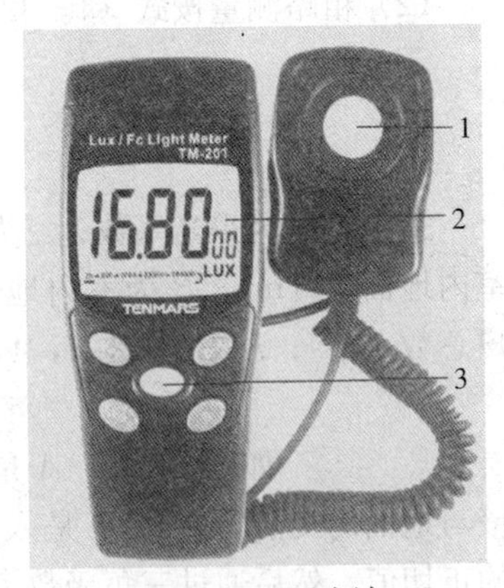

图1-54　照度计
1. 光电探头　2. 显示器　3. 开关

2. 操作步骤

（1）测定点的确定。在无特殊要求的时候，测定面的高度为地面以上80～90cm。一般以每100m² 布10个点为宜。测定点不能紧靠墙壁，应距墙10cm以上。

（2）使用前先检查量程开关，使其处于“关”的位置。

（3）将光电探头的插头插入仪器的插孔中。

（4）依次按下电源键、光照度键、量程键。若显示窗不是0，应进行调零，关闭量程键。

（5）将量程开关由“关”的位置拨至高挡处，取下光电池上面的保护盖，将光电池置于测定点的平面上。

（6）测量时，为避免光引起光电疲劳和损坏仪表，应根据光源的强弱，转动量程开关，选择合适挡位进行观测；如果无法确定时，应首先选择高挡位，再根据指针位置或仪表的显示调整到合适挡位。如光线很强，应加设滤光器。待电流表的指针稳定后即可读数。可用多次测量的平均值作为最后结果。

（7）测量完毕，恢复量程开关到“关”的位置，并将保护盖盖在光电池上，拔下插头，整理装箱。

（二）采光系数测定

1. 原理　用直尺精确测量采光口的有效采光面积（含双侧采光）和室内地面面积，求出两者之比。由于采光系数未考虑当地气候、采光口的朝向和前排建筑物的遮光影响，因此它只是评价自然采光的一个概略指标。

2. 测定步骤

（1）精确测量。用直尺逐一测量畜禽舍窗户每块玻璃的长、宽（双层窗只测量1层，不要把窗框计算在内）及该室地面的长、宽（包括物品所占面积），并将其记录下来。

（2）粗略测量。用直尺逐一测量畜禽舍窗户的长、宽（包括窗框在内）及该室地面的长、宽（包括物品所占面积），并将其记录下来。

3. 结果计算

（1）精确测量后按式（1-31）计算采光系数。

$$K=\frac{\sum_{i=1}^{n}(a_i \cdot b_i)}{A \cdot B} \tag{1-31}$$

式中，K 为采光系数；a_i 为第 i 块玻璃的长（m）；b_i 为第 i 块玻璃的宽（m）；A 为室内地面长（m）；B 为室内地面宽（m）；n 为室内玻璃总数（块）；i 取 1，2，3，4，…n。

（2）粗略测量按式（1-32）计算采光系数。

$$K=\frac{0.8\sum_{i=1}^{n}(a_i \cdot b_i)}{A \cdot B} \tag{1-32}$$

式中，K 为采光系数；a_i 为第 i 块玻璃的长（m）；b_i 为第 i 块玻璃的宽（m）；A 为室内地面长（m）；B 为室内地面宽（m）；0.8 为玻璃面积与窗面积的比值；n 为室内窗户总数（个）；i 取 1，2，3，4，…n。

（三）入射角和透光角测定

1. 原理　如图 1-49，A 是畜禽舍地面中央一点，B 是窗户上缘，C 是窗台，D 是墙壁与地面的交点，$\angle BAD$ 是入射角，$\angle BAC$ 是透光角。在直角$\triangle ABD$ 中，求出入射角的正切值，然后通过三角函数表查出对应的度数，即为入射角的度数。在直角$\triangle CAD$ 中，求出$\angle CAD$ 的正切值，再通过三角函数表查出对应的度数，求出的两角度数之差，即为透光角。

2. 测量步骤

（1）用卷尺或皮尺测量窗户上下缘到地面的距离（BD、CD 的长度）和畜禽舍的宽度。

（2）计算出畜禽舍宽度的一半（AD 的长度），然后根据 $\tan\angle BAD=BD/AD$，先算出 BD/AD 的数值，再在表 1-22 中查出$\angle BAD$ 的度数。

（3）求透光角时，先按上述方法求出$\angle CAD$ 的度数，然后用$\angle BAD-\angle CAD$，即求得透光角$\angle BAC$。

表 1-22　入射角、透光角函数简表

tan 值	度数	tan 值	度数	tan 值	度数
0	0	0.29	16	0.90	42
0.02	1	0.32	18	1.00	45
0.03	2	0.36	20	1.11	48
0.05	3	0.40	22	1.23	51
0.07	4	0.45	24	1.38	54
0.09	5	0.49	26	1.54	57
0.11	6	0.53	28	1.76	60
0.12	7	0.57	30	1.96	63
0.14	8	0.62	32	2.25	66
0.16	9	0.67	34	2.60	69
0.18	10	0.73	36	3.08	72
0.21	11	0.78	38	4.01	76
0.25	12	0.84	40	5.67	80

任务六　畜禽舍空气质量调控

任　务　单

<table>
<tr><td>项目一</td><td colspan="5">畜禽舍环境调控</td></tr>
<tr><td>任务六</td><td colspan="2">畜禽舍空气质量调控</td><td>建议学时</td><td colspan="2">6</td></tr>
<tr><td>学习目标</td><td colspan="5">1. 熟悉畜禽舍中常见有害气体的特性、来源及分布
2. 熟知畜禽舍中的有害气体对畜禽产生的危害
3. 能熟记不同畜禽舍中有害气体的卫生标准
4. 能够掌握畜禽舍中有害气体的控制措施
5. 能独立进行有害气体的测定
6. 知道畜禽舍空气中微粒的来源及特点
7. 熟知微粒对畜禽健康和生产力的影响
8. 能掌握畜禽舍中微粒的控制措施
9. 熟悉畜禽舍中微生物的来源和危害
10. 掌握畜禽舍中微生物的控制措施</td></tr>
<tr><td>任务描述</td><td colspan="5">1. 学生从畜禽舍建筑设计、日常管理、科学饲养等方面制订综合措施，消除畜禽舍中有害气体、微粒及微生物
2. 学生使用大气采样器收集畜禽舍中有害气体，并采用比色法或滴定法测定和计算畜禽舍中有害气体的含量</td></tr>
<tr><td>学时安排</td><td>资讯
1 学时</td><td>计划与决策
1 学时</td><td>实施
2.5 学时</td><td>检查
0.5 学时</td><td>评价
1 学时</td></tr>
<tr><td>材料设备</td><td colspan="5">1. 相关学习资料与课件
2. 大气采样器、U 形气泡吸收管、具塞比色管、分光光度计、移液管、滴定管、噪声仪
3. 浓硫酸、酒石酸钾钠溶液、氯化汞、碘化钾、氯化铵
4. 实训室、畜禽舍、畜禽场</td></tr>
<tr><td>对学生的要求</td><td colspan="5">1. 具备分析化学知识
2. 具备微生物知识
3. 理解能力
4. 严谨的态度
5. 团队配合能力</td></tr>
</table>

资 讯 单

<table>
<tr><td>项目名称</td><td colspan="4">畜禽舍环境调控</td></tr>
<tr><td>任务六</td><td>畜禽舍空气质量调控</td><td>建议学时</td><td colspan="2">6</td></tr>
<tr><td>资讯方式</td><td>学生自学与教师辅导相结合</td><td>建议学时</td><td colspan="2">1</td></tr>
<tr><td>资讯问题</td><td colspan="4">1. 畜禽舍中常见的有害气体有哪些?
2. 畜禽舍中有害气体有哪些危害?
3. 畜禽舍中有害气体如何测定?
4. 畜禽舍中有害气体的控制措施有哪些?
5. 畜禽舍空气中微粒的来源?有何危害?
6. 如何控制畜禽舍中的微粒?
7. 畜禽舍空气中微生物的来源和危害是什么?
8. 如何控制畜禽舍中微生物?
9. 畜禽舍空气中噪声有哪些危害?如何控制?
10. 如何根据畜禽舍中有害气体的测定结果改进畜禽舍的空气质量?</td></tr>
<tr><td>资讯引导</td><td colspan="4">本书信息单:畜禽舍空气质量调控
《家畜环境与设施》,李保明,2004,87-94
《畜禽环境卫生》,赵希彦,2009,62-64
畜禽舍的防潮除臭措施,周国新、赵立君,《养殖技术顾问》,2009(6)
标准化规模化猪场中猪舍的环境控制,王美芝等,《猪业科学》,2011(3)
不同地面结构的育肥猪舍的恶臭排放影响因素分析,汪开英等,《农业机械学报》,2011(9)
猪舍空气环境中的微生物污染,曹保东等,《科技创新导报》,2010(10)
多媒体课件
网络资源</td></tr>
<tr><td>资讯评价</td><td>学生互评分</td><td></td><td>教师评分</td><td></td><td>总评分</td><td></td></tr>
</table>

信 息 单

项目名称	畜禽舍环境调控		
任务六	畜禽舍空气质量调控	建议学时	1
信息内容			

通常，舍外空气成分相对比较稳定。由于太阳辐射以及空气本身的自净作用，空气中微粒、微生物含量也相对较少。然而，对于相对密闭的畜禽舍，由于畜禽本身的新陈代谢作用，以及大量地使用饲料、垫草等，使舍内空气中微生物含量普遍较高；加之舍内温度高、湿度大，为微生物生长与大量繁殖提供了良好的条件，各种有机物被分解、发酵，产生大量的有害气体以及其他恶臭物质，空气质量较为恶劣，危害畜禽的健康（图1-55）。如呼吸系统疾病在养猪场普遍存在，其主要原因是舍内通风不良，有害气体质量浓度过高所致。因此，畜禽舍空气质量调控的任务就是，采取综合措施，消除畜禽舍空气中的有害物质，为畜禽提供良好的空气环境。

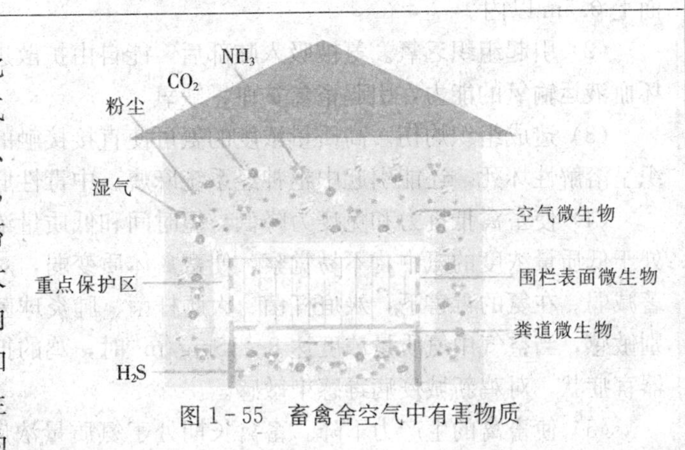

图1-55 畜禽舍空气中有害物质

一、畜禽舍空气中有害气体调控

有害气体是指对人、畜的健康产生不良影响或使人感到不舒服，影响工作效率的气体。在畜禽舍内，产生最多、危害最大的有害气体主要有二氧化碳、氨气、硫化氢、一氧化碳等。

（一）氨气

1. 氨气的理化特性、来源及分布

（1）理化特性。氨是无色有刺激性臭味的气体，相对分子质量17.03，相对密度0.956；氨极易溶于水呈碱性，0℃时每升水可溶解氨907g，20℃时每升水可溶解氨899g。

（2）来源。畜禽舍空气中的氨主要来自于粪便、尿液、垫草、饲料等含氮有机物的腐败分解产物。其含量的高低主要和畜禽舍的通风、清洁程度、饲养密度、畜禽舍的结构以及饲养管理水平等有关。畜禽舍清扫不及时、通风排水设备欠佳、地面结构不良滞留污物及管理不善，都可能使舍内空气氨的含量增加。

（3）分布。氨的相对密度虽然较轻，但因其产自粪尿等废弃物，且氨极易溶于水，因此畜禽舍下部质量浓度较高，从而给畜禽造成很大危害，尤其是鸡。另外，潮湿的物体和墙壁表面也吸附了大量氨气，从而影响了氨气的排除。

2. 对畜禽危害

（1）刺激黏膜产生炎症。畜禽吸入氨后，由于氨极易溶于水，很快吸附于鼻、咽喉、气管、支气管等黏膜及眼结膜上，产生碱性刺激（1%的氨水溶液的 pH 为 11.7），使黏膜发炎充血水肿，分泌物增多，引起疼痛、咳嗽、流泪，诱发气管炎、支气管炎及结膜炎等。实验表明，猪在 15～45mg/m^3 的氨环境中每天呼吸 10～15min，患肺炎的比例大大增加，出栏时猪肺部的绒毛几乎全部消失。鸡受害最重，因其体型小，活动范围基本在地面上 0.5m 以内。

（2）引起组织乏氧。氨被吸入肺部后，能自由扩散进入血液，并与血红蛋白结合，破坏血液运输氧的能力，引起畜禽贫血、缺氧。

（3）造成组织灼伤。高质量浓度的氨可使直接接触的组织部位发生碱性化学灼伤，组织呈溶解性坏死，还能引起中枢神经系统麻痹、中毒性肝病和心肌损伤。

（4）使畜禽抵抗力和免疫力降低。短时间和低质量浓度氨可由尿排出，畜禽如果长期处于低质量浓度的氨中，不易觉察，使畜禽体质变弱，对呼吸道疾病如结核病的抵抗力显著减弱。在氨的毒害下，炭疽杆菌、大肠杆菌、肺炎球菌的感染过程显著加快。鸡对氨特别敏感，当空气中氨质量浓度达 8～15mg/m^3 时，鸡的抵抗力和增重就会下降，出现呼吸器官症状，对鸡新城疫病毒感染敏感。

（5）使畜禽的生产力下降。畜禽长期处于氨质量浓度较高的环境条件下，食欲减退，采食量和生产力都下降。空气中 150mg/m^3 的氨，能使猪增重降低 17%，饲料利用率下降 18%。38mg/m^3 的氨能使鸡的产蛋率减少（表 1-23）。

表 1-23　氨质量浓度对鸡生产性能的影响

NH_3 质量浓度（mg/m^3）	性成熟（达 50% 产蛋率的日龄）	产蛋率（%）	
		23～26 周	35～38 周
0	158（22.5 周）	70.2	90.9
40	172（24.5 周）	51.2	86.7
56	177（25 周）	49.2	83.8

（6）使畜产品的品质下降。有害气体能进入畜禽皮肤，从而影响畜禽肉的品质。另外还能使牛乳产生异味。

3. 畜禽舍内卫生标准　我国卫生标准规定空气中氨含量最高不得超过 20mg/m^3。畜禽长期处于畜禽舍空气中，受害较严重，容许量应限制得更严些。我国无公害养殖 GB/T 18407.3—2001 规定，场区＜5mg/m^3，猪舍＜20mg/m^3，牛舍＜15mg/m^3，雏禽舍＜8mg/m^3，成禽舍＜12mg/m^3。

（二）硫化氢

1. 理化特性、来源及分布

（1）理化特性。硫化氢是一种无色、易挥发的恶臭气体（臭鸡蛋味），相对分子质量 34.09，相对密度 1.19，易溶于水（在 0℃时，1 体积的水可以溶解 4.85 体积的硫化氢）。

（2）来源。

①畜禽舍空气中的硫化氢主要是由粪便、尿液、垫草、饲料等含硫有机物（含硫氨基酸、含硫矿物质、含硫抗生素）的分解所产生。

②当给予畜禽含蛋白质较高的日粮，或畜禽消化系统障碍时，可从肠道排出大量硫化氢气体。

③在封闭式蛋鸡舍中鸡蛋破损较多时，可增高空气中的硫化氢质量浓度。

（3）分布。畜禽舍中出现以下情况，可判知空气中存在着硫化氢：铜质器皿或电线因生成硫化铜而变成黑色；镀锌的铁器表面有白色沉淀；白色油漆表面变成棕色，甚至黑色等。硫化氢因产自地面或地面附近，且相对密度较大，所以愈接近地面，质量浓度愈高。

2. 对畜禽危害

（1）刺激黏膜产生炎症。硫化氢遇到畜禽黏膜上的水分可以很快溶解，并与钠离子结合生成硫化钠，对黏膜产生强烈的刺激作用，引起眼炎和呼吸道炎症，出现角膜混浊、流泪、羞明、鼻炎、气管炎，严重时发生肺水肿。

（2）引起畜禽乏氧。硫化氢经肺泡进入血液，与氧化型细胞色素氧化酶中的三价铁结合，使酶失去活性，影响细胞氧化过程，造成组织缺氧。高质量浓度的硫化氢能使畜禽呼吸中枢神经麻痹，导致窒息死亡。

（3）使畜禽抵抗力和免疫力降低。长期处于低质量浓度硫化氢环境中，畜禽体质变弱，抗病力下降，容易发生肠胃炎、心脏衰竭等。

（4）使畜禽生产力下降。猪长期生活在低质量浓度硫化氢的空气中会感到不适，食欲不振，采食量下降，生长缓慢。质量浓度为20mg/m^3 时，猪丧失食欲。

3. 畜禽舍内卫生标准　我国劳动卫生部门规定硫化氢不得超过10mg/m^3。无公害养殖GB/T 18407.3—2001规定，场区＜3mg/m^3，猪舍＜15mg/m^3，牛舍＜12mg/m^3，雏禽舍＜3mg/m^3，成禽舍＜15mg/m^3。

（三）二氧化碳

1. 理化特性、来源及分布

（1）理化特性。二氧化碳为无色、无臭、没有毒性、略带酸味的气体，相对分子质量44.01，相对密度1.524。

（2）来源。畜禽舍中的二氧化碳主要是由畜禽呼吸排出。1 000只母鸡，1h可排出二氧化碳1 700L；一头体重100kg的育肥猪，1h可呼出二氧化碳39L。畜禽舍内用火炉进行供暖时也可产生部分二氧化碳，另外粪尿、垫草的分解亦产生少量的二氧化碳。因此，畜禽舍内的二氧化碳含量往往比大气高出许多倍。

（3）分布。二氧化碳比空气重，且主要由畜禽呼出，所以在畜禽舍的中下部、畜禽周围的质量浓度较高。

2. 对畜禽危害　二氧化碳本身无毒性，高质量浓度的二氧化碳使空气中氧的含量下降，造成缺氧，引起慢性中毒。畜禽长期在缺氧的环境中，表现精神委靡、食欲减退、体质下降，生产力下降，对疾病的抵抗力减弱，特别是对于结核病等传染病易于感染。

在一般畜禽舍中，二氧化碳质量浓度很少能达到引起畜禽中毒的程度。二氧化碳的卫生学意义在于，它表明畜禽舍空气的污浊程度；同时亦表明畜禽舍空气中可能存在其他有害气体。因此，二氧化碳的存在可以作为畜禽舍空气卫生评价的间接指标。

3. 畜禽舍内卫生标准　无公害养殖GB/T 18407.3—2001规定，场区＜750mg/m^3，

猪舍、牛舍、禽舍均应≤2 950mg/m³。

(四) 一氧化碳

1. 理化特性、来源

(1) 理化特性。一氧化碳为无色、无味、无臭的气体，相对分子质量 28.01，相对密度 0.967，比空气略轻，难溶于水。燃烧时呈浅蓝色火焰。

(2) 来源。在畜禽舍中一般没有一氧化碳。冬季在封闭式畜禽舍内生火炉取暖时，如果煤炭燃烧不完全，可能产生一氧化碳；特别是在夜间，门窗关闭、通风不良，一氧化碳质量浓度可能达到中毒的程度。

2. 对畜禽的危害　一氧化碳对血液和神经系统具有毒害作用，一氧化碳进入血液循环系统后，与血红蛋白的结合力要比氧和血红蛋白的结合力大 200～300 倍，造成机体急性缺氧，发生血管和神经细胞的机能障碍，机体脏器的功能失调，出现呼吸、循环和神经系统的病变。空气中一氧化碳质量浓度为 59mg/m³ 时，可使人轻度头痛；120mg/m³ 可使人中度头痛、晕眩；293mg/m³ 时，严重头痛、头晕；580mg/m³ 时，恶心、呕吐；1 170mg/m³ 时出现昏迷；11 704mg/m³ 时死亡。

3. 畜禽舍内卫生标准　我国卫生标准规定，一氧化碳的一次最高允许质量浓度为 3mg/m³，日平均最高容许质量浓度为 1mg/m³。

(五) 畜禽舍内有害气体的调控技术

消除畜禽舍内有害气体，是现代畜禽生产中改善畜禽舍空气环境质量的一项非常重要的措施，对保持畜禽健康和生产力的发挥有重要意义。由于造成畜禽舍内高质量浓度有害气体的原因是多方面的，因此，必须采取综合措施进行控制。

1. 科学进行畜禽舍建筑设计　畜禽舍的建筑合理与否直接影响舍内环境卫生状况，因而在建筑畜禽舍时就应精心设计，做到及时排除粪污、通风、保温、隔热、防潮，以利于有害气体的排出。

(1) 合理设计畜禽舍排污系统。设置便于粪尿干湿分离，便于清扫、冲洗，减少臭气生成的排水系统。畜床和粪尿沟应有一定坡度，材料应不渗水，以保证粪尿能及时流出。猪舍采用漏缝地面和生物发酵床，可使舍内有害气体含量分别减少 20%、47%。贮粪池应远离畜舍。不论采用何种清粪方式，都应满足如下条件：排除迅速、彻底，防止滞留；便于清扫；避免有害气体和水汽产生等。

(2) 加强畜禽舍防潮和保温设计。畜禽舍内的湿度和温度都直接影响有害气体的含量。当畜禽舍中湿度较大时，一方面有机物易腐败变质产生有害气体；另一方面有害气体溶于水汽不易排除。在寒冷季节，如果畜禽舍的保温不好，舍内温度低，当低于露点温度时，水汽容易凝结于墙壁与屋顶上，溶解有害气体；同时舍内温度低，热压通风效果也不好。为了保证有害气体的排出，畜禽舍的地基、地下墙体、外墙勒脚、地面应设防潮面层；同时要加强屋顶、墙壁的保温设计。

(3) 合理设计畜禽舍通风系统。在寒冷的冬季，为了畜禽舍保温，门窗封闭导致舍内空气污浊，因此畜禽舍应合理设计通风系统，以保证舍内有害气体的排出。

2. 科学地配合日粮，并合理使用助消化类添加剂　畜禽舍中的有害气体主要为蛋白质腐败分解而产生，在日粮配合时应采用理想蛋白质体系，降低蛋白质含量，添加必需氨基酸，提高日粮蛋白质的利用率；这可以减少粪便中氮、磷、硫的含量，减少粪便和肠道臭气的产生。当日粮中粗蛋白质含量从16%降到14%，添加3%的苯甲酸或添加15%的菊粉，可降低育肥猪舍氨气排放量分别为30%和57%。日粮营养物质消化吸收不完全是造成畜禽排泄物恶臭的主要原因。提高畜禽对营养物质的消化吸收，可以减轻畜禽排泄物的恶臭。饲料中合理使用一些添加剂，如酶制剂、酸化剂（延胡索酸、柠檬酸、乳酸等）、脲酶抑制剂，有助于提高蛋白质等的消化率，维持肠道的菌群平衡（抑制有害菌生长），减少有害气体的排出和产生。

3. 在日粮中添加EM微生物菌群　EM微生物菌群由光合菌群、乳酸菌群（厌氧）、酵母菌群（好氧）、革兰氏阳性放线菌群（好氧）、发酵系的丝状菌群（厌氧）组成。饲料经EM有效微生物发酵后饲喂畜禽，可以提高饲料的消化率，减少臭气的产生。

4. 在饲料中添加除臭剂　目前，国内研究出的除臭剂已达20余种，其中添加到畜禽饲料中达到除臭效果的有沸石、活性炭、丝兰属植物提取液等。

（1）沸石等硅酸盐类矿物。如膨润土、海泡石、蛭石、硅藻土等，此类物质表面积大，对氨、硫化氢、二氧化碳等单分子化合物及水分有很强的吸附性。它不仅能降低舍内氨气及硫化氢的质量浓度，同时还能降低空气及粪便的湿度。使用时将沸石粉按2%的比例直接添加到饲料中或撒盖在粪便及畜禽舍地面上，或饲喂用沸石粉作载体的矿物质添加剂，均能达到显著的除臭效果。

（2）丝兰提取物。丝兰提取物及其制剂属植物型除臭剂，许多实验表明，在饲料中添加丝兰属植物提取物，可使舍内环境氨的质量浓度持续下降。

（3）多聚甲醛。在$25m^3$的垫料中加入4.5kg多聚甲醛，可以使空气中的氨气质量浓度迅速下降。

5. 加强日常管理　在生产过程中，建立各种规章制度，加强管理，对防止有害气体的产生具有重要意义。

（1）及时清理粪尿。因粪尿是有害气体产生的主要来源，增加清粪频率，可避免在舍内分解产生有害气体；猪场可训练猪定点到舍外排泄，能有效地减少舍内有害气体的产生，同时能降低劳动强度。

（2）防止畜禽舍潮湿。除及时清理粪尿和污水外，在生产中尽可能减少作业用水，如减少或停止冲刷地面。当舍内湿度过大时，氨和硫化氢被吸附在墙壁和天棚上，并随水分渗入建筑材料中；当舍温升高时，这些有害气体又挥发出来，污染环境。

（3）使用垫料或吸附剂。在舍内地面尤其是在畜床上应铺设垫料，可吸收一定量的有害气体，其吸收能力与垫料的种类和数量有关。一般麦秸、稻草或干草等对有害气体均有良好的吸收能力。在粪尿上洒过磷酸钙，能吸附氨气生成铵盐，从而降低舍内氨气的质量浓度。在蛋鸡舍内，每只鸡可以使用16g；肉鸡舍内，每只鸡可以使用10g。反应方程式为：

$$CaHPO_4+NH_3=CaNH_4PO_4$$

（4）建立合理的通风换气制度。畜禽舍中保持良好的通风状态和一定的通风量是减少舍内有害气体的有效措施。减排措施主要针对NH_3的排放，减排不等于零排放，而且在生产中产生大量的CO_2和水蒸气等；因此，生产中必须进行合理的通风，以使畜禽舍中有害气体能及时排出。

6. 采用综合式畜禽舍环境自动控制系统　畜禽舍环境自动控制系统（图1-56）的工

作原理一般是利用一定的芯片、只读存储器、逻辑单元、模/数转换电路与数/模转换电路，在控制软件的支持下，通过CPU对外围电路进行控制，实现畜禽舍养殖环境监测及控制的功能。一般是在畜禽舍内设置多个检测点，然后利用数字式温湿传感器、红外二氧化碳传感器等来完成对畜禽舍内部环境的监测，进而通过对喷雾式风机的换气风机等的程序控制，达到对畜禽舍温湿度、空气质量进行调控。

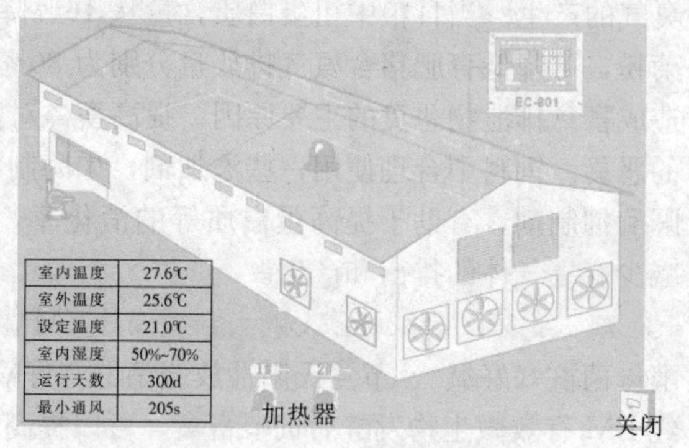

图1-56 畜禽舍环境控制器

二、畜禽舍空气中微粒调控

微粒是指以固体或液体微小颗粒形式存在于空气中的分散胶体。在大气和畜禽舍空气中都含有微粒，大气中的微粒主要来源于地面和工农业生产活动。地面条件、土壤特性、植被状态、季节和天气以及工业生产、农事活动、居民生活等，对大气中微粒的数量和性质都会产生影响。

（一）畜禽舍中微粒的来源和特性

1. 畜禽舍中微粒来源

（1）一小部分由舍外大气带入。

（2）主要在生产过程中产生，如分发干草和干饲料、清扫地面、使用垫料、通风、除粪、刷拭畜体、饲料加工等过程中都会产生微粒。

（3）畜禽本身活动也产生，如畜禽在舍内走动、咳嗽、鸣叫、打喷嚏时都会产生微粒。大型封闭式畜禽舍中，微粒量往往很高，甚至影响了空气的能见度，根据测定：一个年产1.2万头猪的猪场，每小时由猪舍排出的微粒可达2kg；一个年产40万只鸡的养禽场，每小时可排出29.8kg的微粒。

2. 畜禽舍内微粒的特点　畜禽舍内微粒和舍外大气中微粒差异很大。

（1）有机尘比例高，占50%或更高，为微生物的生存提供了条件。

（2）颗粒直径小，小于5μm的居多，含量为10^3～10^6粒/m^3，长期在空气中悬浮，能够达到畜禽呼吸道的深部，加剧了对畜禽的危害。

（3）往往携带病原微生物，从而传播疾病。

（二）畜禽舍内微粒危害

（1）微粒降落在畜禽体表上，可与皮脂腺的分泌物以及细毛、皮屑、微生物等混合在一起，对皮肤产生刺激作用，引起发痒，甚至发炎。同时还能堵塞皮脂腺和汗腺管道，使皮脂分泌受阻，皮脂缺乏，皮肤变得干燥脆弱，易遭损伤和破裂；使汗腺分泌受阻，皮肤的散热功能下降，影响家畜的体热调节。

（2）大量微粒降落在眼结膜上，会引起灰尘性结膜炎或其他眼病。

（3）空气中的微粒被畜禽吸入呼吸道后，可刺激呼吸道黏膜引起呼吸道炎症。大于10μm的尘埃，一般被阻留在鼻腔里，对鼻腔黏膜发生机械性刺激；5～10μm的尘埃可达气管或支气管，可以使畜禽发生气管炎或支气管炎；5μm以下的尘埃，可进入肺泡，引起肺炎。据统计猪肺炎有37%发生在微粒数量较多的舍内。部分停留在肺组织的微粒，可通过肺泡间隙，侵入周围结缔组织的淋巴间隙和淋巴管内，并能阻塞淋巴管、引起尘肺病。

（4）微粒特别是有机尘粒是众多病原微生物的载体，为其提供营养和庇护，从而促进病原微生物的繁衍和各种疾病传播。

（5）如果空气的湿度较大，微粒就会吸收空气中的水汽，同时吸收一些氨和硫化氢，这些混合微粒的危害更为严重。

（6）影响畜产品质量。据对某奶牛舍的测定，每立方米空气中，有1 400～3 700mg微粒，挤乳时，微粒落在乳中，影响乳的质量。畜禽舍空气中微粒还会影响羊毛、兔毛的质量。

（三）畜禽舍中微粒卫生标准

畜禽舍内空气中微粒的多少，可以采用密度法和重量法来衡量。密度法是指以每立方米空气中的微粒数表示，单位为粒/m^3。重量法是用每立方米空气中所含微粒的质量表示，其单位为mg/m^3。我国无公害养殖GB/T 18407.3—2001标准中对于微粒的评价有两项指标，即可吸入颗粒物（PM_{10}）和总悬浮颗粒物（TSP），其质量标准见表1-24。

表1-24　空气环境可吸入颗粒物和总悬浮颗粒物质量标准

序号	项目	单位	场区	舍内		
				禽舍	猪舍	牛舍
1	PM_{10}	mg/m^3	1	4	1	2
2	TSP	mg/m^3	2	8	3	4

（四）控制措施

（1）新建畜禽场选址时，要远离产生微粒较多的工厂，如水泥厂、磷肥厂等。

（2）在畜禽场四周种植防护林带，减小风力，阻滞外界尘埃的侵入；搞好畜禽场的绿化，路旁种草、植树，尽量减少裸地面积，以减少微粒的产生。同时，许多绿色植物对灰尘和粉尘有很好的阻挡、过滤和吸附作用，从而可减轻畜禽场内大气的污染。

（3）饲料加工车间、粉料和草料堆放场所应与畜禽舍保持一定距离，并设防尘设施。

（4）改进饲喂方式，减少干粉料饲喂畜禽，改用颗粒饲料，或者拌湿饲喂。

（5）加强日常管理，如：分发饲料、干草或垫料时，动作要轻；清扫地面、翻动或更换垫草最好趁家畜不在时进行；刷拭畜体尽量在舍外进行，禁止干扫地面。

（6）保证良好的通风换气，采用机械通风时，可配置过滤装置或采取一些过滤措施，如在进风口蒙一层纱布，使进入舍内的空气先滤去部分灰尘。

三、畜禽舍空气中微生物控制

（一）来源和特点

1. 来源　舍内微生物的来源比较广泛，如畜禽每天排出的大量粪尿、病畜咳嗽、喷嚏、脱落的羽毛、撒落的饲料及垫料上都可能存在微生物。

2. 特点

（1）种类多、数量大。舍外空气对微生物的生存是不利的，因为空气比较干燥，缺乏营养物质，始终在流动，温度也经常变化，而且太阳辐射中的紫外线具有杀菌能力，微生物一般会很快死亡。只有少数抵抗力强的细菌和真菌能独立存在于空气中。而在畜禽舍空气中，特别是通风不良、畜禽密度过大的畜禽舍，则有较多的微生物存在，是大气的50～100倍。微生物的种类和舍外也不相同，病原菌也比较多，极易导致畜禽发病。这是因为舍内有适宜微生物生存和繁殖的营养条件，如舍内温度适宜，湿度较大，有机尘埃比较多，空气流动也比较缓慢，进入舍内的紫外线又比较少。

（2）畜禽舍内空气中微生物的数量与微粒的多少有着直接关系。微生物必须依靠灰尘作为载体飘浮在空中，因此，一切能使空气中灰尘增多的因素，都会使微生物随之增多。据测定，奶牛舍在一般生产条件下，每升空气中含细菌121～2 530个；用扫帚干扫墙壁或地面后，可使细菌数达到16 000个。

（二）危害

舍内空气中的微生物主要通过以下三种方式进行疾病传播：

1. 尘埃传染　尘埃传染是病原微生物以尘埃为载体，进入畜禽的呼吸道而传播疾病的方式。畜禽舍内病畜禽排泄的粪尿、飞沫、脱落的皮屑等经干燥后形成各种不同粒径的微粒，极易携带病原微生物，其中粒径小的可长期飘浮在空气中，一旦被易感动物吸入，就可传染发病。通过尘埃传播的病原体，一般对外界环境条件的抵抗力较强，如结核菌、链球菌、霉菌孢子、鸡的马立克氏病病毒等。

2. 飞沫传染　飞沫传染是病原微生物以飞沫为载体，进入畜禽的呼吸道而传播疾病的方式。当畜禽咳嗽或打喷嚏时，可有成百上万个细小飞沫喷散于空气中，喷射距离可达5m以上。这些飞沫中，直径小于0.1mm的飞沫，降落较慢，可在空气中悬浮一段时间。舍内的病原微生物可附着在飞沫上，并可得到很好的保护和获得各种养分，非常有利于其生存和繁殖。当畜禽吸入这些携带病原微生物的飞沫后，即可引起疾病传播。畜禽舍中病原微生物传播疾病以飞沫传染为主。

3. 飞沫核传染　较小的飞沫喷出后，迅速蒸发而形成“飞沫核”（小滴核）。这种细小的颗粒（直径为1～2μm）往往可长期地悬浮于空气中，随气流而转移；而吸附在此种飞沫核上的微生物，能迅速扩散到整个畜禽舍，通过呼吸被吸入畜禽支气管深部和肺泡而发生传染，对畜禽危害很大。通过飞沫核传染的疾病主要是呼吸道传染病，如肺结核、猪气喘病、流行性感冒等。

（三）控制措施

1. 控制来源

（1）新建畜禽场要合理地选址、规划和布局。畜禽场应远离医院、兽医院、屠宰厂、皮毛加工厂等传染源，以减少病原菌入侵的机会。畜禽场应有完备的防护设施，注意场区与场外、场内各区之间的隔离。

（2）建立严格的防疫制度，对畜群进行定期防疫注射和检疫。

（3）严格消毒。新建场须经过严格、全面、彻底消毒，才可进入畜禽。场区所有入口处应设置消毒设施，以便进出的人和车辆消毒。工作人员进入生产区和畜禽舍必须消毒、洗浴，并换上消毒过的工作服、鞋、帽等。严禁场外人员、车辆进入生产区。引入的畜禽必须经过隔离和检疫，确保安全后，方能并入本场畜群。

（4）及时隔离病畜，避免病原微生物的传播。

（5）搞好绿化，绿色植物可以吸附畜禽场空气中的细菌，可使细菌减少22%～79%。

2. 加强日常管理

（1）注意畜禽舍的防潮，干燥的环境条件不利于病原微生物的生存和繁殖。

（2）采用各种措施减少畜禽舍空气中灰尘的含量，以使舍内病原微生物失去附着物而难以生存。

（3）及时清除粪便和污湿的垫料，搞好畜禽舍环境卫生。

（4）保证畜禽舍通风性能良好，及时排出舍内微生物。并尽可能在进气口安装防尘装置。

（5）采用“全进全出”的饲养制度，进行畜禽转群时必须对畜禽舍进行彻底的清洗、消毒，清除舍内的病原微生物。

四、畜禽舍空气中噪声调控

随着畜牧业机械化程度的提高和畜禽场规模的日益扩大，噪声的来源越来越多，强度越来越大，已严重地影响了畜禽的健康和生产性能，必须引起重视。

噪声是一种有害声波，大小用分贝（dB）来计量。从生理学观点来讲，凡是使畜禽讨厌、烦躁，影响畜禽正常生理机能，导致畜禽生产性能下降，危害畜禽健康的声音都称作“噪声”。

1. 畜禽舍噪声的来源

（1）外界传入，如飞机、汽车、拖拉机及雷鸣等。

（2）舍内机械设备产生的，如通风机、真空泵、喂饲机及除粪机等。

（3）畜禽自身产生，如鸣叫、采食、走动及争斗等。

2. 噪声的危害

（1）噪声可引起内分泌紊乱，如促甲状腺激素、促肾上腺激素分泌增多，促性腺激素分泌减少等。

（2）噪声会使畜禽发生惊恐反应。猫和兔在突然噪声下会发生惊厥，咬死幼仔。猪遇突然噪声会受惊、狂奔，发生撞伤、跌伤和碰伤，牛也有类似情况。但是许多人发现马、牛、羊、猪对于噪声都能很快适应，因而不再有行为上的反应。

（3）噪声可使畜禽增重减少，生产力下降，发病增多，甚至死亡。110～115dB的噪声会使奶牛产乳量下降10%，个别甚至达30%以上；妊娠奶牛会发生流产、早产现象。日本有人对来航鸡进行试验，每天用110～120dB噪声刺激72～166次，连续2个月；结果产蛋率下降4.9%，平均蛋重减轻1.4g，蛋质也下降。母猪在噪声影响下，受胎率下降，流产现象增多。

但是，一定水平的声音对于畜禽是完全必要的，而且对生产也会带来一定的利益。根据报道，在奶牛挤乳时播放轻音乐可增加产乳量；用轻音乐刺激猪，可改善单调环境而且有防止咬尾癖的效果，还有刺激母猪发情的作用；对鸡试验发现，轻音乐可使鸡群保持安静，减少惊群发生率。

3. 畜禽舍内卫生标准　我国畜禽场环境质量标准（NY/T 388—1999）规定，畜禽舍内噪声最高允许量分别为：雏禽舍60dB、成禽舍80dB、猪舍80dB、牛舍75dB。

4. 控制措施

（1）建场时应选好场址，尽量避开工矿企业、交通运输场所，避免外界干扰。

(2) 场内规划应当合理，车库、设备维护、饲料加工和生活设施等场所尽量远离畜禽舍。

(3) 畜禽舍内应选择性能优良、噪声小的机械设备，装置机械时，应注意消声和隔音。

(4) 畜禽舍周围大量植树，可使外来噪声降低 10dB 以上。

(5) 人在舍内的一切活动要轻，避免造成较大声响。

五、畜禽舍空气中有害气体测定

(一) 二氧化碳测定（容量分析法）

1. 原理　氢氧化钡溶液与空气中的二氧化碳作用可生成白色碳酸钡沉淀。利用过量的氢氧化钡来吸收空气中的二氧化碳后，剩余的氢氧化钡用标准草酸溶液滴至酚酞试剂红色刚褪。根据容量法滴定结果和所采集的空气体积，即可求得空气中二氧化碳的体积分数。其反应式如下：

$$Ba(OH)_2+CO_2=BaCO_3\downarrow+H_2O$$

$$Ba(OH)_2+C_2H_2O_4=BaC_2O_4+2H_2O$$

2. 试剂

(1) 吸收液（氢氧化钡溶液）。称取氢氧化钡 [$Ba(OH)_2\cdot 8H_2O$] 7.16g 定容于 1 000mL 容量瓶中，此溶液 1mL 可结合二氧化碳 1mg。由于氢氧化钡溶液不稳定，使用前须用草酸标准液标定其质量浓度。

(2) 草酸标准溶液。称取分析纯草酸（$C_2H_2O_4\cdot 2H_2O$）2.863 6g 定容于 1 000mL 容量瓶中，此溶液 1mL 相当于二氧化碳 1mg。

(3) 1%酚酞指示剂。称取 1g 酚酞，溶于 65mL 95%的酒精中，振荡溶解后加蒸馏水定容于 100mL 容量瓶中。

3. 仪器设备　二氧化碳测定器、氢氧化钡贮藏瓶、碱滴定管、胶管、弹簧夹、烧杯、二连球、钠石灰管、滴定台、三角瓶、吸耳球、移液管、石蜡、电炉、量筒、试剂瓶、气压表、气温计、电子天平、大气采样器。

4. 操作步骤

(1) 采样。取 1 只喷泡式吸收管，在上端进口装一乳胶管，连接到钠石灰管上，用二连球排出内部原有气体，然后迅速从装有 $Ba(OH)_2$ 溶液的二氧化碳分析仪器中向喷泡式吸收管放入 20mL $Ba(OH)_2$。把吸收管侧面管口接到大气采样器上，打开胶管夹，把大气采样器定时为 4min，并迅速将转子流量计调节到 0.5L/min。采样结束后，取下吸收管，静置 1h，取样滴定。采样时应同时记下气温和气压。大气采样器是现场采集气体用的仪器，由收集管、流量计和抽气动力三部分组成（图 1－57）。使用方法参阅仪器说明书。

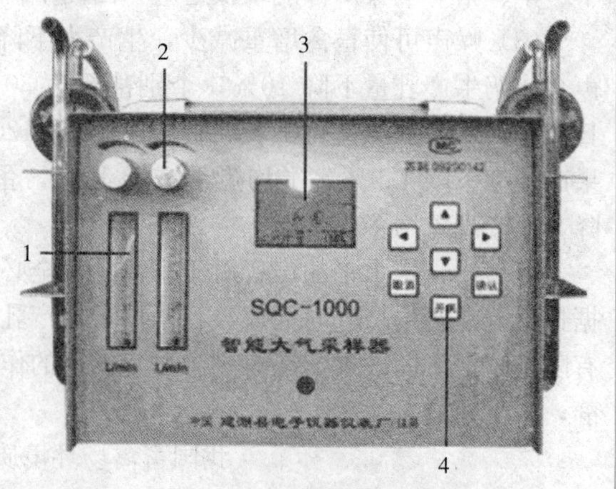

图 1－57　大气采样器

1. 流量计　2. 机械调节阀　3. 液晶显示屏　4. 开关

（2）$Ba(OH)_2$ 的标定。把 CO_2 滴定器的滴定装置开口与钠石灰管相连，驱除其中空气，然后在 CO_2 分析仪器中迅速加入 5mL $Ba(OH)_2$ 液（A_1）和 1 滴酚酞指示剂，使溶液呈红色，迅速盖上带滴定管的瓶塞，在上部小滴定管中加入草酸标准液（切勿超过上刻度）进行滴定，直至红色刚褪为止，记下草酸用量（C_1）。

（3）吸收液的滴定。用移液管吸取沉淀后的吸收液上清液 9～10mL，迅速而准确地将其中的 5mL（A_2）移入滴定装置的小三角瓶中，使溶液恢复红色。再继续用草酸滴定（滴定管中的草酸不足时可以补加），使红色再次消退，记下草酸标准液的消耗量（C_2）。

5. 结果计算

（1）将采样体积（V_1）换算成标准状态下体积（V_0）：

$$V_0 = V_t \times \frac{273}{273+t} \times \frac{p}{101.325} \quad (1-33)$$

式中，V_0 为换算成标准状况下的采样体积（mL）；V_t 为现场状态下的采样体积（mL）；p 为采样时的大气压力（kPa）；t 为采样时的温度（℃）。

（2）空气中二氧化碳体积分数按下式计算：

$$[CO_2](\%) = \frac{(C_1/A_1 - C_2/A_2) \times 20 \times 0.509}{V_0} \times 100\% \quad (1-34)$$

式中，A_1、A_2 分别为吸收 CO_2 前后标定和滴定 $Ba(OH)_2$ 时的取液量（mL）；C_1、C_2 分别为标定和滴定 $Ba(OH)_2$ 时草酸标准液的消耗量（mL）；20 为吸收液的用量（mL）；0.509 为 CO_2 由质量换算为容量的系数；V_0 为换算成标准状况下的采样体积（mL）。

也可应用新型二氧化碳检测仪来测定畜禽舍中二氧化碳的体积分数，如袖珍型二氧化碳/温度分析仪，可检测二氧化碳和温度，非常方便快捷。

（二）氨气测定（容量分析法）

1. 原理　使被检空气通过吸氨力较强的硫酸标准液，根据硫酸吸收前后的浓度之差（用氢氧化钠滴定），求得空气中氨的含量。其反应式如下：

$$2NH_3 + H_2SO_4 = (NH_4)_2SO_4$$

$$2NaOH + H_2SO_4 = Na_2SO_4 + 2H_2O$$

2. 试剂

（1）吸收液（0.005mol/L 硫酸溶液）。用 5mL 移液管移取 0.27mL 98%浓硫酸，定容于 1 000mL 容量瓶中（浓硫酸密度为 1.84g/cm³）。

（2）0.01mol/L 氢氧化钠溶液。准确称取 0.40g 氢氧化钠，定容于 1 000mL 容量瓶中。

（3）1%酚酞酒精溶液。称取 1g 酚酞，溶于 65mL 95%的酒精中，振荡溶解后加蒸馏水定容于 100mL 容量瓶中。

3. 仪器设备　大型气泡吸收管（图 1-58）、大气采样器、干燥管、三角瓶、移液管、洗耳球、滴定台、胶管、弹簧夹、气压表、气温计、碱滴定管、量筒、试剂瓶等。

4. 测定步骤

（1）采样。用 10mL 移液管向 U 形气泡吸收管加入 10mL 0.005mol/L H_2SO_4（注意应在干燥条件下仔细地一次加入，不能外流），将其正确地接到采样器上，接通电源，把大气采样器定时为5～10min，并迅速调整转子流量计至0.5L/min，记录采集空气体积，同时测定采样点的温度及气压。采样后，样品在室温下保存，于24h内分析。采样点的高度一般以畜禽呼吸带离地高度为准，牛、马一般为1～1.5m；猪、羊为0.5m。采样时，应在同一地点同时至少采两个平行样品，两个平行样品结果之差，不应超过20%。

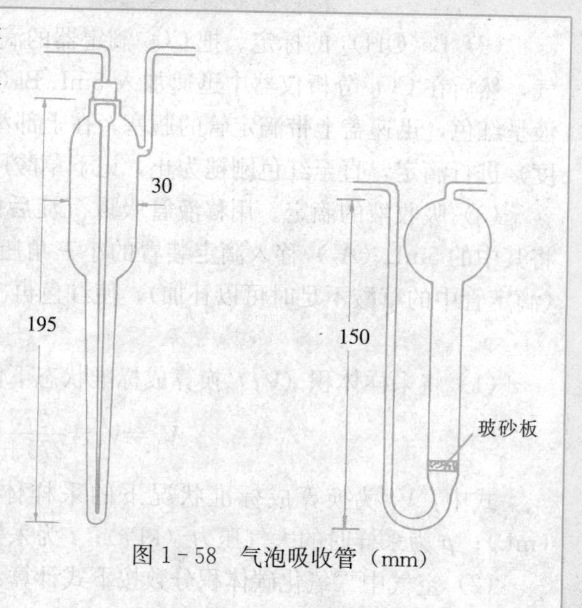

图1-58 气泡吸收管（mm）

（2）滴定。采样结束后，用洗耳球将U形管中的液体吹到锥形瓶中，并用蒸馏水冲洗吸收管，加入0.5%酚酞指示剂1～2滴，用0.01mol/L NaOH滴定至出现微红色并在1～2min内不褪色，记录NaOH溶液的用量（A_1）。

（3）硫酸的标定。用10mL移液管吸取0.005mol/L H_2SO_4 10mL置三角瓶中，滴入1～2滴酚酞指示剂，用0.01mol/L NaOH滴定至出现微红色并在1～2min内不褪色，记录NaOH溶液的用量（A_2）。

5. 结果计算

（1）将采样体积（V_1）换算成标准状态下体积（V_0），按下式计算：

$$V_0 = V_t \times \frac{273}{273+t} \times \frac{p}{101.325} \tag{1-35}$$

式中，V_0为换算成标准状况下的采样体积（L）；V_t为现场状态下的采样体积（L）；p为采样时的大气压力（kPa）；t为采样时的温度（℃）。

（2）空气中氨气质量浓度按下式计算：

$$[NH_3](mg/m^3) = \frac{(A_2 - A_1) \times 0.17}{V_0} \times 1000 \tag{1-36}$$

式中，A_1、A_2分别为滴定吸收液和标定硫酸时氢氧化钠溶液的用量（mL）；0.17为1mL 0.005mol/L硫酸溶液可吸收0.17mg氨；V_0为换算成标准状态下的采样体积（L）。

畜禽舍中氨气的测定也可应用新型便携式氨气检测仪进行检测。

（三）硫化氢测定

1. 定性检查法 用5%的醋酸铅溶液浸泡脱脂棉和滤纸1h，取出后放通风处自然风干，保存于密闭的广口瓶中。当检查硫化氢是否存在时，将醋酸铅浸泡过的脱脂棉或滤纸条悬挂于待测地点。如有硫化氢存在时，将在脱脂棉或滤纸条上生成黑色的硫化铅，反应如下：

$$(CH_3COO)_2Pb + H_2S = PbS\downarrow + 2CH_3COOH$$

2. 定量检查法（硝酸银法）

（1）原理。硫化氢与硝酸银作用生成黄褐色硫化银胶体溶液，根据溶液颜色的深浅确定硫化氢的含量。反应如下：

$$H_2S+2AgNO_3=Ag_2S+2HNO_3$$

（2）试剂。①吸收液。溶解2g亚砷酸钠（$NaAsO_2$）于100mL 5%碳酸铵溶液中，加蒸馏水定容至1 000mL；②0.1mol/L硫代硫酸钠溶液。称取25g $Na_2S_2O_3 \cdot 5H_2O$ 于500mL烧杯中，加入300mL新煮沸已冷却的蒸馏水，待完全溶解后，加入0.2g Na_2CO_3（或0.4g NaOH），然后用新煮沸已冷却的蒸馏水稀释至1 000mL，贮于棕色瓶中，在暗处放置7～14d后标定；③1%淀粉溶液。称取1g可溶性淀粉于25mL蒸馏水中，摇动均匀倒入盛有75mL 50～60℃的蒸馏水中继续加热至沸腾，煮沸1min，放冷，装入细口瓶中备用；④1%硝酸银溶液。1g硝酸银溶解在90mL水中，加入10mL浓硫酸。在放置过程中，如产生硫酸银沉淀，须将沉淀过滤后使用；⑤标准液。取6.0mL 0.1mol/L硫代硫酸钠溶液，用煮沸放冷的蒸馏水定容至100mL，此溶液1mL约等量于0.21mg硫化氢，将此溶液稀释10倍，则此溶液1mL约等量于20μg硫化氢。

（3）仪器设备。多孔玻板吸收管、10mL比色管、大气采样器。

（4）测定步骤。

①串联三个各装有5mL吸收液的多孔玻板吸收管。用大气采样器以0.5L/min的速度采气2L。

②制备标准管。先加吸收液，后加标准液（表1-25），立即倒转混匀。

表1-25 标准管制备

管 号	0	1	2	3	4	5	6	7	8	9	10
标准液（mL）	0	0.1	0.2	0.3	0.4	0.5	0.6	0.7	0.8	0.9	1.0
吸收液（mL）	5	4.9	4.8	4.7	4.6	4.5	4.4	4.3	4.2	4.1	4.0
硫化氢含量（μg）	0	2	4	6	8	10	12	14	16	18	20

③比色。从第1吸收管取检样2.5mL于比色管中，另加原吸收液至5mL；将第2、第3吸收管的样品分别倒入2支比色管中，供与标准管进行比色用。然后向所有的样品管及标准管中各加入0.10mL淀粉溶液，摇匀，再加入1.0mL硝酸银溶液，摇匀，静置5min后比色。

（5）结果计算。

$$X=(2C_1+C_2+C_3)/V_0 \tag{1-37}$$

式中，X为空气中硫化氢的质量浓度（mg/m^3）；C_1、C_2、C_3分别为第1、第2、第3吸收管所取样品中硫化氢的含量（μg）；V_0为换算为标准状态下采样空气的体积（L）。

3. 碘滴定法

（1）原理。由于空气中的H_2S通过碘溶液形成碘氢酸，应用硫代硫酸钠测定碘溶液吸收H_2S前后之差，求得空气中H_2S的含量。反应式如下：

$$I_2+H_2S=2HI+S$$

$$I_2+2Na_2S_2O_3=2NaI+Na_2S_4O_6$$

（2）试剂。①吸收液（0.1mol/L碘液）。在室温下1L蒸馏水仅可溶解0.3g碘，为了取得较浓的碘液，须加入适量的碘化钾，以便生成易溶于水的化合物，即$KI+I_2=KI_3$。首先用普通天平称取碘化钾2.5g，溶于15～20mL蒸馏水中，再用分析天平精确称取碘 1.2692g 加入 1 000mL 容量瓶中，将碘化钾液也加入同一容量瓶中振摇，使碘全部溶解后，加蒸馏水至刻度，保存于褐色玻璃瓶中备用；②0.005mol/L 硫代硫酸钠溶液。用分析天平称取化学纯硫代硫酸钠 2.481g 加入 1 000mL 容量瓶中，加部分蒸馏水使其全部溶解后，再加蒸馏水至刻度。硫代硫酸钠能吸收空气中的二氧化碳，应定期用 0.01mol/L 碘液进行标定；③5%淀粉溶液。称取可溶性的淀粉 0.5g，溶于 10mL 凉蒸馏水的试管中，于另一烧杯煮沸 90mL 蒸馏水，当煮沸时，将试管中的淀粉倒入烧杯中混匀，冷却后即可使用。此液最好是在临用前配制。如需要保存时，可加入 0.5mL 氯仿防腐。

（3）仪器与用具同氨的测定。

（4）测定步骤。①采集被检空气的装置与氨的测定相同。将两吸收管中各盛碘液 20mL；②用 CD-1 型携带式大气采样器，以流速 1L/min 左右，采气 40～60L；③采气完毕，将两支吸收管中已吸收了 H_2S 的碘液，全部倒入锥形瓶中，经充分混合后，吸取 10mL 于 50mL 锥形瓶中，加入淀粉液 0.5mL，振荡后用 0.005mol/L 硫代硫酸钠滴定至完全无色为止，记录硫代硫酸钠的用量（b）；④另取 10mL 未吸收过 H_2S 的 0.1mol/L 碘液于锥形瓶中，按上述方法滴定，记录硫代硫酸钠的用量（a）。

（5）结果计算。

$$X=\frac{(a-b)\times n\times 0.34}{V_0}\times 1000 \tag{1-38}$$

式中，X 为空气中硫化氢的质量浓度（mg/m^3）；a 为空白滴定时硫代硫酸钠的用量（mL）；b 为滴定吸收 H_2S 后的硫代硫酸钠的用量（mL）；n 为滴定时所吸收的碘液改算为总量时的倍数（如取 20mL，即为总量的 1/2，以 2 乘之）；0.34 指 1mL 碘液相当于 0.34g H_2S；V_0 为换算成标准状况下的采样体积（L）。

任务七　舍饲畜禽福利改善

任　务　单

项目一	畜禽舍环境调控				
任务七	舍饲畜禽福利改善		建议学时	3	
学习目标	1. 熟知动物福利的基本要素 2. 能正确认识动物福利的重要性 3. 知道畜禽的饲养模式对动物福利的影响 4. 熟知饲养密度对畜禽福利的影响，并能合理确定畜禽舍的饲养密度 5. 能知道畜禽舍环境贫瘠、单调对畜禽心理和生理不良影响，并能根据畜禽的特点在舍内提供游戏道具 6. 能说出畜床对畜禽福利的影响，并会确定最佳的畜床结构 7. 能知道垫草的作用，并能利用厚铺垫草的方法改善畜禽福利 8. 能合理制订改善运输畜禽福利的措施				
任务描述	1. 学生根据畜禽福利和优质畜产品生产的需要选择适宜的饲养模式 2. 学生根据畜禽的心理需要，在舍内提供相应的道具 3. 学生根据畜禽的福利要求，制订改善舍饲畜禽福利的措施				
学时安排	资讯 0.5 学时	计划与决策 0.5 学时	实施 1 学时	检查 0.5 学时	评价 0.5 学时
材料设备	1. 相关学习资料与课件 2. 创建学习场景 3. 实训基地 4. 动物福利视频				
对学生的要求	1. 具备一定的动物福利意识和动物行为学知识 2. 知道动物福利对畜禽健康和产品质量的影响 3. 理解能力 4. 严谨的态度 5. 团队配合能力				

资 讯 单

<table>
<tr><td>项目名称</td><td colspan="4">畜禽舍环境调控</td></tr>
<tr><td>任务七</td><td>舍饲畜禽福利改善</td><td>建议学时</td><td colspan="2">2</td></tr>
<tr><td>资讯方式</td><td>学生自学与教师辅导相结合</td><td>建议学时</td><td colspan="2">0.5</td></tr>
<tr><td>资讯问题</td><td colspan="4">1. 构成动物福利的基本要素有哪些？
2. 饲养方式与畜禽福利有何关系？
3. 什么是饲养密度？饲养密度对畜禽福利有何影响？
4. 环境丰富度对畜禽的行为有何影响？
5. 地板对畜禽健康有哪些影响？
6. 畜栏与畜禽福利的关系是什么？
7. 如何改进畜禽的饲养模式？
8. 采取哪些设施设备能改善畜禽舍环境的丰富度？
9. 畜禽的合适的饲养密度是多少？
10. 垫草对动物福利所发挥的作用是什么？</td></tr>
<tr><td>资讯引导</td><td colspan="4">本书信息单：舍饲畜禽福利改善
《畜禽环境卫生》，赵希彦，2009，23－31
我国动物福利存在问题及对策探讨，李伟、尹红轩等，《家畜生态学报》，2009（6）
宰前应激对猪肉品质的影响及调控技术研究进展，柴进，《养猪》，2007（4）
动物福利的现状与对策，牛瑞燕等，《动物医学进展》，2006（2）
动物福利的基本要求和重要意义，屈健，《浙江畜牧兽医》，2008（5）
多媒体课件
网络资源</td></tr>
<tr><td>资讯评价</td><td>学生互评分</td><td></td><td>教师评分</td><td></td><td>总评分</td><td></td></tr>
</table>

信　息　单

项目名称	畜禽舍环境调控		
任务七	舍饲畜禽福利改善	建议学时	0.5

信息内容

在现代化、集约化畜牧生产条件下，畜禽处在几乎完全人为的环境中生活和生产。生产中所采用的设备、生产工艺、环境管理办法，其目的是为了减轻人的劳动强度、便于管理和提高劳动生产效率，很难不违背畜禽的生理状况和行为习性。一方面伴随着规模化养殖，畜禽的群体数量不断扩大，畜禽舍内的环境以及个体之间的关系日益恶化；另一方面畜禽生活在集约化饲养的封闭舍中，失去了与外界自然环境的直接联系，动物的生理需要和本能与现代集约化畜禽生产要求之间的冲突日益加深，这些都严重地影响着畜禽的健康和生产力的充分发挥，如疾病增多、身体损害加剧、死淘率增加、异常行为增多、畜产品（肉、蛋、乳）的品质下降等。因此应倡导“健康”养殖、“以畜为本”的动物福利观念，为畜禽创造一个舒适的生活生产环境，保持畜禽健康。舍饲畜禽福利措施，就是对饲养方式、舍内环境条件、饲养密度、畜禽的活动范围、设施等方面给予改善，缓解畜禽心理压力，保证畜禽天性的发挥，从而提高其生产性能和产品质量。

一、动物福利及其重要性

1. 概念　一旦动物沦为家畜或宠物后就被迫在人工的饲养环境中生存，一切生存所需都掌握在人类手中。然而，所有被人类控制的动物都有其基本的生命需求，即“动物福利”。“动物福利”是指维持动物生理与心理的健康与正常生长所需的一切事物。通俗地讲，动物福利就是研究如何关怀动物，在各种环境因素、畜禽舍面积以及活动范围、设施等方面给予关注。

2. 构成动物福利的基本要素

（1）生理福利。享有不受饥渴的自由。保证提供动物维持良好健康和精力所需要的食物和饮水，主要目的是满足动物的生命需要，即无饥渴之忧虑。

（2）环境福利。享有生活舒适的自由。提供适当的房舍或栖息场所，让动物能够得到舒适的休息和睡眠；也就是要让动物能充分自由地活动和休息。

（3）卫生福利。享有不受痛苦、伤害和疾病的自由。保证动物不受额外的疼痛，预防疾病和对患病动物及时治疗，也就是降低家畜的发病率。

（4）行为福利。享有表达天性的自由。提供足够的空间、适当的设施以及确保其与同类动物伙伴在一起，也就是能保证动物天性行为的表达。

（5）心理福利。享有生活无恐惧和悲伤的自由。保证避免动物遭受精神痛苦的各种条件和处置，即减少动物恐惧和焦虑的心情。

现代动物福利的理念是追求动物与自然的和谐，使动物维持其生理和心理与环境协调的状态，满足动物的需要，包括维持生命需要、维持健康需要和维持舒适需要，让动物在健康、快乐状态下生活。

3. 动物福利的重要性　动物福利不反对利用动物，但在动物的生命活动过程中，不应人为地给动物增加不必要的痛苦，主张人道地利用动物，反对任何形式的动物虐待，因为合理的动物利用也有利于人的福利，其最终受益者仍是我们人类。动物福利没有保障的动物，不仅其生产性能下降，生产成本增加；而且不科学的饲养方式、长途运输、粗暴的屠宰方式等造成动物恐惧和应激，使动物分泌大量肾上腺素，引起肉质下降，对食用者的健康造成伤害，并直接阻碍了我国畜禽产品的出口。

现代畜牧业由于过于对生产效率和投资效益的追求，从而忽视了动物的福利问题。大量的生产实践表明，商品肉仔鸡个体的生长性能和胴体质量随饲养密度的增加而降低，说明了高密度饲养的不良反应；另一方面，在家畜和家禽育种中人们对生长速度、生产性能和饲料转化率的片面追求，使现今品种的家畜对环境的反应越来越敏感。例如，20 世纪 80 年代以前很少有猪的应激现象发生；80 年代中后期，随着选种技术的发展和选种强度的提高，猪生产速度和产肉率有了大幅度提高，猪的应激发生率也越来越高。所以我们在组织畜牧生产时必须重视家畜的应激反应及其引发的福利问题，才能促进人和动物的友好共处、和谐发展，提供优质的畜产品，减少畜产公害。

二、舍饲畜禽的福利问题

饲养环境是影响畜禽健康的重要因素。在我国，由于养殖业管理者缺乏动物福利意识，很多养殖场不注重畜禽生产环境的改善，造成畜禽的环境应激，使畜禽的健康和畜产品的质量都受到不良的影响。

（一）饲养方式与畜禽福利

1. 放牧与散养　这是自古以来就被采用的管理方式，给畜禽以自由运动的机会最多，一般被认为属于可以获取太阳光、沐浴新鲜空气，最有可能实现动物行为的自然表达。其缺点是无法使动物免于环境的冷、热和野生食肉动物的影响；而且喂饲给水都不方便；畜禽的自由散放式饲养也增加了感染寄生虫疾病的危险，如猪为了蒸发散热喜欢泥浴（mudbath）而使体表不洁，由此影响到产品质量。此外，自由放牧与环境保护的目标相冲突，大规模的动物群体会增加土壤中的氮与磷的富集，并污染水体。因此，健康、安全和环保是放牧管理的要点。

2. 集约化饲养　蛋鸡笼养、猪的圈养与牛的拴系饲养的出现，使中小畜禽的管理从有运动场的舍饲向封闭式舍饲转化。从生产效益上看是先进的，但从问题本质上看，集约化生产方式是不合理的。因为动物福利就是要求生产的合理性，而不是我们通常认为的“先进性”。

比如蛋鸡的笼养方式，对蛋鸡自身来说其行动和自由受到了极大的限制。蛋鸡在笼内不能正常地伸展或拍打翅膀，不能转身，不能啄理自己的羽毛，加上长期缺乏运动，导致蛋鸡的骨骼十分脆弱。没有栖架可供夜间休息，也没有安静的窝可供产蛋，不能正常表达它们的本能行为，容易产生一些恶习，如啄羽、啄趾、啄肛等。近年来，西方一些国家越来越重视动物生产中畜禽的福利问题，有些国家制定严格的法规来限制生产条件。如在奥地利和德国，蛋鸡笼养被完全禁止，而散养方式成为两国蛋鸡生产的主流。但这种“散养”与早期的散养在饲养规模和科技含量方面存在本质区别，即散养但不粗放；这种生产方式虽然在料蛋比转换方面不如笼养蛋鸡，但在其他各个方面基本消除了生产者面临的各类问题。

又如目前规模化养猪主要采用圈栏饲养和定位饲养模式，多采用限位、拴系、圈栏以及漏缝地板等设施。猪的饲养环境相对贫瘠甚至恶劣，活动自由受到限制，使猪只缺乏修饰、散步、嬉戏、炫耀以及同附近动物进行社交等各种活动的场合和机会；从而导致猪只极大的心理压抑，而以一些异常的行为方式（如咬尾、咬栅栏、空嚼、异食癖、一些不变的重复运动、自我摧残行为等等）加以宣泄；致使猪生产力、繁殖力降低，增重变慢、料肉比下降，机体对疾病的抵抗力减弱、肉品质下降等等，甚至导致猪只死亡。

（二）饲养密度与畜禽福利

饲养密度是指畜禽在舍内密集的程度，可用每头家畜占用的面积或单位面积内饲养的畜禽数量来表示。饲养密度是影响动物福利的重要因素之一。现代的舍饲畜禽生产工艺都是高密度圈栏饲养，这种饲养工艺有助于饲养管理，在一定程度上也提高了畜禽舍利用率和生产效率，但过高的饲养密度对畜禽福利产生很多不利的影响。

1. 使畜禽舍的空气环境恶化　在炎热的夏季，过高的饲养密度使畜禽舍容易形成高温高湿的环境，加剧了高温对家畜的不利影响，增加了防暑降温的难度；冬季由于畜禽的呼吸量和排粪量都比较大，使畜禽舍中有害气体、尘埃和病原微生物的含量增多，畜禽的呼吸道发病率大大提高。

2. 影响畜禽的采食和饮水　高密度的饲养，畜禽在采食和饮水时，由于采食空间不够，容易发生争抢和争斗。位次较低的畜禽就有被挤开的危险，因而这些畜禽的采食时间就要比其他的少，导致采食不均，强者吃料多，总饲料利用率下降；弱者吃料不足，生产力下降。

3. 限制畜禽自然行为的表达　饲养密度过大，畜禽的生存空间变得狭小，争斗频繁，影响畜禽的活动、起卧、采食、睡眠、排便等行为，从而影响到畜禽的健康和生产力的发挥。由于饲养密度过高，导致畜禽无法按自然天性进行生活和生产，自然状态下生活的畜禽能很自然地将生存空间划分为采食区、躺卧区和排泄区等不同的功能区，从来不会在其采食和躺卧的区域进行排泄；然而高密度的饲养模式，再加上圈栏较小，使处于该饲养环境中畜禽的定点排粪行为发生紊乱，导致圈栏内卫生条件较差，增加了畜禽与粪尿接触的机会，从而影响畜禽的生产性能和身体健康。

（三）环境丰富度与畜禽福利

目前，国内外广泛采用的圈栏饲养或笼养模式，虽然有利于管理，但造成畜禽生产、生活环境十分单调，出现了许多散养很少发生的问题。

1. 圈笼饲养使畜禽失去了表达天性行为的机会　因为圈笼内仅有必要的饲养设施设备（如料槽、饮水器等），栏内环境缺乏多样性，饲养环境贫瘠、单调，畜禽表现天性行为的福利性设施设备一概没有，使畜禽的自然天性行为诸如啃咬、拱土、觅食等行为大大受到抑制，因而对畜禽的行为需要产生了不利影响。

2. 圈笼饲养使畜禽产生异常行为和恶癖　由于可得到的环境刺激单一，使畜禽心理上的压抑需要以一些异常的行为方式加以宣泄，使其将探究行为转向同伴，出现诸如对同伴的咬尾、咬耳、拱腹、啄肛和啄羽等有害的异常行为，并对畜禽的生产性能和身体健康造成不良的影响。

3. 使畜禽对环境的敏感度大大提高　饲养在贫瘠环境中的畜禽比饲养在丰富环境中的畜禽对应激刺激的反应要强烈，对人的害怕程度也高。如突然的声音、陌生人员和动物都能使畜禽产生应激反应而使生产力下降，因为没有任何事物能分散这种单调环境下的畜禽对周围环境的注意力。因此对饲养环境和饲养人员都要求更高。

（四）地板与畜禽福利

为了清粪方便和尽量保持畜舍的卫生状况，漏缝地板常被采用。这样，可避免畜体与粪便的接触，减少通过粪便感染病原菌和寄生虫的机会，同时减轻清粪工作强度，但漏缝地板对动物的健康和福利的影响较大。

1. 腿及关节炎病的发病率增高　由于漏缝地板材料和设计的不合理，使畜禽腿及关节炎病的发病率明显增高，繁殖母猪不能交配而遭淘汰。对妊娠母猪、母牛危害更大，易导致摔伤和流产。金属漏缝地板会导致母猪蹄及肘部损伤。水泥缝隙地板普通地面畜床倾斜易引起起立、趴卧时的滑坡和颠倒，造成脱臼或流产。

2. 鸡的胸水肿发病率增多　鸡笼是一种特殊的漏缝地面，如果底网加两根横丝且注重笼的安定性就不会造成应激，这有助于维护鸡的安心和正常行为的表达。如果粪便的硬糊挂在笼底，摩擦雏鸡或肉仔鸡的胸部就会导致水肿，为此提倡使用不沾网。

3. 不利于畜禽舍湿热环境的控制　由于漏缝地板上面的粪便需使用大量的水来冲刷，往往导致舍内湿度增大，又因漏缝地板没法保温，导致地面既冷又湿，在北方寒冷地区，对畜禽健康影响很大，使其发病率增高。

（五）畜栏与畜禽福利

畜栏用来限制家畜在畜舍内一定范围活动，方便管理，减少社会因素对动物福利的影响，但不能满足家畜的行为福利。

1. 控制了优势序列　社会性因素不仅限于群饲家畜，单饲条件下依然存在，妊娠猪隔着栅栏依然会向邻圈发起攻击，与群饲相比仅仅难以击败对手，难以决出优势序列，但是可以断定此时的猪正处于强烈的欲望不满状态。

2. 限制了母仔行为　畜栏使家畜的母仔分开，使母性行为受到抑制。以母猪分娩栏为例，由于其设计上故意阻碍母猪的坐、躺行为，因此使母猪不能接近仔猪。然而，也必须从仔猪的角度来设想，因为在人为的育种下家猪的体型比野猪大很多，动作也比野猪笨重，人工的地面又硬，如果没有分娩栏的设计来保护仔猪，很可能大部分的仔猪都会被迅速躺下的母猪压死，这又违反了仔猪的福利。故母猪与仔猪兼顾才是真正的动物福利。

3. 社会感减弱，孤独感增强　畜栏限制了家畜的活动空间，家畜只能通过视觉、听觉和嗅觉感觉社会环境。如妊娠牛被关入单间，脱离原本的群居生活，因孤独感整晚骚乱不安会诱发难产；也可见单饲牛会跃出圈栏奔向同伴的现象。

（六）饲槽与畜禽福利

1. 影响家畜的采食姿势　饲槽与家畜行为关系密切，用自然的姿势便利采食是最基本的福利原则，应保证头可自由活动的空间范围。如果空间过大，头则前伸，前蹄进入饲槽，这属于不自然姿势，加之地面较滑，也可能摔倒。例如拴系成牛舍，头的活动范围向前 90～100cm，左右宽 55～60cm，后下方高出地面 10～15cm 为宜。另外还要考虑饲槽的形状来减少饲料抛散及其可承受家畜损坏强度。

2. 控制家畜的优势序列　群饲条件下要减少优势序列对采食的妨碍；其次，还可以利用群饲社会性来调动采食积极性。群体内个体间的竞争会产生败北者，可能出现采食不足，造成特异性伤害或者诱发应激反应。牛和猪等家畜的攻击行为是用头部进行的，在饲槽和拴系框上添加栅栏则可以控制其运动范围，节制其攻击行为。例如使用单口饲槽时，优势序列明显，且社会优势序列与增重显著相关；使用多口饲槽时，则优势序列不明显，且社会优势序列与增重相关不显著。若把饲料撒在地面上或使用长形饲槽自由采食或饲槽用高隔板分开，则饲料就不能成为争夺的资源，从而减少争斗。若饲槽上设置隔板将猪从头到肩隔开，则完全消除采食时的争斗行为，即便在禁食24h的条件下也可使争斗行为减少60%。

个体识别的单饲槽已应用于散养奶牛、群饲母猪，优点可按产量和体重个体喂饲，即便群居也可消除其他个体的影响，利用率和优势序列没有明显关系。

(七) 运输与畜禽福利

活体畜禽尤其是种畜禽和幼仔畜禽的运输愈来愈频繁，而运输过程中虽然时间不是很长，但由于密度大，且运输工具大多不是直接为畜禽设计的，其环境条件极为恶劣，常造成大量死亡或受伤，经济损失较大。因此畜禽在运输过程中的福利问题也就愈来愈得到重视并开展研究。

1. 野蛮装卸对家畜造成极大伤害　装卸的过程中，有很多的因素会使动物产生应激反应，如过大的外力、野蛮驱赶、过大的噪声，甚至陌生人员都会引起动物的应激。其中在装载和卸载中的粗暴操作对畜禽的福利影响最大，如对猪、牛采取粗暴的脚踢、硬拉、抓鬃、拉尾、鞭打、棍棒、电击等办法。所以，在装卸过程中，为使对畜禽造成的应激降低到最低限度，应使用适当的装卸设备，并以最小的外力装卸。在大家畜如猪、牛、马等装载过程中，应由饲养或管理人员诱导其上下运输工具，形成合理的、实用的、清楚的行走路线，应允许按自由行走的速度上下运输工具。同时应对运输人员训练有素给予合理的报酬以鼓励良好的操作规范。

2. 畜禽在运输途中对传染病的易感性增强　动物运输过程中的各类强刺激会对动物造成极大的伤害，外界的胁迫因素也会增加动物在运输中传染病的易感性。保持运输前动物圈舍良好的卫生条件对在动物运输中避免传染病的交叉感染是非常必要的。

3. 运输环境恶劣　装载密度过大是造成环境恶劣的重要因素，如通风不良、排泄物多、呼吸量大，使车厢内有害气体增多、湿度加大等，从而使运输的畜禽产生较大的应激，严重的可能会造成窒息死亡；装载密度过小则会造成运输成本过大，所以畜禽装载密度大小要适宜。要通过车厢的通风来改善空气环境，夏季可将窗户及车厢后门全部打开；冬季天气寒冷，但也应适当地通风。

三、提高舍饲畜禽福利的措施与设施改进

针对目前舍饲条件下畜禽所存在的动物福利问题，国内外畜牧工作者和饲养人员主要是采取以下方法和措施来提高舍饲条件下的畜禽福利。

(一) 改进饲养模式

1. 猪饲养模式　使用仔猪舍饲散养饲养工艺模式时，能较好地满足仔猪行为习性的表达，没有咬尾、咬耳现象，仔猪福利性好。

2. 鸡饲养模式　选择替代笼养鸡模式，有自由散养、放牧饲养、地面平养和栖架式饲养等。①自由散养，指规模化的舍外自由散放饲养模式。这种方式的优点是蛋鸡福利水平大大提高，蛋鸡活动空间加大，能够自由表现其基本行为；②放牧饲养，是根据地区特点，利用荒山、林地、草原、果园、农闲地等进行规模养鸡，让鸡自由采食昆虫、野草，饮山泉水、露水，补喂五谷杂粮，限制化学药品和饲料添加剂的使用，提高肉质风味的品质，生产出符合绿色食品标准的一项生产技术；③地面平养，指采用厚褥草或半厚褥草作为垫料养鸡，一般指舍内，并且房舍内添置有产蛋箱或具有部分高床地面。这种方式的缺点是啄羽和同类自残的恶癖发生率较高，因为鸡群之间的争斗较多；④栖架式饲养，指在舍内提供分层的栖架（图1-59），就像鸡笼一样排列以供蛋鸡栖息和活动，每只母鸡最小使用18cm栖木等。栖木宽度在4cm以上，栖木之间至少间隔30cm。另外也安装产蛋箱等。蛋鸡可以在栖架之间自由活动，活动面积要远大于笼养方式，同时也符合鸡喜欢栖架休息的自然本性。

图1-59　栖架式养鸡

3. 牛的散栏式饲养　散栏式饲养是按照奶牛生态学和奶牛生物学特性，进一步完善了奶牛场的建筑和生产工艺，使奶牛场生产由传统的手工生产方式转变为机械化工厂生产方式，结合了拴系和散放饲养的优点，是实现工厂化生产的重要途径。这种饲养方式的设施包括配置有牛栏的牛舍、舍外运动场（可不设）和专用的挤乳厅。成奶牛牛床尺寸一般为（100～110）cm×（210～220）cm，奶牛可以在栏内站立和躺卧，但不能转身，以使粪便能直接排入粪沟，奶牛可在舍内集中的饲槽中采食青饲料，饲槽旁装有自动饮水器（每6～8头奶牛共用一个），能自由去运动场采食干草，并按时去挤乳厅挤乳，采食精料。由于考虑了机械送料、清粪，又强调了牛只的自由行动，故可以节省劳动力、提高生产力（图1-60）。散栏饲养时，牛床的设计非常重要，会对舍内环境、奶牛生产性能和健康产生重大影响。散栏饲养时，根据气候条件可以将牛舍设计成带有运动场体系或无运动场体系。

图1-60　奶牛的散栏式饲养

（二）增大饲养空间

畜禽的空间需求，分为身体空间需求和社会空间需求。自身活动（如躺卧、站立和伸展等）所需要的空间为身体空间需求。社会空间需求则是指畜禽和同伴之间所要保持的最小距离空间。如果这种最小的空间范围受到了侵犯，畜禽会试图逃跑或对“敌对势力”进行攻击。因此应满足畜禽的空间福利。

1. 猪的空间需求　欧盟协议规定了每类猪群的最小空间要求，每头妊娠母猪不能少于11.3m^2，初配猪至少有0.95m^2的实心地板面积；对于群养母猪（小母猪），当饲养头数为6～40头时，每头占栏面积不能少于2.25m^2（1.64m^2）；对于仔猪和生长育肥猪，按猪只体重进行了详细的规定，具体见表1-26。

表1-26　育肥猪的饲养密度

猪只体重（kg）	最小地板面积要求（m^2）	猪只体重（kg）	最小地板面积要求（m^2）
<10	0.15	50～85	0.55
10～20	0.20	85～110	0.65
20～30	0.30	>110	1.00
30～50	0.40		

2. 鸡的空间需求　美国的一个测算研究表明，如果纯粹从经济观点考虑，每只蛋鸡占地面面积为350～400cm^2时，蛋鸡饲养者会获得最高的效益。但从动物福利的角度来说，蛋鸡需要一定的空间才能表现其基本的生理行为，如转身、梳理羽毛等。美国全美养鸡生产者协会建议，生产者要为笼养产蛋母鸡提供较大的地面面积，具体说要为每只蛋鸡提供432～555cm^2的可用地面面积，鸡笼高度应当在41～43cm，使白来航鸡能垂直站立，鸡笼的地面倾斜角度也应不超过8°。

可利用立体空间，如设置台阶、添设栖木等。平养鸡每只母鸡最小使用18cm栖木，栖木宽度在4cm以上，栖木之间至少间隔30cm，栖木下面应为缝隙地面。

3. 牛的空间需求　牛所需的空间范围一般以头部的距离计算。通常在放牧条件下，成年母牛的个体空间需求为2～4m。如果密度过大限制了其自由移动，牛只可能就会产生压力，并表现出相应的行为。在对漏缝地板饲养的青年牛和小公牛的研究表明，增大饲养密度，其攻击性和不良行为（如卷舌、对其他物体和牛只的舔舐活动）就会相应增加；将小公牛的饲养密度由2.3m^2/头提高到1.5m^2/头，其不良行为的频率将上升2.5～3.0倍。舍饲散栏饲养下，将走道宽度由2.0m减小到1.6m时，奶牛的攻击性行为将会大大增加；如果奶牛不能在身体相互不接触的条件下通过走道，就会将休息牛床作为“通行空间”和“转弯空间”来加以利用。因而在牛场设计时，考虑牛的空间需求是很有必要的。

（三）增加环境丰富度

为了保障游戏行为，最好提供一些道具，例如吊起旧轮胎、磨牙链、蹭痒棒、橡皮管和泥土类似物（泥炭、锯屑、沙子和用过的蘑菇培养基）供猪操作，床面上放置硬球，可满足猪鼻尖的环绕运动，提供可动的横棒可以满足猪鼻尖的上举运动（图1-61），这些措施在肥育猪舍得到了广泛应用，能减少额外的刺激引起的应激，有助于防止混群时的相互进攻，防止对单调环境的厌倦，减少恶习。小猪可提供绳（图1-62）、布条和橡皮软管等玩具。玩具的设置要考虑猪爱清洁的特点，如果球滚进猪粪它们将不再玩它，这也是为什么常常将玩具吊起的理由。

图 1-61 猪舍中的棒形玩具

图 1-62 猪舍内的绳索式玩具

(四) 改善运输环境

1. 对运输工具的要求　运输工具要达到一定的标准，如安装必要的温度、湿度和通风调节设备；保证车辆设计的合理，地板要平坦但不光滑，车的侧面不能有锋利的边沿和突出部分，不能完全密封，地板的面积要足够大，使动物能舒服地站着或正常地休息，不至于过度拥挤。运输工具要进行消毒，动物的粪便、尿液、尸体和垃圾要及时清除，以保持运输工具的清洁卫生。运输工具上要有足够的水和饲料。要对负责运输的人员进行一定的培训，在运输途中要对动物进行照料和检查。驾驶员应谨慎，保持车的平稳，避免急刹车和突然停止，转弯的时候要尽可能地慢。

2. 保证适当的运输密度　合理的装运密度是防止病伤的一个重要条件。因为过高的运输密度会造成动物拥挤而导致皮肤擦伤的比率上升；但运输密度过低更易引起打斗现象，并且在车辆加速、急刹车或拐弯时容易使其失去平衡。装载密度根据不同的地区、季节、气候、温度、湿度等环境因素，或是畜禽种类、个体大小等方面的情况不同而不同。如在天气炎热时，要降低畜禽的装载密度，并要增加通风，以减少畜禽的运输应激。特别在运送好争斗的动物时，密度要小，如猪虽有群居性，但在拥挤的环境中会引起争斗，为避免这种情况以及其他的意外，装载密度不能超过 $265kg/m^2$。

3. 保证充足的通风　畜禽运输中必须保证有良好的通风，以保证有新鲜的空气和适宜的温度调节。不同的畜禽对温度有不同的适应性，因此在运输过程中要根据所运输的畜禽种类调整温度和通风。不良的通风，一方面会使密闭式运输车厢内温度过高，引起畜禽热应激性疾病，如运输热，就是由于在运输过程中因过载、通风不良、饮水不足造成的；另一方面会使排泄物中的有害物质质量浓度增加，恶化畜禽运输过程中的环境，引起疾病的发生，也不符合动物福利的要求。在温度高于 25℃时，要提高通风以降低温度；在温度低于 5℃时应减小通风，以避免温度过低，但必须要有通风。运输车辆必须有通风设施，利用通风设施进行通风，在遇到恶劣天气时也可以保持通风以保持车厢内的良好环境。

4. 运输时间适宜　选择恰当的运输时间，高温天气容易造成动物在运输途中的高死亡率，要在凉快的清晨或傍晚甚至在晚上进行运输，应尽量避免中午运送，不要装载过满，尤其是运输猪的时候。在途时间要尽可能地短，运输时间不应超过 8h；超过 8h，必须将动物卸下活动一段时间。

（五）改善饲养管理

强调对畜禽实施“人性化”的饲养和管理，尤其是在采取一些特殊的措施如断喙、断尾、去爪时需要谨慎。对蛋鸡断喙应该有选择地加以应用，最好是把断喙作为一种治疗手段，在蛋鸡已经发生自相啄食的现象时再采用，以减少和避免对大群蛋鸡造成不适和伤害。生产中去除母鸡的中趾是为了减少蛋壳的破损率，这种方式实际上可以通过改善鸡笼的设计来替代。奶牛的“福利”亦成为近二三十年欧美等发达国家畜牧界、动物界普遍关心的问题。满足奶牛的生理需要并提供与其生物学特性相宜的饲养管理条件，将有利于奶牛生产潜力的发挥和健康。基于保证奶牛的“福利”，散栏饲养奶牛舍应运而生。奶牛的散栏饲养——自由牛床，使牛根据生理需要想吃就吃，想喝就喝，牛自由自在，没有什么应激。

（六）加强舍内环境控制，稳定畜禽舍小气候

畜禽患病通常是由于它们难以适应其生活环境，因此与健康动物的福利相比病畜禽的福利往往较低。因此应根据季节气候的变化，进行畜禽舍环境的调控，保持舍内空气新鲜、光照适宜、温湿度适宜稳定，使畜禽生活在一个稳定的小气候环境之中，以降低畜禽的发病率。这样可以大大减少药物和抗生素的用量，提高畜禽产品的质量。前面已介绍了很多调控措施，这里主要介绍通过厚垫草饲养工艺改善畜禽舍小气候。

垫草又称为垫料或褥草，是指在地面某些部位（一般是畜床）铺垫的材料。厚垫草饲养工艺是指在畜禽饲养过程中，使用一定厚度的垫草（或垫料）来饲养该种畜禽的一种工艺方式，通常，垫草的厚度为20～50cm。地面铺设垫草，其主要作用有：

1. 保暖　垫草的导热性一般都比较低，冬季在导热性高的地面上铺以垫料，可以显著减少畜体的传导散热。铺得越厚，效果越好。据测定，当外界气温为－38℃而舍内温度为8℃时，30cm厚度的垫草内温度为21℃。

2. 吸潮　垫草的吸水能力约为200%（即1kg草可吸收2kg水），高者可达400%。只要勤换勤添，既可避免尿液流失，又可保持地面干燥。干燥的垫草还可吸收空气中水汽，有利于降低空气湿度。

3. 吸收有害气体　垫草可直接吸收空气中的有害气体，使有害气体质量浓度下降。据试验，把奶牛的垫草量由每天2kg增为4kg，牛舍内空气湿度下降3%～7%，氨气含量降低2.3～4.5mg/m³，产乳量上升0.4～0.8L。

4. 增强家畜的舒适感　畜舍地面硬度一般较大，容易引起孕畜、幼畜和病畜碰伤和褥疮。铺垫料以后，柔软舒适，可以避免这些弊病。

5. 保持畜体清洁　铺设垫料后，可减少粪尿与畜体间的接触，有利于畜体的卫生。

厚垫草饲养工艺比较适合寒冷地区使用。但要进行适当的处理和更换，否则会造成舍内有害气体增多、湿度增加、病原微生物增多。

总之，在进行畜禽场工艺设计及日常的管理中，注重动物福利，客观上创造有利于畜禽生活习性表达、适宜的生活生产条件，满足其福利要求，从而提高其生产性能和产品质量，发挥其最大的遗传潜力，对我们畜牧经营者获得最大的经济效益是非常有利的。

项目二　畜禽场总体设计

任务一　畜禽场场址选择

任　务　单

<table>
<tr><td>项目二</td><td colspan="5">畜禽场总体设计</td></tr>
<tr><td>任务一</td><td colspan="3">畜禽场场址选择</td><td>建议学时</td><td>3</td></tr>
<tr><td>学习目标</td><td colspan="5">1. 领会畜禽场场址选择的原则
2. 熟知畜禽场场址选择应考虑的因素
3. 明确畜禽场场址选择对地形地势的要求
4. 熟知畜禽场场址选择对水源的要求
5. 熟知土壤物理、化学、生物学特性及其对畜禽生产的影响
6. 能根据饲养畜禽品种及规模确定合理的场地面积
7. 熟知畜禽场应距各级公路的距离
8. 熟知畜禽场与居民区之间应保持的距离</td></tr>
<tr><td>任务描述</td><td colspan="5">学生根据畜禽场对自然条件和社会条件的要求，选择适宜的场址或对现有畜禽场场址进行科学的评价</td></tr>
<tr><td>学时安排</td><td>资讯
0.5 学时</td><td>计划与决策
0.5 学时</td><td>实施
1 学时</td><td>检查
0.5 学时</td><td>评价
0.5 学时</td></tr>
<tr><td>材料设备</td><td colspan="5">1. 相关学习资料与课件
2. 创设现场学习情景
3. 牛场、猪场、鸡场场址图片
4. 记录本</td></tr>
<tr><td>对学生的要求</td><td colspan="5">1. 具备一定的测绘和计算能力
2. 水质、土壤理化相关知识
3. 畜禽生产环保知识
4. 理解能力
5. 严谨的态度
6. 团队配合能力</td></tr>
</table>

资 讯 单

<table>
<tr><td>项目名称</td><td colspan="5">畜禽场总体设计</td></tr>
<tr><td>任务一</td><td colspan="2">畜禽场场址选择</td><td colspan="2">建议学时</td><td>3</td></tr>
<tr><td>资讯方式</td><td colspan="2">学生自学与教师辅导相结合</td><td colspan="2">建议学时</td><td>0.5</td></tr>
<tr><td>资讯问题</td><td colspan="5">1. 场址选择与畜禽生产之间的关系是什么？
2. 畜禽场场址选择应遵循的原则有哪些？
3. 畜禽场场址选择时对地势、地形有哪些要求？
4. 畜禽场场址选择对水源有哪些要求？
5. 什么土壤最适合建畜禽场？
6. 如何确立畜禽场与周边居民点之间距离？
7. 畜禽场与主要交通公路的距离如何确定？
8. 畜禽场场区面积如何确定？</td></tr>
<tr><td>资讯引导</td><td colspan="5">本书信息单：畜禽场场址选择
《畜牧场规划设计》，刘继军，2008，39－88
《家畜环境与设施》，李保明，2004，63－68
《畜牧场规划与设计（附工作手册）》，俞美子，2011，3－6
多媒体课件
网络资源</td></tr>
<tr><td>资讯评价</td><td>学生互评分</td><td></td><td>教师评分</td><td></td><td>总评分</td></tr>
</table>

信 息 单

项目名称	畜禽场总体设计		
任务一	畜禽场场址选择	建议学时	0.5

信息内容

畜禽场是集中组织畜禽生产和经营活动的场所，规划与设计的优劣，直接关系到畜禽场的生产效率、畜禽健康和生产性能的发挥。只有将与畜禽密切相关的温度、湿度、有害气体、噪声、微粒、病原微生物以及动物福利等方面的现代环境调控措施贯彻在畜禽场规划设计中，才能生产出安全、优质、无污染的畜产品，获取最佳的经济效益。畜禽场总体设计的内容可归结为场址选择、工艺设计、畜禽场规划与布局、配套设施规划等四个方面。

场址选择是畜禽场总体设计的开始，与畜禽生产关系密切，不仅关系到畜禽场场区小气候状况、兽医防疫要求，也关系到畜禽场的生产经营以及畜禽场和周围环境的关系。良好的场址是畜禽业可持续发展的重要保障。场址选择不当，可导致整个畜禽场在运营过程中不但得不到理想的经济效益，还有可能因为对周围的大气、水、土壤等环境污染而遭到周边企业或居民的反对，甚至被诉诸法律。选择场址时既要考察自然因素，又要考虑社会因素，科学和因地制宜地处理好相互之间关系。如有几处场地可选择，应反复比较，再作出决定。

一、场址选择原则

（1）场址选择应符合国家或地方畜禽生产管理部门对区域规划发展的相关规定。

（2）确保畜禽场场区具有良好的小气候条件，便于畜禽场环境卫生调控。

（3）场址选择要有利于各项卫生防疫制度的实施。

（4）场址选择要有利于组织生产，便于机械化操作，提高劳动生产率。

（5）场区面积要保证宽敞够用，且为今后规模扩建留有余地，减少土地使用浪费。

二、自然因素选择

（一）地势地形选择

1. 地势　地势是指场地的高低起伏状况。总体上，畜禽场的场地应选在地势较高、干燥平坦及排水良好的地方，要避开低洼潮湿的场地，远离沼泽地。地势要向阳背风，以保持场区小气候温热状况的相对稳定。

（1）平原地区一般场地比较平坦、开阔，场址应注意选择在较周围地段稍高的地方，以利排水。地面坡度以1%～3%为宜；且地下水位要低，距地表2m以上。

（2）靠近河流、湖泊的地区，场地要选择在较高的地方，应比当地水文资料中最高水位高1～2m，以防涨水时被水淹没。

（3）山区建场应选择在稍平缓坡上，坡面向阳，因为我国冬季盛行北风或西北风，夏季盛行南风或东南风，所以阳坡夏季迎风利于防暑，冬季背风可减弱冬季风雪的侵袭，对场区小气候有利。总坡度不超过25%，建筑区坡度应在2.5%以内。坡度过大，不但在施工中需要大量填挖土方，增加工程投资，而且在建成投产后也会给场内运输和管理工作造成不便。山区建场还要注意地质构造情况，避开断层、滑坡、塌方的地段，也要避开坡底和谷地以及风口，以免受山洪和暴风雪的袭击。

2. 地形　地形指场地形状、大小以及地物（山岭、河流、道路、草地、树林、沟坎、居民点等）的状况。要求：

（1）应开阔整齐。地形开阔整齐有利于畜禽场建筑物合理布局和各种配套设施设置，提高场地利用率（图2-1）。

图2-1　某畜禽场地形

（2）避免过于狭长和边角过多。地形狭长，建筑物布局势必拉大距离，使道路、管线加长，并给场内运输和管理造成不便，劳动效率降低。地形不规则或边角太多，使建筑物布局凌乱，且边角部分无法利用，造成浪费，还会增加场界防护设施的投资。

（3）有足够的面积。面积应足够，为今后畜禽场扩建留有余地。场地面积应根据畜禽种类、规模、集约化程度、饲养管理方式等确定（表2-1）。

表2-1　土地征用面积估算表

场　别	饲养规模	占地面积（m^2/头）	备　注
奶牛场	100～400头成奶牛	160～180	
肉牛场	年出栏育肥牛1万头	16～20	按年出栏量计
种猪场	200～600头基础母猪	75～100	
商品猪场	600～3 000头基础母猪	5～6	
绵羊场	200～500只母羊	10～15	
奶山羊场	200只母羊	15～20	
种鸡场	1万～5万只种鸡	0.6～1.0	
蛋鸡场	10万～20万只产蛋鸡	0.5～0.8	
肉鸡场	年出栏肉鸡100万只	0.2～0.3	按年出栏量计

（三）水源选择

畜禽生产过程中需用大量的水，如人、畜的饮用、饲料的调制及畜禽舍、用具、畜体的刷洗等。而水质的好坏直接影响人、畜禽健康和畜产品质量。所以畜禽场必须有一个可靠的水源，应符合下列要求：①水量充足，能满足场内人、畜禽的饮用和其他生产、生活用水的需要。人的生活用水一般可按每人每日40～60L计算。各种畜禽的需水量参见表2-2。②水质良好，能达到人、畜禽饮用的水质标准。③便于防护，保证水源水质处于良好的状态，不受周围环境的污染。④取用方便，处理投资少。

表 2-2 各种畜禽的每日需水量（L）

畜禽类别	需水量	畜禽类别	需水量
牛		羊	
泌乳牛	80～100	成年羊	10
公牛及后备牛	40～60	羔羊	3
犊牛	20～30	鸡	
肉牛	45	成年鸡	1
猪		雏鸡	0.5
哺乳母猪	30～60	火鸡	1
公猪、空怀及妊娠母猪	20～30	鸭	1.25
断乳仔猪	5	鹅	1.25
育成育肥猪	10～15	兔	3

在考察水源时既要了解水量情况，也要了解水质情况。

（1）了解水量情况。需了解地面水（河流、湖泊）的流量、汛期水位，地下水的初见水位和最高水位，含水层的层次、厚度和流向。了解水源水量状况是为了便于计算其能否满足畜禽场生产、生活、消防用水要求；在干燥或冻结期，水源也要满足场内全部用水需要。在仅有地下水源地区建场，第一步应先打一眼井。如果打井时出现任何意外，如流速慢、泥沙或水质问题，最好是另选场址，这样可减少损失。对畜禽场而言，建立自己的水源，确保供水是十分必要的。

（2）了解水质情况。需了解水源水的酸碱度、硬度、透明度，有无污染源和有害化学物质等。并应提水样做水质的物理、化学、细菌学、毒理学等方面的化验分析。水质要清洁，不含细菌、寄生虫卵及矿物毒物。在选择地下水时，要调查是否因水质不良而出现过某些地方性疾病。水质不符合饮用水卫生标准时，必须经净化消毒处理，达到标准后方能饮用。

（三）土壤选择

土壤的物理、化学、生物学特征，对畜禽场的空气、水质和植被产生直接和间接的影响。适宜建场的土壤类型，应是透水透气性强、毛细管作用弱、吸湿性和导热性弱、质地均匀、抗压性强的土壤。在沙土、黏土和沙壤土三种类型土壤中，以沙壤土最为理想。

1. 黏土类　黏土透气性和透水性差，吸湿性大、毛细管作用强，降水后易潮湿、泥泞，若受粪尿等有机物污染以后，进行厌氧分解而产生有害气体，使场区空气受到污染。此外，土壤中的污染物还易通过土壤孔隙或毛细管而被带到浅层地下水中，或被降水冲刷到地面水源里，从而使水源受到污染。

土壤潮湿也易造成各种微生物、寄生虫和蚊蝇的滋生。并易使建筑物受潮，降低其隔热性能。此外，黏土的抗压性低，易使建筑物的基础变形，缩短建筑物的使用寿命。

2. 沙土类　沙土及沙石土的透气、透水性好，易干燥，受有机物污染后自净能力强，场区空气卫生状况好，抗压能力一般较强，不易冻胀；但其热容量小，场区昼夜温差大，不利于畜禽健康和绿化种植。

3. 沙壤土　其特性介于沙土和黏土之间，兼具沙土和黏土的优点。既克服了沙土导热性强、热容量小的缺点，又弥补了黏土透气透水性差、吸湿性强的不足。沙壤土抗压性较好，膨胀性小，是建畜禽场最好的土壤。但在一定地区内，由于客观条件的限制，选择最理想的土壤是不容易的。这就需要在畜禽舍的设计、施工、使用和其他日常管理上，设法弥补当地土壤缺陷。

（四）气候因素收集

气候状况不仅影响建筑规划、布局和设计，还会影响畜禽舍朝向、防寒与遮阳设施的设置，与生产中防寒保暖和防暑降温等日常安排都十分密切。因此，场址选择时，要收集拟建地区气候气象资料和常年气象变化、灾害性天气情况等，例如平均气温、气温年较差和气温日较差、土壤冻结深度、降雨量与积雪深度、最大风力、常年主导风向和风向频率及日照情况等。这些资料也可为选址后建舍提供参考。

三、社会因素选择

（一）城乡建设规划

目前及在今后很长的一段时间内，城乡建设呈现和保持迅猛的发展态势。因此，畜禽场场址选择应考虑城镇和乡村居民点的长远发展，不要在城镇建设发展方向上选址，以免因为对周围居民环境的影响，不得不搬迁和重建。在城镇郊区建场，距离大城市至少20km，小城镇10km。

（二）卫生防疫要求

畜禽场场址的选择，必须遵循社会公共准则，使畜禽场不致成为周围社会的污染源，同时也应不受周围环境的污染。因此，畜禽场的位置应选择在居民点的下风处，地势低于居民点，但要离开居民点污水排出口；同时也不应选在化工厂、屠宰厂、制药厂等容易造成环境污染企业的下风处或附近。畜禽场与居民点之间应保持适当的间距，一般小场200m以上，鸡、兔和羊场500m以上；大型畜禽场（万头以上猪场、10万只以上鸡场、千头以上牛场等）不少于1 000m。畜禽场之间也应有一定的卫生间距，一般畜禽场应不小于300m（禽、兔场之间的距离宜大些）；大型畜禽场之间应不小于1 000m（不同类型的畜禽场适当加大距离），见图2-2。

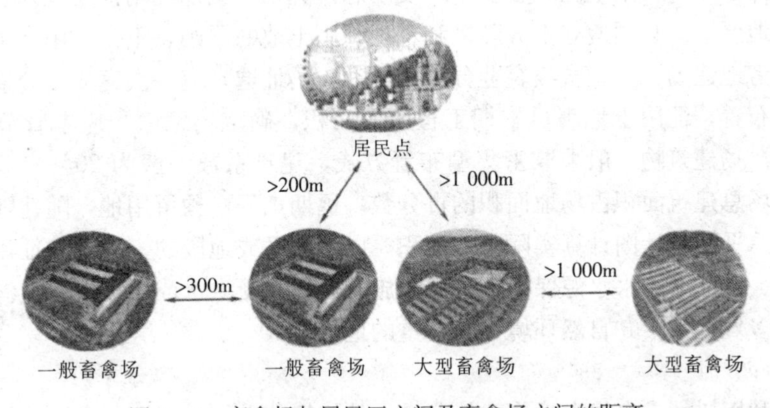

图2-2　畜禽场与居民区之间及畜禽场之间的距离

（三）交通运输条件选择

畜禽场场址应尽可能接近饲料产地和加工地，靠近产品销售地，确保其有合理的运输半径，降低运输成本。畜禽场要求交通便利，特别是大型集约化的商品场，其物质需求和产品供销量极大，对外联系密切，应保证交通便捷。交通干线又往往是疫病传播的途径，因此选择场址时既要考虑交通方便，又要使畜禽场与交通干线保持适当的距离。按照畜禽场建设标准，要求距离国道、省际公路 500m；距离省道、区际公路 300m；一般道路 100m（图 2-3）。畜禽场要修建专用道路与主要公路相连。

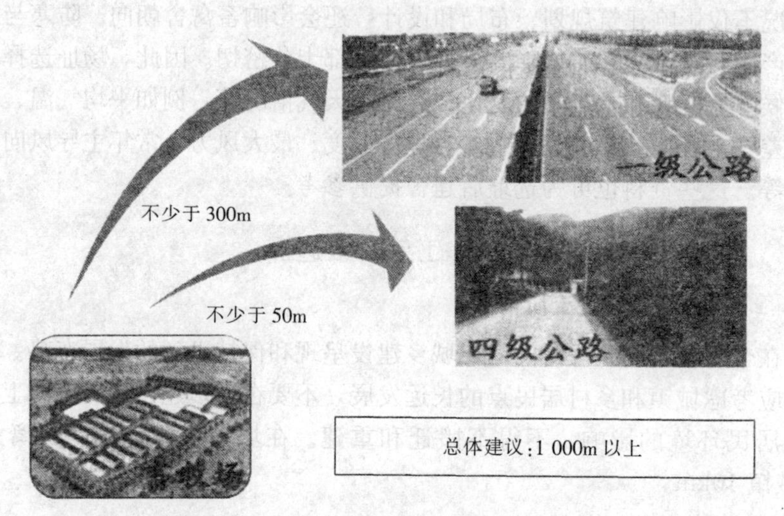

图 2-3 畜禽场场址与交通运输条件的关系

（四）供电条件选择

选择场址时，还应重视供电条件。畜禽生产许多环节如孵化、育雏、机械通风、人工光照等的电力供应必须绝对保证。因此，需了解供电源的位置与畜禽场的距离、最大供电允许量、是否经常停电、有无可能双路供电等。通常建设畜禽场要求有Ⅱ级供电电源。Ⅲ级以下电源供电时，则需自备发电机，以保证场内供电的稳定可靠。为了减少供电投资，畜禽场应靠近输电线路，尽量缩短新线的铺设距离。

（五）土地征用需要

场址选择必须符合本地区农牧业生产发展总体规划、土地利用发展规划和城乡建设发展规划的用地要求。必须遵守十分珍惜和合理利用土地的原则，不得占用基本农田，尽量利用荒地和劣地建场。大型畜牧企业分期建设时，场址选择应一次完成、分期征地。近期工程应集中布置，征用土地满足本期工程所需面积，确定场地面积应本着节约用地的原则。我国畜禽场建筑物一般采取密集型布置方式，建筑系数一般为 20%～35%。建筑系数是指畜禽场总建筑面积占场地面积的百分数。远期工程可预留用地，随建随征。征用土地可按场区总平面设计图计算实际占地面积。以下地区或地段的土地不宜征用：①规定的自然保护区、生活饮用水水源保护区、风景旅游区；②受洪水或山洪威胁及泥石流、滑坡等自然灾害多发地带；③自然环境污染严重的地区。

（六）协调周边环境

选择和利用树林或自然山丘作建筑背景，外加修整良好的草坪和车道，给人以环境美观的感觉。在畜禽舍建筑周围嵌上一些碎石，既能防止雨水对墙壁下部的浸渍，又能避免啮齿类动物的侵入。

畜禽场的辅助设施，特别是蓄粪池，应尽可能远离周围住宅区，并要采取防范措施，建立良好的邻里关系。最好利用树木等将蓄粪池遮挡起来，建设安全护栏。并为蓄粪池配备永久性的盖罩。

应仔细核算粪便和污水的排放量，以准确计算蓄粪池的贮存能力，并在粪便最易向环境扩散的季节里，贮存好所产生的所有粪便，防止粪便发生流失和扩散。建场的同时，规划好粪便综合处理利用场地、设施，化害为益。

任务二　畜禽场工艺设计

任　务　单

<table>
<tr><td>项目二</td><td colspan="5">畜禽场总体设计</td></tr>
<tr><td>任务二</td><td colspan="3">畜禽场工艺设计</td><td>建议学时</td><td>12</td></tr>
<tr><td>学习目标</td><td colspan="5">1. 知道畜禽场生产工艺的特点，掌握畜禽场生产工艺设计的基本原则
2. 明确畜禽场生产工艺和工程工艺设计的内容和方法
3. 能合理选择猪、牛、鸡的饲养方式
4. 能根据鸡饲养阶段的划分，确定鸡场的生产工艺流程
5. 能根据牛饲养阶段的划分，确定牛场的生产工艺流程
6. 明确畜禽场的生产工艺参数和环境参数
7. 能合理确定畜禽场的畜群结构和畜禽舍栋数
8. 能合理确定畜禽场畜禽舍种类、数量和基本尺寸
9. 能进行粪污无害化处理与资源化利用技术选择</td></tr>
<tr><td>任务描述</td><td colspan="5">1. 学生根据猪、牛、鸡的饲养阶段划分，合理确定相应的生产工艺流程
2. 学生根据畜禽场的畜禽结构，合理确定畜禽舍栋数比
3. 学生根据畜禽的种类、数量及生产需要，科学设计畜禽舍的基本尺寸</td></tr>
<tr><td>学时安排</td><td>资讯
4 学时</td><td>计划与决策
0.5 学时</td><td>实施
6.5 学时</td><td>检查
0.5 学时</td><td>评价
0.5 学时</td></tr>
<tr><td>材料设备</td><td colspan="5">1. 相关学习资料、音像资料与课件
2. 现场学习情景
3. 牛场、猪场、鸡场建筑图纸
4. 绘图纸、铅笔、格尺、橡皮</td></tr>
<tr><td>对学生的要求</td><td colspan="5">1. 具备一定的绘图能力
2. 熟知畜禽生产的相关知识
3. 了解建筑学的简单知识
4. 了解畜牧机械和设备相关知识
5. 严谨的态度
6. 团队配合能力</td></tr>
</table>

资 讯 单

<table>
<tr><td>项目名称</td><td colspan="6">畜禽场总体设计</td></tr>
<tr><td>任务二</td><td colspan="2">畜禽场工艺设计</td><td colspan="2">建议学时</td><td colspan="2">12</td></tr>
<tr><td>资讯方式</td><td colspan="2">学生自学与教师辅导相结合</td><td colspan="2">建议学时</td><td colspan="2">4</td></tr>
<tr><td>资讯问题</td><td colspan="6">1. 何为畜禽场生产工艺与畜禽场工程工艺？
2. 畜禽场生产工艺的特点和畜禽场生产工艺设计的原则是什么？
3. 畜禽场生产工艺设计的主要内容是什么？
4. 畜禽场确定生产工艺流程的原则是什么？
5. 鸡饲养阶段的划分与工艺流程是什么？
6. 如何进行猪群结构的确定与猪栏的配置？
7. 猪、鸡、牛的饲养方式有哪些？
8. 如何进行养鸡场鸡群组成与周转计算？
9. 确定鸡舍数量的方法有哪些？
10. 典型奶牛场的牛群结构和工艺流程如何确定？
11. 如何进行畜禽舍环境控制技术方案的制订？
12. 奶牛场的设计标准及参数如何确定？</td></tr>
<tr><td>资讯引导</td><td colspan="6">本书信息单：畜禽场工艺设计
《家畜环境卫生学》，刘凤华，2004，168－195
《畜禽环境卫生》，赵希彦，2009，73－78
《畜牧场规划与设计（附工作手册）》，俞美子，2011，4－13
多媒体课件
网络资源</td></tr>
<tr><td>资讯评价</td><td>学生互评分</td><td></td><td>教师评分</td><td></td><td>总评分</td><td></td></tr>
</table>

信 息 单

项目名称	畜禽场总体设计		
任务二	畜禽场工艺设计	建议学时	4
信息内容			

畜禽生产与一般工业生产不同（生产对象为活物），有独特的工艺流程。畜禽场的工艺设计应根据畜禽需求、经济条件、技术力量和社会需求，并结合环境保护进行合理设计。

畜禽场工艺设计包括生产工艺设计和工程工艺设计两个部分。畜禽场生产工艺是指人们利用动物和饲料生产畜产品的过程、组织形式和方法。生产工艺设计主要根据场区所在地的自然和社会经济条件，对畜禽场的性质和规模、畜群组成、周转形式、生产工艺流程、饲养管理方式、水电和饲料消耗、劳动定额、生产设备的选型配套、畜禽场占地面积、房舍和生产建筑面积、投资概算、成本和效益概算等加以确定，进而提出恰当的生产指标、耗料标准等工艺参数。工程工艺设计是根据畜禽生活、生产所要求的环境条件和生产工艺设计所提出的方案，利用工程技术手段，按照安全和经济的原则，提出畜禽舍的基本尺寸、环境控制措施、场区布局方案、工程防疫设施等，为畜禽场工程设计提供必要的依据。

一、畜禽场生产工艺设计

（一）确定畜禽场性质和规模

1. 畜禽场的性质　一般按畜禽繁育体系，畜禽场分为原种场（曾祖代场）、祖代场、父母代场和商品场。不同性质的畜禽场，畜群组成和周转方式不同，对饲养管理和环境条件的要求不同，所采取的畜牧、兽医技术措施也不同。

（1）商品场。商品场指主要任务是为市场生产畜禽产品的畜禽场，如肥猪饲养场、肉鸡饲养场、蛋鸡场、肉牛场、奶牛场等。这类畜禽场一般生产单一，场内畜禽结构不复杂，场内建筑物专业化，畜禽饲养密度大，管理水平要求高，劳动生产率高。

（2）父母代场。父母代场指主要任务是饲养种畜、繁殖商品代仔畜（禽）的畜禽场，故又称为繁殖场，所提供的畜禽多为杂交后代。如果本场饲养自繁的商品畜禽，则多为“自繁自养商品场”，多见于猪场。

（3）原种场（曾祖代场）和祖代场。原种场是指以选育优良畜禽品种为目标的畜禽场，包括专门化品系的选育和维持、专门化品系的配套杂交、新品种的选育等环节。祖代场是以纯种繁殖优良品种或品系、扩大优良品种或品系规模为目标的畜禽场。原种场、祖代场不但畜禽品种、年龄、性别结构复杂，而且建筑物多样化、配套化。

通常，祖代场、父母代场和商品场往往以一业为主，兼营其他性质的生产活动。如祖代鸡场在生产父母代种蛋、种鸡的同时，也可生产一些商品代蛋鸡或鸡蛋供应市场。商品代猪场为了解决本场所需的种源，往往也饲养相当数量的父母代种猪。

奶牛场一般区分不明显，因为在育种中一定会生产商品乳，故具有同时向外供应鲜乳和良种牛双重作用；但各场的侧重点不同，有的以供乳为主，有的则着重于选育良种。

2. 畜禽场规模　畜禽场规模一般是指畜禽场饲养畜禽的数量，通常以存栏繁殖母畜（禽）头（只）数表示，或以常年存栏畜禽总头（只）数表示（表 2-3，表 2-4）。畜禽场规模是进行畜禽场设计的基本数据。考虑市场需求、资金投入、畜禽场污物处理的难度，畜禽场规模不宜过大，尤其是城郊畜禽场。

表 2-3　养猪场种类及规模划分

类　型	年出栏商品猪头数	年饲养种母猪头数
小型场	≤5 000	≤300
中型场	5 000～10 000	300～600
大型场	＞10 000	＞600

表 2-4　养鸡场种类及规模划分

类　别			大型场	中型场	小型场
种鸡场	祖代鸡场		≥1.0	＜1.0，≥0.5	＜0.5
	父母代	蛋鸡场	≥3.0	＜3.0，≥1.0	＜1.0
		肉鸡场	≥5.0	＜5.0，≥1.0	＜1.0
蛋鸡场			≥20.0	＜20.0，≥5.0	＜5.0
肉鸡场			≥100.0	＜100.0，≥50.0	＜50.0

注：规模单位为万只，万鸡位；肉鸡规模为年出栏数，其余鸡场规模系成年母鸡位。

奶牛场的规模可以用存栏量表示，也可以用成奶牛头数表示。美国 CAFO（Concentrated Animal Feeding Operation）规定：小型奶牛场存栏数为 1～199 头；中型奶牛场存栏数为 200～699 头；大型奶牛场存栏数为 700 头以上。目前我国没有明确规定，通常认为存栏数大于 200 头就为规模化养殖场。

场区面积：应本着少占耕地或不占耕地的原则，根据拟建畜禽场的性质和规模按表 2-5、表 2-6 确定。

表 2-5　养猪场占地面积及建筑面积（m^2）

建设规模（头/年）		3 000	5 000	10 000	15 000	20 000	25 000	30 000
占地指标［亩（666.7m^2）］		≤22	≤34	≤60	≤90	≤120	≤150	≤180
生产建筑		≤3 300	≤5 300	≤10 000	≤14 000	≤18 000	≤22 000	≤26 000
辅助生产建筑		≤600	≤700	≤1 100	≤1 450	≤1 450	≤1 600	≤1 700
管理、生活建筑	办公	≤220	≤280	≤420	≤640	≤760	≤800	≤1 000
	住宅	≤270	≤280	≤700	1 050	1 225	1 453	1 725

表 2-6 养鸡场场地面积推荐值

类别			养鸡场规模（万只，万鸡位）	占地面积（hm^2）	总建筑面积（m^2）	生产建筑面积（m^2）
种鸡场	祖代鸡场		1.0	5.2	6 170	5 370
			0.5	4.5	3 480	3 020
	父母代鸡场	蛋鸡场	3.0	5.5	9 690	8 420
			1.0	2.0	3 340	2 930
			0.5	0.7	1 770	1 550
		肉鸡场	5.0	7.6	17 500	15 240
			1.0	2.0	3 530	3 100
			0.5	0.9	1 890	1 660
蛋鸡场			20.0	10.7	23 590	20 520
			10.0	6.4	10 410	9 050
			5.0	3.1	6 290	5 470
			1.0	0.8	1 340	1 160
肉鸡场			100.0	8.0	21 530	18 720
			50.0	4.2	10 750	9 340
			10.0	0.9	2 150	1 870

（二）主要生产工艺流程设计

畜禽场工艺流程的确定，应遵循以下原则：①符合畜禽生产技术要求；②有利于畜禽场防疫卫生要求；③满足粪污减排及无害化处理的技术要求；④有利于节水、节能；⑤有利于提高劳动生产率。

1. 各种鸡场生产工艺流程设计　各种鸡场生产工艺的合理设计关系到生产效率的高低，应遵循单栋舍、小区或全场的全进全出原则。鸡场的生产工艺流程通常是根据鸡的不同饲养阶段确定的，种鸡和蛋鸡通常 1 个饲养周期分育雏、育成和成年鸡 3 个阶段；即 0～6 周龄为育雏期，7～20 周龄为育成期，21～76 周龄为产蛋期。商品肉鸡场由于肉鸡上市时间在 6～8 周龄，一般采用一段式地面或网上平养。

由饲养工艺流程可以确定鸡舍类型，鸡场饲养工艺流程如图 2-4 所示。由图中可以

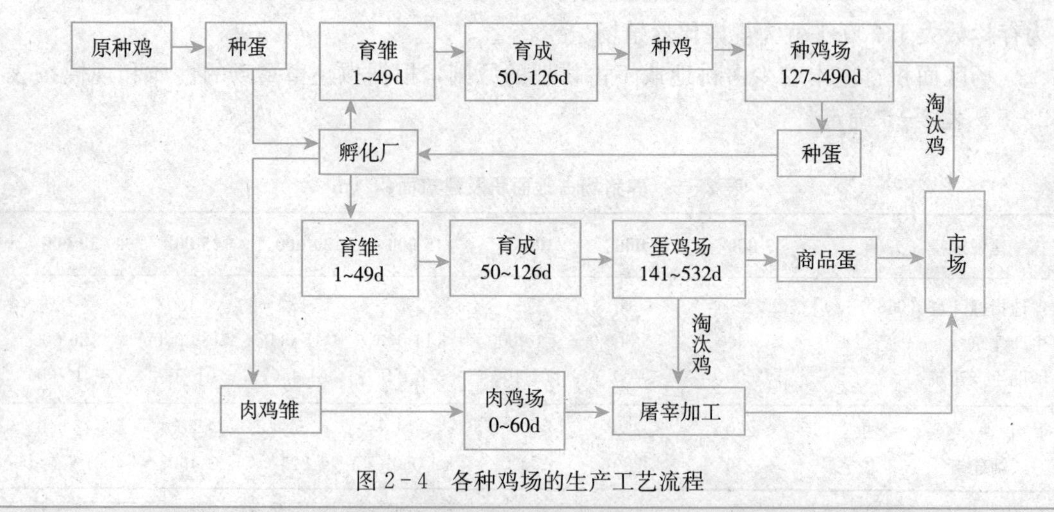

图 2-4 各种鸡场的生产工艺流程

看出，工艺流程确定之后，需要建什么样的鸡舍也就随之确定下来了，凡图中标明日龄的就是要建立的相应鸡舍。如种鸡场，要建育雏舍，饲养1～49日龄鸡雏；要建育成舍，饲养50～126日龄育成鸡；还要建种鸡舍，饲养127～490日龄的种鸡。其他舍以此类推。

2. 孵化场生产工艺流程设计　种蛋先经过接收室，然后送进消毒室消毒，再运入处理室进行加工处理（包括检蛋、分级、装盘等工作），处理后运入蛋库贮存（当种蛋不需要贮存时，可直接移入孵化室预温），贮存后的种蛋移入孵化机孵化，18d后移到出雏室的出雏机内至雏鸡出壳，然后将雏鸡依次运入鉴别室、免疫室进行分级、鉴别、剪冠、截趾、接种疫苗等工作，最后移到存放室待运。孵化厂整个生产工艺流程见图2-5。

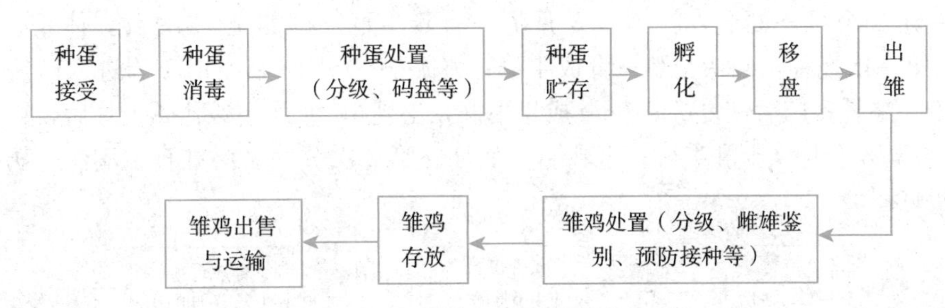

图2-5　孵化场生产工艺流程

3. 猪场生产工艺设计　现代化养猪生产一般采用分段式饲养、全进全出的生产工艺。它能够满足集约化养猪生产要求和不同猪群的生理需求，便于生产和管理，提高了劳动效率。常见的工艺流程有三段式、四段式、五段式等。例如，猪场的四段饲养工艺流程设计为：空怀及妊娠期→哺乳期→仔猪保育期→生长肥育期。确定工艺后，同时确定生产节拍。一个饲养群向下个饲养群调动猪只，需要按统一的时间间隔进行，相邻两次调动的时间间隔称为一个生产节拍。合理的生产节拍是全进全出工艺的前提，是有计划利用猪舍和合理组织劳动生产管理，均衡生产商品肉猪的基础。根据猪场规模，年产5万～10万头商品肉猪的大型猪场多实行1d或2d制，即每天有一批母猪配种、产仔、断乳、仔猪保育和肉猪出栏；年产1万～3万头商品肉猪的猪场多实行7d制生产节拍以便于生产管理。

这种全进全出方式可以采用以猪舍局部若干栏为单位转群，转群后进行清洗消毒；也有猪场将猪舍按照转群的数量分隔成单元，以单元全进全出；如果猪场规模在3万～5万头，可以为每个生产节拍的猪群设计猪舍，全场以舍为单位全进全出。年出栏在10万头左右的猪场，可以考虑以场为单位实行全进全出生产工艺。

猪场规模为10万头左右工艺流程如图2-6所示。

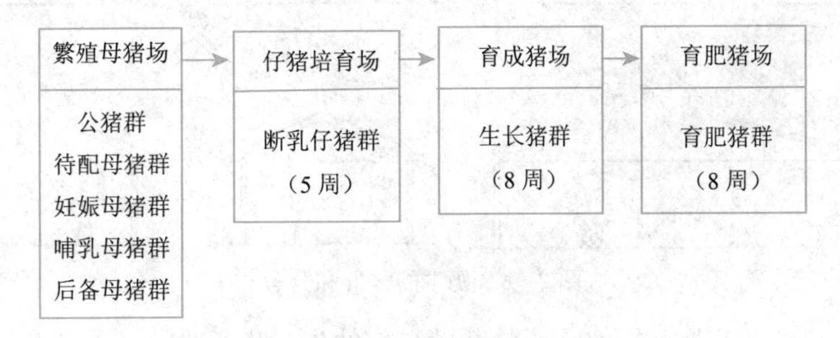

图2-6　以场为单位全进全出的生产工艺

需要说明的是饲养阶段的划分不是固定不变的，例如：有的猪场将妊娠母猪群分为妊娠前期和妊娠后期，加强对妊娠母猪的饲养管理，提高母猪的分娩率。总之，饲养工艺流程中饲养阶段的划分必须根据猪场的性质和规模，以提高生产力水平为前提来确定。

4. 奶牛生产工艺流程设计　奶牛生产工艺流程中，将奶牛划分为犊牛期（0～6 月龄）、青年牛期（7～15 月龄）、育成牛期（16 月龄至第 1 胎产犊前）及成年牛期（第 1 胎至淘汰）。成年牛期又可根据繁殖阶段进一步划分为妊娠期、泌乳期、干乳期。其牛群结构包括犊牛、生长牛、后备牛、成年母牛。

奶牛生产常采用如下工艺流程：成年母牛配种妊娠，经过 10 个月的妊娠期分娩产下犊牛，哺乳 2 个月→断乳；饲养至 6 月龄→青年牛群；饲养至 18 月龄，体重达 350～400kg 时第一次配种，确认受孕→育成牛群；妊娠 10 个月（临产前 1 周进入产房）→第一次分娩、泌乳；产后恢复 7～10d→成年牛群，泌乳 10 个月（泌乳 2 个月后，第 2 次配种）；妊娠至 8 个月→干乳牛群；干乳期 2 个月→第 2 次分娩、泌乳直至淘汰。奶牛生产工艺流程见图 2-7。

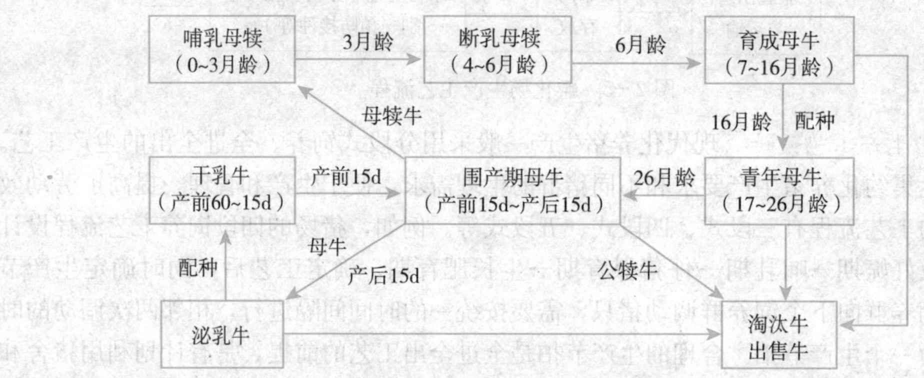

图 2-7　奶牛生产工艺流程

按着生产工艺流程建立不同类型的牛舍，以满足不同类型的奶牛对牛舍、饲养管理的不同要求。一般奶牛场都包括犊牛舍、青年牛舍、育成牛舍、成奶牛舍、病牛舍等（图 2-8）。

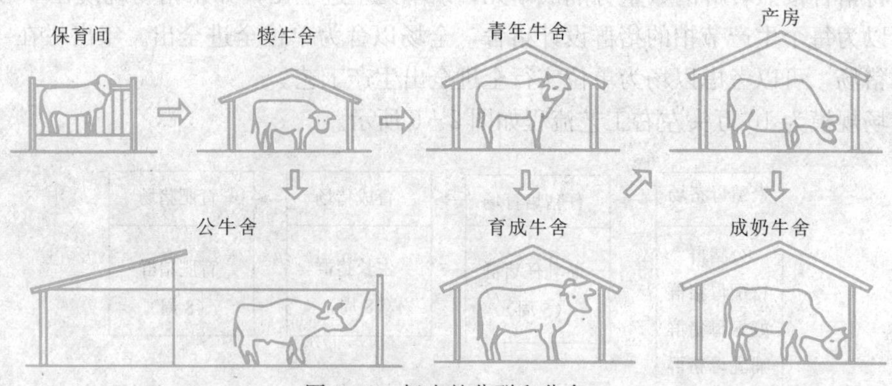

图 2-8　奶牛的分群和分舍

肉牛生产工艺按初生犊牛（2～6 月断乳）→幼牛→生长牛（架子牛）→育肥牛→上市进行划分。8～10 月龄时，须对公牛进行去势。

（三）确定生产工艺技术参数

畜禽场工艺参数包括主要生产指标、耗料标准、畜（禽）群划分方式、各种畜（禽）群饲养日数、各阶段畜（禽）群死亡淘汰率以及劳动定额等。通常，这些工艺参数也是畜禽场投产后的生产指标和定额管理标准。参数正确与否，对整个设计及生产流程组织都将产生很大影响。为此必须对参数反复推敲、谨慎确定。

1. 鸡场主要工艺参数　鸡场工艺参数主要包括鸡场的种类、鸡的品种、鸡群结构、主要生产性能指标（公母比例、种蛋受精率、种蛋孵化率、年产蛋量、各饲养阶段的死淘率、饲料耗料量等）及饲养环境管理条件等（表2-7）。

表2-7　鸡场的主要工艺参数

指　　标	参数	指　　标	参数
轻型蛋鸡体重及耗料量		中型蛋鸡体重及耗料量	
雏鸡（0～6周龄或7周龄）		雏鸡（0～6周龄或7周龄）	
7周龄体重（g/只）	530	7周龄体重（g/只）	515
1～7周龄日耗料量（g/只）	10～43	1～7周龄日耗料量（g/只）	12～43
1～7周龄总耗料量（g/只）	1 316	1～7周龄总耗料量（g/只）	1 365
7周龄成活率（%）	93～95	7周龄成活率（%）	93～95
育成鸡		育成鸡	
18周龄体重（g/只）	1 270	18周龄体重（g/只）	1 340
18周龄成活率（%）	97～99	18周龄成活率（%）	97～99
8～18周龄日耗料量（g/只）	46～75	8～18周龄日耗料量（g/只）	48～83
8～18周龄总耗料量（g/只）	4 550	8～18周龄总耗料量（g/只）	5 180
产蛋鸡（21～72周龄）		产蛋鸡（21～72周龄）	
21～40周龄日耗料量（g/只）	77～114	21～40周龄日耗料量（g/只）	91～127
21～40周龄总耗料量（g/只）	15 200	21～40周龄总耗料量（g/只）	16 400
41～72周龄日耗料量（g/只）	100～104	41～72周龄日耗料量（g/只）	100～114
41～72周龄总耗料量（g/只）	22 900	41～72周龄总耗料量（g/只）	25 000
肉用种母鸡体重及耗料量		肉种鸡生产性能（23～66周龄）	
雏鸡（0～7周龄）		饲养日产蛋数（枚/只）	209
7周龄体重（g/只）	748～845	饲养日平均产蛋率（%）	68
1～2周龄不限饲日耗料量（g/只）	26～28	入舍鸡产蛋数（枚/只）	199
3～7周龄日耗料量（g/只）	40～56	入舍鸡平均产蛋率（%）	92
育成鸡（8～20周龄）		入舍鸡产种蛋数（枚/只）	183
20周龄体重（g/只）	2 135～2 271	平均孵化率（%）	86.8
8～20周龄日耗料量（g/只）	59～105	入舍鸡产雏数（只/只）	159
产蛋鸡（21～66周龄）		平均死亡率和淘汰率（%）	小于1
25周龄体重（g/只）	2 727～2 863	肉仔鸡生产性能	
21～25周龄日耗料量（g/只）	110～140	1～4周龄体重变化（g/只）	150～1 065
42周龄体重（g/只）	3 422～3 557	1～4周龄料肉比	1.41
26～42周龄日耗料量（g/只）	161～180	5～7周龄体重变化（g/只）	1.455～2.355
43～66周龄日耗料量（g/只）	170～136	5～7周龄料肉比	1.92
		8～10周龄体重变化（g/只）	2.780～3.575
		8～10周龄料肉比	2.43
		全期死亡率（%）	2～3

2. 猪场主要工艺参数　猪场工艺参数主要包括猪群结构、繁殖周期、生产指标［情期受胎率、年产窝（胎）数、窝（胎）产活仔数、仔畜出生重］和劳动定额等（表2-8）。

表2-8　某万头商品猪场工艺参数

指　标	参数	指　标	参数
妊娠期（d）	114	每头母猪年产活仔数［头/（头·年）］	
哺乳期（d）	35	出生时	19.8
保育期（d）	28～35	35日龄	17.8
断乳至受胎（d）	7～14	36～70日龄	16.9
繁殖周期（d）	156～163	71～180日龄	16.5
母猪年产胎次（胎/年）	2.24	每头母猪年产肉量［活重kg/（头·年）］	1 575.5
母猪窝产仔数（头/窝）	10	平均日增重［g/（头·d）］	
窝产活仔数（头/窝）	9	出生至35日龄	156
成活率（%）		36～70日龄	386
哺乳仔猪	90	71～180日龄	645
断乳仔猪	95	公母猪年更新率（%）	33
生长育肥猪	98	母猪情期受胎率（%）	85
出生至180日龄体重（kg/头）		公母比例（本交）	1∶25
出生重	1.2	圈舍消毒空圈时间（d）	7
35日龄	6.5	繁殖节律（d）	7
70日龄	20	周配种次数	1.2～1.4
180日龄	90	母猪临产前进产房时间（d）	7
		母猪配种后原圈观察时间（d）	21

3. 牛场主要工艺参数　牛场工艺参数主要包括牛群的划分、饲养日数、配种方式、公母比例、利用年限、生产性能指标及饲料定额等，见表2-9、表2-10。

表2-9　奶牛场主要工艺参数（一）

指　标	参数	指　标	参数
性成熟月龄	6～12	泌乳期（d）	300
适配年龄	公：2～2.5 母：1.5～2	干乳期（d）	60
		奶牛利用年限	8～10
发情周期（d）	19～23	犊牛饲养日数（d）	60
发情持续天数（d）	1～2	育成牛饲养日数（1～60日龄）	365
产后第一次发情天数（d）	20～30	青年牛饲养日数（19～34月龄）	488
情期受胎率（%）	60～65	成年母牛淘汰率（%）	8～10
年产胎数	1		
每胎产犊数（头）	1		

表 2-10　奶牛场主要工艺参数（二）

指　标	参数	指　标	参数
生产性能		饲料消耗定额［kg（头·年）］	
奶牛中等水平 300d 泌乳力		奶牛（体重 450kg，产乳 3 000kg）	
第一胎（kg/g）	300～400	混合精料	900
第二胎（kg/g）	400～500	青饲料、青贮料及青干草	11 700
第三胎（kg/g）	500～600	块根	3 500
奶牛中等水平体重		奶牛（体重 500～600kg，产乳 4 000kg）	
出生重（kg/头）	公：38 母：36	混合精料	1 100
6 月龄体重（kg/头）	公：190 母：170	青饲料、青贮料及青干草	12 900
12 月龄体重（kg/头）	公：340 母：275	块根	5 700
18 月龄体重（kg/头）	公：460 母：370	奶牛（体重 500～600kg，产乳 5 000kg）	
犊牛喂乳量［kg（头·d）］		混合精料	1 100
1～30 日龄	5 渐增至 8	青饲料、青贮料及青干草	12 900
31～60 日龄	8 渐减至 6	块根	7 300
61～90 日龄	5 渐减至 4	小于 1 岁牛（体重 240～450kg）	
90～120 日龄	4 渐减至 3	混合精料	365
121～150 日龄	2	青饲料、青贮料及青干草	6 600
饲料消耗定额［kg（头·年）］		块根	2 600
种公牛（900～1 000kg）		大于 1 岁牛（体重 900～1 000kg）	
混合精料	2 800	混合精料	365
青饲料、青贮料及青干草	6 600	青饲料、青贮料及青干草	5 100
块根	1 300	块根	2 150
奶牛（体重 400kg，产乳 2 000kg）		犊牛（体重 160～280kg）	
混合精料	400	混合精料	400
青饲料、青贮料及青干草	9 900	青饲料、青贮料及青干草	450
块根	2 150	块根	200

制订畜禽场生产指标，不仅为设计工作提供依据，而且为投产后实行定额管理和岗位责任制提供依据。生产指标一定要高低适中，指标过高，不但不能完成任务，而且依此设计的房舍、设备也不能充分利用；如果指标过低，则不能充分发挥工作人员的劳动生产潜力，据此设计的房舍、设备无法满足生产需要。

（四）确定各种环境参数

工艺设计中，应提供温度、湿度、通风量、风速、光照时间和强度、有害气体质量浓度、微粒和微生物的含量等舍内环境参数和标准。畜禽场及各类畜禽舍详细的环境参数可参见本书其他项目的相关内容。

（五）确定畜禽群结构及周转方式

任何一个畜禽场，在明确了生产性质、规模、生产工艺以及相应的各种参数后，即可确定各类畜群及其占栏天数（包括饲养时间加消毒空舍时间），将畜群划分成若干阶段，然后对每个阶段的存栏数量进行计算，确定畜群结构组成。然后根据畜禽组成以及各类畜禽之间的功能关系，可制订出相应的生产计划和周转流程。

1. 猪群结构和周转　根据猪场规模，一般以适繁母猪为核心组成畜群。然后按照生产工艺中不同的饲养阶段及生产工艺参数确定各类猪群，饲养天数及猪群结构组成见表 2－11。

表 2－11　不同规模猪场猪群结构（按周为节拍组织生产）

猪群种类	存栏头数					
生产母猪	100	200	300	400	500	600
空怀配种母猪	25	50	75	100	125	150
妊娠母猪	51	102	153	204	255	306
哺乳母猪	24	48	72	96	120	144
后备母猪	10	20	26	39	46	52
公猪（含后备公猪）	5	10	15	20	25	30
哺乳仔猪	200	400	600	800	1 000	1 200
保育仔猪	216	438	654	876	1 092	1 308
生长肥育	495	990	1 500	2 010	2 505	3 015
总存栏	1 012	2 058	3 095	4 145	5 168	6 205
全年上市商品猪	1 612	3 432	5 148	6 916	8 632	10 348

一般把各段饲养期调整为生产节拍的整倍数，以便于制订猪群调动计划，充分利用猪舍。规模化猪场的生产节拍大多为 7d，各段饲养期也就形成了若干“周数”。生产中一般把各饲养群分为若干组，猪多以组为单位由一个饲养阶段转入下一个饲养阶段。当生产节拍为 7d 时，各阶段周转猪组的数目应是这个饲养阶段的饲养“周数”。每个饲养群各周转猪组数日龄依次相差 1 周。这样在每一周都有一组猪由一个饲养阶段转出并进入下个饲养阶段，同时又有一组猪从上个饲养阶段转入本饲养阶段，各饲养阶段猪组数保持不变。

图 2－9 是北京市一个年产万头商品猪的生产组工艺流程及周转情况。

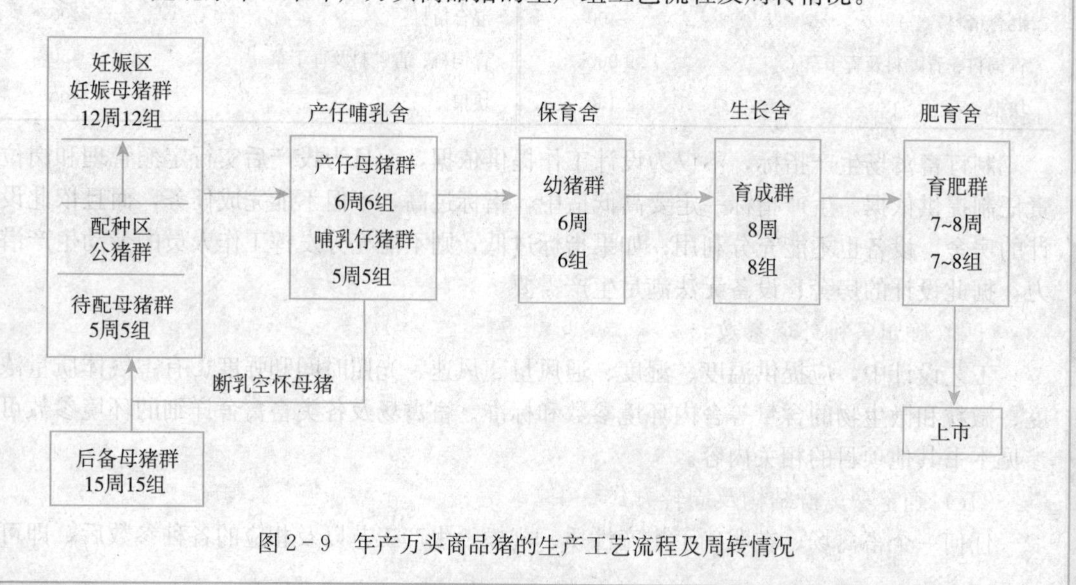

图 2－9　年产万头商品猪的生产工艺流程及周转情况

2. 鸡群结构和周转　规模化鸡场的鸡群组成见表 2－12。

表 2－12　20 万只综合蛋鸡场的鸡群组成

项　目	商品代			父母代			
				雏鸡和育成鸡		成年鸡	
	雏鸡	育成鸡	成年鸡	公	母	公	母
入舍数量（只）	264 479	238 692	222 222	395	3 950	320	3 200
成活率（%）	95	98	90	90	90		
选留率（%）	95	95		90	90		
期末数量（只）	238 692	222 222	200 000	320	3 200	312	3 112

蛋鸡生产一般为 3 阶段饲养：育雏阶段一般为 0～6 或 7 周龄；育成阶段一般为 7 或 8 周龄至 19 或 20 周龄；产蛋阶段一般为 20 或 21 周龄至 72 或 76 周龄。为便于防疫和管理，应按 3 阶段设 3 种鸡舍，实行"全进全出制"的转群制度，每批鸡转出或淘汰后，对鸡舍和设备进行彻底清洗和消毒，并空舍一段时间后再进新鸡群，这样有利于兽医卫生防疫，可防止疾病的交叉感染。各类鸡舍的栋数及装鸡容量要配套，以满足全场鸡群周转的需要：①蛋鸡或种鸡场，应以成年鸡群大小为基础，根据成年鸡群大小确定成年鸡舍栋数及每栋饲养鸡只数，再根据成年鸡饲养天数和空舍天数确定占舍天数；②根据全进全出、整舍转群的原则及育成期与育雏期的死淘率（分别为 2%和 5%），确定每栋育成舍与育雏舍的装鸡容量（分别为成年鸡舍的 102%与 107%）；③根据育雏期和育成期的占舍天数（包括饲养天数和空舍天数）与成年鸡占舍天数的比例关系，确定该 2 鸡舍与成年鸡舍的栋数比例（工艺设计时可适当调整饲养日数加消毒空舍日数，使占舍天数成整倍数的关系）。表 2－13 是制定鸡群周转计划和鸡舍比例的两种方案，供参考。

表 2－13　蛋鸡场周转计划和鸡舍比例方案

方案	鸡群类别	周龄	饲养天数	消毒空舍天数	占舍天数	占舍天数比例	鸡舍栋数比例
1	雏鸡	0～7	49	19	68	1	2
	育成鸡	8～20	91	11	102	1.5	3
	产蛋鸡	21～76	392	16	408	6	12
2	雏鸡	0～6	42	10	52	1	1
	育成鸡	7～19	91	13	104	2	2
	产蛋鸡	20～76	399	17	416	8	8

为更形象地表达鸡群组成和周转过程，绘制成周转流程图，如以一个 10 万只笼位商品蛋鸡场为例，按方案 2 设计。每隔 1.5 个月淘汰 1 批蛋鸡。则饲养一批成鸡所占用成鸡舍的时间恰好是育雏鸡舍饲养 8 批雏鸡，育成鸡舍饲养 2 批育成鸡的占舍时间。因此，可设 8 栋成鸡舍、2 栋育成舍、1 栋育雏鸡舍（图 2－10）。

3. 牛群结构和周转　规模较大的奶牛场，虽然由于生产水平和管理水平有差异，不同牛群结构也不尽相同，但各类牛群间都有一个大致的比例，它是牛场规划、建设和饲养管理的一个基本参数。通常，具一定规模的奶牛场，各类牛群占牛群总数的比例大约为：

成奶牛 60%，青年牛 13%，育成牛 13%，犊牛 14%。牛群的周转按犊牛、青年牛、育成牛和成奶牛依次进行。

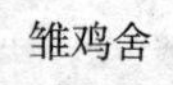

1栋，饲养量1.43万只，饲养时间6周，消毒时间10d，成活率92%，2人管理

2栋，饲养量1.32万只/栋，饲养时间13周，消毒时间13d，成活率95%，1人/栋管理

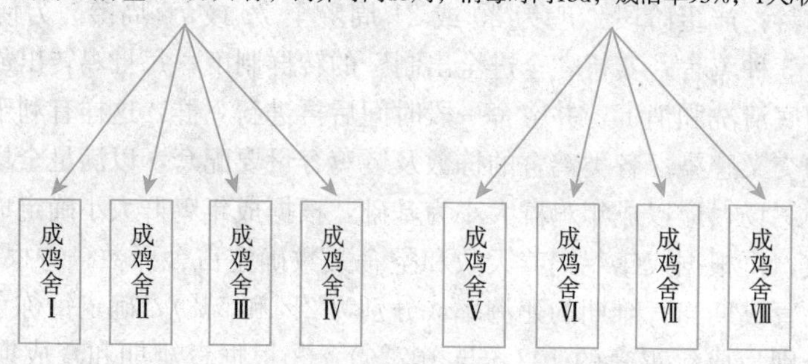

8栋，饲养量1.25万只/栋，饲养时间57周，消毒时间17d，2人/栋管理

图 2-10　10 万只商品蛋鸡场鸡群组成和周转流程

（六）确定管理定额及畜禽场人员组成

管理定额的确定主要取决于畜禽场性质和规模、不同畜禽群的要求、饲养管理方式、生产过程的集约化及机械化程度、生产人员的技术水平和工人工作的熟练程度等。管理定额是畜禽场实施岗位责任制和定额管理的依据，是畜禽场及畜禽舍设计的参数。在畜禽舍设计时应按一栋畜禽舍容纳畜禽的头（只）数，恰好为工人劳动定额倍数，以便于分工和管理，提高劳动效率。例如，某商品蛋鸡场，其管理定额为每人饲养蛋鸡 5 000～6 000 只，则每栋蛋鸡舍容量就应为 5 000～6 000 只，或为其倍数，全场规模也应是管理定额的倍数。此外，鸡场规模还应考虑蛋鸡舍与其他鸡舍的栋数比例，以提高各鸡舍利用率，并防止出现鸡群无法周转的情况。

猪场、鸡场、牛场的管理定额见表 2-14、表 2-15、表 2-16。

表 2-14　猪场的劳动定额

工　种	劳动定额（头/人）	工作条件	工作内容
空怀及后备母猪	100～150	群养，地面撒喂潮拌料，缝隙地板人工清粪至猪舍墙外	饲养管理，协助配种，观察妊娠情况
公猪	15～20	群养，地面撒喂潮拌料，缝隙地板人工清粪至猪舍墙外	饲养管理，运动猪，试情，配种

（续）

工 种	劳动定额（头/人）	工作条件	工作内容
妊娠母猪	200～300	群养，地面撒喂潮拌料，缝隙地板人工清粪至猪舍墙外	饲养管理，运动猪，试情，配种
哺乳母猪	25～30	网床饲养，人工饲喂及清粪至猪舍墙外	母、仔猪饲养管理，接产，仔猪护理
培育仔猪	400～500	网床饲养，人工饲喂及清粪至猪舍墙外，自动饲槽自由采食	饲养管理，仔猪护理
育肥猪	600～800	自动饲槽自由采食，人工清粪至猪舍墙外	饲养管理

表 2-15 养鸡场劳动定额

工 种	劳动定额（只/人）	工作条件	工作内容
雏鸡	10 000～12 000	机械化笼养或网养	饲养管理，清粪
	5 000～6 000	半机械化笼养或网养	饲养管理，清粪
	2 500	手工笼养	饲养管理，清粪
	2 000～3 000	半机械化地面平养	饲养管理，清粪
	1 500	手工地面平养	饲养管理，清粪
育成鸡	20 000～30 000	机械化笼养或网养	饲养管理，清粪
	10 000	半机械化笼养或网养	饲养管理，清粪
	5 000	手工笼养	饲养管理，清粪
	4 000～6 000	半机械化地面平养	饲养管理，清粪
	3 000	手工地面平养	饲养管理，清粪
产蛋鸡或种鸡	5 000～6 000	机械化笼养或网养	饲养管理，收蛋
	2 500～3 000	半机械化笼养或网养	饲养管理，收蛋
	1 200～1 500	手工笼养或网养	饲养管理，收蛋
	1 200～1 500	半机械化地面平养	饲养管理，收蛋
	800～1 000	手工地面平养	饲养管理，收蛋

表 2-16 牛场劳动定额参考值

工 种	劳动定额（头/人）	工作条件	工作内容
泌乳牛	12～24	机械挤乳兼饲养	饲养管理，挤乳
	8～15	人工挤乳兼饲养	饲养管理，挤乳
种公牛	4～6	——	饲养管理
育成牛	30～50	——	饲养管理
育肥牛	20～30	——	饲养管理
犊 牛	40～55	——	饲养管理

（七）选择畜禽生产工艺模式

畜禽生产工艺模式会直接影响设备选型、畜禽舍建筑设计、职工劳动强度与生产效率。

1. 现代养猪生产工艺模式　按哺乳母猪活动的空间可分三类：集约化饲养、半集约化饲养和散放饲养。

（1）集约化饲养。集约化饲养即完全圈养制，也称为定位饲养（图 2-11）。大部分母猪专业场和自繁自养猪场，其配种、妊娠期的母猪及分娩期母猪一般都采用单体栏饲养。猪与猪之间由铁栏杆隔开，全部或部分漏缝地板，猪以周为单位进行周转。现在采用母猪产床（也称为母猪产仔栏或防压栏），一般设有仔猪保温设备，哺乳母猪的活动面积小于 2m²，此种方式便于先进技术和设施的采用，节约人力，劳动效率较高；但建设投资大、运行费用高、母猪运动受到限制，只能起卧，不能运动，导致体质下降、繁殖障碍增多、肉质品味降低。

图 2-11　猪定位化饲养

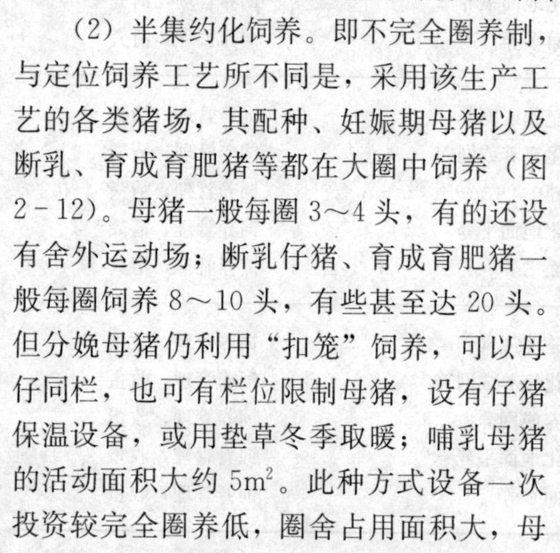

（2）半集约化饲养。即不完全圈养制，与定位饲养工艺所不同是，采用该生产工艺的各类猪场，其配种、妊娠期母猪以及断乳、育成育肥猪等都在大圈中饲养（图 2-12）。母猪一般每圈 3～4 头，有的还设有舍外运动场；断乳仔猪、育成育肥猪一般每圈饲养 8～10 头，有些甚至达 20 头。但分娩母猪仍利用“扣笼”饲养，可以母仔同栏，也可有栏位限制母猪，设有仔猪保温设备，或用垫草冬季取暖；哺乳母猪的活动面积大约 5m²。此种方式设备一次投资较完全圈养低，圈舍占用面积大，母猪有一定的活动空间，有利于繁殖；我国很多养猪企业采用这种模式。

图 2-12　断乳仔猪大圈饲养

（3）舍饲散养。该生产工艺中，舍内有较大范围的活动面积，猪群可自由行动，自己管理自己。哺乳母猪的活动面积大于 5m²。该工艺中设置有“暖床”，猪在暖床中按群体位次自行排列床位、自由躺卧，不受干扰，可获得较为安全且安静的睡眠环境。这种养猪新工艺是集猪的生理、生态、行为、习性于一体的全生态型的养猪工程工艺，符合猪的生物学特点和生命活动所需环境要求。其特点是建设投资少，母猪活动增加，有利于母猪繁殖机能的提高。随着人们生活水平的提高，舍饲散养模式生产的猪肉受到欢迎，加上动物福利事业的发展，使舍饲散养模式得到进一步的发展。

2. 鸡生产工艺模式

（1）蛋鸡生产（包括种鸡）一般采用二段或三段生产工艺模式，实行地面饲养或半网上饲养及不同形式的笼养（阶梯式笼养见图 2-13，重叠式笼养见图 2-14）。多数蛋鸡场采用三段饲养、全程笼养、机械或人工喂料、自动饮水器给水、人工或机械集蛋、定期消毒。

图 2-13 蛋鸡阶梯式笼养

图 2-14 蛋鸡重叠式笼养

（2）肉鸡场采用“全进全出”一段饲养模式，地面厚垫料饲养（图 2-15）或网上饲养或笼养，以及机械喂料、自动饮水器给水、定期消毒。

（3）雏鸡饲养可采用笼养育雏、地面平养育雏和网上平养育雏（图 2-16）三种方式，选择哪种方式，根据场地情况而定。

图 2-15 肉鸡地面厚垫料饲养

图 2-16 网上平养育雏

3. 牛生产工艺模式

（1）拴系式饲养。拴系式饲养是传统的奶牛饲养方式，目前国内外仍然普遍应用。拴系式饲养的特点是需要修建比较完善的奶牛舍。牛舍内，每头奶牛都有固定的牛床，床前设食槽和饮水设备，用颈枷或其他设备将奶牛固定在牛舍内；奶牛采食、休息、挤乳都在牛床上进行，在舍外设置运动场。图 2-17 为拴系式饲养方式的示意图。它的优点是管理细致，奶牛相互干扰小。但拴系饲养有着下列明显缺点：①劳动效率低。拴系饲养工艺必须辅以相应的

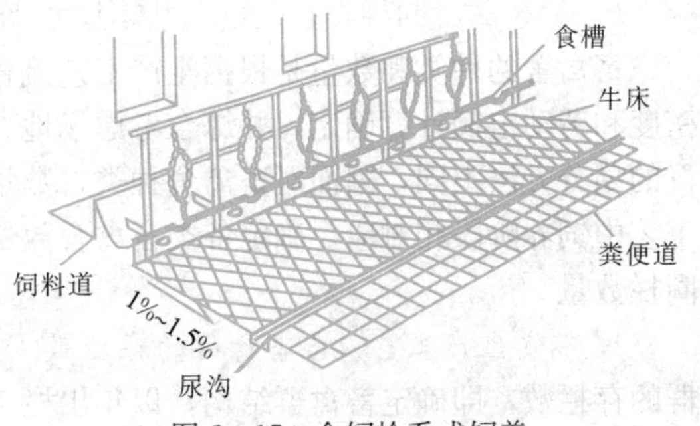

图 2-17 舍饲拴系式饲养

手工劳动，机械可操作性差，喂料、挤乳、清粪等日常管理工作需要人工完成，劳动强度大，劳动生产率低；②环境条件差。拴系饲养时，奶牛的休息区与采食区不分，容易造成牛床污染，影响舍内环境和奶牛休息；③采食条件不理想。高产奶牛易发生干物质进食不足，从而导致产后失重，恢复期延长。

(2) 散放式饲养。散放式饲养牛舍设备简单，只供奶牛休息、遮阳和避雨雪使用。牛舍与运动场相连，舍内不设固定的卧栏和颈枷，奶牛可以自由地进出牛舍和运动场。通常牛舍内铺有较多的垫草，平时不清粪，只添加些新垫草，定时用铲车机械清粪。运动场上设有饲槽和饮水槽，奶牛可自由采食和饮水。舍外设有专门的挤乳厅，奶牛定时分批到挤乳厅集中挤乳。采用这种方式，牛乳清洁卫生，质量较高，而且挤乳设备的利用率也较高。但也有明显的缺点：管理粗放，牛只不易吃到均匀的饲料，影响产乳量。

(3) 散栏式饲养。是一种改进的散放饲养方式，结合了拴系和散放饲养的优点，已在国外广泛推广使用。散栏式饲养将奶牛的采食区域和休息区域完全分离，并设立专门的挤乳厅。每头奶牛都有足够的采食位和单独的卧栏，奶牛可在舍内集中的饲槽中采食饲料，饲槽旁有自动饮水器；能自由去运动场采食干草，并按时到挤乳厅进行集中挤乳，采食精料。由于考虑了机械送料、清粪，又强调了牛只的自由行动，故可以节省劳动力、提高生产力。图 2-18 为散栏式饲养示意图。

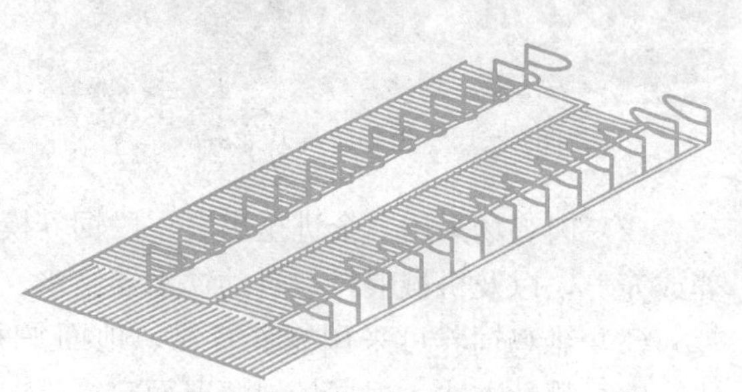

图 2-18 舍饲散栏式饲养

二、畜禽场工程工艺设计

畜牧工程技术是保证现代畜禽生产正常进行的重要手段。良好的工程配套技术，对充分发挥优良品种的遗传潜力、提高饲料的利用率极为重要；而且可以充分发挥工程防疫的综合防治效果，大大减少疫病的发生率。因此，在进行工程工艺设计时，需根据生产工艺提出的饲养规模、饲养方式、饲养管理定额、环境参数等，对相关的工程设施和设备加以仔细推敲，以确保工程技术的可行性和合理性。在此基础上，来确定各种畜禽舍的种类和数量，选择畜禽舍建筑形式、建设标准和配套设备，确定单体建筑平面图、剖面图的基本尺寸和畜禽舍环境控制工程技术方案。

(一) 畜禽舍的种类、数量和基本尺寸确定

畜禽舍的种类和数量是根据生产工艺流程中畜禽群组成、占栏天数、饲养方式、饲养密度和劳动定额计算确定，并综合考虑场地、设备规格等情况。不同的生产工艺，对畜禽群的划分方法不同，因而对畜禽舍种类、数量、比例等的要求不同。畜禽舍的种类与生产工艺中饲养阶段相对应。确定各类畜禽舍数量应首先计算各类畜禽群的存栏数、占栏数和圈栏数量。

1. 确定生产工艺中各畜禽群的存栏数（畜禽群结构） 根据工艺参数计算各种畜禽群的存栏数，即确定畜禽群结构，以年出栏 1 万头商品肉猪的猪场为例：

(1) 年平均需要基础母猪总头数为：

(计划年出栏商品肉猪数×繁殖周期) / (365d×窝产活仔数×从出生至出栏各阶段成

活率）

＝（10000×163）/（365×10×0.9×0.95×0.98）≈533（头）

（2）种公猪头数为：

基础母猪总头数×公母比例＝533×1/25≈22（头）

（3）后备公猪头数为：

种公猪总头数×年更新率＝22×33%≈7（头）

（4）后备母猪头数为：

基础母猪总头数×年更新率＝533×33%≈176（头）

存栏饲养35d，约176×（35/365）≈17（头）转栏。

（5）年空怀母猪头数为：

（基础母猪总头数×年产窝数×饲养日数）/365

＝［533×2.24×（14＋21）］/365≈115（头）

（6）妊娠母猪头数为：

（基础母猪总头数×年产窝数×饲养日数）/365

＝［533×2.24×（114－21－7）］/365≈281（头）

（7）分娩哺乳母猪头数为：

（基础母猪总头数×年产窝数×饲养日数）/365

＝［533×2.24×（7＋35）］/365≈137（头）

（8）哺乳仔猪头数为：

（基础母猪总头数×年产窝数×窝产活仔数×哺乳成活率×饲养日数）/365

＝（533×2.24×10×0.90×35）/365≈1031（头）

（9）35～70日龄断乳仔猪头数为：

（基础母猪总头数×年产窝数×窝产活仔数×哺乳成活率×断乳成活率×饲养日数）/365

＝（533×2.24×10×0.90×0.95×35）/365≈979（头）

（10）71～180日龄肥育猪头数为：

（基础母猪总头数×年产窝数×窝产活仔数×成活率×饲养日数）/365

＝（533×2.24×10×0.90×0.95×0.98×110）/365≈3015（头）

2. 计算占栏头数和圈栏数　占栏头数指在饲养期和消毒空圈时间内（一般按7d计），圈栏所能容纳畜禽的头数。以猪为例，流水式生产工艺是否畅通运行，关键在于各专门猪舍是否具备足够的栏位数；在计算栏位数时，除了按各类工艺猪群在该阶段的实际饲养日计算外，还要考虑猪群周转时进行空栏消毒、维修而确定的虚拟存栏数。计算方法：

占栏头数＝存栏猪数×［（饲养日＋消毒维修日）/饲养日］

圈栏或笼具的需要量应根据各畜禽群的占栏头数（占笼只数）和每栏（笼）容纳头（只）数来确定。计算方法：

圈栏（笼具）数＝占栏头数（或占笼只数）/每栏（笼）饲养头（只）数

仍以年出栏1万头商品肉猪的猪场为例计算各类猪圈栏数：

（1）公猪栏：公猪头数22头，后备公猪1头。

（2）空怀母猪栏：占栏头数＝115×［（35＋7）/35］＝138（头）。每栏养4头，则需

138/4≈35 个圈栏。

(3) 妊娠母猪栏：占栏头数=281× [(86+7) /86] ≈303（头）。每栏养 4 头，则需 303/4≈75 个圈栏。

(4) 泌乳母猪栏：占栏头数=137× [(35+7) /35] ≈165（头）。每栏 1 头，需 165 个产床。

(5) 后备母猪栏：占栏头数=17× [(35+7) /35] ≈20（头）。每栏 4 头，需 5 个圈栏。

(6) 保育猪栏：占栏头数=979× [(35+7) /35] ≈1175（头）。原窝保育，需 130 个 [1175/ (10×0.9) ≈130] 保育床。

(7) 生长育肥猪栏：占栏头数=3015× [(110+7) /110] ≈3206（头）。原窝育肥，平均每窝成活保育猪 8.6 头（10×0.9×0.95≈8.6），则需 3206/8.6≈372 个圈栏。

3. 确定畜禽舍的数量　各类畜禽舍数量的确定，应综合考虑各畜禽群圈栏（笼具）数量、劳动定额及各畜禽舍长度等几方面因素，做到既有利于提高畜禽舍设备利用率和工人劳动生产率，又能在外观上整齐。这需要在设计时反复斟酌，并与生产规模的确定综合考虑。

4. 畜禽舍基本尺寸的确定　畜禽舍的平面基本尺寸设计是根据上述已经确定的工艺设计参数、饲养管理和当地气候条件等，合理安排和布置畜栏、通道、粪尿沟、食槽等设备与设施，然后调整和确定畜禽舍跨度和长度。确定畜禽舍的跨度时，必须考虑通风、采光、建筑结构（屋架或梁尺寸）的要求。自然采光和自然通风的畜禽舍，其跨度不宜大于 10m；机械通风和人工照明时，畜禽舍跨度可以加大；如圈栏列数过多或采用单元式畜禽舍，其跨度大于 20m 时，将使畜禽舍构造和结构处理难度加大，可考虑采用纵向或横向的多跨联栋畜禽舍。确定畜禽舍的长度时，要综合考虑场地的地形、道路布置、管沟设置、建筑周边绿化等，长度过大则须考虑纵向通风效果、清粪和排水难度（落差太大）以及建筑物不均匀沉降和变形等。

（二）设备选型与配套

畜禽舍设备是畜牧工程设计中十分重要的内容，须根据研究确定的定型养殖工程工艺要求，尽可能地做到工程配套。畜禽场设备主要包括饲养设备（栏圈、笼具、畜床、地板等）、饲喂及饮水设备、清粪设备、通风设备、加热降温设备、照明设备、环境自动控制设备等，选型时应着重考虑以下几方面：①畜禽生理特点和行为需要，以及对环境的要求；②生产工艺确定的饲养、喂料、饮水、清粪等饲养管理方式；③畜禽舍通风、加热、降温、照明等环境调控方式；④设备厂家提供的有关参数及设备的性能价格比。

对设备进行选择后，还应对全场设备的投资总额和动力配置、燃料消耗等分别进行计算。

（三）畜禽舍建筑类型与形式选择

畜禽舍建筑过去通常采用砖混结构，其建筑形式也主要参考工业与民用建筑规范进行设计。20 世纪 80 年代以后，又出现了一些适合于畜禽场生产且较为经济节能的其他类型建筑，如简易节能开放型畜禽舍、大棚式畜禽舍、拱板结构畜禽舍、复合聚苯板组装式畜禽舍、被动式太阳能猪舍、菜畜互补畜禽舍等。与传统的畜禽舍相比，这些建筑具有低造价、节能效果显著、基建费用低、建设速度快等优点，对推动现代畜禽生产起到了很好的作用。

由于各地的气候条件、饲养的畜禽种类、生产目标以及经济状况及建筑习惯等的不同，选择什么样的畜禽舍建筑形式，应视具体情况而定，不要一味追求新形式、上档次。

（四）工程防疫设施规划

随着畜禽生产规模不断扩大，集约化、工厂化程度不断提高，兽医防疫体系需不断完善，建立防疫设施是实施兽医卫生防疫工作的基础。畜禽生产必须落实“预防为主、防重于治”的方针，严格执行国务院发布的《家畜家禽防疫条例》和农业部制定的《家畜家禽防疫条例实施细则》。工艺设计应据此制订出严格的卫生防疫制度。畜禽场设计还必须从场址选择、场地规划、建筑物布局、绿化、生产工艺、环境管理、粪污处理利用等方面全面加强卫生防疫，并在工艺设计中逐项加以说明。经常性的卫生防疫工作，要求具备相应的设施、设备和相应的管理制度，在工艺设计中必须对此提出明确要求。相关卫生防疫设施与设备配置，如车辆消毒池、脚踏消毒槽、消毒室、更衣室、隔离舍、兽医室、装卸台等，应尽可能设置合理和完备，并保证在生产中能方便、正常运行。

（五）畜禽舍环境控制技术方案制订

环境控制工程技术方案应遵循经济、安全、适用的原则，尽可能利用工程技术来满足生产工艺所提出的环境要求，为畜禽生产创造适宜的环境条件。其包括场区内环境及舍内的光照、温度、湿度、风速、有害气体等环境因子的控制。例如：通风方式和通风量的确定；保温与隔热材料的选择；防暑与防温设备的选择；光照方式的确定与光照度的计算等。详见其他项目内容。

（六）粪污处理与资源化利用技术选择

畜禽场的粪污处理与利用是关系畜禽场乃至整个农业生产的可持续发展的一个问题，也是行业面临的一个比较突出的世界性问题。畜禽场粪污处理应遵循减量化、无害化和资源化的原则。

畜禽场粪污处理技术选择主要考虑以下几方面：①要处理达标；②要针对有机物、氮、磷含量高的特点；③注重资源化利用；④考虑经济适用性，包括处理设施的占地面积、二次污染、运行成本等；⑤注重生物技术与生态工程原理的应用。

（七）工程设计应遵循的原则

（1）节地。我国耕地有限，因此，新建的畜禽场选址规划和建设应充分考虑节约用地，不占良田，不占或少占耕地，多利用沙荒地、山坡地等。

（2）节能。尽管现代畜禽生产离不开电，但设计良好可大幅度节电。如集约化养殖场是否利用自然通风、自然采光，其用电量可相差10～20倍。以一个20万只蛋鸡场为例，每个鸡位的平均年耗电量，全封闭型鸡舍为7～10kW·h，全开放型鸡舍为0.6kW·h，半开放型鸡舍视开放程度为2～5kW·h。又如，在密闭型鸡舍中，改横向通风为纵向通风，以农用风机代替工业风机，可节电40%～70%。可见，畜禽场工程工艺设计中确立节能观点是十分必要的。

（3）满足动物需求。善待动物，善待生命。从生产工艺到设施设备，都应充分考虑动物的生物学特性和行为需要，将动物福利落实到实处。

（4）符合人—机工程需求。研究如何使工作环境和机具设备的设计能符合人的生理和心理要求而不超过人的能力和感官适应的范围。

（5）有利于实现清洁生产。畜禽规模化生产必然带来大量的粪便、污水和其他畜产废弃物，从而造成环境污染。因此，在总体规划时，生活区、生产区、污染区必须分开，建场伊始就要处理好环境保护问题；在设计、施工、生产中须有有效的处理和利用方案及相关的配套措施，对粪便废弃物进行无害化处理，使之变废为宝。

任务三　畜禽舍建筑设计

任　务　单

<table>
<tr><td>项目二</td><td colspan="5">畜禽场总体设计</td></tr>
<tr><td>任务三</td><td colspan="3">畜禽舍建筑设计</td><td>建议学时</td><td>8</td></tr>
<tr><td>学习目标</td><td colspan="5">1. 能够熟练准确地审查畜禽场的地形图
2. 能说出畜禽场的总平面图及畜禽舍建筑平面图、立面图、剖面图的作用
3. 能合理制订绘制不同工程图的比例尺
4. 学会建筑设计图的阅读方法
5. 能根据饲养数量、笼具类型、笼具排列、通道尺寸合理进行鸡舍的平面设计
6. 根据通风、采光、保温、清粪、笼具高度等因素进行鸡舍的剖面设计
7. 能合理设计并绘制出各类猪舍的平面图、剖面图和立面图
8. 能合理设计并绘制出牛舍的平面图、剖面图和立面图</td></tr>
<tr><td>任务描述</td><td colspan="5">1. 学生根据畜禽舍各类建筑工程图特点，识别畜禽舍建筑工程图；并对整套图纸进行阅读，说出图纸所表示的内容
2. 学生根据畜禽的生活、生产需要及人工饲养管理和环境调控的需要合理设计畜禽舍
3. 学生将已设计好的畜禽舍，采用相应的比例尺，绘制成平面图、立面图和剖面图；要求布局合理，尺寸数据齐全清晰，说明全面</td></tr>
<tr><td>学时安排</td><td>资讯
2 学时</td><td>计划与决策
0.5 学时</td><td>实施
4 学时</td><td>检查
0.5 学时</td><td>评价
1.0 学时</td></tr>
<tr><td>材料设备</td><td colspan="5">1. 畜禽场总平面图、畜禽舍建筑工程图的图例
2. 创设现场学习情景
3. 绘图工具：格尺、铅笔、橡皮、绘图纸</td></tr>
<tr><td>对学生的要求</td><td colspan="5">1. 具备一定的绘图能力
2. 对畜禽的定型饲养设备应有所了解
3. 有动物福利理念
4. 理解能力
5. 严谨的态度
6. 团队配合能力</td></tr>
</table>

资　讯　单

<table>
<tr><td>项目
名称</td><td colspan="6">畜禽场总体设计</td></tr>
<tr><td>任务三</td><td colspan="3">畜禽舍建筑设计</td><td colspan="2">建议学时</td><td>8</td></tr>
<tr><td>资讯
方式</td><td colspan="3">学生自学与教师辅导相结合</td><td colspan="2">建议学时</td><td>2</td></tr>
<tr><td>资讯
问题</td><td colspan="6">1. 畜禽场总平面图的作用？
2. 畜禽舍建筑平面图、立面图、剖面图的作用？
3. 什么是工程图的比图尺？
4. 畜禽舍的建筑尺寸如何标注？
5. 如何阅读畜禽舍的建筑工程图？
6. 鸡舍的平面尺寸（长度、宽度）如何确定？
7. 猪舍的平面尺寸（长度、宽度）如何确定？
8. 牛舍的平面尺寸（长度、宽度）如何确定？
9. 如何进行鸡、猪、牛舍的平面设计？
10. 如何进行鸡、猪、牛舍的立面、剖面设计？</td></tr>
<tr><td>资讯
引导</td><td colspan="6">本书信息单：畜禽舍建筑设计
《畜牧场规划设计》，刘继军，2008，160－303
《设施农业工程工艺及建筑设计》，李保明，2005，49－64
《畜禽环境卫生》，赵希彦，2009，86－96
《畜牧场规划与设计（附工作手册）》，俞美子，2011，45－55
北方地区猪舍的建筑设计，张凯，《畜牧兽医科技信息》，2009，(5)
多媒体课件
网络资源</td></tr>
<tr><td>资讯
评价</td><td>学生
互评分</td><td></td><td>教师评分</td><td></td><td>总评分</td><td></td></tr>
</table>

信　息　单

项目名称	畜禽场总体设计		
任务三	畜禽舍建筑设计	建议学时	2
信息内容			

由于畜禽生产具有特殊工艺要求和严格的生产工艺流程，畜禽场中的各类畜禽舍的建筑设计也有特殊要求，既要满足畜禽的生活和生产需要，又要便于饲养管理，还要考虑环境调控及当地气候等因素。

一、畜禽舍建筑设计总体要求

（一）畜禽舍建筑设计原则

畜禽舍是畜禽场主要的生产场所，其设计合理与否，不仅关系到畜禽舍的安全和使用年限，而且对畜禽生产性能能否最大限度地发挥、舍内小气候以及畜禽场工程投资等都具有重要影响。设计畜禽舍时，应遵循以下原则：

1. 满足畜禽的生活和福利需要　畜禽舍建筑应充分考虑畜禽的生物学特性和天性，为畜禽生长发育和生产创造适宜的环境条件，以确保畜禽健康和正常生产性能的发挥。

2. 符合畜禽生产工艺要求　规模化畜禽场通常按照流水式生产工艺流程，进行高效率、高密度、高品质生产，这就使得畜禽舍建筑在建筑空间、建筑构造及总体布置上，与普通民用建筑、工业建筑有很大不同。而且，现代畜禽生产工艺因畜禽品种、年龄、生长发育强度、生理状况、生产方式的差异而对环境条件、设施与设备、技术要求等有所不同。因此，畜禽舍建筑设计应符合畜禽生产工艺要求，便于生产操作及提高劳动生产率，利于集约化经营与管理，满足机械化、自动化所需要条件，同时为发展留有余地。

3. 保证建筑牢固稳定和各种技术措施的实施　正确选择和运用建筑材料，根据建筑空间特点，确定合理的建筑形式、构造和施工方案，使畜禽舍坚固耐久、建造方便。同时，畜禽舍建筑要有利于环境调控技术的实施，以保证畜禽良好的建康状况和高产。

4. 经济适用　在畜舍设计和建造过程中，应根据当地的技术经济条件和气候条件，因地制宜、就地取材，尽量做到节省劳动力、节约建筑材料，以减少投资。在满足先进的生产工艺的前提下，尽可能做到经济适用。

5. 符合总体规划和建筑美观的需要　畜禽舍建筑是畜禽场总体规划的组成部分，建筑设计要充分考虑与周围环境的关系，如原建筑物状况、道路走向、环境绿化、场区布局、畜禽生产对周围环境的污染等，使其与周围环境在功能和生产上建立最方便的关系。尽量注意畜禽舍的形体、立面、色调等与周围环境相协调，建造出朴素明朗、简洁大方的建筑形象。

（二）畜禽舍设计的依据

1. 满足人体工作空间和畜禽生活空间需要　为操作方便和提高劳动效率，人体尺度和人体操作所需要的空间范围是畜禽舍建筑空间设计的基本依据之一。此外，为了保证畜禽生活、生产和福利的需要还必须考虑畜禽的体型尺寸和活动空间。

2. 畜禽舍面积标准和设备尺寸

（1）畜禽舍面积标准与设备参数。

①鸡舍面积标准与设备参数。鸡舍的建筑面积因鸡品种、体型以及饲养工艺的不同差异很大。目前国内没有统一标准，在鸡舍设计的时候要依据实际情况灵活进行。表 2－17 数据仅供参考。

表 2－17　鸡舍面积标准及设备参数

类别	项　目		参　数		
			轻型		重型
蛋鸡	建筑面积	地面平养	0.12～0.13		0.14～0.24
	(m²/只)	笼养	0.02～0.07		0.03～0.09
	饲槽长度（mm/只）		75		100
	饮水槽长度（mm/只）		19		25
	产蛋箱（只/个）		4～5		4～5
			0～4 周龄	4～10 周龄	10～20 周龄
肉仔鸡及育成母鸡	建筑面积	开放舍	0.05	0.08	0.19
	(m²/只)	密闭舍	0.05	0.07	0.12
	饲槽长度（mm/只）		25	50	100
	饮水槽长度（mm/只）		5	10	25
			种火鸡		生长火鸡
火鸡	建筑面积	开放舍	0.7～0.9		0.6
	(m²/只)	环控舍	0.5～0.7		0.4
	饲槽长度（mm/只）		100		100
	饮水槽长度（mm/只）		100		100
	产蛋箱（只/个）		20～25		
	栖架（mm/只）		300～375		300～375

②猪舍面积标准。2008 年，我国颁布了《规模猪场建设》（GB/T 17824.1—2008），有关猪舍的面积可以参照此标准进行设计（表 2－18）。需要注意的是，猪舍面积还因饲养工艺的不同有所差异。

表 2-18　各类猪群饲养密度指标

猪群类别	每栏饲养头数	每头占猪栏面积（m^2）
种公猪	1	5.5～7.5
空怀、妊娠母猪（限位栏）	1	1.32～1.5
空怀、妊娠母猪（群饲）	4～5	2.0～2.5
后备母猪	5～6	1.0～1.5
哺乳母猪	1	3.7～4.2
断乳仔猪	8～12	0.3～0.5
生长猪	8～10	0.5～0.7
育肥猪	8～10	0.7～1.0
配种栏	1	5.5～7.5

③牛舍面积标准与设备参数。散放饲养时，成奶牛占地面积 5～6m²/头。拴系饲养和隔栏散养时牛栏尺寸如表 2-19 所示。肉牛用饲槽采食宽度设计参数：限食时，成年母牛 600～760mm，育肥牛 56～71mm，犊牛 46～56mm；自由采食时，粗饲料槽 15～20mm，精饲料槽 10～15mm。自动饮水器 50～75 头/个。

表 2-19　牛床尺寸参数

牛的类别	拴系式饲养			牛的类别	散栏式饲养		
	长度（m）	宽度（m）	坡度（%）		长度（m）	宽度（m）	坡度（%）
种公牛	2.2	1.5	1.0～1.5	大牛种	2.1～2.2	1.22～1.27	1.0～4.0
成奶牛	1.7～1.9	1.1～1.3	1.0～1.5	中牛种	2.0～2.1	1.12～1.22	1.0～4.0
临产牛	2.2	1.5	1.0～1.5	小牛种	1.8～2.0	1.02～1.12	1.0～4.0
产　房	3.0	2.0	1.0～1.5	青年牛	1.8～2.0	1.0～1.15	1.0～4.0
青年牛	1.6～1.8	1.0～1.1	1.0～1.5	8～18 月龄	1.6～1.8	0.9～1.0	1.0～3.0
育成牛	1.5～1.6	0.8	1.0～1.5	5～7 月龄	0.75	1.5	1.0～2.0
犊　牛	1.2～1.5	0.5	1.0～1.5	1.5～4 月龄	0.65	1.4	1.0～2.0

（2）采食和饮水宽度标准。采食宽度和饮水宽度因畜禽种类、体型、年龄以及采食和饮水设备不同而异，参考表 2-20。

表 2-20　各类畜禽的采食宽度（cm/头或只）

畜禽种类	采食宽度	畜禽种类	采食宽度	畜禽种类	采食宽度
牛：拴系饲养		50～100kg	27～35	20 周龄以上	12～14
3～6 月龄犊牛	30～50	自动饲槽、自由采食群养	10	肉鸡：0～3 周龄	3
青年牛	60～100			3～8 周龄	8
泌乳牛	110～125	成年母猪	35～40	8～16 周龄	12
散放饲养		成年公猪	35～45	17～22 周龄	15
成年奶牛	50～60	蛋鸡：0～4 周龄	2.5	产蛋母鸡	15
猪：20～30kg	18～22	5～10 周龄	5		
30～50kg	22～27	11～20 周龄	7.5～10		

（3）通道设置标准。畜禽舍沿长轴纵向布置畜（禽）栏（笼）时，纵向管理通道宽度

可参考表2-21。较长的双列或多列式畜禽舍，每隔 30～40m，沿跨度方向设横向通道，宽度一般为 1.5m，马舍、牛舍为 1.8～2.0m。

表 2-21 畜禽舍纵向通道宽度（cm）

畜禽舍种类	通道用途	使用工具及操作特点	宽度
牛舍	饲喂	用手工或推车饲喂精、粗饲料	120～140
	清粪及管理	手推车清粪，放乳桶，放洗乳房的水桶等	140～180
猪舍	饲喂	手推车喂料	100～120
	清粪及管理	清粪（幼猪舍窄，成年猪舍宽）、接产等	100～150
鸡舍	饲喂、捡蛋、清粪、管理	用特制手推车送料、捡蛋时，可采用一个通用车盘	80～90（笼养） 100～120（平养）

（4）畜禽舍及内部设施高度标准。

①畜禽舍高度。畜禽舍的高度是指舍内地坪面（标高±0.000）到屋顶承重结构下表面的距离。畜禽舍高度不仅影响土建投资，而且影响舍内小气候调节，除取决于自然采光和通风设计外；还应考虑当地气候和防寒、防暑要求，也取决于畜舍的跨度。寒冷地区一般以 2.2～2.7m 为宜，跨度 9.0m 以上时可适当加高；炎热地区为有利通风，畜禽舍不宜过低，一般以 2.7～3.3m 为宜。

②门、窗的高度。畜禽舍门的设计应根据畜禽舍的种类、门的用途等决定其尺寸。畜禽舍窗的高低、形状、大小等，根据畜禽舍的采光与通风设计要求确定（详见项目一）。

③舍内外高差。为防止雨水倒灌，畜禽舍室内外地面一般应有 300mm 左右的高差，场地低洼时应提高到 450～600mm。供畜、车出入的大门，门前不设台阶而设 15%以下的坡道。舍内地面应有 0.5%～1.0%的坡度。

④畜禽舍内部设施高度。饲槽、水槽、饮水器安置高度及畜禽舍隔栏（墙）高度，因畜禽种类、品种、年龄不同而异。

a. 饲槽、水槽设置。鸡饲槽、水槽的设置高度一般应使槽上缘与鸡背同高；猪、牛的饲槽和水槽底可与地面同高或稍高于地面；猪用饮水器距地面的高度，仔猪为 10～15cm，育成猪 25～35cm，肥猪 30～40cm，成年母猪 45～55cm，成年公猪 50～60cm。如将饮水器安装成与水平成 45°～60°角，则距地面高度 10～15cm，即可供各种年龄的猪使用。

b. 隔栏（墙）的设置。平养成年鸡舍隔栏高度不应低于 2.5m，用铁丝网或竹竿制作；猪栏高度一般为：哺乳仔猪 0.4～0.5m，育成猪 0.6～0.8m，育肥猪 0.8～1.0m，空怀母猪 1.0～1.1m，怀孕后期及哺乳母猪 0.8～1.0m，公猪 1.3m；成年母牛隔栏高度为 1.3～1.5m。

（三）畜禽舍建筑设计

畜禽舍建筑设计的主要内容包括：畜禽舍类型选择（详见项目一）、畜禽舍平面设计、畜禽舍剖面设计、畜禽舍立面设计及其相应的设计说明。

1. 畜禽舍平面设计步骤　根据每栋畜禽舍的容畜禽头（只）数、饲养管理方式、当地气候条件等，合理安排和布置畜栏、笼具、通道、粪尿沟、食槽、附属用房等，并确定其平面尺寸。在此基础上计算出畜禽舍跨度、长度，综合上述条件，绘出畜禽舍平面图。

（1）圈栏或笼具的布置。畜栏或笼具一般是沿畜禽舍的长轴纵向排列的。可分为单列式、双列式、多列式。单列和双列布置使建筑跨度小，有利于自然采光、通风和减少梁、屋架等建筑结构尺寸；但在长度一定的情况下，单列舍的容纳量有限，且不利于冬季保温。多列式布置使畜禽舍跨度较大，可节约建筑用地，减少建筑外围护结构面积，利于保温隔热；但不利于自然通风和采光，对梁或屋架的材料规格要求也较高。有些畜禽舍如笼养育雏舍、笼养兔舍等，也有沿畜禽舍短轴（跨度方向）布置笼具的，这样自然采光和通风效果好；但通道过多，会加大建筑总面积。生产中采用何种排列方式，需根据场地面积、建筑情况、畜禽舍小气候条件等来最后确定。南方炎热地区为了自然通风的需要，常采用小跨度畜禽舍；而北方寒冷地区为保温的需要，常采用大跨度畜禽舍。

（2）舍内通道的布置。舍内通道包括饲喂道、清粪道和横向通道。饲喂道和清粪道一般沿畜栏平行布置；畜栏或笼具沿畜禽舍长轴纵向布置时，饲喂、清粪及管理通道也纵向布置，两者不应混用；横向通道与前两者垂直布置，一般较长的双列式或多列式畜禽舍为管理方便，每30～40m应设1个沿跨度方向的横向通道，宽度一般为1.5m。通道的宽度和数量也是影响畜禽舍跨度和长度的重要因素，为节省建筑面积，降低工程造价，在工艺允许的前提下，应尽量减少通道的宽度和数量。其宽度需根据用途、使用工具、操作内容等酌情而定；纵向通道数量因饲养管理的机械化程度不同而异，机械化程度越高，通道数量越少；进行手工操作的畜禽舍，纵向通道的数量一般为畜栏或笼具列数加1。如果靠一侧或两侧纵墙布置畜栏或笼具，则可节省1～2条纵向通道，但这种布置方式使靠墙畜禽受墙面冷或热的影响较大，且管理也不太方便。在设计时应根据本场实际酌情确定。

（3）排水系统的布置。畜舍一般沿畜栏布置方向设置粪尿沟以排出污水，拴系饲养或固定栏饲养的牛舍、猪舍，因排泄粪尿位置固定，应在畜床后部设粪尿沟。沟宽度一般为0.3～0.5m，如不兼作清粪沟，其上可设篦子。沟底坡度根据其长度可为0.5%～2%（过长时可分段设坡），在沟的最低处应设沟底地漏或侧壁地漏，使污水通过地下管道排至舍内的沉淀池，然后经污水管排至舍外的检查井，通过场区的支管、干管排至粪污处理池。如果采用缝隙地板、水冲或水泡粪工艺，则粪沟与缝隙地板或网床同宽。畜禽舍内的饲喂通道可单独设0.1～0.15m宽的专用排水沟，排除清洗畜禽舍的水。值班室、饲料间、集乳室等附属用房也应设地漏和其他排水设施。

（4）附属用房和设施布置。畜禽舍一般在靠场区净道的一侧设值班室、饲料间等，有的幼畜禽舍需要设置热风炉房，有的畜禽舍在靠场区污道一侧设畜体消毒间，在舍内挤乳的奶牛舍一般还设置真空泵、集乳间等。这些附属用房，应按其作用和要求设计其位置及尺寸。大跨度的畜禽舍，值班室和饲料间可分设在南、北相对位置；跨度较小时，可靠南侧并排布置。真空泵房、青贮饲料和块根饲料间、热风炉房等，可以突出设在畜禽舍北侧。

（5）畜禽舍宽度和长度的确定。它与畜禽舍所需的建筑面积有关，根据生产工艺要求、设备布置、平面布置形式、通道列数、饲养密度、饲养定额等加以确定。通常，需首先确定圈栏、笼具或畜床等主要设备的尺寸。在设计时，如果畜禽场计划采用工厂生产的畜栏、笼具定型产品，则可直接按定型产品的外形尺寸和排列方式计算其所占的总长度和跨度；表2-22是北京通州长城畜牧机械厂鸡笼、猪栏定型产品外形尺寸情况，供在设计时参考。

表 2-22 部分鸡笼、猪栏定型产品外形尺寸

产品名称	型 号	外形尺寸（长×深×高，mm）	饲养量（只或头）
育雏笼	9YCL	3062×1450×1720	600～1000
育成鸡笼	9LYJ-4144	1900×2150×1670	144
	9LYJ-3126	1900×2090×1550	126
蛋鸡笼	9LJ1-396	1900×2178×1585	96
	9LJ2-396	1900×2260×1603	96
	9LJ2-348	1900×1155×1603	48
	9LJ2-264	1900×1670×1153	64
	9LJ2B-396	1900×1600×1610	96
	9LJ3-390	2000×2260×1603	90
	9LJ3-345	2000×1155×1603	45
	9LJ3-4120	1900×2200×1770	120
种鸡笼	9LZMJ-260	2000×1670×1153	60
	9LZGJ-212	1900×1025×1540	12
	9LZGJ-224	1900×2050×1540	24
	9LRZMJ-248	2000×1950×1350	48
	9LRZGJ-214	2000×1060×1420	14
	9LRZGJ-228	2000×2120×1420	28
母猪产仔栏		2200×1700×800	
仔猪保育栏		1800×1700×735	

如果不采用定型产品，则须按每圈容畜禽头（只）数、畜禽占栏面积和采食宽度标准，确定栏圈的宽度（畜禽舍长度方向）和深度（畜禽舍跨度方向）。如饲槽沿畜禽舍长轴布置，须按采食宽度先确定栏圈的宽度。猪栏尺寸的确定多采用此种方法。例如，自行设计肥猪栏，每栏头数按 10 头计，沿纵向饲喂通道地面撒喂湿拌料。由表 2-26 知，每头猪的采食宽度为 27～35cm（取 32cm）；由表 2-24 知，每头占栏面积为 0.8～1m^2（取 0.9m^2），则该猪栏宽度为 3.2m，面积应为 9m^2，故猪栏深应为 9m^2÷3.2m≈2.8m。但若猪舍采用自动饲槽，圈栏宽度可不受采食宽度限制。然后考虑通道、粪尿沟、食槽、附属房间等的设置，即可初步确定畜禽舍的跨度与长度。

①可按下列公式计算出畜禽舍的跨度和长度（对于鸡舍，不考虑饲槽和排尿沟两项）：

畜禽舍净跨度＝畜栏（笼具）深度×列数＋饲喂道宽度×数量＋清粪道宽度×数量＋饲槽宽度×数量＋排尿沟宽度×数量

畜禽舍净长度＝畜栏（笼具）宽度×每列畜栏（笼具）数量＋横向通道宽度×数量

②对于拴系牛舍，计算公式为：

牛舍净跨度＝牛床长度×列数＋饲喂道宽度×数量＋清粪道宽度×数量＋饲槽宽度×数量＋排尿沟宽度×数量

牛舍净长度＝牛床宽度×每列牛床数＋横向通道宽度×数量

③可按下列公式计算出畜禽舍的总跨度和总长度：

畜禽舍总跨度＝畜禽舍净跨度＋纵墙厚×2

畜禽舍总长度＝畜禽舍净长度＋端墙厚×2＋端部附属房间净长度

进行以上设计确定的畜禽舍跨度和长度，由于畜禽舍内布置较复杂，又须尽量节约建筑面积，故其跨度、长度可能会出现难以施工的尺寸。例如，总长度分间后出现了间距为3.32m、跨度为1.193m等，可通过增减内部尺寸将其分别调整为3.30m和1.20m。

确定畜禽舍跨度时，必须考虑通风、采光、畜禽舍结构（屋架或梁容许尺寸）的要求。自然采光和自然通风的畜禽舍，其跨度不宜大于10m；机械通风和人工照明时，畜禽舍跨度可加大到20m（可采用轻钢屋架）；如栏圈列数过多或采用单元式畜禽舍，其跨度大于20m时，将使房舍构造和结构处理难度加大，可考虑采用纵向或横向的多跨联体畜禽舍。设计畜禽舍的长度时，除考虑场地面积，留有布置道路、排水沟、绿化的足够余地外；长度过大则须考虑纵向通风效果、清粪和排水难度以及建筑物不均匀沉降和变形等。

畜禽舍的面积由饲养间、工作间和建筑结构等所占面积组成。饲养间面积包括圈栏或鸡笼和喂饲通道所占的面积。工作间面积为饲养人员休息室、饲料间、工具室等所占的面积。建筑结构面积为墙体、柱子等所占的面积。在设计时应尽量提高饲养间面积所占的比例，控制工作间面积和建筑结构面积。

（6）水、暖、电、通风等设备布置。根据畜禽圈栏、饲喂通道、粪尿沟、清粪通道、附属用房等的布置，分别进行水、暖、电、通风等设备工程设计。饮水器、用水龙头、冲水水箱、减压水箱等用水设备的位置，应按圈栏、粪尿沟、附属用房等的位置来设计，满足技术需要的前提下力求管线最短。照明灯具一般沿饲喂通道设置，产房的照明须方便接产；育雏伞、仔猪保温箱等电热设备的设计则需根据其安装位置、相应功率来设置插座，尽量缩短线路。通风设备的设置，应在通风量计算的基础上进行。

（7）门窗和各种预留孔洞的布置。畜禽舍门窗的布置见项目一；除门、窗、洞外，上下水管道、穿墙电线、进出风口、排污口等，也应该按需要的尺寸和位置在平面设计时统一安排。

2．畜禽舍剖面设计步骤　畜禽舍的剖面设计主要解决垂直方向空间处理的有关问题，即确定畜禽舍各部位、各种构（配）件及舍内的设备、设施的高度尺寸，并绘出平面图相对应的剖面图。

（1）确定舍内地坪标高。一般情况下，舍内饲喂通道的标高应高于舍外地坪0.30m，并以此作为舍内地坪±0.000标高。场地低洼或当地雨量较大时，可适当提高饲喂通道高度。有车和畜禽出入的畜禽舍大门，门前应设坡度不大于15%的坡道，而不能设置台阶。舍内地面坡度，一般在畜床部分应保证2%～3%，以防畜床积水潮湿；地面应向排水沟有1%～2%的坡度。

（2）畜禽舍及内部设施高度见本任务“一、畜禽舍建筑设计总体要求　（二）畜禽舍设计的依据”。

（3）确定畜禽舍结构构件高度。屋顶中的屋架和梁为承重构件，在建筑设计阶段可以按照构造要求进行构件尺寸的估算，最终的构件尺寸须经结构计算确定。

（4）门窗与通风洞口设置。门的竖向高度根据人、畜和机械通行需要综合考虑。确定窗的竖向位置和尺寸时，要考虑夏季直射光对畜禽舍的影响，应按入射角、透光角计算窗的上下沿高度。

风机洞口、进排风口等通风洞口的垂直位置和尺寸，应结合畜禽舍通风系统设计统一考虑。机械通风的通风量根据畜禽群类别和不同季节由工艺设计提出，风机洞口和进排风洞口的大小、形状与位置等需要在剖面设计中考虑。与湿帘配套的畜禽舍纵向机械通风系统具有气流均匀、旋涡区小、有利于防疫、风机台数少、土建造价低、管理方便等一系列优点，目前已成为国内外大多数畜禽舍（特别是鸡舍）采用机械通风系统时的主要通风方式。

自然通风虽然受外界气候条件影响较大，通风不稳定，但经济实用；为了充分和有效地利用自然通风，在畜禽舍剖面设计中，根据通风要求选择适宜的剖面形式和合理布置通风口的位置。

此外，必须考虑结构所需高度，如梁、板等结构厚度、三角屋架起脊高度、钢混梁高度与跨度的比例要求、基础的深度与宽度等。

3. 畜禽舍立面设计　畜禽舍立面设计是在平面设计与剖面设计的基础上进行的。主要表示畜禽舍前、后、左、右各方向的外貌、重要构配件的标高和装饰情况。立面设计包括屋顶、墙面、门窗、进排风口、屋顶风帽、台阶、坡道、雨罩、勒脚、散水及其他外部构件与设备的形状、位置、材料、尺寸和标高。

畜禽舍首先要满足“饲养”这一功能，然后再根据技术和经济条件，运用某些建筑学的原理和手法，使畜禽舍具有简洁、朴素、大方的外观形象，创造出内容与形式统一的、能表现畜牧业建筑特色的建筑风格。

二、鸡舍建筑设计

（一）鸡舍平面设计

1. 平面布置形式

（1）平养鸡舍的平面布置。根据走道与饲养区的布置形式，平养鸡舍分无走道平养、单走道平养、中走道双列式平养、双走道双列式平养、双走道四列式平养等。

①无走道平养鸡舍。饲养区内无走道，只是利用活动隔网来分成若干小区，以便于控制鸡群的活动范围，提高平面利用率。鸡舍一端设置工作间，用于休息更衣、饲料储藏和放置喂料器传动机构、输送装置及控制台等。饲养区的另一端设出粪和鸡只转运大门。无走道平养鸡舍的主要缺点是鸡群管理时需要进入饲养区，操作不方便，也不利于防疫，不如有走道鸡舍方便。

②单走道单列式平养鸡舍。单走道单列式平养鸡舍平面布局中多将走道设在北侧，有的南侧还设运动场。饲养员管理无须进入鸡栏，可在走道集蛋，管理操作方便，也有利于防疫。但该布置形式的走道只服务单侧饲养区，利用率低，建筑跨度小，主要用于种鸡饲养。

③中走道双列式平养鸡舍。这类鸡舍的跨度通常较单列式大。平面布置时，将走道设在两列饲养区之间，走道为两列饲养区共用，利用率较高，比较经济。但这类鸡舍如只用一台链式喂料机，存在走道和链板交叉问题。

④双走道双列式平养鸡舍。在鸡舍南北两侧各设一走道，配置一套饲喂设备和一套清粪设备即可。虽然走道面积增大，但可以根据需要开窗，窗户与饲养区有走道隔开，有利于防寒和防暑。

⑤双走道四列式平养鸡舍。适用于大跨度鸡舍，走道利用充分，有效面积利用率高，兼具以上几种形式的优缺点。

（2）笼养鸡舍的平面布置。

①无走道式。一般用于平置笼养鸡舍，把鸡笼分布在同一个平面上，两个鸡笼相对布

置成一组，合用一条食槽、水槽和集蛋带。这种布置方式比其他形式节省了走道面积和一些水槽、食槽，但增加了行车等机械，对机械和电力依赖较大。

②走道式。平置式有走道布置时，鸡笼悬挂在支撑屋架的立柱上，并布置在同一平面上，笼间设走道作为机具给料、人工拣蛋之用。二列三走道仅布置两列鸡笼架，靠两侧纵墙和中间共设三个走道，适用于阶梯式、层叠式和混合式笼养，虽然走道面积增大，但使用和管理方便，鸡群直接受外界影响较少，有利于鸡群生长发育。三列二走道一般在中间布置二列阶梯全笼架，靠墙两侧纵墙布置阶梯式半笼架，由于半笼架几乎紧靠纵墙，因此外侧鸡群受外界条件影响较大，也不利于通风。三列四走道布置三列鸡笼架，设四条走道，是较为常用的布置方式，建筑跨度适中。此外，还有四列五走道等形式。

2. 平面尺寸确定

(1) 鸡舍跨度确定。

①生产工艺与鸡舍跨度的关系。进行生产工艺设计时，应根据饲养密度和饲养定额确定饲养区面积，依据选择的喂料设备、承载的鸡只数量及设备布置要求确定饲养区宽度和长度。

a. 平养鸡舍的跨度可按式 2－1 确定：

$$平养鸡舍跨度\approx n 个饲养区宽度+m 个走道宽度 \quad (2-1)$$

种鸡平养饲养区宽度一般在 10m 左右，走道宽度一般取 0.6～1.0m。

b. 笼养鸡舍的跨度可根据式 2－2 确定：

$$笼养鸡舍跨度\approx n 个鸡笼架宽度+m 个走道宽度 \quad (2-2)$$

选择不同规格的笼架，其技术参数不一样，应该通过查阅工艺设计中拟选用的设备的详细技术资料来了解其技术参数。以三列四走道笼养鸡舍为例：拟选用 9LTZ 型全阶梯中型蛋鸡笼，每单元笼架的尺寸（长×宽×高）为 2 078mm×2 135mm×1 588mm，其中含大笼 6 组，每组大笼含 4 个小笼，每个小笼装 4 只鸡，故每单元养 96 只鸡；中走道考虑人工拣蛋车交会需要宽度不小于 1 050mm；鸡舍形式选用密闭式，采用纵向通风系统，侧面只开应急窗，所以两侧通道只考虑拣蛋车单向通行宽度不小于 600mm。则鸡舍的净宽度为：$3\times2135+2\times1050+2\times600=9705$mm。

②通风方式与鸡舍跨度的关系。敞开式鸡舍采用横向通风，跨度在 6m 左右通风效果较好，不宜超过 9m；而从防疫和通风效果看，目前密闭式鸡舍均应采用纵向通风技术，对鸡舍跨度要求并不严格，但应考虑应急状态下应急窗的横向通风，故鸡舍跨度也不能一味扩大。生产中，三层全阶梯蛋鸡笼架的横向宽度为 2 100～2 200mm，走道净距一般不小于 600mm，若鸡舍跨度 9m，一般可布置三列四走道；跨度 12m 则可布置四列五走道；跨度 15m 时则可布置五列六走道。

(2) 鸡舍长度确定。鸡舍长度确定主要考虑以下几个方面：饲养量、跨度、选用的饲喂设备和清粪设备的布置要求及其使用效率、场区的地形条件与总体布置等。大型机械化生产鸡舍较长，若过短机械效率较低，房舍利用也不经济，一般为 66m、90m、120m；中小型普通鸡舍为 36m、48m、54m。

①平养鸡舍长度与饲养量关系可按下式计算：

$$平养鸡舍饲养区面积 A=单栋鸡舍每批饲养量 Q/饲养密度 q \quad (2-3)$$

$$鸡舍初拟长度 L=A/(B+nB_1)+L_1+2b \quad (2-4)$$

式中，L 为鸡舍初拟长度；B 为初拟饲养区宽度；n 为走道数量；B_1 为走道宽度；L_1

为工作管理间宽度（开间）；b 为墙的厚度。

以10万只蛋鸡场为例，根据饲养工艺，育成鸡饲养量 Q=9 800只/批，网上平养饲养密度 q=12只/m²；平面布置为二列双走道，B=10m，n=2，B_1=0.8m，L_1=3.6m，b=0.12m，则：

$$A=Q/q=9800/12=816.7\ (m^2)$$

$$L=A/(B+nB_1)+L_1+2b=816.7/(10+2\times0.8)+3.6+2\times0.12=74.2\ (m)$$

②笼养鸡舍长度则根据所选择笼具容纳鸡的数量，结合笼具尺寸，再适当考虑设备、工作空间等来确定。以一个10万只蛋鸡场为例，根据工艺设计，单栋蛋鸡舍饲养量为0.88万只/批，采用9LTZ型三层全阶梯中型鸡笼，单元鸡笼长度2 078mm，共饲养96只蛋鸡，三列四走道布置形式。则所需鸡笼单元数＝饲养量/单元饲养量＝8800/96＝92（个），采用三列布置，实际取93组；每列单元数＝93/3＝31（个），鸡笼安装长度 L_1＝单元鸡笼长度×每列单元数＝2078×31＝64.418m。鸡舍净长还需要加上设备安装和两端走道长度，包括：工作间开间（如取3.6m）；鸡笼架头架尺寸1.01m；头架过渡食槽长度0.27m；尾架尺寸0.5 m；尾架过渡食槽长度0.195 m；两端走道各取1.5m。则鸡舍净长度 L=64.418+3.6+1.01+0.27+0.5+0.195+2×1.5=73.0（m）

3. 鸡舍管理间布置　鸡舍管理间布置有一端式和中间式两种。一端式是将饲养管理间（饲料间、值班更衣间、贮藏间、控制室等）设置在鸡舍纵轴一侧（图2-19），有利于发挥机械效率，便于组织交通，是常用的平面组合方式。中间式则将饲养管理间设在两个饲养区之间，这种布置在有两栋以上鸡舍时，饲料和粪污通道的布置会出现交叉，不利于防疫，规模化鸡场不宜采用。

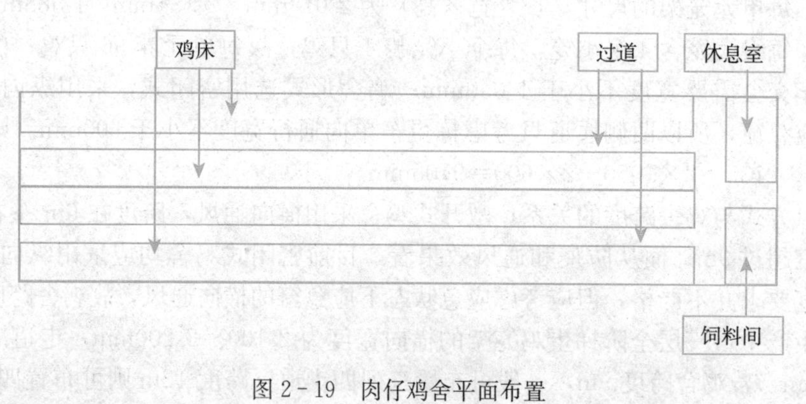

图2-19　肉仔鸡舍平面布置

（二）鸡舍剖面设计

鸡舍剖面设计是解决垂直方向空间处理的有关问题。鸡舍剖面设计内容包括剖面形式的选择、剖面尺寸确定和窗洞、通风口的形式与设置。

1. 剖面形式选择　根据生产工艺、区域气候、地方经济技术水平等选择单坡、双坡或其他剖面形式。

2. 剖面尺寸确定　鸡舍剖面设计时，应首先确定鸡舍高度，即从鸡舍舍内地面到屋顶承重结构下表面的距离。一般剖面的高跨比取1∶4～5，炎热地区及采用自然通风的鸡舍跨度要求大些，寒冷地区和采用机械通风系统的鸡舍要求小些。

（1）平养鸡舍剖面尺寸确定。平养鸡舍的高度以不影响饲养管理人员的通行和操作为基础，同时考虑通风方式和保温等要求。通常，敞开式平养鸡舍高度取2.4～2.8m，密闭式平养鸡舍取1.9～2.4m。

对于网上平养鸡舍，网上部分的高度同地面平养，网下部分的高度取决于风机洞口高度和积粪高度。为了使鸡粪表面蒸发的水汽和鸡粪分解产生的有害气体迅速排除，网下高度应为700～800mm。因此，网上平养鸡舍的高度取值为：敞开式鸡舍3.1～3.5m，密闭式鸡舍2.6～3.2m。

（2）笼养鸡舍剖面尺寸确定。决定笼养鸡舍剖面尺寸的因素主要有设备高度、清粪方式以及环境要求等。采用多层笼养可增到3m左右。高床式鸡舍，其高度比一般鸡舍要高出1.5～2m。通常鸡舍中部的高度不应低于4.5m。

①设备高度。如三层阶梯鸡笼，采用链式喂料器，若为人工拣蛋，则可选用低架笼，笼架高度1 615mm；若为机械集蛋，则选用高架笼，笼架高度1 815mm。

②清粪方式。清粪方式包括高床、中床和低床三种。低床机械牵引式清粪仓深0.2～0.35m，自走式清粪仓深0.5～0.7m（图2-20a）。高床一般在一个饲养周期结束后清粪一次，考虑清除时操作方便，粪仓深取1.6～1.8m，较低床增加1m左右。采用高床饲养的鸡舍总高度须在5m左右，其土建造价约比低床提高1/3。而且，由于外墙面积的增加，造成鸡舍冬季热损失过多，夏季太阳辐射热增大。为充分利用高床鸡舍平时不清粪的特点，同时降低土建造价，改善鸡舍环境条件，实践中可将高床改为中床（图2-20b），高度取1.2m；另外，使粪仓的一部分落入地下，设计成半高床半坑形式（图2-20c）。

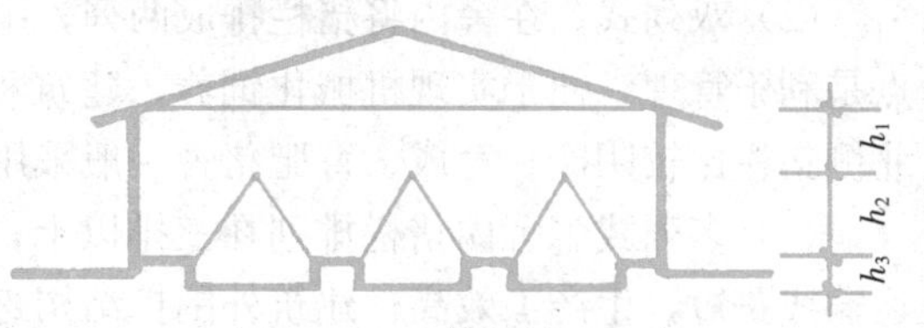

图2-20a　低床剖面尺寸

h_1. 无吊顶$h_1 \not< 0.4$m，有吊顶$h_1 \not< 0.8$m
h_2. 鸡笼架高度　h_3. 牵引式$h_3=0.2\sim0.35$m，自走式$h_3=0.5\sim0.7$m

图2-20b　中床剖面尺寸

h_1、h_2同（a）所注　$h_3=1.2$m

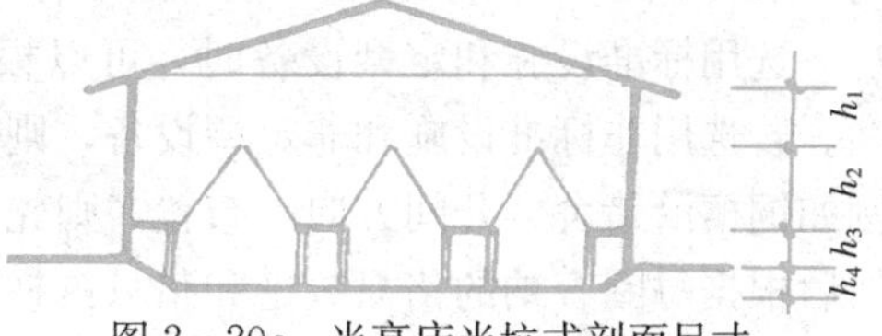

图2-20c　半高床半坑式剖面尺寸

h_1、h_2同（a）所注　$h_3+h_4=1.2\sim1.6$m

③环境要求。鸡舍内上层笼顶之上须留有一定的空间，以利于通风换气。无吊顶时，上层笼顶距屋顶结构下表面不小于0.4m；有吊顶时则距吊顶不小于0.8m。

3. 窗洞、通风口的形式与设置　开放式和有窗式鸡舍的窗洞口设置以满足舍内光线均匀为原则。开放舍中设置的采光带，以上下布置两条为宜；有窗舍的窗洞开口应每开间设立式窗，或采用上下层卧式窗，这样可获得较好的光照效果。

鸡舍通风洞口设置应使自然气流通过鸡只的饲养层面，以利于夏季降低舍温和鸡只体感温度。平养鸡舍的进风口下标高应与网面相平或略高于网面，笼养鸡舍为0.3～0.5m，上标高最好高出笼架。

（三）鸡舍立面设计

鸡舍的立面设计主要是鸡舍四壁（正面、背面与两个侧面）的外观平视图，包括鸡舍外形、总高度及门、窗、通风孔、台阶的位置与尺寸。

三、猪舍建筑设计

（一）猪舍平面设计

猪舍建筑平面设计主要解决的问题是：根据不同的猪舍特点，合理布置猪栏、走道和门窗，精心组织饲料路线和清粪路线，并确定猪舍的长度和跨度。

1. 猪舍的平面布置形式　圈栏排列方式的选择与布置，要综合考虑饲养工艺、设备选型、每栋猪舍应容纳的头数、饲养定额、场地地形等情况。一般可分为单列式、双列式、多列式：

（1）单列式。一般猪栏在舍内南侧排成一列，猪舍内北侧设走道或不设走道。具有通风和采光良好、舍内空气清新、能有效防潮、建筑跨度较小、构造简单等优点；北侧设走道，更有利于保温防寒，且可以在舍外南侧设运动场。但建筑利用率较低，一般中小型猪场建筑和公猪舍建筑多采用此种形式。

（2）双列式。在舍内将猪栏排成两列，中间设一个通道，一般舍外不设运动场。其优点是利于管理，便于实现机械化饲养，建筑利用率高。缺点是采光、防潮不如单列猪舍，北侧猪栏比较阴冷。育成、育肥猪舍一般采用此种形式。

（3）多列式。舍内猪栏排列在三排以上，一般以四排居多。多列式猪舍的栏位集中，运输线路短，生产工效高；建筑外围护结构跨度增大，建筑构造复杂；自然采光不足，自然通风效果较差，阴暗潮湿。此种猪舍适合寒冷地区的大群育成、育肥猪饲养。

2. 猪舍跨度和长度计算　猪舍跨度主要由圈栏尺寸及其布置方式、通道尺寸及其数量、清粪方式与粪沟尺寸、建筑类型及其构件尺寸等决定。而猪舍长度根据工艺流程、饲养规模、饲养定额、机械设备利用率，场地地形等来综合决定，一般大约为70m。值班室、饲料间等附属空间一般设在猪舍一端，这样有利于场区建筑规划布局，同时满足净、污分离。

选用标准设施和定型设备时，可以根据设施与设备尺寸及其排列计算猪舍跨度和长度。若选用非标准设施和非定型设备，则需要根据具体设施设备的布置来综合考虑确定。例如饲槽沿猪舍（开间方向）布置，则先按照采食宽度计算每个圈栏的宽度（开间方向），然后根据每圈容纳的猪只数量和猪只占栏面积标准定额计算单个圈栏的长度（进深方向）。

下面以一个育肥猪舍为例说明如何确定猪舍跨度与长度：根据工艺设计，采用整体单元式转群，每个单元12圈，每圈饲养1窝猪，共设有6个单元；每窝育肥栏宽度2.8m，栏长度3.23m（2.03m的实体猪床和1.2m的漏缝地板）。每个单元采用双列布置，每列6圈，中间饲喂走道1.0m，两侧清粪通道各0.6m，粪尿沟各0.3m，猪舍外墙厚度均为240mm；猪舍平面布局采用单廊式，北侧走廊宽度1.5m，南侧横向通道0.62m。经排列布置和计算得单元长向间距9.5m，猪舍长度57m，跨度19.4m，如图2-21所示。在设计实践中，猪舍长度一般为70～100m，此长度符合我国饲养人员饲养管理定额。

3. 门窗及通风洞口的平面布置　门的位置主要根据饲养人员的工作和猪只转群线路需要设置。供人、猪、手推车出入的门宽度1.2～1.5m，门外设坡道，外门设置时应避开冬季主导风向或加门斗；双列式猪舍的中间过道应用双扇门，宽度不小于1.5m；圈栏门宽度不小于0.8m，一律向外开启。

窗及通风洞口的设置应考虑采光和通风要求，详见项目一。

4. 几种主要猪舍的平面设计

（1）公猪舍。公猪舍通常采用小跨度单列式，净高较大为好。公猪常采用单体饲养，其建筑面积定额一般是6～8m²/栏，兼作配种栏时需要8～9m²/栏，栏的宽度不应小于2.40m。公猪舍的围栏、圈门等设施必须坚固，栏高为1.2～1.4m，栏门宽约0.8m。地面坚实平整，并有5%的排水坡度。公猪舍一般应设室外运动场，场地周围种植树冠大的乔木遮阳。

（2）空怀猪舍。空怀猪舍的设施、设备与环境对母猪发情有重要影响，设计时应该注意以下几个问题：①群养能促进发情；②与公猪接触方便；③制造发泄机会（运动）；④舍内具有一定的光照度；⑤方便母猪转群。

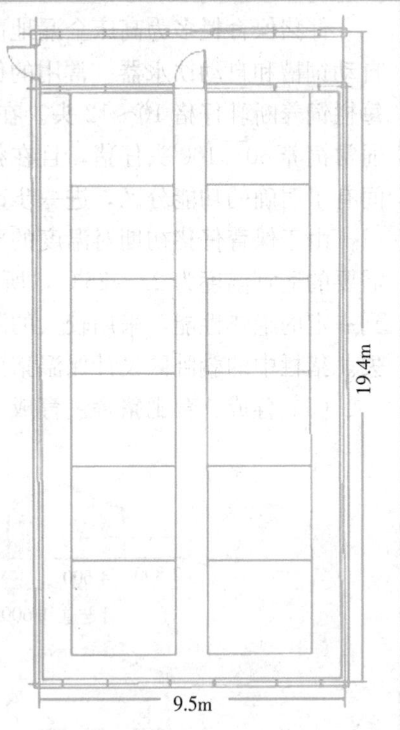

图2-21　单元式育肥舍平面布置

空怀母猪可以单养或群养。猪舍的平面布置可以采用单列、双列或多列。群养的规模为4～6头/栏，每头母猪需躺卧面积为1.0m²，排粪和活动区应不小于1.5m×1.9m。单栏饲养母猪栏栏宽不小于0.6m；栏长不小于1.90m（包括饲槽）；饲槽后坚硬地面约为0.80m，其余是板条地面。

（3）妊娠猪舍。妊娠母猪可以单养或群养，单体栏位饲养可以避免母猪打斗或碰撞造成流产，也便于管理，单体栏尺寸为：长2.1～2.2m，宽0.55～0.65m，高1m。但单体栏耗材多、投资大，母猪活动受限制导致运动量小，易产生腿部和蹄部疾病。妊娠母猪也可以采用大栏群养，每栏4～5头，栏位面积7～9m²，每头1.5～1.8m²。采用群体栏的猪舍平面布置同空怀猪舍，只是需要在饲喂槽处加隔栏，防止母猪抢食争斗。无论单体栏还是群体栏都可以采用单列、双列和多列布置形式。

（4）分娩舍。分娩母猪常采用单栏饲养，分娩猪舍可以采用单列和双列布置。为防止仔猪被母猪压死，一般对母猪进行限位饲养，分娩栏一般采用母猪高床产仔哺乳栏，以保证圈栏清洁干燥。分娩栏规格视猪的品种或个体大小而定，一般为：长2.1～2.3m，宽1.5～2m，高1m，离地高度15～30cm；中间为母猪限位栏，宽度为60～65cm，母猪限位栏两侧为仔猪活动区和补饲区。补饲区面积至少为1m²。

母猪和仔猪对环境温度的要求不同，母猪的适宜温度为15～18℃，而出生后几天的仔猪要求30～32℃，所以分娩舍的设计应着重解决母猪、仔猪适宜环境温度问题。分娩猪舍宜采用有窗式或密闭式猪舍等，并做好屋顶、墙壁、地面等部位的保温设计，必要时应采用供暖设备以达到规定的温度指标。对仔猪进行局部采暖也可解决母猪和仔猪对环境温度要求不同的矛盾，故分娩猪舍的设计应充分考虑采暖设备安装和运行的方便。

（5）保育仔猪舍。保育舍采用群体栏饲养，单列和双列布置。每栏最好是同一窝仔猪，即每圈栏小猪头数为8～12头，每头仔猪需面积0.3m²左右。

仔猪保育栏多为高床全漏地面饲养，猪栏采用全金属栏架，配塑料或铸铁漏缝地板、自动饲槽和自动饮水器。常用的保育栏规格为 2.0m×1.7m×0.6m，离地高度 25～30cm，每栏饲养断乳仔猪 10～12 头。在舍饲散养工艺中，断乳仔猪采用大群饲养，一个猪栏中通常饲养 80～100 头仔猪，且在猪栏内专门配置了暖床、猪厕所以及猪用具，使猪生存空间有了明确的功能分区，进一步改善猪的生长环境。

由于保育仔猪初期对温度的要求仍然比较高，特别是实行早期断乳的保育仔猪，初期需要的适宜温度为 22～26℃，所以保育舍仍以保温设计为重点，屋顶、墙壁、地面要达到一定的绝热性能，采用较大的跨度，适当降低净高，设置天花板，减少冬季舍内热量损失。猪栏中的躺卧区设计保温猪床。

（6）育成、育肥猪舍。育成、育肥猪舍可采用单列、双列和多列式布置（图 2-22）。

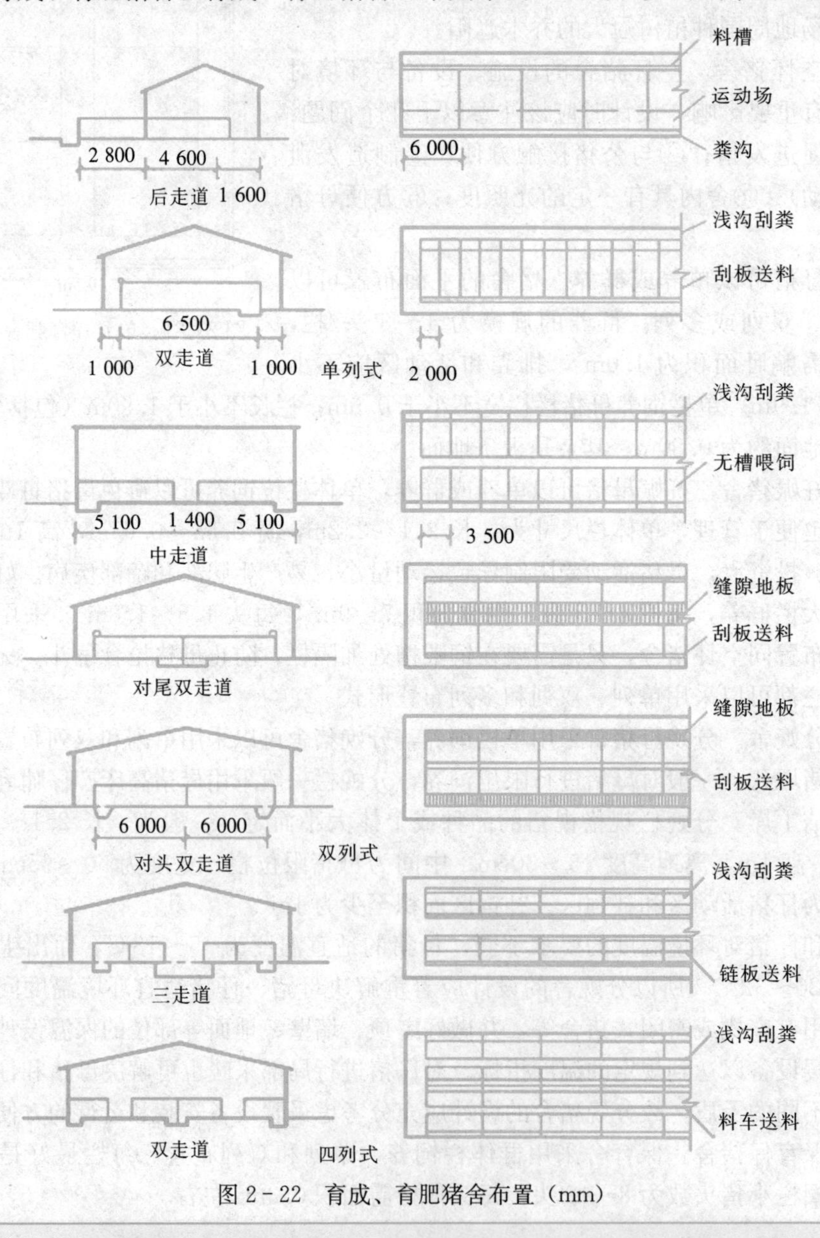

图 2-22 育成、育肥猪舍布置（mm）

单列式布置很不经济，所以一般只在小规模猪场使用。而双列式布置比较经济，实际运用较多。中央为饲喂通道的单走道双列式，猪栏面积占全舍面积的比例最高，粪沟沿墙布置，也有利于排除臭气。两边为饲喂通道的双走道对尾式布置，有利于减少机械清粪系统工作量；而两边为清粪道的双走道对头式布置，有利于减少饲喂机械系统工作量。双走道虽然增加走道面积，但利于在走道上开关窗户，在寒冷地区也利于防寒。在北方的一些大型猪场，育肥猪舍可以采用多列式布置，可减少散热面积，利于保温。

育成栏和育肥栏应该是两种不同大小规格的圈栏，但在三阶段生产工艺中，生长和育肥没有分开，所以生长栏和育肥栏合二为一。在育成和肥育阶段，由于栏内群体较大，需要有足够的栏位面积并保证排污道畅通。对于圈栏的设计，可将粪尿沟设计为明沟，且位于走道旁而不是在猪栏下，目的是便于采用干清粪工艺，实现粪尿分流，这样既有利于粪尿处理，也容易保持猪舍清洁干燥。

（二）猪舍剖面设计

在剖面设计时，需要考虑猪舍净高、窗台高度、室内外地面高差以及猪舍内部设施与设备高度、门窗与通风洞口的设置等（图 2－23）。

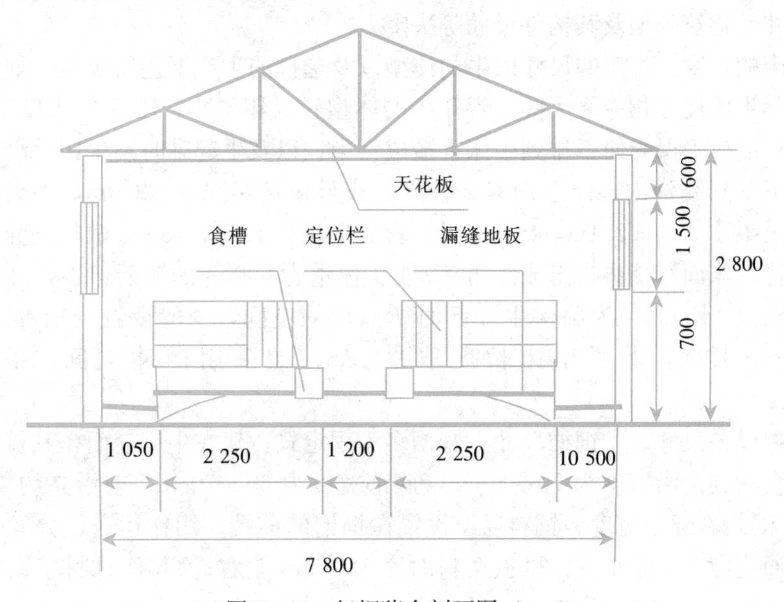

图 2－23　妊娠猪舍剖面图（mm）

1. 猪舍的净高确定　猪舍的净高指室内地面到屋架下弦、天花板底的高度，一般单层猪舍的净高取 2.4～2.7m；炎热地区为了有利于通风，可取 2.7m；寒冷地区为了利于防寒，可取 2.4m。

2. 门窗、通风洞口及猪栏的高度设置　窗台的高度不低于靠墙布置的栏位高度。公、母猪猪栏高度分别不少于 1.2m 和 1.0m，采用定型产品则根据其产品说明书设计。引水器的安装高度为 0.6m。

门洞口的底标高一般同所处的地坪面标高，猪舍外门一般高 2.0～2.4m，双列猪舍的中间过道上设门时，高度不小于 2.0m。南侧墙上的窗底标高一般取 0.8～0.9m，窗下设置风机时，风机洞口底标高一般要高出舍内地面0.1m左右；北侧墙上的窗底标高一般取1.1～1.2m，纵向通风时，风机底部距离舍内地面0.3m左右。

3. 室内外地面高差 舍内外地面高差一般为150～600mm，舍外坡道坡度为1/10～1/8。值班室、饲料间的地面应高于送料道20～50mm，送料道比猪床高20～50mm。此外，猪床、清粪通道、清粪沟、漏缝地板等处的标高应根据清粪工艺与设备需要来确定。

（三）猪舍立面设计

立面设计主要是对平面、剖面设计中已经定位的门、窗、雨棚等进行调整，并解决墙面的防潮问题。猪舍的立面设计也需满足建筑学的基本美学原理，而且要求简洁大方，体现现代生产性建筑的特点。

四、牛舍建筑设计

（一）牛舍平面设计

1. 牛舍跨度确定 奶牛舍一般由饲养间和辅助用房组成。其中辅助用房包括饲料间、更衣室、机器间、干草间、乳具间和值班室等。

牛舍跨度主要由牛床的长度及其布置方式、饲槽的宽度、通道尺寸及其数量、清粪方式与粪沟尺寸、建筑类型及其构件尺寸等决定。

（1）牛床的长度。牛床的尺寸由牛的体型以及选择的生产工艺所决定。如黑白花牛的体型较大，其牛床尺寸相应要大些。青年牛的体型较成年牛小，因而牛床尺寸相对小些。适宜的牛床长度应确保粪便不排到牛床上造成污染，以及牛起卧时离牛床后沿有足够的距离，且尾部不落到粪沟内。拴系饲养条件下，成母牛床长1.8～2.0m，种公牛床2.0～2.2m，育肥牛床长1.9～2.1m，6月龄以上育成牛床长1.7～1.8m。散栏饲养方式下，牛床主要由隔栏、床面和铺垫物组成。通常，1头体重为600kg的荷斯坦牛，静卧时需要的牛床长度约为2 140mm，为确保牛冲起时所占用的空间，一般设置的前冲空间幅度为260～560mm，因此，散栏牛床长度取245cm；如采用侧冲空间，牛床长度为210～220cm。

（2）饲喂设备尺寸。①饲槽尺寸。饲槽多为固定式，建在牛床前面，其长度和牛床的宽度相同。食槽的上沿宽度为70～80cm，底部宽度为60～70cm。前沿高约45cm，后沿高约30cm；②饲料通道宽度。饲料通道设置在饲槽的前端，用作运送、分发饲料。一般人工送料时通道宽1.2m左右；机械送料时宽为2.8m左右；TMR日料车饲喂，采用道槽合一式，道宽4m为宜（含料槽宽）。饲料通道要高出牛床床面10～20cm，以便于饲料分发。

（3）清粪通道与粪尿沟宽度。①清粪通道宽度。牛舍内的清粪有人工和机械清粪两种方式。清粪通道应根据清粪工艺的不同进行具体设计。牛舍内的清粪通道同时也可作为奶牛进出的通道和挤乳员操作的通道。清粪通道的宽度要能够满足清粪工具的往返，一般宽1.5～2.0m。通道路面要有大于1%横向坡度（坡向粪沟）；②粪沟尺寸。粪尿沟一般在牛床和通道之间。清粪工艺不同，粪沟的要求也不同。人工清粪时，明沟宽度一般为32～35cm，深度为5～8cm（考虑采用铁锹放进沟内进行清理）。沟底应有1%～3%的纵向排水坡度。在沟内也可装置机械传动刮粪板和沟面采用铸铁缝隙盖板，此时粪沟宽度和深度根据具体情况而定。

生产中，采用敞棚单列式布置，不设卧床，牛舍跨度一般 5.4m、6.0m、7.5m 均可；双列布置的牛舍 12m 即可。如果采用散栏式饲养，牛舍跨度可根据卧床布置采用 12m、16m、27m 或 30m 以上。

2. 牛舍长度确定　牛舍长度主要由牛床的宽度、饲养定额、横向通道宽度、场地地形等来综合决定。值班室、饲料间等附属房间一般设在牛舍一端，这样有利于场区建筑规划布局时满足净、污分离。

（1）牛床的宽度。一般奶牛的肚宽为 75cm 左右，牛床宽度除了考虑体型外，更主要的是考虑工艺的影响。如拴系饲养中，一般在牛舍内挤乳，常采用 1.2～1.3m 宽的牛床。牛床太窄会使挤乳操作不便，而且闷热。而舍饲散养中常采用集中挤乳方式，因而牛床宽度可适当缩小；为保持牛床清洁，在保证牛能顺利躺卧的前提下，宽度以不能让牛在床上转身、只能从后面退出为宜，一般取 1.1～1.2m。

（2）横向走道宽度。较长的双列式或多列式牛舍，每隔 30～40m，设横向通道，宽度为 1.8～2.0m。

一组卧床长度最好不超过 24m，避免奶牛运动距离过长，还要考虑每组卧床间的通道、饮水空间等，综合考虑才能确定牛舍长度。以人工管理饲喂为主的小型奶牛场，牛舍长度以 60～80m 为宜；大型奶牛场采用机械饲喂，牛舍长度根据需要延长。

牛舍长度、跨度和高度的尺寸，主要与奶牛饲养管理方式、分群大小、环境控制方式以及牛场所在地的气候条件等有关。这些参数不是一成不变的，要根据各种设施尺寸和实际情况进行调整。

3. 几种主要牛舍平面设计

（1）泌乳牛舍平面设计。泌乳牛群是奶牛场中所占的比例最大的牛群，一般要占到整个牛群的 50%左右。泌乳牛舍设计的合理与否，直接关系到泌乳牛群的健康和产乳量。根据牛床列数和排列形式，可将泌乳牛舍分为单列式牛舍、双列式牛舍和多列式牛舍。

①单列式牛舍平面设计。单列式，即在牛舍内纵向排列一排牛床位（图 2-24），适用于小于 25 头牛的小型牛舍。如饲养头数过多，牛舍需要很长，对运送饲料、挤乳、清粪等都不利。单列式牛舍内每头牛占的建筑面积较大，一般要比双列式多占 6%～10%。这种牛舍的跨度较小、造价低、通风好、散热快，但散热面积也大，适于做成敞开式建筑。

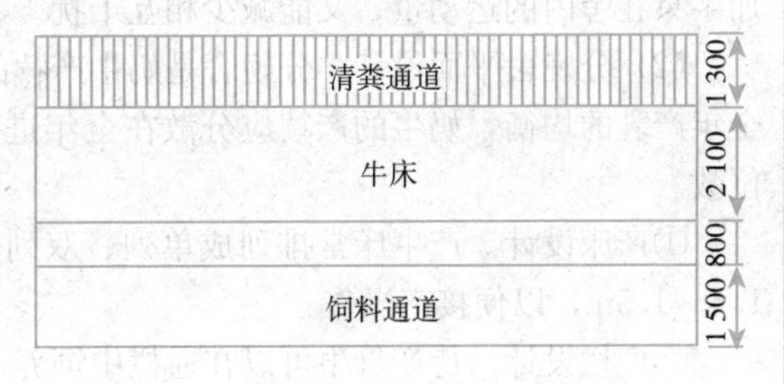

图 2-24　单列式牛舍平面布置（mm）

②双列式牛舍平面设计。双列式牛舍即在牛舍内纵向设置有两排牛床，又分为对头式（图 2-25a）和对尾式（图 2-25b）两种。我国成奶牛舍以双列式为多，一般以 100 头左右的奶牛建一栋牛舍，分成左右两个单元，建筑跨度 12m 左右，能满足自然通风的要求。

a. 对尾式牛舍较为多见，适用于手动操作，牛舍中间为清粪通道，两边各有一条饲料通道。其优点是挤乳、清粪都可集中在牛舍中间，合用一条通道，占地面积较小，操作比较方便；而且还便于饲养员对奶牛生殖器官疾病发生的观察；又由于两列奶牛的头部都对着墙，对防止牛呼吸道疾病的传染有利。缺点是饲料运输线路较长，也不便于实现饲喂的机械化。

b. 对头式：牛舍中间为饲料通道，两边各有一条清粪通道。其优点是便于奶牛出入，饲料运送线路较短；也便于实现饲喂的机械化；同时也易于观察奶牛进食情况。其缺点是奶牛的尾部对墙，其粪便容易污及墙面，给舍内卫生工作带来不便。应做 1.5m 左右高的水泥墙裙。

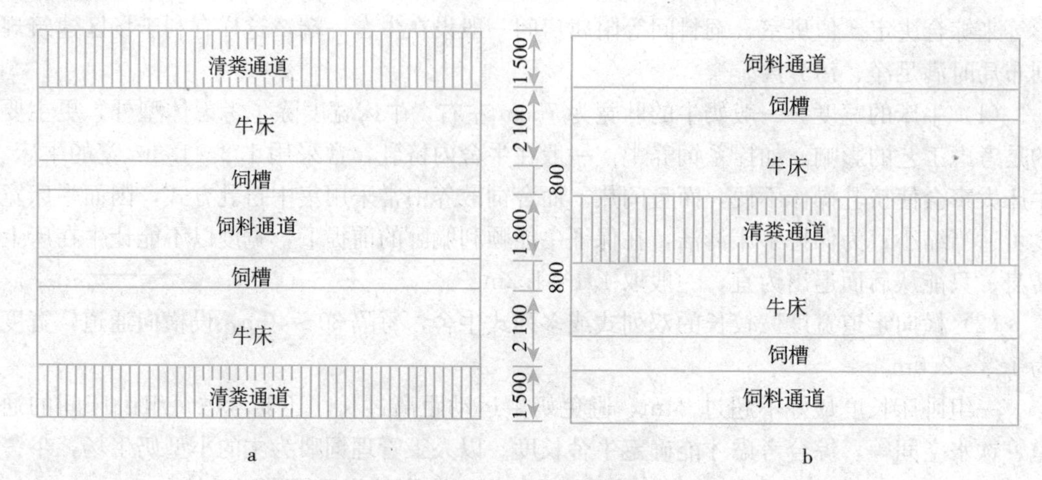

图 2-25 双列式牛舍平面布置（mm）
a. 双列对头式牛舍 b. 双列对尾式牛舍

③多列式牛舍平面设计。多列式牛舍也有对头式与对尾式之分，适用于大型牛舍。由于建筑跨度较大，墙面面积相应减少，比较经济，该排列形式在寒冷地区有利于保温，以及方便集中使用机械设备等。由于这种牛舍跨度较宽，自然通风效果较差。散栏饲养往往不设运动场，强调奶牛在舍内的运动并要保证牛只在牛床上的充分休息，因此牛舍要求相对较大的跨度；在进行设计时，设置喂饲通道，将休息区与采食区相对分开，这样既能增加牛只在舍内的运动量，又能减少相互干扰。

（2）分娩舍平面设计。分娩舍是奶牛产犊的专用牛舍，包括产房和保育间。为了保持全年产乳的均衡，奶牛的产犊应分散在全年进行。产房要保证有成奶牛 10%～13%的床位数。

①产床设计。产牛床常排列成单列、双列对尾式，采用长牛床（2.2～2.4m），床宽 1.4～1.5m，以便接产操作。

②产栏设计。待产母牛可以在通栏中饲养，每头牛占地 $8m^2$，但每个产栏最好不要超过 30 头牛；对于每头分娩奶牛，可以在产栏中设置 $10m^2$ 的单栏（最小尺寸要求：长 3m，宽 3m，高 1.3m）。产栏地面要防滑，并设置独立的排尿系统。设计分娩舍时，可在产栏的一侧设计一个颈枷，以便固定难产母牛进行助产。产房内最好设立专门的兽医室，以便对刚出生的犊牛进行护理，也方便对受伤母牛及时进行治疗。

（3）犊牛舍平面设计。犊牛是指从出生到 6 月龄的牛，小于 3 月龄的犊牛一般采用单栏饲养或在犊牛岛内饲养，这样可减少因犊牛“鼻—鼻”直接接触而传染疾病的机会。3 月龄断乳后，将犊牛转入群饲栏中饲养。设计犊牛舍时要考虑犊牛对环境的特殊要求。因犊牛出生后立即离开母牛，为了便于隔离运送和哺喂初乳，可与产牛舍合建一舍，在舍内隔开成为一个单元。

①犊牛单栏设计。0.5～3月龄的犊牛可在单栏中饲喂，犊牛单栏一般放在舍内，犊牛栏尺寸见表2-23。设计时最好不要将单栏固定在舍内，这样就可以根据具体的要求进行适当的移动，也方便清扫和消毒。

表2-23　犊牛栏尺寸

体重（kg）	60日龄以下	60日龄以上
建议面积（m^2）	1.7	2.0
犊牛栏最小面积（m^2）	1.2	1.4
犊牛栏最小长度（m）	1.2	1.4
犊牛栏最小宽度（m）	1.0	1.0
犊牛栏最小侧面高度（m）	1.0	1.1

②犊牛岛设计。犊牛岛是专门用来饲养犊牛的一种单栏，可以将3月龄以内的犊牛放在犊牛岛内饲养，每个犊牛岛内只饲养一头犊牛。岛内部铺设厚垫草，外面设置运动场。表2-24是犊牛岛的相关尺寸。

表2-24　犊牛岛及其运动场相关尺寸

犊牛岛			运动场		
体重（kg）	60以下	60以上	体重（kg）	60以下	60以上
建议面积（m^2）	1.70	2.00	最小面积（m^2）	1.20	1.20
最小面积（m^2）	1.20	1.40	最小长度（m）	1.20	1.20
最小长度（m）	1.20	1.40	最小宽度（m）	1.00	1.00
最小宽度（m）	1.00	1.00	最小宽度（m）	1.10	1.10
地面到顶棚的最小高度（m）	1.10	1.25			

③群栏设计。4～6月龄的犊牛，可采用小群饲养的方式，也可在通栏中饲养。采用通栏饲养时，舍内、舍外都要设计适当的运动场。犊牛通栏布置亦有单排栏、双排栏等，最好采用三条通道，把饲料通道和清粪通道分开。中间饲料通道宽90～120cm为宜。清粪道兼供犊牛出入运动场，以140～150cm为宜。可实现机械操作，将犊牛用颈枷固定，自动哺乳机在钢轨上自动行走（定时定量喂乳），哺乳结束后松开颈枷，犊牛自由吃草、饮水、休息、活动。靠近清粪通道设一条粪沟，宽为30cm。群栏大小按每群饲养量决定。每群2～3头，3.0m^2/头；每群4～5头，1.8～2.5m^2/头。围栏高度1.2m。

（4）青年牛与育成牛舍。7～12月龄的青年牛，可在通栏中饲养。育成牛根据牛场情况，可单栏或群栏饲养，在产前2～3d转入产房。青年牛与育成牛舍的设计，除了卧栏的尺寸和泌乳牛不同外，其他均相同。这两类牛由于身体尚未完全发育成熟并且在牛床上没有挤乳操作过程，故牛床可小于成奶牛床，因此青年牛舍和育成牛舍比成奶牛舍稍小，通常采用单列或双列对头式饲养。每头牛占4～5m^2，牛床、饲槽和粪沟大小比成年牛稍小或采用成年牛的底限。饲槽、水槽尽可能设在运动场，每头牛饮水槽宽度60～70cm，由于牛只不会同时饮水，故水槽长对半计算即可。运动场的面积标准9m^2/头。

（二）牛舍剖面设计

牛舍的剖面设计，需要解决牛舍高度、采光、通风、牛舍室内外地面高度差以及牛舍内部设施与设备高度等问题。

1. 牛舍高度确定　砖混结构双坡式奶牛舍脊高4.0～4.5m，前后檐高3.0～3.5m。可按照当地气候状况和牛舍的跨度适当抬高或降低。

2. 墙体设计　根据牛场所在地气候状况及选用的墙体材料来设计墙厚。温暖地区砖墙的厚度24cm；寒冷地区砖墙厚度为前墙37cm，后墙50cm。

3. 门、窗设计　根据牛舍采光要求，有窗式牛舍采光系数（窗地比）要达到1/12～1/10。由于奶牛体格较大，窗台的高度一般设为1.2～1.5 m。窗户一般采用塑钢推拉窗或平开窗，也可以用卷帘窗，窗户尺寸要根据舍内面积和牛舍开间决定。

舍门包括3种：饲喂通道的门、清粪通道的门、通往运动场的门。饲喂通道的门和清粪通道的门的宽度和高度的设计要根据其采用的工艺及其设备决定。如果采用小型拖拉机饲喂和清粪，2.4m×2.4m的门就可以满足。如果采用TMR车饲喂，饲喂通道的门宽一般设计为3.6～4m，高度根据设备确定。通往运动场和挤乳通道的门宽可根据牛群大小、预计牛群通过时间确定，一般2.4～6m；如果只考虑牛通过，门的高度1.6m即可。

4. 舍内外地坪设计　为了防止舍外雨水进入舍内，通常舍内地坪高于舍外地坪20～30cm。门口设计防滑坡道，坡度一般为1∶7～1∶8。

5. 内部设施与设备设计　剖面图中要给出牛舍的内部构造，比如卧床的高度及坡度、隔栏的形状以及它们的安装尺寸、颈枷的高度和安装位置、食槽的高度、各种过道的高度、粪沟的深度和位置、地面做法等。

6. 通风口设计　通风口包括通风屋脊和檐下通风口。一般通风屋脊的宽度为牛舍跨度的1/60，檐下通风口的宽度为牛舍跨度的1/120。

另外，泌乳牛舍的剖面图中也要给出屋顶材料、屋顶的坡度（泌乳牛舍一般是1/4～1/3）、屋架特点、风帽的安装尺寸等，还要给出圈梁、过梁的厚度和位置、墙体材料等。

（三）牛舍立面设计

牛舍的功能在平、剖面设计中已基本解决，立面设计是对建筑造型进行适当调整。为了美观，有时候要调整在平、剖面设计中已解决了的窗的高低与大小。在可能的条件下也可以适当进行装修。

泌乳牛舍的立面图中，要标注舍内外地坪高差、门窗和屋顶的高度、屋顶和挑檐的长度（一般为300～500mm）等尺寸。如需要加风帽，要标注风帽的位置和间距。此外，立面图中要标明墙体所用材料。

（四）肉牛舍建筑设计

1. 标准牛舍设计

（1）双列式。跨度10～12m，高2.8～3m。

（2）单列式。跨度6.0m，高2.8m，每25头牛设一个门，其大小为（2～2.2）m×（2～2.3）m，不设门槛。

（3）窗。窗的面积占地面的1/16～1/10，窗台距地面1.2m以上，其大小为1.2m×（1.0～1.2）m。

（4）牛床。母牛床（1.8～2.0）m×（1.2～1.3）m；育肥牛床（1.9～2.1）m×（1.2～1.3）m；育成牛床（1.7～1.8）m×（1.0～1.2）m。牛床可建成粗糙防滑水泥地面，向排粪沟方向倾斜1.5%。

（5）通道。①饲料通道设置在饲槽前端，一般高出地面10cm为宜，宽一般为1.5～2m；②除粪通道同时也是牛只出入的通道，宽度一般1.5～2.0m。

（6）饲槽。牛床前面设固定水泥槽，饲槽的规格因牛只而异，一般其槽底均为弧形，饲槽的形状和尺寸分别见图2-26和表2-25。

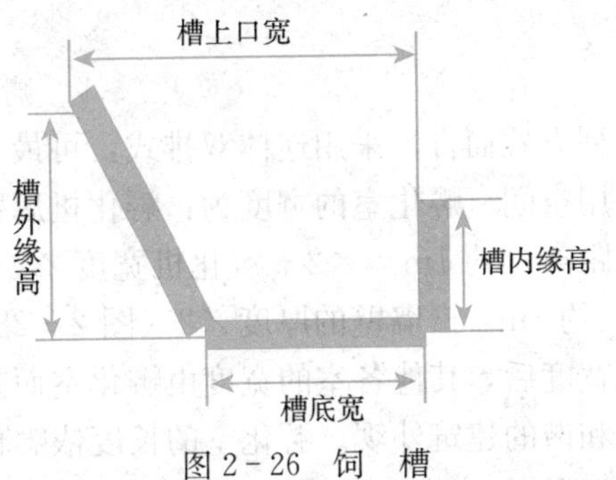

图2-26　饲　槽

表2-25　饲槽尺寸（cm）

牛　群	上口宽	槽底宽	槽内缘高	槽外缘高
成年牛	60	40	30～35	60～80
青年牛	50～60	30～40	25	60～80
犊　牛	40～50	30～35	15	35

（7）排粪沟。宽30～40cm，深10～15cm，纵向排水坡度1%～2%。

2. 简易牛舍设计　北方可采用四面有墙或三面有墙、南面半敞开的全封闭式或半封闭式牛舍。南方可采用北面有墙、其他三面半敞开的敞开式牛舍。

（1）舍内拴养。每头牛在舍内有相对固定的位置，每头牛的床宽120～130cm，长150～170cm。牛床前面设有饲槽，后面有粪尿沟，粪尿沟宽30cm，深15cm；牛床的排列有单列式（图2-27）和双列式。

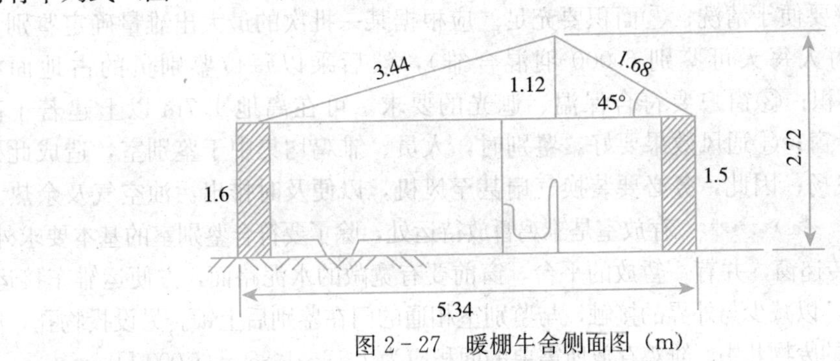

图2-27　暖棚牛舍侧面图（m）

（2）舍内散养。饲槽按每头45～65cm，饮水槽按每头长70cm设置。考虑到牛只不会同时饮水，故水槽长度对半计算即可；若两面均可饮水，则每一牛位的饮水长度可供3～4头牛使用。

（3）地板。舍内缝隙地板或水泥地面，每头面积3m²；舍内密度稍大，减少活动余地。

3. 塑料暖棚牛舍设计　是北方常用的一种经济实用的单列式半封闭牛舍。跨度为5.34m，前墙高1.5m，后墙高1.6m，牛舍房脊高2.72m，牛舍棚盖后坡长占舍内地面跨度70%，宜以盖瓦为佳，要严实不透风。前坡占牛舍地面的30%，冬季上面覆盖塑料大棚膜。后墙1m高处，每隔3m有一个30cm×30cm的窗孔，棚顶每隔5m有一个50cm×

50cm 的可开闭天窗。牛舍一端建饲料调制室和饲养员值班室，另一端设牛出入门。

五、孵化场内主要建筑物设计

1. 孵化室（孵化大厅）设计　孵化室的总宽度取决于所用的机型及排列方式。就排列方式而言，采用连体双排式，可最大限度地利用空间。孵化室的宽度为：孵化机后壁离墙壁的距离（约 1m）×2＋孵化机宽度×2＋工作通道（约 3m）＋墙壁的厚度×2（图 2－28）。确定了宽度后，其他各室的宽度由孵化室而来，以保证和谐的建筑外观。孵化室的长度依孵化机台数及型号来确定。孵化室的高度应较高，一般为 3.4～3.8m，孵化器上部要有 1.2～1.5m 的空间。

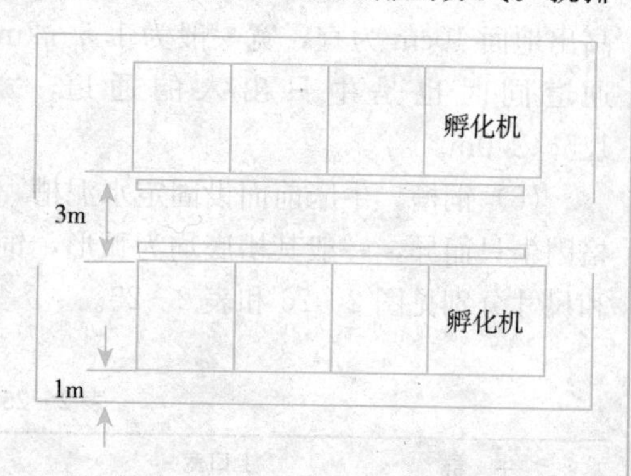

图 2－28　孵化室平面布局

2. 出雏室设计　出雏室大小由单次的最大出雏量、一定的操作空间等因素来定。出雏机台数随孵化机台数而定，若两者机容量相同，则4～5 台孵化机可配 1 台出雏机。出雏室要有一定的操作面积（每 1 万只混合雏所需面积为 $50m^2$）来保证出雏后的捡鸡及鉴别前混合雏的暂放。出雏室可分隔成几个相对独立的小间，如果每周出雏三批以上，就可以有足够的时间清洗、消毒与干燥出雏间与出雏机，如果只有一个出雏间，可能会边出雏边冲洗，难以保持出雏间的干燥，既影响了消毒的效果，也因落盘时湿度大，温度不能很快达到定值而影响出雏。

3. 鉴别室设计　鉴别室位于孵化厂工艺流程的后端，其前端与出雏室相邻，后端与待运室相通，以便将初生雏及时鉴别，然后经免疫及时存放于待运室。鉴别室的设计要求：①地面、墙壁要便于清洗；②面积要充足。应根据某一批次的最大出雏量确定鉴别员人数（翻肛鉴别每人每天可鉴别 6 000 羽混合雏），然后乘以每位鉴别员的占地面积（$12m^2$）即得总面积；③窗户要符合保温、遮光的要求。可在离地 1.7m 以上建若干高 90～100cm 的百叶窗；④通风效果要好。鉴别时，人员、雏鸡均集中于鉴别室，造成此处空气污浊、绒毛飞扬；因此，务必要装换气扇甚至风机，以便及时排出污浊空气及余热。

4. 存放室（待运室）设计　存放室是雏鸡暂放待运处，除了要符合鉴别室的基本要求外，还要建高约 1m 的传递窗，并有一暂放的平台，窗前要有宽敞的水泥路面，方便运雏车接运。存放室对外不设门，以减少与外界的接触，与鉴别室相通的门在鉴别后上锁。另设投物孔，废物经此孔抛入室外的废物井中。雏鸡存放所需要的面积应为 1.12～$1.86m^2$/1 000 只。

5. 洗涤室设计　洗涤室面积不宜过大，以减小污染面，洗涤室可设明沟，直通墙外窖井，室内应建浸泡池，对较难冲洗的出雏盘等浸泡后再冲洗就比较容易了。

六、畜禽场规划设计图的识别

畜牧工作者在进行畜禽场场址选择和设计方案讨论时，除了进行现场勘察、调研外，还要通过审查现状地形图和阅读各项建筑工程的设计图纸，判断与评价畜禽场的规划设计是否合乎畜禽生产经营管理和环境控制的要求，以便向有关部门和设计人员提出合理化建议，修正规划设计或施工方案。因此，有必要掌握识别图纸的知识和技能。一般畜牧工作者要了解的常用图纸是地形图和建筑施工图。

（一）地形图的识别

地形图是地图的一种，它可表示地物的平面布置、地形高低起伏等地理状况。分析研究地形图的目的是为了了解拟建场地的地形特征、地物布置及其他有利与不利条件，以便在规划设计与施工建造时合理地利用和改造地形，适应畜禽场建设及环境调控要求。故在阅读与分析地形图时需要重点了解。

为了给工程建设规划设计者以参考，地形图上均绘制有等高线，可将地面坡度划分出0～0.5%、0.5%～2.0%、2%～5%、5%～8%等地区范围。坡度越陡，投影到图上的等高线平距越小。依据图上等高线的疏密，可以辨认出地貌的起伏形状和坡度陡缓。地形图上标明有分水线、地面水流方向、居民区、建筑用地、耕地、沼泽、河滩等（图2-29）。

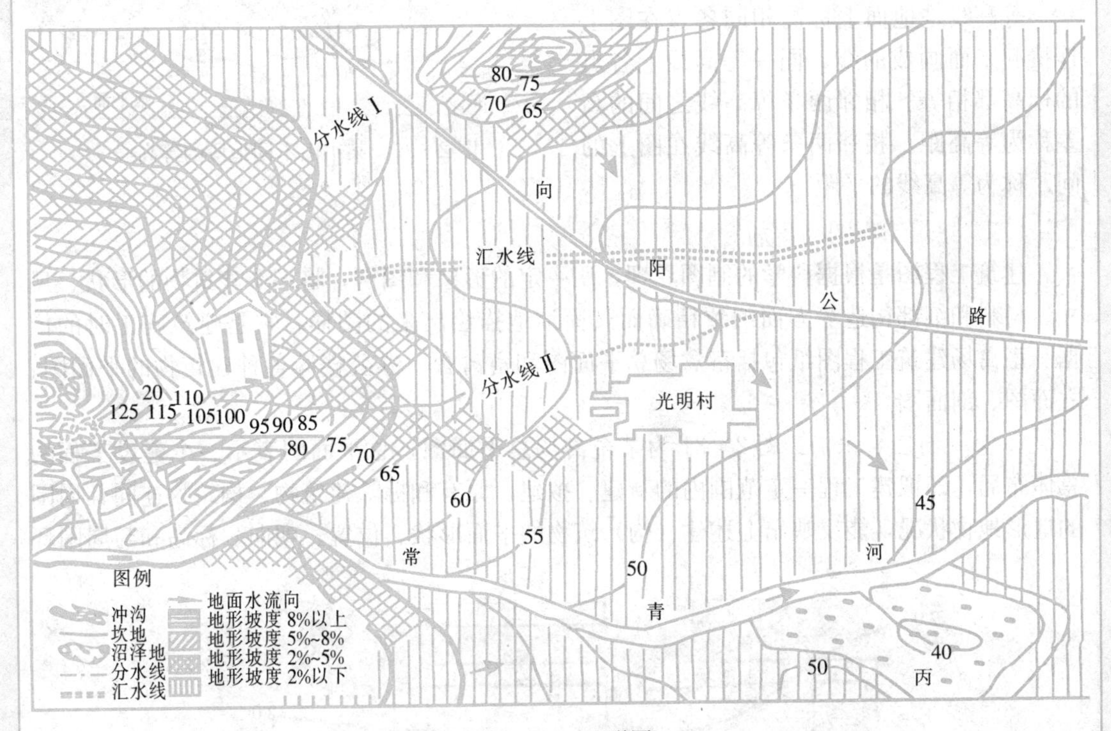

图2-29　地形图

根据图2-29的地形情况，可以看出这个地区的地形特点是：①光明村以西有一座不太高的小山，山的东边有一坎地（图中甲），山的南面有冲沟（图中乙）；②光明村以南有一条常青河，河的南岸有一沼泽地（图中丙）；③在向阳公路以北有一座相对高度约30m的小丘，小丘东西向的地势较南北方向平；④光明村以西的坡度，自等高线75m以上则较陡，等高线55～75m一段渐趋平缓，自等高线55m以下则较为平坦。总的来说，这块地形除了小山和小丘以外，是比较平缓的。若进一步分析则可见：

（1）根据地形起伏情况，自小山向东北至小丘可找出分水线Ⅰ，自小山向东至向阳公路，能找出分水线Ⅱ，分水线Ⅱ与向阳公路东段相吻合。

（2）在分水线Ⅰ、Ⅱ之间可找到汇水线，并根据地势定出地面水流向，如图中箭头所示。在分水线Ⅰ以北的地面水，流向小山和小丘之北；在分水线Ⅱ以南的地面水，则直接流向常青河汇集。

（3）假定地形坡度大于8%的地段不考虑作为建设用地，并根据大、中、小不同的建筑物的要求将地形分为坡度在2%以下、2%～5%、5%～8%、8%以上四类的地段。则可根据等高线的平距和等高距计算地形坡度的大小，用不同的符号，绘出多种坡度地段范围，从而可以计算出各种坡度范围的面积。如图2-30，表示某小山不同地段的等高线。

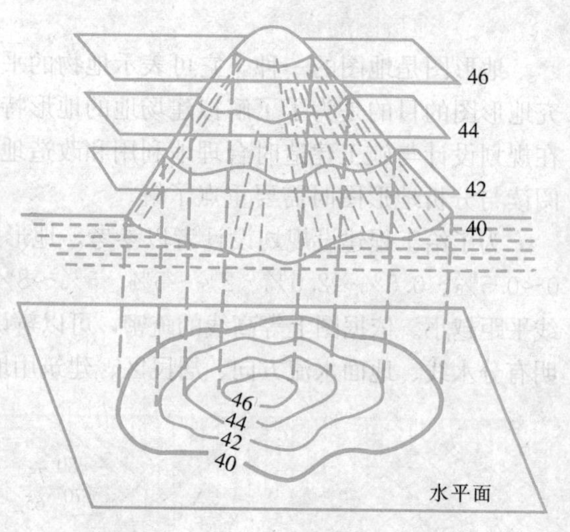

图2-30 某小山不同地段的等高线

等高线是地面上标高相同各点在图上连接起来而画成的线，同一等高线上各点的标高都相等。相邻两条等高线之间的高差称为等高距。相邻两条等高线在图上的间距称为等高线的平距。

（二）建筑工程图的识别

建筑工程图是根据科学的制图原理，用一定的形象和图例，将一个建筑物的形状、尺寸、材料和细部构造等方面细致精确而又简洁地描绘出来的图样，它是建筑施工时的依据。畜禽场建筑工程图纸包括畜禽场总平面图和畜禽舍、办公楼等各种建筑物的平面图、立面图、剖面图。

1. 总平面图的识别　图2-31为某畜禽场总平面图，总平面图表示一个建设工程的总体布局，即拟建工程一定范围内的新建、拟建、原有和拆除建筑物、构筑物连同其周围的地形地物状况，能反映出上述建（构）筑物的平面形状、位置、朝向、标高和与周围环

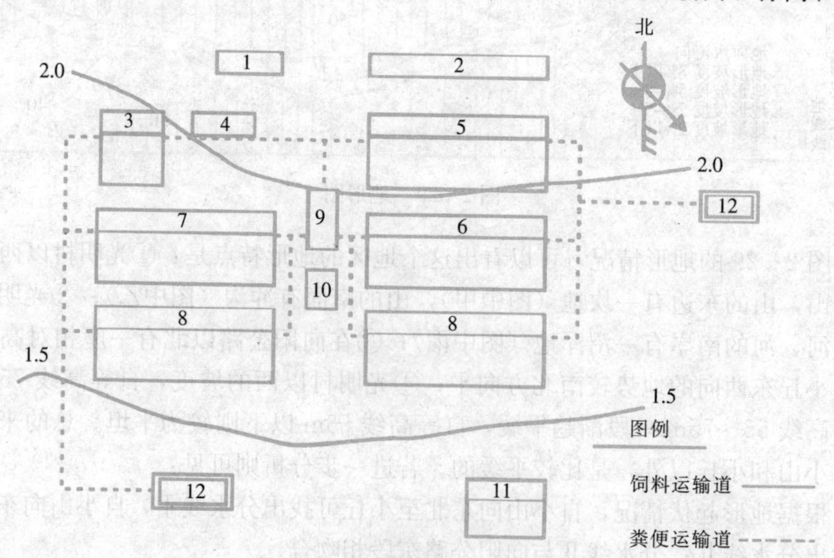

图2-31 某畜禽场总平面图

1. 办公室　2. 职工宿舍　3. 公牛舍　4. 人工授精室　5. 产房及犊牛预防室　6. 犊牛舍　7. 青年牛舍　8. 奶牛舍　9. 饲料加工间　10. 乳品处理间　11. 隔离室　12. 贮粪池

境的关系，这成为新建建筑的施工定位、土方施工的重要依据。阅读总平面图可以获知：①新建筑区的总体布局。如批准地号范围、各建（构）筑物的位置、道路、管网的布置等；②各建筑物的平面位置；③建筑物首层地面的绝对标高，舍外地坪、道路的绝对标高，说明土方填挖的情况、地面坡度及排水方向；④指北针所示房屋的朝向，用风向玫瑰图表示常年风向频率和风速；⑤根据工程的需要，还有水、暖、电等管线总平面图、各种管线综合布置图、道路纵横剖面图以及绿化布置图等。

2. 平面图识别　畜禽舍平面图（图 2－32）就是单栋畜禽舍的水平剖视图，即假想用一水平面把一栋畜禽舍的窗台以上的部分切掉，切平面以下部分的水平投影图。图中表示畜禽舍占地面积、内部分隔、房间大小以及走道、门、窗等局部位置和大小、墙的厚度等。一般施工放线、砌墙、安装门窗等都要用平面图，其基本内容包括：①表明建筑物的形状、内部的布置及朝向；②表明建筑物的尺寸和建筑物地面标高；③表明建筑物结构形式及主要建筑材料；④表明门窗及过梁的编号，门的开启方向；⑤表明剖面图、详图和标准配件的位置及其编号；⑥综合反映工艺、水、暖、电对土建的要求；⑦文字说明，表明舍内装饰做法，包括舍内地面、墙面、天棚等处的材料及做法。

3. 立面图识别　立面图（图 2－33）是建筑物的正面投影图或侧面投影图，表示建筑物或设备的外观形式、尺寸、艺术造型、使用材料等情况。如畜禽舍的长、宽、高尺寸，房顶的形式，门窗洞口的位置，外墙饰面材料及做法等等。建筑物的功能在平、剖面设计中基本解决，立面设计是对建筑造型的适当调整。为了照顾美观，有时要调整在平面、剖面设计中已解决了的窗的高低大小，在可能的条件下也可以进行装修。

4. 剖面图识别　剖面图（图 2－34）是假想用一平面沿建筑物垂直方向切开，切开后的正立面投影图。剖面图有纵剖面、横剖面和其他角度的剖面图。剖面图主要表明建筑物内部在高度方面的情况。如屋顶的坡度、房间和门窗各部分的高度，同时也可以表示出建筑物所采用的形式。剖面图的剖切位置一般选择建筑物内部做法有代表性和空间变化较复杂的位置。为了表明建筑物平面图或剖面图作切面的位置，一般在其平面图纸上画有切面位置线。

5. 建筑详图识别　对建筑的细部或构配件用较大的比例（1∶20、1∶50、1∶5、1∶2、1∶1）将其形状、大小、材料和做法，按正投影图的画法，详细地表示出来的图样，称为建筑详图。一般详图包括墙身大样、楼梯间、卫生间、门窗及其他需要表达的部位与构配件。

（三）确定建筑工程图比例与尺寸

建筑工程图的尺寸是根据所设计的建筑物的实际大小，按一定的比例缩绘的。一般畜禽场总平面图多用 1∶500、1∶1 000、1∶2 000的比例尺。畜禽舍的平面图、剖面图和立面图多用 1∶100、1∶200 的比例尺。但不论采用哪一种比例尺，建筑物的尺寸都注以实际尺寸数字。

建筑工程图上除了画出建筑物及其各部分的形状外，还必须准确、详尽和清晰地标注尺寸，以确定其大小，作为施工时的依据。图样上的尺寸由尺寸界线、尺寸线、尺寸起止符号和尺寸数字组成。尺寸界线垂直于被注长度；尺寸线平行于被注长度；尺寸起止符号一般用 45°角的中粗短斜线，表示尺寸的起点和终点。在尺寸线的中央或上方注明实际尺寸的数字。建筑物各部高度尺寸以相对标高表示，一般以室内地坪高度为正负零，高于正负零处直接用数字表示，低于正负零处在数字前加负号。圆形的物体，其直径尺寸的表示是在数字前面加“ø”字，其半径尺寸是在数字前面加“R”表示。建筑施工图中，除了总平面图尺寸和建筑各标高尺寸用米为单位外，其他未标明处全是用毫米为单位。

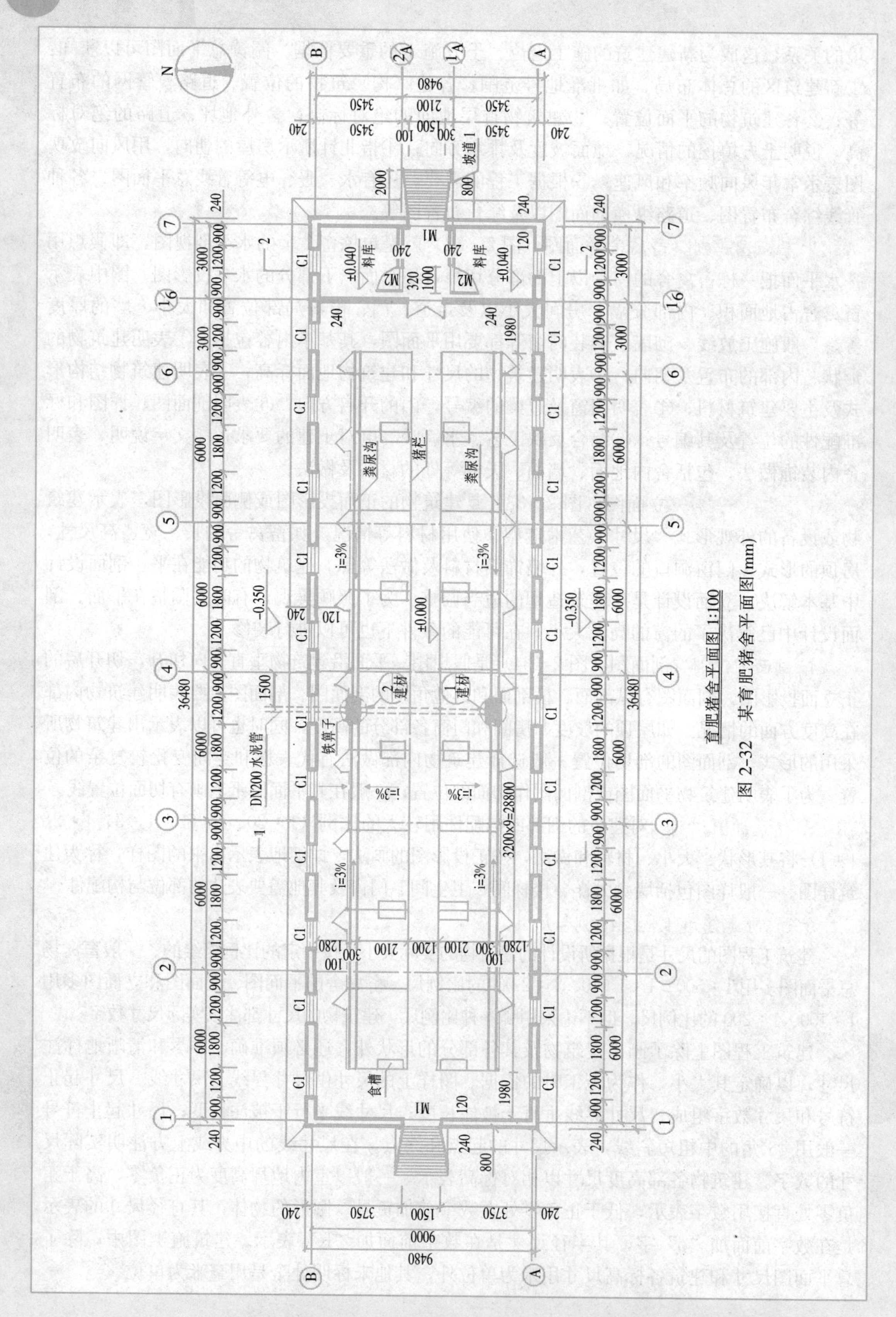

图 2-32　某育肥猪舍平面图(mm)

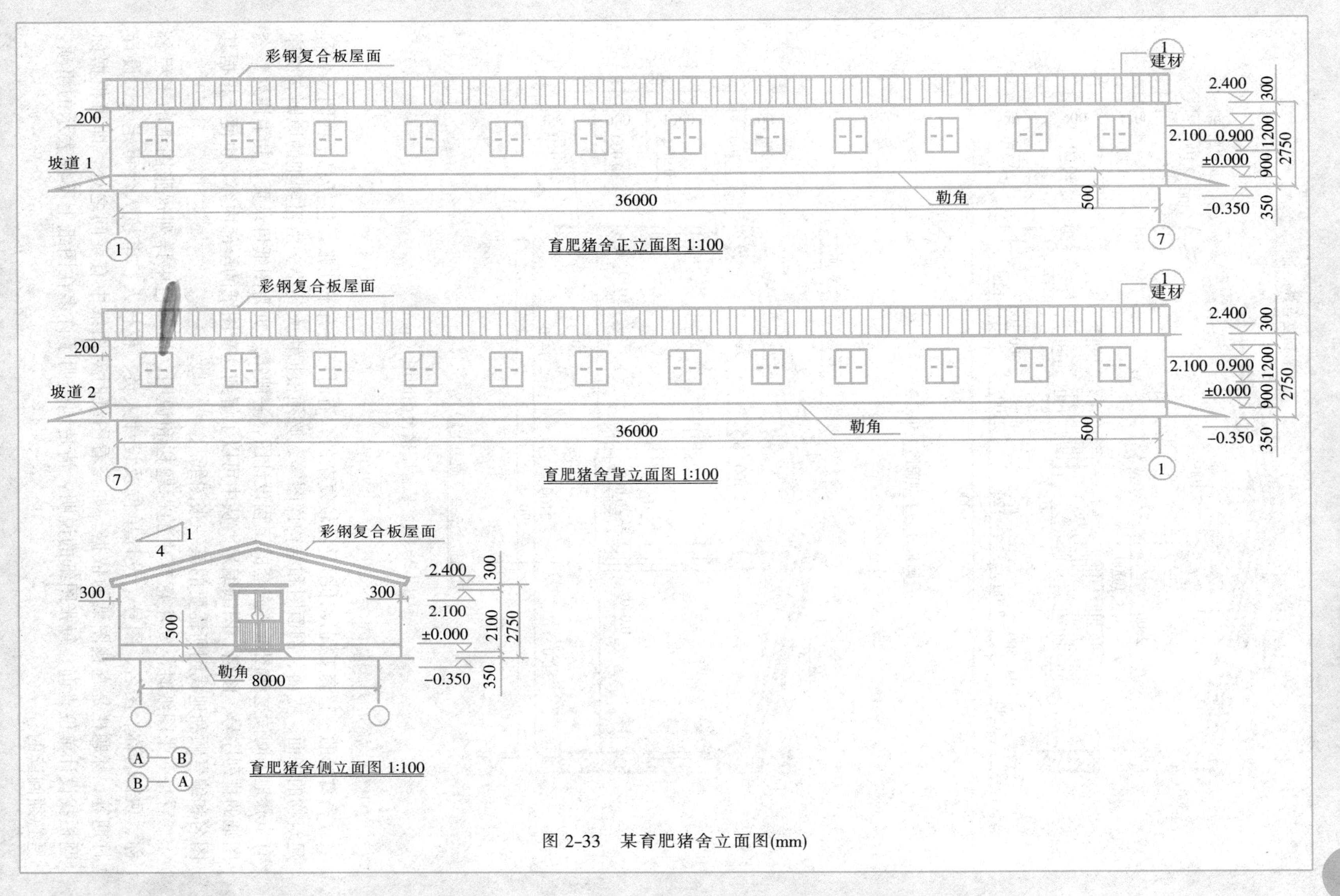

图 2-33　某育肥猪舍立面图(mm)

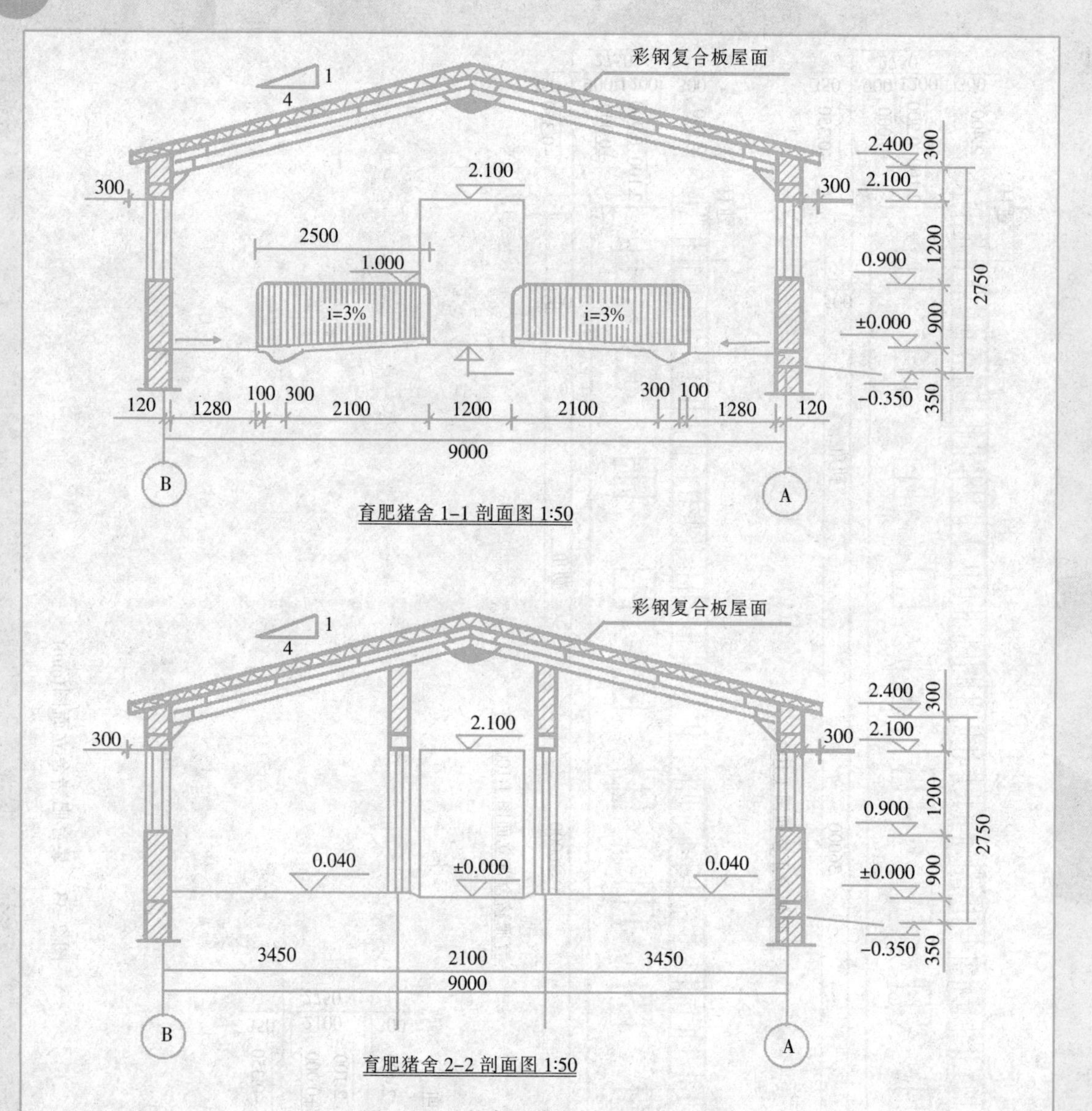

图 2-34　某育肥猪舍剖面图（mm）

（四）建筑工程图的阅读

畜禽场的一整套工程设计图是比较复杂的，有时可能有十几张，包括总平面图、各种建筑物的平面、立面、剖面图和结构详图等。必须根据由大到小、由粗到细的原则有次序有步骤地去阅读这些图纸。成套的工程设计图，一般第一页为图纸目录页，其中详列整套图纸的排列序号、图名、图纸编号。从中可以了解到这套图纸的全部内容，也便于根据其图名和编号顺利地找到所需要的某一张图纸。

看每一张图纸时，要注意其中的标题栏和说明。标题栏中详列这张图纸的工程名称、项目名称、图名、图号、设计单位及设计人员、校核人、审核人、审定人、设计日期等。标题栏是查找图纸的依据。如查看图纸时对图纸中有疑问之处，即可根据标题栏找设计单位查询。每张图纸的说明，清楚地表明了许多在图纸上不便表示的事项，是必须阅读的。

看图的步骤是：首先根据总平面图了解全场的布局情况，然后根据畜禽舍的平面图、立面图、剖面图，了解每栋畜禽舍的构造，最后还要详细了解构造详图。每一建筑物的各张工程图纸都是有密切关系的，看图时必须相互对照进行阅读。

1. 总平面图阅读　总平面图上一般都标有图例，说明南北线、风向玫瑰图、等高线和比例尺等。熟悉图例和说明，即可从图例中看到畜禽场全部建筑物的种类、数量和大致的位置、安排。根据南北线可以看出各建筑物的设置方向。风向玫瑰图是用来表示该地区的主导风向的，一般与南北线绘于一处。等高线可以表示出场地地面的高低起伏状况，根据比例尺，可以用直尺和两脚规来了解全场的面积和建筑物之间距离、位置。图2-31是某畜禽场的总平面图。根据上述内容，由图上可以看出，该场场地的地势是由东北向西南倾斜的。当地气候的主导风向是西北风。设计者考虑了这些条件，由西向南依次安排了畜禽场的生活区、生产区和防疫隔离区。

在了解全场布局之后，就可以着手对每个建筑物的设计情况进行评价。此外还要注意其他有关事项，如建筑物完成以后，周围的道路、水源干线、电源、可引入电线杆位置等。

2. 平面图阅读　平面图应根据由墙外至墙内的顺序进行阅读。平面图与立面图对照阅读，可以看出畜禽舍的形式。从外墙可以看出门、窗的位置及形式、两端的大门有无坡道及门的形式。然后阅读畜禽舍的内部，如畜床、饲槽、粪尿沟、饲料调配室和值班室的位置以及畜床排列形式等。

3. 剖面图阅读　剖面图应该根据从下向上的顺序进行阅读。先阅读地面的结构、材料，地面倾斜度，粪尿沟、饲槽的尺寸和样式等；其次是窗户、屋架、顶棚和屋面。屋面构造做法一般用一条竖线通过屋面多层，在竖线上画出与屋面结构层数相应的横线，按照多层的顺序，自上而下写明屋面的结构、材料、规格。此外，在剖面图上也有尺寸线，标明与平面图、立面图对应部分的尺寸。

4. 立面图阅读　立面图有正立面图、侧立面图和背立面图。从立面图上，可以看出门窗的位置和瓦、墙材料，如陶瓦屋面、清水砖墙等。从立面图上可以看出畜禽舍各部尺寸符号所标明的标高。立面图上中央如果有点划线，则说明畜禽舍两端是对称的。

5. 详图阅读　采用比例尺较小或构造复杂的房舍，在建筑图上不易将所有结构全部表示出来，则需另绘制详图。在此情况下，一般在建筑平、立、剖面图上通过索引符号来说明哪部分的详图在哪张的图纸上，以便于查找。假如剖面图的檐口部分标有8/10的符号，即说明此房舍檐口的构造详图编号是第8号，在第10号图纸上；相反，在10号图纸上，一定有8的符号，以说明该图是8号详图。

七、拟建畜禽舍图纸的绘制

（一）建筑图制图标准

1. 图幅　图幅即图纸的大小，建筑图图幅须符合表2-26的规定。每张图纸右下角要绘出标题栏（表2-27），标题栏宽度180mm，高度50mm；图纸左上角要绘出会签栏，会签栏宽度75mm，高度20mm。

表 2-26 图幅规定表（mm）

编号		0	1	2	3	4
图幅（长×宽）		1 189×841	841×594	594×420	420×297	297×210
图线与纸边预留宽度	a	10			5	
	b	25				

表 2-27 标题栏内容

设计单位全称	工程名称区	
签字区	图名区	图号区

2. 制图比例 因建筑物形体很大，需按一定比例缩绘。制图比例可按表 2-28 选用。

表 2-28 制图比例

图名	常用比例
总平面图	1∶500，1∶1 000，1∶2 000
平面图	1∶50，1∶100
立面图	1∶100
剖面图	1∶200
详图	1∶1，1∶2，1∶5，1∶10，1∶20

3. 字体 建筑图的文字均应从左到右横向书写，所有字体的高度一般以不小于 4mm 为宜。所有字体必须书写端正、排列整齐、笔画清晰。中文书写应用仿宋字，数字用阿拉伯数字，字母用汉语拼音字母。

4. 指北针 在总平面图右上角绘制直径为 25mm 的圆，指北针的下端宽度为圆圈直径的 1/8。

（二）绘制图纸方法

1. 确定数量 确定绘制图样的数量，应对各栋房舍统筹考虑，防止重复和遗漏，在保证需要的前提下，图样数量应尽量少。

2. 绘制草图 根据工艺设计要求和实际情况条件，把酝酿成熟的设计思路徒手绘成草图。绘制草图虽不按比例，不使用绘图工具，但图样内容和尺寸应力求详尽，细到可画至局部（如一间、一栏）。根据草图再绘成正式图纸。

3. 确定适当比例 考虑图样的复杂程度及其作用，并能清晰表达其主要内容为原则来决定所用比例。

4. 图纸布局 每张图纸都要根据需要绘制的内容、实际尺寸和所选用的比例，并考虑图名、尺寸线、文字说明、图标等，有计划地安排这些内容所占图纸的大小及图纸上的位置。要做到每张图纸上的内容主次分明，排列均匀、紧凑、整齐；同时，在图幅大小许可的情况下，应尽量保持各图样之间的投影关系，并尽量把同类型、内容关系密切的图样，集中在一张图纸上或顺序相连的几张图纸上，以便对照查阅。一般应把比例相同的一栋房舍的平、立、剖面图绘在同一张图纸上；房舍尺寸较大时，也可在顺序相连的几张图纸上分别绘制。按上述内容计划布局之后，即可确定所需图幅大小。

5. 绘制图样　绘制图样的顺序，先绘制平面图，其次绘出剖面图。再根据投影关系，由平面图引线确定正、背立面图纵向各部位的位置，然后按剖面图的高度尺寸，绘出正、背立面图。最后由正、背立面图引线确定侧立面图各部的高度，并按平、剖面图上的跨度方向尺寸，绘出侧立面图。

6. 说明书　主要是说明建筑物性质、施工方法、建筑材料的使用等，以补充图中文字说明的不足。分一般说明书及特殊说明书两种。有些建筑设计图纸，以图纸上的扼要文字说明来代替文字说明书。

7. 比例尺的使用及保护　为避免视觉误差，在测量图纸上的尺寸时，常使用比例尺。测量时比例尺与眼睛视线应保持水平位置；为减少推算麻烦，取比例尺上的比例与图纸上的比例一致；测量两点或两线之间距离时，应沿水平线测量，两点之间距离应取其最短的直线为宜。作图画线应使用米尺。

任务四 畜禽场分区规划与布局

任 务 单

<table>
<tr><td>项目二</td><td colspan="5">畜禽场总体设计</td></tr>
<tr><td>任务四</td><td colspan="3">畜禽场分区规划与布局</td><td>建议学时</td><td>4</td></tr>
<tr><td>学习目标</td><td colspan="5">1. 能根据生产功能，对畜禽场进行合理的分区
2. 熟知各功能区的特点
3. 能根据风向和地势，对畜禽场各区进行合理的布置
4. 能明确畜禽场各区的设置要求
5. 能根据畜禽舍的栋数和畜禽场的地形，确定最佳的畜禽舍的排列形式
6. 能根据畜禽场内建筑物之间的功能联系，合理确定建筑的位置
7. 能根据采光、通风、防疫等要求，合理地确定畜禽舍的间距
8. 能明确净、污道所承担的运输任务和设计要求
9. 按照道路规划设计要求，进行畜禽场道路规划</td></tr>
<tr><td>任务描述</td><td colspan="5">1. 学生根据地势和风向，并遵循畜禽场分区规划的原则对畜禽场场地进行合理分区
2. 学生根据畜禽舍栋数合理确定其排列形式；根据生产流程或建筑物间的功能关系合理安排其位置；依照采光、防疫及防火要求规定建筑物的间距</td></tr>
<tr><td>学时安排</td><td>资讯
1学时</td><td>计划与决策
0.5学时</td><td>实施
1.5学时</td><td>检查
0.5学时</td><td>评价
0.5学时</td></tr>
<tr><td>材料设备</td><td colspan="5">1. 相关学习资料与课件
2. 创设现场学习情景
3. 牛场、猪场、鸡场总平面布局图例
4. 绘图纸、铅笔、格尺、橡皮</td></tr>
<tr><td>对学生的要求</td><td colspan="5">1. 具备一定的绘图能力
2. 畜禽场工艺设计的知识
3. 畜禽舍采光与通风要求
4. 知道畜禽场的防疫要求
5. 理解能力
6. 严谨的态度
7. 团队配合能力</td></tr>
</table>

资 讯 单

<table>
<tr><td>项目名称</td><td colspan="5">畜禽场总体设计</td></tr>
<tr><td>任务四</td><td colspan="2">畜禽场分区规划与布局</td><td>建议学时</td><td colspan="2">4</td></tr>
<tr><td>资讯方式</td><td colspan="2">学生自学与教师辅导相结合</td><td>建议学时</td><td colspan="2">1</td></tr>
<tr><td>资讯问题</td><td colspan="5">1. 畜禽场规划的内容？
2. 畜禽场规划应遵循的原则？
3. 畜禽场分几个区？如何确定畜禽场各区的位置？
4. 生产区内不同类型的畜禽舍应如何布置？
5. 当畜禽场地势与主导风向不一致时，规划设计应如何处理？
6. 畜禽场的各区之间如何设置防护设施？
7. 畜禽场建筑物规划布置的依据是什么？
8. 畜禽舍的排列形式有几种？各有什么特点？
9. 畜禽舍为什么要保持一定的距离？如何确定最佳间距？
10. 畜禽场道路规划设计有哪些要求？</td></tr>
<tr><td>资讯引导</td><td colspan="5">本书信息单：畜禽场分区规划与布局
《畜牧场规划设计》，刘继军，2008，130－131
《家畜环境与设施》，李保明，2004，120－132
《畜禽环境卫生》，赵希彦，2009，79－86
多媒体课件
网络资源</td></tr>
<tr><td>资讯评价</td><td>学生互评分</td><td></td><td>教师评分</td><td></td><td>总评分</td></tr>
</table>

信　息　单

项目名称	畜禽场总体设计		
任务四	畜禽场分区规划与布局	建议学时	1
信息内容			

在完成畜禽场的场址选择及工艺设计之后，对畜禽场场区进行合理的规划和建筑物布局，即进行畜禽场的总体平面设计，是建立良好的畜禽场环境和组织高效率畜禽生产的先决条件。

一、规划内容与规划原则

1. 规划内容

（1）根据畜禽场的生产联系、卫生防疫、环境管理等需要，对场区进行合理的功能分区和总体布局。

（2）根据生产功能、生产流程以及朝向、采光、通风、防火、防疫等技术要求，进行各种建筑与设施的布置。

（3）根据生产流程与防疫要求，合理组织场区交通运输，保证人、畜分流，净、污道分设。

（4）根据畜禽场的地形地势，合理进行场区纵向设计，确定各建筑物所处高度位置和污水、雨水排放方向。

总平面规划是否合理，直接影响基建投资、经营管理、生产组织、劳动生产率、经济效益和场区的环境状况与防疫卫生。

2. 规划原则

（1）保证场区具有良好的小气候条件，有利于畜禽舍内空气环境的控制。

（2）消毒设施健全，便于严格执行各项卫生防疫制度和措施。

（3）畜禽场规划科学、布局合理，便于合理组织生产、提高设备利用率和职工劳动生产率。

（4）便于畜禽粪便和污水的处理。

（5）合理利用场地。

二、畜禽场功能分区与平面布置

（一）确定建筑物的组成

畜禽场建筑物因畜禽不同而各异。

（1）养鸡场建筑物（表 2－29）。

表 2-29　鸡场建筑物

种　类	生产建筑设施	辅助生产建筑设施	生活管理建筑设施
种鸡场	育雏舍、育成舍、种鸡舍、孵化厅	消毒门廊、消毒沐浴室、兽医化验室、急宰间和焚烧间、饲料加工间、饲料库、蛋库、汽车库、修理间、变配电室、发电机房、水塔、蓄水池和压力罐、水泵房、物料库、污水及粪便处理设施	办公用房、食堂、宿舍、文化娱乐用房、围墙、大门、门卫、厕所、场区其他工程
蛋鸡场	育雏舍、育成舍、蛋鸡舍		
肉鸡场	育雏舍、肉鸡舍		

（2）养猪场建筑物（表 2-30）。

表 2-30　猪场建筑物

生产建筑设施	辅助生产建筑设施	生活管理建筑设施
配种舍、妊娠舍、分娩哺乳舍、仔猪培育舍、育肥猪舍、病猪隔离舍、病死猪无害化处理设施、装卸猪台	消毒沐浴室、兽医化验室、急宰间和焚烧间、饲料加工间、饲料库、汽车库、修理间、变配电室、发电机房、水塔、蓄水池和压力罐、水泵房、物料库、污水及粪便处理设施	办公用房、食堂、宿舍、文化娱乐用房、围墙、大门、门卫、厕所、场区其他工程

（3）养牛场建筑物（表 2-31）。

表 2-31　牛场建筑物

种　类	生产建筑设施	辅助生产建筑设施	生活管理建筑设施
奶牛场	成奶牛舍、青年牛舍、育成牛舍、犊牛舍或犊牛岛、产房、挤乳厅	消毒沐浴室、兽医化验室、急宰间和焚烧间、饲料加工间、饲料库、青贮窖、干草房、汽车库、修理间、变配电室、发电机房、水塔、蓄水池和压力罐、水泵房、物料库、污水及粪便处理设施	办公用房、食堂、宿舍、文化娱乐用房、围墙、大门、门卫、厕所、场区其他工程
肉牛场	母牛舍、后备牛舍、育肥牛舍、犊牛舍		

（4）孵化场建筑物（表 2-32）。

表 2-32　孵化场建筑物

生产建筑设施	辅助生产建筑设施	生活管理建筑设施
种蛋接收室、种蛋处理室、消毒室、蛋库、孵化室、出雏室、雏鸡室（包括鉴别室、免疫室、存放室）、洗涤室	储藏工具室、中央控制室、电工间（包括发电机房）以及工作人员消毒室、洗涤室、更衣室、休息室	办公用房、食堂、宿舍、文化娱乐用房、围墙、大门、门卫、厕所、场区其他工程

（二）功能分区

为便于生产管理和防疫，通常将畜禽场内功能相同或相似的建筑物集中在场地一定范围内，称为功能分区。根据生产功能，畜禽场通常分为生产区、辅助生产区、管理区与隔离区。

（1）管理区。管理区也称为场前区，是畜禽场从事经营管理活动的功能区，与社会环境具有极为密切的联系。主要包括办公室、接待室、会议室、技术资料室、化验室、食堂餐厅、职工值班宿舍、厕所、传达室、警卫值班室、围墙和大门，以及外来人员第一次更衣消毒室和车辆消毒设施等办公管理用房和生活用房。

（2）生产区。生产区是畜禽场的核心区，是从事畜禽养殖的主要场所，主要布置不同类型的畜禽舍及蛋库、孵化室、挤乳厅、乳品处理间、羊剪毛间、家畜采精室、人工授精室、家畜装车台等建筑。

（3）辅助生产区。主要是由饲料库、饲料加工车间和供水、供电、供热、维修、仓库等建筑设施组成。

（4）隔离区。隔离区主要有兽医诊疗室、病畜隔离舍、尸体解剖室、病尸高压灭菌或焚烧处理设备及粪便和污水储存与处理设施。

（三）各区平面布置

确定各区的总平面布局，首先应考虑人的工作条件和生活环境，其次是保证畜（禽）群不受污染源的影响。根据场地地势和当地全年主风向，按图 2－35 所示的模式图顺序安排各区。各区应遵循下列要求：

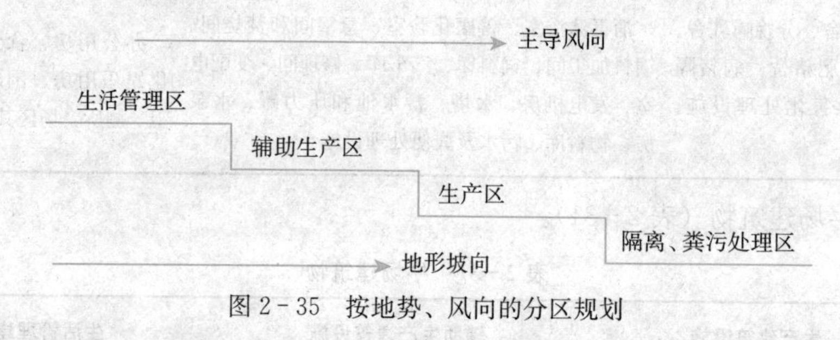

图 2－35　按地势、风向的分区规划

（1）管理区是担负畜禽场经营管理和对外联系的区域，应在靠近场区大门内侧集中布置，以方便与外界的联系和防疫。

（2）管理区和生产辅助区应位于场区主导风向的上风处和地势较高处，隔离区位于场区主导风向的下风处和地势较低处。地势与主导风向不是同一个方向，而按防疫要求又不好处理时，则应以风向为主，地势的矛盾可以通过挖沟、建围墙等工程设施和利用偏角（与主导风向垂直的两个偏角）等措施来解决。

（3）生产区与管理区、辅助生产区应设置围墙或树篱严格分开，在生产区入口处设置第二次更衣消毒室和车辆消毒设施。这些设施一端的出入口设在生活管理区内，另一端的出入口设在生产区内。生产区内与场外运输、物品交流较为频繁的有关设施，如蛋库、孵化厅出雏间、挤乳厅、乳品处理间、羊的剪毛间、家畜采精室、人工授精室、家畜装车台、销售展示厅等，必须布置在靠近场外道路的地方。

（4）辅助生产区的设施要紧靠生产区布置。饲料库应设在生产区和辅助生产区交界处，要求卸料口开在辅助生产区内，场外车辆由靠辅助生产区一侧的卸料口卸料。取料口开在生产区内，各畜禽舍用场内车辆在靠生产区一侧的领料口领料。而对于产品的外运，应靠围墙处设装车台，车辆停在围墙外装车。杜绝外来车辆进入生产区，保证生产区内外运料车互不交叉使用。青贮、干草、块根等多汁饲料及垫草等大宗物料的贮存场地，应按照贮用合一的原则，布置在靠近畜禽舍的边缘地带，并且要求贮存场地排水良好，便于机械化装卸、粉碎加工和运输。干草常堆于最大风向的下风处，与周围建筑物的距离符合国家现行的防火规范要求。

（5）生产区应给予更细致布置。大型的畜禽场，应将种畜禽、幼畜禽与生产畜禽分开，设在不同区域内饲养，以方便管理和有利于防疫。通常将种畜群、幼畜群设在防疫比较安全的上风处和地势较高处，然后依次为青年畜群、生产（商品）畜群。以一个自繁自养的猪场为例，如果猪场建在丘陵山坡地带，各类猪舍由高到低的顺序是：公猪与空怀母猪舍、妊娠母猪舍、分娩母猪舍、仔猪培育舍、生长肥育舍，此种排列顺序便于商品猪出售与粪尿处理。在平原地区，根据本地区主风向确定此排列顺序。

（6）隔离区应设在场区的最下风向和地势较低处，并与畜禽舍保持300m以上的卫生间距。该区尽可能与外界隔离。四周应有隔离屏障，如防疫沟、围墙、栅栏或浓密的乔灌木混合林带，并设单独的通道和出入口。处理病死畜禽尸体的坑或焚尸炉更应严密隔离。此外，在规划时还应考虑严格控制该区的污水和废弃物，防止疫病蔓延和污染环境。

孵化室是一个主要的污染源，而挤乳厅需要洁净，因此这两类建筑也应与畜禽舍保持一定距离或有明显分区。

三、畜禽场建筑物合理布局

根据场区规划方案和工艺设计要求，合理设计各种建筑物及设施的排列方式和次序，确定每栋建筑物和每种设施的位置、朝向和相互间距，称为建筑物布局。布局是否合理，不仅关系到畜禽场的生产联系和劳动效率，同时也直接影响场区和房舍内的小气候状况及畜禽场的卫生防疫。在建筑物布置时，要综合考虑各建筑物之间的功能联系、场区的小气候状况以及畜禽舍的通风、采光、防疫、防火要求，同时兼顾节约用地、布局美观整齐等要求。

（一）确定畜禽舍排列形式

畜禽场建筑物通常应设计为东西成排、南北成列，尽量做到整齐、紧凑、美观（图2－36）。畜禽舍的布置，应根据场地形状、畜禽舍的数量和长度，布置为单列式、双列式或多列式（图2－37）。要尽量避免横向狭长或竖向狭长的布局，因为狭长形布局势必加大饲料、粪污运输距离，使管理和生产联系不便，也使各种管线距离加大，建场投资增加，而方形或近似方形的布局可避免这些缺点。因此，如场地条件允许，生产区应采取方形或近似方形布局。

图2－36 畜禽舍的布置

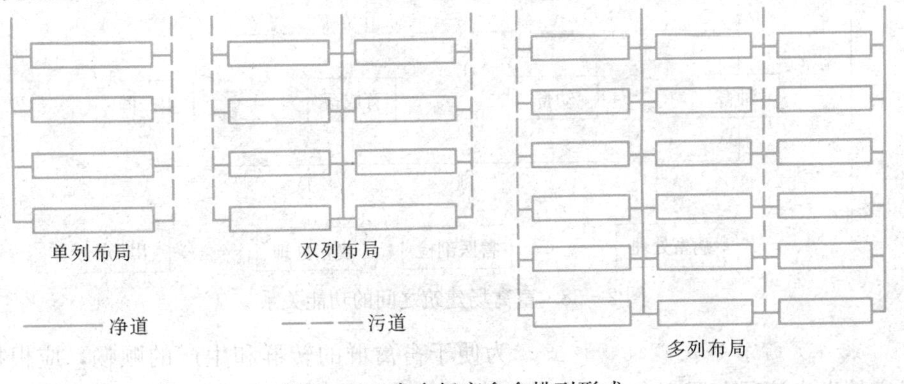

图2－37 畜禽场畜禽舍排列形式

1. 单列式　一般来说，畜禽舍在四栋以内，宜呈单列布置，单列式布置使场区的净污道路分工明确，但道路和工程管线线路过长。此种布局是小规模和地形狭窄畜禽场常采用的一种布置方式，地面宽度足够的大型畜禽场不宜采用。

2. 双列式　畜禽舍超过四栋时呈双列布置或多列布置。双列布置净道居中，污道在畜禽舍两边，是各种畜禽场最经济、常使用的布置方式。其优点是既能保证场区净、污分流明确，又能缩短道路和工程管线的距离。

3. 多列式　多列式布置常在一些大型畜禽场使用，此种布置方式重点解决场区道路的净污分流问题，避免因线路交叉而引起互相污染。

（二）确定各建筑物位置

1. 根据建筑物之间功能关系确定建筑物及设施位置　畜禽场各类建筑物和设施之间的功能联系如图 2-38 所示。在安排其位置时，应将相互有关、联系密切的建筑物和设施就近设置，建立最佳的生产联系，以便于生产，否则影响生产的顺利进行。为提高劳动生产效率，在遵守兽医卫生要求的基础上，应尽量使建筑物配置紧凑，以保证最短的运输、供电和供水线路，并为实现生产过程机械化、减少基建投资和降低生产成本创造条件。例如，饲料库、青贮建筑物、饲料加工调制间等功能相同的建筑物，不仅可以集中一地，且相距各畜禽舍的总距离应最小或靠近消耗饲料最多的畜禽舍。饲料调制间应与畜禽舍保持最近的联系，当畜禽舍呈两列布局时，应位于两列畜禽舍间的运料主干线上。贮粪场的设置应遵守卫生防疫要求，当畜禽舍呈一列布局时，可只设一个，位于与饲料调制间相反的一侧；当畜禽舍呈两列布局时，应设两个，分别位于两列畜禽舍的外侧，并靠近各列畜禽舍的中部，以保证最短的运输距离，并避免与饲料道交叉。

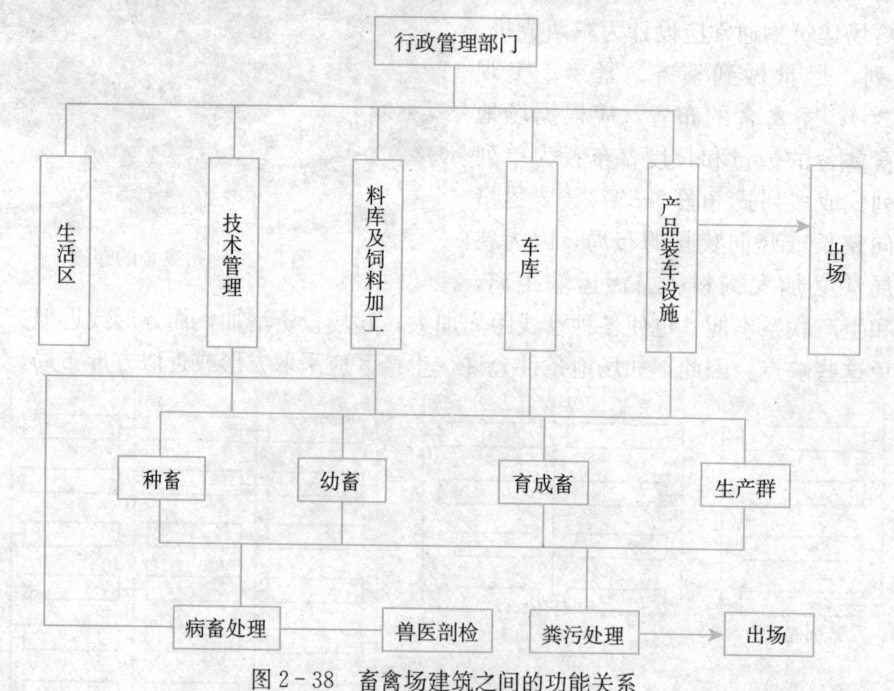

图 2-38　畜禽场建筑之间的功能关系

2. 根据生产流程确定建筑物位置　为便于畜禽群的转群和生产的顺畅，应根据生产工艺确定的生产流程布置畜禽舍。例如，某商品猪场的生产工艺流程是：种猪配种→妊娠

→分娩、哺乳→保育→育成→育肥→上市；因此，根据生产流程和各建筑物及设施的功能联系，应按种公猪舍、配种间、空怀母猪舍、妊娠母猪舍、产房、保育舍、育成猪舍、育肥猪舍、装猪台的顺序相互靠近设置。

3. 根据卫生防疫确定建筑物位置　为便于防疫，将防疫要求较高的建筑物安置在畜禽场的上风口和地势较高处。场地地势和当地全年主风向恰好一致时较易布置各种建筑物。但若二者正好相反时，则可利用与主风向垂直的对角线上两“安全角”。例如，主风向为西北风而地势南高北低时，则场地的西南角和东北角均为安全角。

（三）确定畜禽舍朝向

1. 根据日照确定畜禽舍朝向　我国大陆地处北纬20°～50°，太阳高度角冬季小、夏季大。从夏季防暑、冬季防寒角度考虑，为防止夏季太阳过多照射和确保冬季舍内获得较多的太阳辐射热，畜禽舍宜采用南偏东（或偏西）15°左右朝向或南北朝向较为合适。

2. 根据通风、排污要求确定朝向　场区所处地区的主导风向直接影响冬季畜禽舍的热量损耗和夏季畜禽舍的通风，特别是在采用自然通风系统时。因此，首先向当地气象部门了解本地风向频率图，结合防寒、防暑要求，确定适宜的朝向。自然通风畜禽舍需要借助自然气流达到通风换气的目的。气流的均匀性和大小主要取决于进入畜禽舍的风向角度。若冬季主风向与畜禽舍纵墙垂直，则通过门缝隙和孔洞进入舍内的风量很大，对保温不利（图2-39a）；如主风向与纵墙平行或成小于45°角，则冷风渗透量大大减少，而有利于保温（图2-39b）。若夏季主风向与畜禽舍纵墙垂直，则舍内通风不均匀，窗间墙造成的涡风区较大（图2-40a）；若主风向与纵墙成30°～45°角，则涡风区减少、通风均匀，有利于防暑和排除舍内污浊空气（图2-40b）。

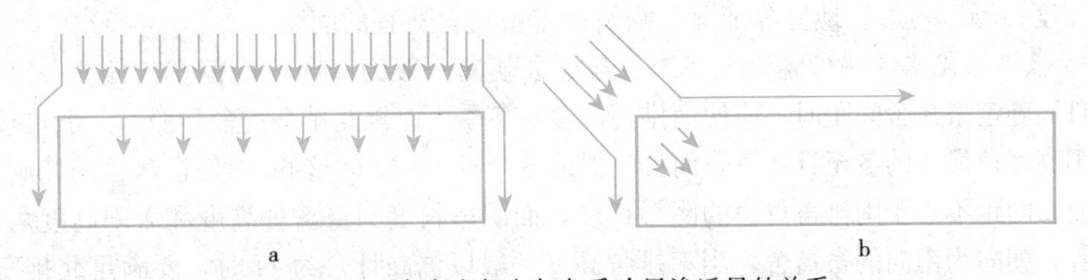

图2-39　畜禽舍朝向与冬季冷风渗透量的关系

a. 主风向与纵墙垂直，冷风渗透量大　b. 主风向与纵墙成0°～45°角，冷风渗透量小

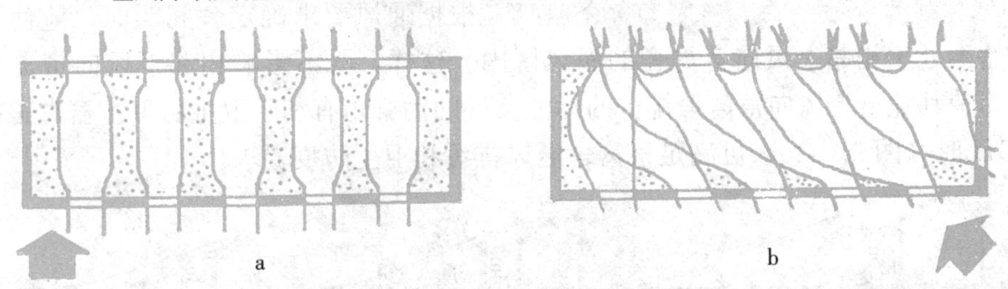

图2-40　畜禽舍朝向与夏季舍内通风效果的关系

a. 主风向与畜禽舍长轴垂直，舍内涡风区大　b. 主风向与畜禽舍长轴成30°～45°角，舍内涡风区小

综合日照和通风要求，即可确定畜禽舍的最佳朝向。我国科技工作者在多年研究的基础上，总结出我国大部分地区民用建筑的最佳朝向。畜牧兽医工作者在参考了相关资料后也提出了不同畜禽舍最佳朝向（表2-33），在选择畜禽舍建筑朝向时可供参考。

表 2-33 我国部分地区畜禽舍最佳朝向

地区	最佳朝向	适宜朝向	不宜朝向
哈尔滨	南偏东 15°	南至南偏东（西）15°	西、西北、北
沈阳	南、南偏东 20°	南偏东至东，南偏西至西	东北、东至西北、西
长春	南偏东 30°，南偏西 10°	南偏东（西）45°	北、东北、西北
武汉	南偏西 15°	南偏东 45°	西、西北
广州	南偏东 15°，南偏西 5°	南偏东 25°，南偏西 5°	西
南京	南偏东 15°	南偏东 25°，南偏西 10°	西、北
济南	南、南偏东 10°～15°	南偏西 10°	西偏北 1°～5°
合肥	南偏东 5°～15°	南偏东 15°，南偏西 5°	西
郑州	南偏东 15°	南偏东	西北
长沙	南偏东 10°左右	南	西、西北
昆明	南偏东 25°	东至南至西	北偏东（西）35°
重庆	南、南偏东 10°	南偏东 15°，南偏西 5°	东、西
拉萨	南偏东 10°，南偏西 5°	南偏东 15°，南偏西 10°	北、西
上海	南至南偏东 10°～15°	南偏东 30°，南偏西 15°	北、西北
杭州	南偏东 10°～15°，北偏东 6°	南、南偏东 30°	北、西
厦门	南偏东 5°～10°	南偏东 22°，南偏西 10°	南偏西 25°，西偏北 30°
福州	南、南偏东 10°	南偏东 15°以内	西
北京	南偏东（西）30°以内	南偏东（西）45°以内	北偏西 30°

（四）确定建筑物间距

相邻两栋建筑物纵墙之间的距离称为畜禽舍间距。确定畜禽舍间距主要从日照、通风、防疫、防火和节约用地等多方面综合考虑。间距大，前排畜禽舍不致影响后排光照，并有利于通风排污、防疫和防火，但势必增加畜禽场的占地面积。因此，必须根据当地气候、纬度、场区地形、地势等情况，酌情确定畜禽舍适宜的间距。

1. 根据采光需要确定畜禽舍间距　畜禽舍朝向一般为南向或南偏东、偏西一定角度。根据日照确定畜禽舍间距时，应使南排畜禽舍在冬季不遮挡北排畜禽舍日照，一般可按一年内太阳高度角最小的冬至日计算，而且应保证冬至日 9～15 时这 6h 内使畜禽舍南墙满日照，这就要求间距不小于南排畜禽舍的阴影长度，而阴影长度与畜禽舍高度和太阳高度角有关。经计算，朝向为南向的畜禽舍，当南排舍高（一般以檐高计）为 H 时，要满足北排畜禽舍的上述日照要求，采光间距一般为 $L=(3\sim4)H$。纬度高的地区，系数取大值。

2. 根据通风、防疫要求确定畜禽舍间距　根据通风要求确定舍间距时，应使下风向的畜禽舍不处于相邻上风向畜禽舍的涡风区内。这样，既不影响相邻下风向畜禽舍的通风，又可使其免遭上风向畜禽舍排出的污浊空气的污染，有利于卫生防疫。畜禽舍的间距为 3～5H 时（图 2-41），可满足畜禽舍通风排污和卫生防疫要求。

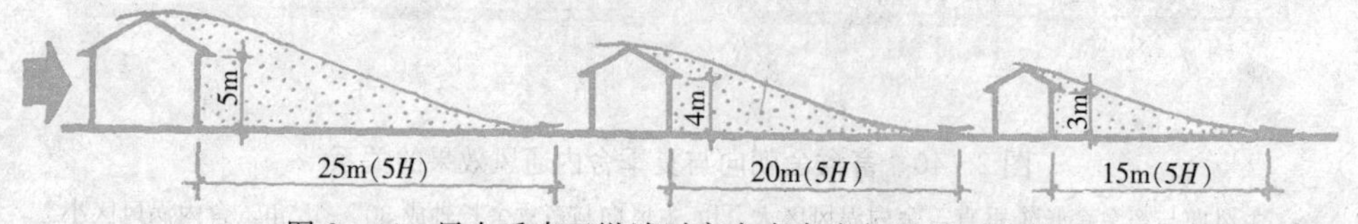

图 2-41　风向垂直于纵墙时畜禽舍高度与涡风区的关系

3. 根据防火要求确定畜禽舍间距　防火间距取决于建筑物的材料、结构和使用特点。畜禽舍建筑一般为砖墙、混凝土屋顶或木质屋顶并做吊顶，耐火等级为二级或三级，防火间距 6～8m，为 2～3H。

综上所述，畜禽舍间距如为 3～5H 时，均能满足日照、通风、排污、防疫、防火等要求。间距设计可参考表 2－34、表 2－35。

表 2－34　鸡舍防疫间距（m）

类　别		同类鸡舍	不同类鸡舍	距孵化场
祖代鸡场	种鸡舍	30～40	40～50	100
	育雏、育成舍	20～30	40～50	50 以上
父母代鸡场	种鸡舍	15～20	30～40	100
	育雏、育成舍	15～20	30～40	50 以上
商品舍	蛋鸡舍	10～15	15～20	300 以上
	肉鸡舍	10～15	15～20	300 以上

表 2－35　猪、牛舍防疫间距（m）

类别	同类畜舍	不同类畜舍
猪场	10～15	15～20
牛场	12～15	15～20

四、总平面规划实例

（一）鸡场总平面布置实例

图 2－42 是北京某原种鸡场规划平面布置图。该场地处北京郊区平原地区，全场占地面积约 2.67hm²，建筑面积约 8 000m²，其中生产建筑面积 6 400m²。根据场地地势平整、边缘整齐、南北长和东西短的地形特点，结合该地区夏季主导风向为南风和西南风、冬季主导风向为西北风的气候条件，场区的总体规划布局是北侧为生产区，布置原种鸡舍、测定鸡舍、育成鸡舍、育雏舍。禽舍排列采用单列式，西侧为净道，东侧为污道，最东北端设临时粪污场。育雏舍单独置于生产区西侧，有道路和绿化隔离。南侧为办公与生产辅助区，设置孵化厅、消毒更衣室、办公楼、库房、锅炉房、水泵房等，其中锅炉位于场区的西南角，对生产区和辅

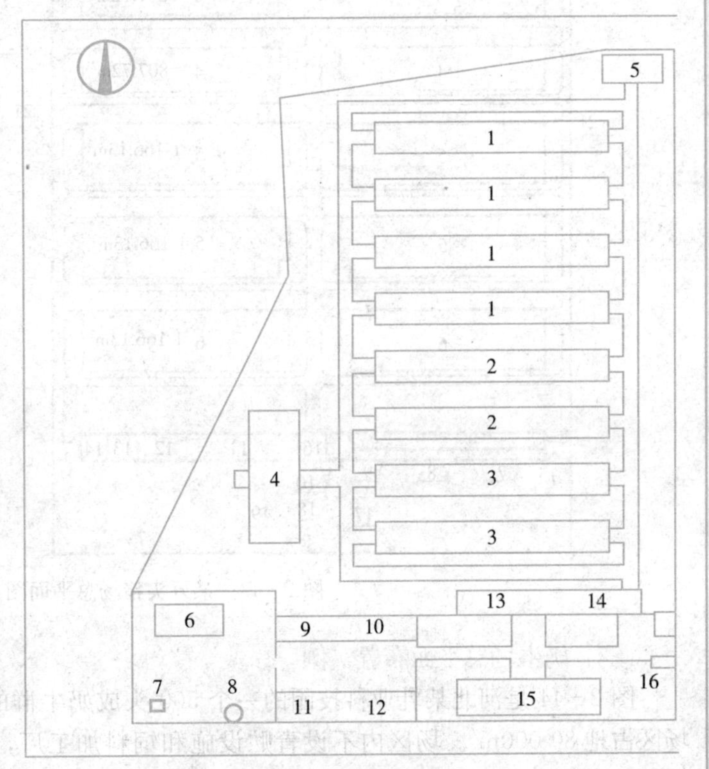

图 2－42　北京某原种鸡场平面图

1. 原种鸡舍　2. 测定鸡舍　3. 育成鸡舍　4. 育雏舍　5. 临时粪污场　6. 锅炉房　7. 水泵房　8. 水塔　9. 浴室　10. 维修间　11. 库房　12. 食堂　13. 孵化厅　14. 消毒更衣室　15. 办公楼　16. 门卫

助生产区影响最少。

(二)猪场总平面布置实例

图 2-43 是天津某万头猪场平面布置图。猪场生产规模为每年出栏 10 000 头商品肥猪。场区总体布局是南侧为生活管理与生产辅助区，布置主入口、门卫、选猪观察室、办公室和变配电室等，其中选猪台位于东南角和西南角，外部选购种猪的人员和车辆不需进入场内；北侧为生产区，猪舍采用双列布置，中间为净道，东西两侧为污道，按生产工艺流程从北往南依次排列配种舍、妊娠舍、产房、仔猪保育猪舍、育肥猪舍和测定猪舍；堆粪场地另择地点，不在场区内。生产区和生活管理区、辅助生产区之间用围墙和建筑完全分隔。

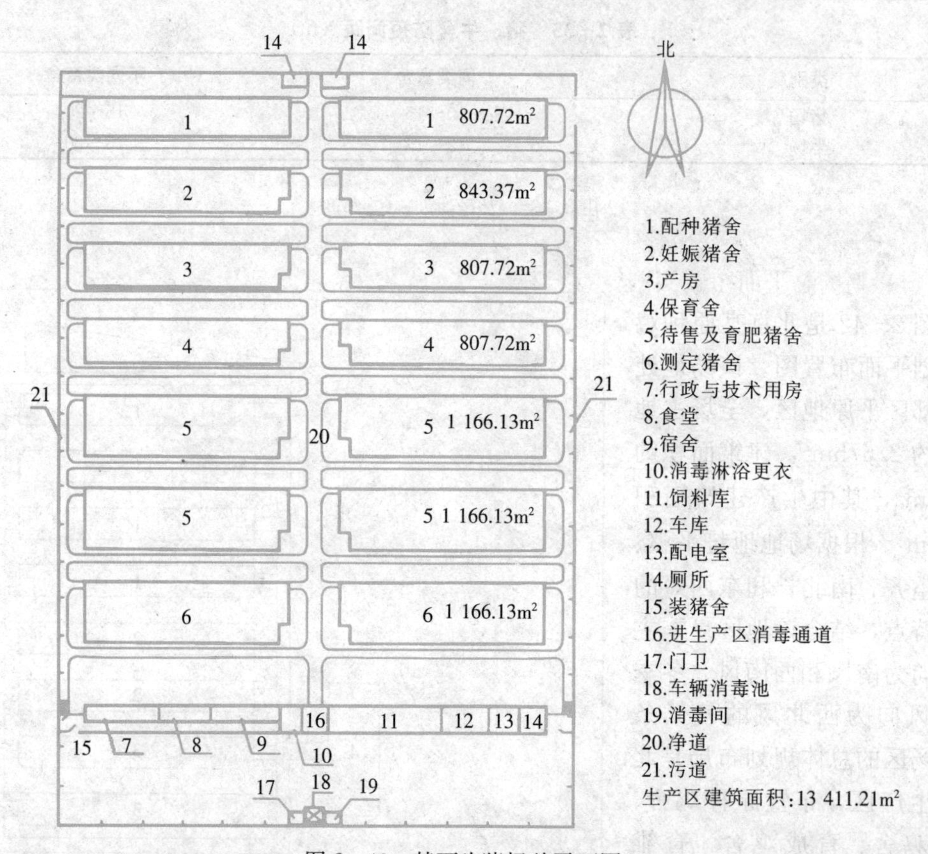

图 2-43 某万头猪场总平面图

(三)奶牛场总平面布置实例

图 2-44 是河北某乳业科技园的一个 500 头成奶牛群的良种繁育场总平面布置实例，场区占地 80 000m²。场区内不设青贮设施和饲料加工厂，所需的青贮饲料由场外配送，精料也由场外饲料厂提供成品，场区只设精料成品库。挤乳厅中设胚胎生产技术室，主要进行种牛超排、取卵及鲜胚分割等技术处理。场区内的道路分净道、污道，为确保消防需要，整个场区道路形成环行通道；平时，采用隔离栏杆保证净、污道严格分开，运送饲草饲料、牛乳及其他物品的车辆由与净道相通的西门出入，粪污及牛只由与污道相连的东门出入。工作人员则通过办公楼的消毒更衣室进入场区。

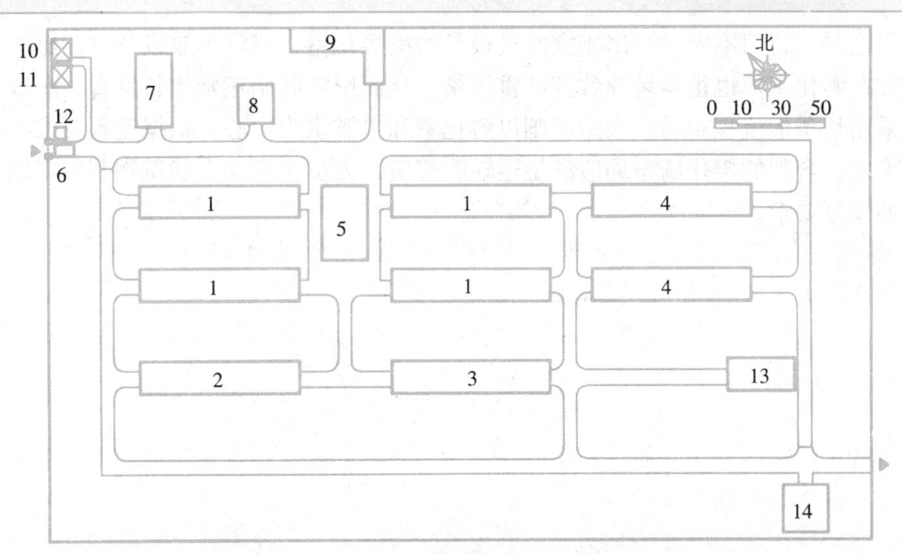

图 2-44　河北某乳业科技园奶牛繁育场平面图

1. 成奶牛舍　2. 干奶牛舍　3. 产房　4. 育成牛舍　5. 挤乳厅　6. 消毒池　7. 草料棚　8. 饲料库　9. 办公楼　10. 配电房　11. 水泵房　12. 门卫　13. 兽医室　14. 堆粪场

（四）孵化场总平面布局

场区规划与布局须严格遵守孵化场生产工艺流程（图 2-45），不能逆转。从接收种蛋到雏鸡出厂，仅一个进口、一个出口，即一边运进种蛋，另一边运出雏鸡；以便做到生产流程一条线，其操作方便、工作效率高、交叉污染少。有些场将孵化室与出雏室放在一

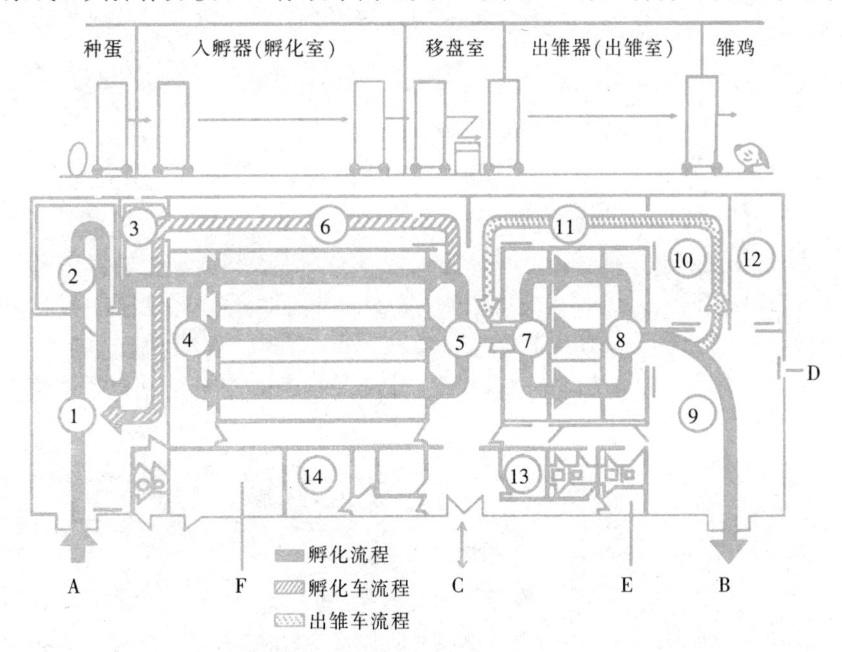

图 2-45　孵化场工艺流程及平面布局

1. 种蛋处置室　2. 种蛋贮存室　3. 种蛋消毒室　4. 孵化室入口　5. 移盘室　6. 孵化用具清洗室　7. 出雏室入口　8. 出雏室　9. 雏鸡处置室　10. 洗涤室　11. 出雏设备清洗室　12. 雏盒室　13、14. 办公用房

A. 种蛋入口　B. 雏鸡出口　C. 工作人员入口　D. 废弃物出口　E. 淋浴更衣室　F. 餐厅

起仅一门之隔，若门不密封，出雏室空气极易污染孵化室；或将出雏设备（出雏车、出雏盘）堆放在孵化室，也很容易导致其严重污染，从而影响胚胎正常生长发育。一般小型孵化场可采用长条形流程布局；大型场则以孵化室和出雏室为中心，根据流程要求及服务项目加以确定。合理的孵化场布局应满足运输距离短、人员往来少、建筑物利用率高、不妨碍通风换气等要求。

任务五　畜禽场配套设施设置

任　务　单

<table>
<tr><td>项目二</td><td colspan="5">畜禽场总体设计</td></tr>
<tr><td>任务五</td><td colspan="2">畜禽场配套设施设置</td><td colspan="2">建议学时</td><td>4</td></tr>
<tr><td>学习目标</td><td colspan="5">1. 熟知畜禽场道路规划的总原则
2. 明确畜禽场道路的设计标准
3. 能合理设置畜禽场的防护设施
4. 能合理设置运动场
5. 能根据畜禽种类及生产规模，合理规划、设置畜禽场废弃物处理设施
6. 能够根据畜禽场需求，对不同区域进行绿化规划</td></tr>
<tr><td>任务描述</td><td colspan="5">1. 学生根据畜禽场防疫要求，对畜禽场场界、各区之间、畜禽场大门及各区各畜禽舍入口处，设置防疫设施
2. 学生根据场内运输及防疫要求，合理规划畜禽场的道路
3. 学生以本校畜禽场作为实习现场，对畜禽场场址选择、畜禽规划、建筑物布局、畜禽场公共配套设施以及畜禽舍卫生状况等方面进行现场观察、测量和访问，运用课堂学过的理论知识进行综合分析，作出卫生评价报告</td></tr>
<tr><td>学时安排</td><td>资讯
1 学时</td><td>计划与决策
0.5 学时</td><td>实施
1.5 学时</td><td>检查
0.5 学时</td><td>评价
0.5 学时</td></tr>
<tr><td>材料设备</td><td colspan="5">1. 相关学习资料与课件
2. 创设现场学习情景
3. 畜禽场配套设施部分场景实际图片
4. 卷尺、皮尺、温度计、湿度计、指南针、调查报告</td></tr>
<tr><td>对学生的要求</td><td colspan="5">1. 具备一定的绘制草图能力
2. 畜禽场工艺设计的知识
3. 知道畜禽场的防疫要求
4. 具有一定计算能力
5. 理解能力
6. 严谨的态度
7. 团队配合能力</td></tr>
</table>

资 讯 单

<table>
<tr><td>项目名称</td><td colspan="7">畜禽场总体设计</td></tr>
<tr><td>任务五</td><td colspan="3">畜禽场配套设施设置</td><td colspan="2">建议学时</td><td colspan="2">4</td></tr>
<tr><td>资讯方式</td><td colspan="3">学生自学与教师辅导相结合</td><td colspan="2">建议学时</td><td colspan="2">1</td></tr>
<tr><td>资讯问题</td><td colspan="7">1. 畜禽场道路的分类及设计标准？
2. 畜禽场道路规划应符合哪些要求？
3. 如何设置畜禽场防护设施？
4. 畜禽场运动场如何设置？
5. 畜禽场废弃物处理区应设置哪些设施？如何设置？
6. 畜禽场排水设施的作用？排水设施怎样设置？
7. 畜禽场通常需进行哪些区域的绿化？绿化植被如何选取？</td></tr>
<tr><td>资讯引导</td><td colspan="7">本书信息单：畜禽场配套设施设置
《设施农业工程工艺及建筑设计》，李保明、施正香，2005，29－34
《畜牧场规划设计》，刘继军，2008
《家畜环境与设施》，李保明，2004，132－136
《畜禽环境卫生》，赵希彦，2009，84－86
多媒体课件
网络资源</td></tr>
<tr><td>资讯评价</td><td>学生互评分</td><td></td><td>教师评分</td><td></td><td>总评分</td><td colspan="2"></td></tr>
</table>

信 息 单

项目名称	畜禽场总体设计		
任务五	畜禽场配套设施的设置	建议学时	1
信息内容			

畜禽场配套设施健全、合理的设置，是保证畜禽健康、畜禽生产顺利进行以及提高生产效率的重要保障。

一、场内道路规划

场内道路是联系饲养工艺过程及场外交通运输的线路，是实现正常生产和组织人流、货流的重要组成部分，同时与卫生防疫密切相关。畜禽场道路规划设计原则：净、污分道，梳状布置，禁止混用，防止交叉；内、外分道，直线布置，防止迂回。

1. 道路分类

（1）按载荷能力分为与场外交通道路联系的场外干道和联系场区内部建筑物的支道。

（2）按卫生防疫分为供人员出入、运输饲料及产品、供生产联系的清洁道（净道）和运输粪污、病死畜禽的污染道（污道），有些场还设供畜禽转群和装车外运的专用通道。

2. 道路设计标准　场外干道担负着全场的货物和人员的运输任务，其路面最小宽度应能保证两辆中型运输车辆的顺利错车，为6.0～7.0m。场内清洁道要保证饲料运输车辆的通行，单车道宽3.5m，双车道宽6.0m；只考虑单向行驶时，须在道路尽头设回车场，利于车辆掉头。宜用水泥混凝土路面，也可选用整齐石块或条石路面，路面横坡1.0%～1.5%，纵坡0.3%～8.0%。污道宽度3.0～3.5m，路面宜用水泥混凝土路面，也可用碎石、砾石、石灰渣土路面，但这类路面横坡为2.0%～4.0%，纵坡0.3%～8.0%。畜禽舍、饲料库、产品库、兽医建筑物、贮粪场等相互连接的支道，宽度一般为2.0～3.5m。

3. 道路规划设计要求

（1）要求净、污分开与分流明确，不能混用，并防止净、污道路的交叉，所以畜禽场不能采用工厂那种环状布置形式。畜禽场道路一般采用枝状或梳状尽端式布置。枝干为生产区的主送饲道，枝杈为通向各畜禽舍出入口的车道（引道）。各畜禽兽医建筑物须有单独的道路，这样才能保证卫生防疫安全。

（2）要求路线简洁，以保证畜禽场各生产环节联系最方便。

（3）路面要求坚实、排水良好，以沙石路面和混凝土路面为佳，保证晴雨通车和防尘。

（4）道路的设置应不妨碍场内排水，路两侧也应有排水沟，并应植树。

（5）道路一般与建筑物长轴平行或垂直布置，在无出入口时，道路与建筑物外墙应保持1.5m的最小距离；有出入口时，则为3.0m。

二、畜禽场防护设施设置

1. 场界防护设施设置　为了保证畜禽场防疫安全，规模化养殖场的场界必须划分明确。四周应建较高的围墙或坚固的防疫沟，以防场外人员及其他动物进入场区。围墙的高度1.6～1.8m为宜；防疫沟宽1.3m，深1.7m，为了更有效地切断外界的污染因素，必要时可往沟内放水，但造价较高。应指出，使用铁丝网圈场，由于不能有效阻隔动物的进入，存在防疫安全隐患，不能使用。

2. 畜禽场大门消毒设施设置　畜禽场大门处应设有消毒设施，如车辆消毒池、人脚踏消毒槽或喷雾消毒室、更衣换鞋间等。车辆消毒池的长、宽由主要生产车辆的车身尺寸来决定：车辆消毒池的宽度应大于卡车的轮距，一般与大门的宽度相同；长度应为通过最大车轮周长的1.5～2倍；深度为20～25cm，最好达1/2车轮高。消毒池的进出口处宜用1∶5～8坡度和地面连接，池底设0.5%的坡度朝向排水孔。消毒池一般要用混凝土浇筑，表面用1∶2的水泥砂浆抹面。安装紫外线灭菌灯，应强调安全时间（3～5min），通过式（不停留）的紫外线灯照射达不到安全目的；为此，有些畜禽场安装有定时通过指示器装置，消毒时间有铃声提示。外来车辆尽可能禁止入内，必要时，必须严格冲刷消毒，以保证防疫安全。

3. 各区间的防护设施设置　场内各区之间，可设置较小的防疫沟或围墙，或结合绿化培植20～50m隔离林带。

4. 各区入口处、各畜禽舍的入口处消毒设施设置　在各区入口处，特别是生产区入口处要设置员工更衣室与消毒室。更衣室内设置淋浴设备，消毒室内设置消毒池和紫外线消毒灯。

对畜禽场的所有卫生防护设施，必须建立严格管理制度予以保证，否则会流于形式。

三、运动场设置

畜禽每日定时到舍外运动，能使其全身受到外界气候因素的刺激和锻炼，增强体质，提高抗病能力。舍外运动还能改善种公畜的精液品质，提高母畜受胎率，促进胎儿正常发育，减少难产。因此，有必要给畜禽设置舍外运动场，特别是种用畜禽。

1. 运动场位置的选择　舍外运动场应选在背风向阳的地方，保证畜禽户外活动时充分接受日光照射；一般利用畜禽舍间距，也可在畜禽舍两侧分别设置。如果受地形限制，也可在畜禽场内比较开阔的地方单独设置运动场（图2-46）。

图2-46　牛场运动场

2. 运动场面积的确定　运动场的面积在保证畜禽自由活动的同时应尽量节约用地，确定面积时一般按每头畜禽所占舍内平均面积的3～5倍计算，种鸡则按鸡舍面积的2～3倍计算，家畜的舍外运动场面积可参考表2-36。在封闭舍内饲养的肥猪、肉鸡和笼养蛋鸡，一般不设运动场。

表 2-36 各种家畜运动场的面积（m^2）

畜种	运动场面积	畜种	运动场面积
成年奶牛	20	青年牛	15
带仔母猪	12～15	种公猪	30
2～6 月龄仔猪	4～7	肥育猪	5
羊	4		

3. 运动场建造要求　运动场常为水泥地面，要求平坦，坡度为 2%左右。四周应设围栏或围墙，其高度为：马 1.6m，牛 1.2m，羊 1.1m，猪 1.1 m，鸡 1.8m（为防止鸡飞出去，上面可加设尼龙丝网）。各种公畜运动场的围栏高度，可再增加 20～30cm，也可应用电围栏（安全电压以内）。在运动场的西侧及南侧，应设遮阳棚或种植树木，以遮挡夏季烈日，运动场围栏外应设排水沟。

四、畜禽场排水设施设置

畜禽场排水设施是为了排除雨水、雪水，保持场地干燥卫生。为减少投资，一般可在道路一侧或两侧设排水沟，沟壁、沟底可砌砖、石，也可将土夯实做成梯形或三角形断面。排水沟最深处不应超过 30cm，沟底应有 1%～2%的坡度，上口宽 30～60cm。小型畜禽场有条件时，也可设暗沟排水（地下水沟用砖、石砌筑或用水泥管），但不宜与舍内排水系统的管沟通用，以防泥沙淤积堵塞，影响舍内排污；并防止雨季污水池满溢，污染周围环境。

五、畜禽场绿化

畜禽场的绿化规划是总体规划的有机组成部分。要在畜禽场建设总规划的同时进行绿化规划。要本着统一安排、统一布局的原则进行，规划时既要有长远考虑，又要有近期安排，要与全场的分期建设协调一致。

绿化应根据本地区气候、土壤和绿化区域选择适合的树木、花草进行，场区绿化率不低于 20%，绿化的主要地段是：管理区、道路两侧、运动场周边、卫生防疫隔离用地、粪污处理设施周围隔离带、场区全年主导风向的绿化隔离带。

（一）环境绿化作用

1. 美化场区环境　搞好场区的绿化建设，能美化场区、吸收有害气体、减轻异味、改善环境条件，为职工工作、畜禽生产创造一个舒适健康的环境条件，可以有效地提高劳动生产效率。

2. 调节场区小气候　畜禽场通过铺草坪与种树木，可以明显改善畜禽场内温度、湿度、气流、太阳辐射等状况。树木和草地叶面面积分别为种植面积的 75 倍和 25～65 倍。叶面水分蒸发可吸收大量热量，减少辐射热 50%～90%，因而使绿化环境中的气温比未绿化地带可平均降低 3～5℃（10%～20%）。草地的地温比裸露地表温度低很多。

树木对风速有明显的减弱作用，因气流在穿过树木时被阻截，冬季也能降低风速 20%，其他季节可达 50%～80%。因此，畜禽场植树和绿化裸地对改善小气候有明显效果。

3. 减少空气污染 据调查，有害气体经绿化地区后，至少有25%被阻留净化，煤烟中的二氧化硫可被阻留60%。畜禽场由于畜禽比较集中、饲养量大、密度高，在一定的区域内耗氧量大，而由畜禽舍内排出的二氧化碳也比较集中；同时，还有氨气、硫化氢气体的排出。如果对畜禽场进行绿化，由于绿色植物进行光合作用时可大量吸收二氧化碳，并释放氧气，从而净化了空气。如每公顷阔叶林，在生长季节，每天可吸收约1 000kg的二氧化碳，生产约730kg的氧。许多生长中植物还有吸收氨的作用，这些被吸收的氨，占生产植物所需要的氮量的10%～20%，因而可减少对这些植物的施肥量；如畜禽场附近的玉米、大豆、棉花或向日葵都会从大气中吸收氨而促其生长，从而降低了畜禽场周围环境中氨的质量浓度。

4. 减少场区灰尘及细菌含量 大型畜禽场空气中的微粒含量往往很高，而灰尘往往是病原微生物的附着物，对畜禽的健康构成直接威胁。在畜禽场内及其四周，如种有高大树木的林带，能净化、澄清大气中的粉尘。植物叶子表面粗糙不平，多绒毛，有些植物的叶子还能分泌油脂或黏液，能吸附和黏着空气中的大量灰尘微粒，使空气中微粒含量大为减少，因而使细菌附着微粒的数目也相应减少，空气中细菌的含量下降。吸尘的树木经雨水冲刷后，又可以继续发挥除尘作用；同时许多树木的芽、叶、花能分泌挥发性植物杀菌素，具有较强的杀菌力，可杀灭一些对人畜有害病原微生物。

5. 净化水源 树木和草地是一种很好的水源过滤器。畜禽场大量混浊、有臭气的污水流经较宽广的树林草地，深入地层，经过过滤可以变得洁净、无味，使水中细菌含量减少90%以上，从而大大地改善畜禽场水质。含有大肠杆菌的污水，若从宽30～40m的松林流过，细菌数量可减少为原有的1/18。

6. 减弱噪声 树木与植被等对噪声具有吸收和反射的作用，可以降低噪声强度。树叶的密度越大，则减音的效果越显著。

7. 防疫、防火作用 在畜禽场周围及场内各区之间种植林带，能有效地防止人员、车辆随意穿行，使之相互隔离，减少疫病传播的机会。由于树木枝叶含有大量水分，并有很好的隔离作用，可以防止火灾蔓延。

（二）畜禽场绿化带的设置和绿化植物的选择

1. 场界林带绿化 场界林带的绿化，在场界周边种植高大挺拔的乔木和灌木混合林带，如乔木类的大叶杨、旱柳、钻天杨、白杨、柳树、洋槐、国槐、泡桐、榆树及常绿针叶树等；灌木类的河柳、紫穗槐、侧柏等。特别是场界的北、西侧，应加宽这种混合林带（宽度达10m以上，一般应至少种5行），主要起到防风阻沙和隔离等作用（图2-47）。

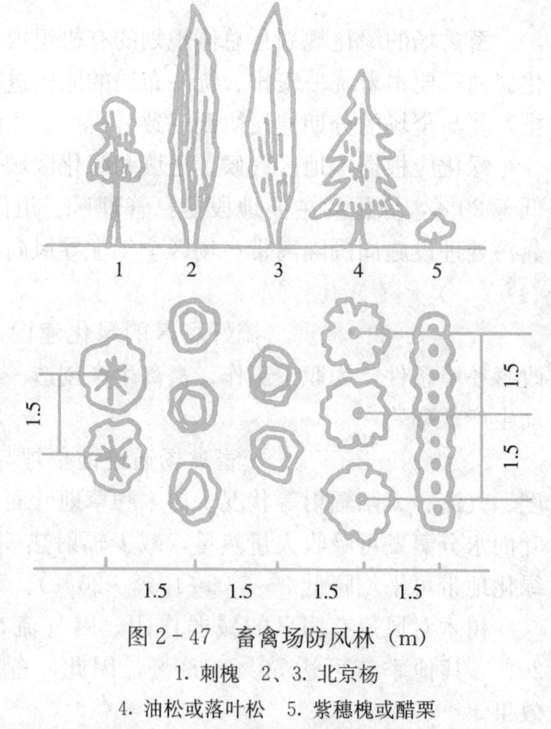

图2-47 畜禽场防风林（m）
1. 刺槐 2、3. 北京杨
4. 油松或落叶松 5. 紫穗槐或醋栗

2. 场区隔离绿化　在畜禽场各功能区之间或不同单元之间也应设置隔离林带，主要起到隔离、防疫、美化的作用。中间种乔木，两侧种灌木（种植 2～3 行，总宽度为 3～5m）。

3. 场区道路绿化　指道路两旁的绿化，能起到路面遮阳的作用。一般种 1～2 行四季常青、树冠整齐美观的乔木或亚乔木，如塔柏、冬青、侧柏、杜松等树种，并配置小叶女贞或黄洋等花草成绿化带。也可种植银杏、杜仲以及牡丹、金银花等，既可起到绿化观赏作用，还能收药材。在靠近建筑物的采光地段，不应种植枝叶浓密、过于高大的树种，以免影响畜禽舍的自然采光。

4. 运动场遮阳绿化　在运动场的南及西侧，应设 1～2 行遮阳林。一般可选择枝叶开阔、生长势强、冬季落叶后枝条稀少的树种，主要起到遮阳绿化的作用，如杨树、槐树、法国梧桐等。运动场内种植遮阴树时，可选用枝条开阔的果树类，以增加遮阴，但必须采取保护措施，以防家畜损坏。

5. 饲料加工车间及仓库周围绿化　该处是场区绿化的重点部位，在进行设计时应充分考虑利用植物的净化空气、杀菌、减噪等作用。要根据实际情况，有针对性地选择对有害气体、灰尘吸附性较强，隔音效果较好的树种。

6. 行政管理区和生活区绿化　行政管理区和生活区是绿化的重点内容，因该区是畜禽场与外界社会接触及员工生活休息的主要区域，因此这个区域的环境绿化可以适当进行园林式的规划，提升企业的形象和美化员工的生活环境。为了丰富色彩，宜种植容易繁殖、栽培和管理的花卉灌木为主，如榕树、构树、大叶黄杨、臭椿及波斯菊、紫茉莉、牵牛、银边翠、美人蕉、玉替、葱兰、石蒜等。

7. 每栋畜禽舍间绿化　对于生产区内同一单元中每一栋畜禽舍之间的绿化，不宜种植密植成片的树林，以防通风不良、影响采光和妨碍有害气体的扩散等。一般种植低矮的花卉或草坪，也可种植一些作物，如花生、红薯、大豆等。

8. 场内裸露地面绿化　养殖场内裸露的地面一般可种植树木、花、草等进行绿化。

综上所述，搞好畜禽场绿化是一项效益非常显著的环保生态工程，它对于环境的优化、保证畜禽健康、提升企业的文明形象都具有十分重大的意义。

六、畜禽场的储粪设施设置

贮粪场应设在生产区的下风向，与生活区、住宅区保持 200m 以上的间距，与生产区至少保持 100m 的卫生间距（有围墙及防护设备时，可缩小为 50m），并便于运出。贮粪池一般深 1m，宽 9～10m，长 30～50m；底部做成不渗水的水泥池底。各种畜禽所需贮粪池的面积，可参考下列数据：牛 2.5m^2/头，马 2m^2/匹，羊 0.4m^2/只，猪 0.4m^2/头。

储粪设施除了要考虑畜禽的排粪量外，还要考虑不同工艺下生产污水排放量以及生活污水排放量。

储粪场及其配套的粪污处理设施是规模化畜禽场建设必须设置、规划的项目。需要综合考虑畜禽场的生产工艺设计、排水设施及废弃物处理、利用等环节。主要包括粪污收集、运输、处理场的选址及其占地面积、粪污处理工艺及配套设施、周边地区对粪肥的消纳能力等（详见项目三）。

七、畜禽场总体设计调查与评价

（一）调查与评价内容

1. 畜禽场位置　观察和了解畜禽场周围交通运输情况、居民点及其他工农业企业等距离与位置。

2. 全场地形、地势与土质　场地形状及面积大小，地势高低，坡度和坡向，土质和植被等。

3. 水源　水源种类及卫生防护条件，给水方式，水质情况，水量是否满足需要等。

4. 全场平面布局情况

（1）全场不同功能区的划分及其在场内位置的相互关系。

（2）畜禽舍的排列形式、方位及间距。

（3）饲料库、饲料加工间、产品加工间、兽医室、贮粪池以及其他附属建筑的位置和与畜禽舍的距离。

（4）运动场的位置、面积、土质及排水情况。

5. 畜禽舍卫生状况　包括畜禽舍类型、样式、材料结构，通风换气方式与设备，采光情况，排水系统及防潮措施，畜禽舍防寒、防暑设施及其效果，畜禽舍温度、湿度、气流观测结果等。

6. 畜禽场环境污染与环境保护情况　粪尿处理情况，场内排水设施及污水排放、处理情况，绿化情况，场界与场内各区域的卫生防护设施，蚊蝇孳生情况及其他卫生状况等。

7. 其他　家畜传染病、地方病、慢性病等发病情况。

（二）调查与评价方法

学生分成若干小组，按上述内容进行观察、测量和访问，并参考表 2－37 进行记录，最后综合分析，作出卫生评价结论。结论的内容应从畜禽场场址选择、建筑物布局、畜禽舍建筑、公共卫生设施、畜禽场及舍内环境卫生五个方面，分析所参观养殖场的选址及布局优缺点，并提出改进意见。结论文字力求简明扼要。

（三）调查表

调查某畜禽场环境卫生状况，作出正确评价，并提出切合实际的改进措施。

表 2－37　畜禽场环境卫生调查表

调查者：＿＿＿＿　调查日期：＿＿＿＿

畜禽场名称：	家畜种类与头数：
位置：	全场面积：
地形：	地势：
土质：	植被：
水源：	当地主风向：
畜禽舍区位置：	畜禽舍栋数：
畜禽舍方位：	畜禽舍间距：
畜禽舍距调料间：	畜禽舍距饲料库：

（续）

畜禽舍距产品加工间：	畜禽舍距兽医室：	
畜禽舍距公路：	畜禽舍距住宅区：	
畜禽舍类型：		
畜禽舍面积　长：	宽：	面积：
畜栏有效面积　长：	宽：	面积：
值班室面积　长：	宽：	面积：
饲料室面积　长：	宽：	面积：
其他室面积　长：	宽：	面积：
舍顶　形式：	材料：	高度：
天棚　形式：	厚度：	高度：
外墙　材料：	厚度：	
窗　南窗数量：	每个窗尺寸：	
北窗数量：	每个窗尺寸：	
窗台高度：	采光系数：	
入射角：	透光角：	
大门　形式：	数量：	高：　　宽：
通道　数量：	位置：	宽：
畜床　材料：	卫生条件：	
粪尿沟　形式：	宽：	深：
通风设备　入气管个数：	面积（每个）：	
出气管个数：	面积（每个）：	
其他通风设备：		
运动场　位置：	面积：	土质：
卫生状况：		
畜禽舍小气候观测结果：	温度：	湿度：
	气流：	光照度：
畜禽场一般环境状况：		
其他：		
综合评价：		
改进意见：		

项目三　畜禽场废弃物处理与利用

任务一　畜禽粪便的无害化处理与资源化利用

任　务　单

<table>
<tr><td>项目三</td><td colspan="5">畜禽场废弃物处理与利用</td></tr>
<tr><td>任务一</td><td colspan="2">畜禽粪便的无害化处理与资源化利用</td><td colspan="2">建议学时</td><td>6</td></tr>
<tr><td>学习目标</td><td colspan="5">1. 知道畜禽场粪污对环境的危害
2. 熟知畜禽场粪污产前控制的方法
3. 能够合理制订畜禽场粪污产中控制措施
4. 熟知畜禽粪便产后无害化处理的途径
5. 掌握畜禽粪便无害化处理方法
6. 能准确把握好氧堆肥的关键技术
7. 掌握畜禽粪便堆肥腐熟的判定方法
8. 知道料槽式、好氧高温、机械翻堆粪便发酵技术
9. 熟知鸡粪发酵法制作饲料技术
10. 知道畜禽粪便生产有机肥的程序和工艺流程</td></tr>
<tr><td>任务描述</td><td colspan="5">学生根据好氧堆肥所需的条件，进行粪便发酵前处理，使之符合堆肥要求；并且在发酵的过程中，能采取有效措施控制发酵指标</td></tr>
<tr><td>学时安排</td><td>资讯
2学时</td><td>计划与决策
0.5学时</td><td>实施
2.5学时</td><td>检查
0.5学时</td><td>评价
0.5学时</td></tr>
<tr><td>材料设备</td><td colspan="5">1. 相关学习资料与课件
2. 创设现场学习情景</td></tr>
<tr><td>对学生的要求</td><td colspan="5">1. 具备一定物理、化学知识
2. 了解环境污染，具有环境保护的理念
3. 理解和分析能力
4. 严谨的态度
5. 团队配合能力</td></tr>
</table>

资　讯　单

<table>
<tr><td>项目名称</td><td colspan="5">畜禽场废弃物处理与利用</td></tr>
<tr><td>任务一</td><td colspan="2">畜禽粪便的无害化处理与资源化利用</td><td>建议学时</td><td colspan="2">6</td></tr>
<tr><td>资讯方式</td><td colspan="2">学生自学与教师辅导相结合</td><td>建议学时</td><td colspan="2">2</td></tr>
<tr><td>资讯问题</td><td colspan="5">1. 畜禽场粪污对环境的危害？
2. 防治畜禽粪污危害的主要途径？
3. 畜禽粪污无害化处理的方法？
4. 畜禽粪污对水体污染的后果？
5. 如何设计发酵床猪舍？
6. 好氧堆肥的主要技术要点？
7. 如何进行发酵床制作和管理？
8. 鸡粪用作饲料喂牛的处理方法及注意的问题？
9. 鸡粪用作饲料喂鱼的处理方法及注意的问题？
10. 畜禽粪便用于生产有机复混肥的工艺流程？</td></tr>
<tr><td>资讯引导</td><td colspan="5">本书信息单：畜禽粪便的无害化处理与资源化利用
《家畜环境卫生学》，刘凤华，2004，204－232
《畜禽环境卫生》，赵希彦，2009，100－107
《畜禽粪污的“四化”处理》，张硕，2007，66－68
《发酵床养猪新技术》，肖光明，2010，26－36
畜禽粪尿处理的常用方法，周忠于，《科学种养》，2007（6）
畜禽粪便资源化处理技术在环境污染防治中的应用，王如意等，《中国动物检疫》，2010（2）
多媒体课件
网络资源</td></tr>
<tr><td>资讯评价</td><td>学生互评分</td><td></td><td>教师评分</td><td></td><td>总评分</td></tr>
</table>

信 息 单

项目名称	畜禽场废弃物处理与利用		
任务一	畜禽粪便的无害化处理与资源化利用	建议学时	6
信息内容			

随着我国畜禽养殖业的飞速发展，其生产规模化、集约化和机械化程度不断提高，在为市场提供大量畜产品和带动农村经济发展的同时，也产生了大量畜禽粪尿、污水等畜禽生产废弃物。年出栏1万头育肥猪场每天排放粪污可达100～150t；而饲养量为1 000头的奶牛场，年产粪尿约11 000t；1个20万只蛋鸡场每天产粪近20t。据统计，我国畜禽养殖业年平均产生粪便2.5×10^9 t，约是工业废弃物的2倍；有机污染物中仅COD已达7.118×10^7 t，约是工业和生活废弃物中COD的总和。畜禽粪尿已成为最严重、最突出的环境污染源之一，同时也严重制约着畜牧业的可持续发展。

一、畜禽粪污对环境的污染

畜禽粪污的大量排放，会导致环境污染，主要表现为水体污染、大气污染、土壤污染、传播疫病、影响畜禽业自身发展、恶化生活环境等方面。

（一）大气污染

畜禽生产对大气所造成的污染，主要是畜禽粪尿等废弃物产生的一些有毒或有臭味的气体，它由畜禽舍或舍外的粪水出口、粪坑以及堆肥场等地，直接散发至畜禽场或附近居民区的上空，使之在空气中的数量不断增多，不利人畜健康，并影响畜禽的生产性能。这些臭味气体是由畜禽粪便中含氮化合物和碳水化合物分解而来。在有氧条件下，粪便中含氮化合物主要是蛋白质，在酶的作用下可分解成氨基酸，氨基酸在有氧条件下可继续分解，最终产物为硝酸盐类；而在无氧条件下分解成氨、硫酸、乙烯醇、二甲基硫醚、硫化氢等恶臭气味气体。碳水化合物在有氧条件下，分解时可释放热能，大部分分解成二氧化碳和水；而在无氧条件下，氧化反应不完全，可分解成甲烷、有机物和多种醇类，这些高质量浓度的有害气体及生产中产生的大量尘埃、微生物排入大气，刺激人、畜禽呼吸道，是引起呼吸道疾病蔓延的主要原因。臭气污染已经成为当前畜禽场周围居民投诉的首要原因。

恶臭是一种感觉公害，一般认为，散发臭气浓度的大小与粪便中的磷酸盐和氮的含量是成正比的，家禽粪便中磷酸盐含量比猪高，猪又比牛高。因此，鸡场有害气体臭味比猪、牛场都大得多。

（二）水体污染

水体污染是指水体因某种物质的介入，而导致其化学、物理、生物或者放射性等方面性质的改变，从而影响水的利用、危害人畜健康，或者破坏生态环境、造成水质恶化的现象。

1\. 恶化水质　由于畜禽生产污水属高质量浓度的有机污水，其中含有大量的碳水化合物和含氮化合物等腐败性有机物，如不经处理直接排入水体，会造成水体污染。腐败有机物在水中以悬浮或溶解状态存在：首先使水质混浊、水色污黄，同时水体微生物分解有机物消耗水中的氧，使水中溶解氧（DO）含量迅速下降；其次，若水中污物数量不多，水中氧充足，则好氧菌发挥作用，将有机物最终转化为硝酸盐类的稳定无机物，同时水中总硬度，特别是重碳酸盐硬度增高，水体无特殊臭味；最后，若水中污染物量大，水中氧耗尽，有机物则进行厌氧分解，产物为硫化氢、氨、硫醇、甲烷之类的恶臭物，使水质恶化，不适于饮用。

衡量污水腐败有机物污染程度的指标主要有溶解氧（DO）、生化需氧量（BOD）、化学需氧量（COD）等。

（1）BOD 是指水中有机物被需氧微生物分解所消耗的溶解氧量，以每升毫克数（mg/L）表示。水中有机物越多，生化需氧量就越大。有机物的生物氧化过程很复杂，这一过程全部完成，需要较长时间。因此，测定通常采用 20℃时进行 5d 恒温培养，1L 水所消耗氧的量表示，称其为 5d 生化需氧量（BOD_5）。BOD 指标的缺点是测试时间长，当污水中难以生物降解的物质含量过高时，测定出的 BOD 与实际的有机污染物含量误差较大；对毒性大的污水因微生物活动受到抑制，而难以测定。清洁地面水的 BOD_5 一般不超过 2mg/L。

（2）COD 是指在一定条件下，水中有机物被化学氧化剂氧化所消耗的氧化剂的氧量，以每升毫克数（mg/L）表示。它是表示有机物污染质量浓度的相对指标。COD 越高，水中有机物可能越高。由于水中各种还原物质进行化学氧化的难易程度不同，COD 只能反映出水中易氧化的有机物含量，还有还原性无机物，而不包括稳定的有机物。测定时，完全脱离了有机物被水中微生物分解的条件，所以没有生化需氧量准确。

目前，测定 COD 的方法主要有重铬酸钾（$K_2Cr_2O_7$）法和高锰酸钾（$KMnO_4$）法两种。由于两种方法所用的氧化剂对有机物的氧化程度不同，所测的结果有差异，故其测定结果必须注明测定方法。我国规定利用前者，故化学耗氧量以 COD_{Cr} 表示。化学需氧量的优点是测定的时间短，不受水质的限制。

（3）DO 是指溶解于水中的氧，以每升毫克数（mg/L）表示。溶解氧的量和空气中的氧分压及水温有关。正常情况下，清洁地面水的溶解氧接近饱和，地下水含氧量很少。在水体被有机物污染时，有机物的有氧分解将消耗水中的溶解氧，导致水质恶化。因此，水体中溶解氧含量的多少，可以作为判定水体是否被有机物污染的间接指标。同时，DO 也是衡量水体自净能力的一项重要指标。天然水体中的 DO 在常温下，一般为 5～10mg/L。

2\. 富营养化作用　水体接纳了大量有机物，被微生物氧化分解，其产物是氮、磷等植物营养素，这使水生生物特别是藻类不断得到营养，大量繁殖。据报道 1mg 的磷可生成 0.1g 藻类（干重）。由于水生动、植物的滋生，竞争性消耗 DO，导致水体生物缺氧而大量死亡。包括它们尸体在内的有机质进入厌氧腐解过程，水色变黑，产生恶臭，使水域成为死水，这种现象称为水体的“富营养化”。

一般认为，当水中总磷大于 20mg/m^3，无机氮大于 300mg/m^3，即可确定为养分富集化了。水体“富营养化”不但使水体恶臭不能使用（如作为农业灌溉用水），还会使水稻等作物徒长、倒伏、晚熟或不熟；因此，水体“富营养化”是畜禽粪尿污染水体的一个重要标志，这就要求排放污水时，对其中氮、磷等物质含量给予一定限制。

畜禽粪污的过量施用或贮存不当，还会导致残留于土壤中的氮渗入地下，造成地下水污染，最终使水质恶化，失去饮用价值；甚至危及周边生活用水，严重影响粪污堆积地周围的生态环境。

3. 生物性污染及介水传染病　天然水中常生存着多种微生物，其中主要是腐物寄生菌。水中微生物一部分来自土壤，少部分和尘埃一起降落到水体，还有一部分则是随粪便排入水体。水中微生物的数量，在很大程度上取决于水中有机物的含量，有机物含量越多，微生物含量往往也越多。

水体受到人畜粪便污染后，水中微生物数量可大大增加，若含病原体的粪便污染了水源，畜禽饮用或接触被病原体污染的水后，可引起某些传染病的传播和流行，形成介水传染病，如猪丹毒、猪瘟、副伤寒、马鼻疽、布鲁氏菌病、炭疽病、钩端螺旋体病等。同时病原菌会通过水体的流动，在更大范围扩散和传播，导致疫病在更大范围内暴发和流行。因此，对水中微生物的检测，在介水流行病学上有重要意义。直接从水中检查病原微生物，难度较大，所以对水中微生物的检测，多选择“指示菌”来表示水质受粪便污染的情况。一般用大肠菌群作为水体受粪便污染指示菌，因其在粪便中数量多，易检出；其数值与污染程度成正相关；大肠杆菌不能在水中自行繁殖增长，其存活时间也比较长。

（三）土壤污染

近些年来，随着饲料工业的发展，一些含有铜、砷、汞、硒等重金属元素的新型饲料添加剂相继问世，对土壤构成了严重危害。如一个万头猪场，若连续使用含砷饵料 5～8 年后，将可能向猪场周边排放 1t 砷；16 年后，土壤中砷含量升高 1mg/kg，作物体内砷含量上升 0.28mg/kg。这将导致农产品不符合国家食品卫生标准、最终不能食用和耕地报废的严重后果。更为严重地是这些超标的重金属被动植物吸收后，进入餐桌，被人食入体内，长期“富集”可致人慢性中毒或癌变，甚至危及子孙后代健康，后果不堪设想。

（四）疫病传播

畜禽粪便含有多种病原体，其中许多病原微生物在较长时间内可以维持感染性，如禽流感病毒在 4℃的粪便中其传染性可保持 30～35d；马立克病病毒在室温条件下的粪便中其传染性可维持 100d 左右。如果不对畜禽粪便进行无害化处理，病原微生物会传播扩散，导致疫病发生，危害久控不止。

（五）损害畜禽业自身安全

畜禽排泄物含有大量有害、有毒物质，可使畜禽的生产环境遭到严重破坏，畜禽发病率、死亡率升高，生产性能下降，畜禽产品质量降低。例如畜禽舍中氨气含量过高，使鸡呼吸道发病率增多，机体抵抗力下降，继发感染其他疾病，使疾病的预防与治疗受到影响。

二、畜禽粪便的产前控制——饲养规模减量化

畜禽场最主要的废弃物是粪便，如能妥善处理好粪便，也就解决了畜禽场环境保护中的主要问题。畜禽场废弃物的治理和科学利用是一项复杂的系统工程，必须从产前、产中、产后各个环节，实行全程控制、系统治理、综合利用。其防治和处理的基本原则是：

畜禽生产过程做到污染物的减量化，处理污染物的过程做到无害化，处理后的物料实现资源化。

畜禽生产过程中产生的粪便的数量因畜禽的种类、畜体大小等不同而各异，大致数量如表3-1所示。

表3-1　几种主要畜禽的粪尿产量（鲜量）

种类	体重	每头（只）每天排泄量（kg）			平均每头（只）每年排泄量（t）		
		粪量	尿量	粪尿合计	粪量	尿量	粪尿合计
泌乳牛	500～600	30～50	15～25	45～75	14.6	7.3	21.9
成年牛	400～600	20～35	10～17	30～32	10.6	4.9	15.5
育成牛	200～300	10～20	5～10	15～30	5.3	2.7	8.2
犊牛	100～200	3～7	2～5	5～12	1.8	1.3	3.1
种公猪	200～300	2.0～3.0	4.0～7.0	6～10.0	0.9	2.0	2.9
空怀、妊娠母猪	160～300	2.1～2.8	4.0～7.0	6.1～9.8	0.9	2.0	2.9
哺乳母猪	—	2.5～4.2	4.0～7.0	6～11.2	1.2	2.0	3.2
培育仔猪	30	1.1～1.6	1.0～3.0	2.1～4.6	0.5	0.7	1.2
育成猪	60	1.9～2.7	2.0～5.0	3.9～7.7	0.8	1.3	2.1
育肥猪	90	2.3～3.2	3.0～7.0	5～10.2	1.0	1.8	2.8
产蛋鸡	1.4～1.8			0.14～0.16			55kg
肉用仔鸡	0.04～2.8			0.13			9.0kg（到10周龄）

任何地区的环境容量都是有限的，需要根据当地的环境容量来确定养殖规模、布局与生产方式以及废弃物的消纳措施。主要通过制订畜禽场农田最低配置实现（指畜禽场饲养量必须与周边可蓄纳畜禽粪便的农田面积相匹配），粪便施用于本场土地，就地利用，既能防止粪便污染环境，又能减少化肥的用量，是最经济、有效的处理粪便的方法。这让养殖业与种植业乃至水产业紧密结合，以地控畜、以农养牧、以牧促农、合理布局，实现大农业系统内部可持续的生态平衡和良性循环。

欧美国家规模化养殖业已开始改变过去只重视废弃物末端处理的做法，而从政策法规上，根据养殖项目的养分排泄量（主要是氮和磷）、当地的环境容量以及利用养分的配套设施来核准养殖规模。强制限定单位面积的养殖畜禽数量，使畜禽养殖数量与地表的植物及自净能力相适应。借鉴国外的经验，我国应采取的措施是：

（1）新建畜禽场时，应进行合理的规划，根据所产废弃物的数量（主要是粪尿量）及土地面积的大小，确定各个畜禽场的规模，调整养殖场布局，并使之科学、合理、较均匀地在本地区内布置。

（2）应加强对新建场的严格审批制度，新建场一般都要设置隔离或绿化带，并执行新建项目的环境影响评价制度和污染治理设施建设的“三同时”制度（即排污工程与主建筑同时设计、同时施工和同时使用制度）。

三、畜禽粪便产中控制——畜禽生产过程减量化

畜禽生产过程中，动物排泄物主要来自饲料的代谢产物，提高畜禽群对日粮（原料）

的转化率，无疑会减少或改变畜禽排泄物的量或质，有利于环境保护。据测定，猪饲料中氮和磷的利用率分别约为40%和30%，有1/2以上的氮和2/3以上的磷随粪尿排出体外，造成水体及空气的污染，导致江河、湖泊、水库等水体的“富营养化”。如何减轻排泄物中氮、磷、铜、锌等元素的含量是畜牧业可持续发展中长期面临的任务。产中控制就是提高日粮干物质的消化率，减少粪便中的干物质，因而使氮、磷排出的数量得以减少。另外还要结合科学管理，主要措施有：

（一）采取营养性环保措施

这是指通过营养调控方法，提高畜禽对营养物质的利用率，降低污物的排放。

（1）选购优质饲料。在选购饲料原料时要选择消化率高、增重快、排泄少、污染少、营养变异小的饲料，如低植酸玉米等。

（2）改进饲料配方。准确地估测不同畜禽在不同生理阶段、环境、日粮配制类型等条件下对营养的需要量和养分的消化利用率，设计配制营养水平与动物生理需要基本一致的日粮。

（3）采用可利用氨基酸平衡技术配制饲粮。用“理想蛋白质模式”，按可利用氨基酸平衡指标，配制符合畜禽生理需要的蛋白质平衡日粮，能够降低饲料粗蛋白质水平，提高日粮中氮的利用率，减少粪尿中氮的排泄量。在生产中最有效的措施是采用合成氨基酸，代替蛋白质饲料，在不影响畜禽生产性能的前提下，使日粮中蛋白质水平降低2%～5%，从而减少氮的排出量20%～50%。

（4）应用酶调控技术。在日粮中添加消化酶，可以减少猪粪排出量。植酸酶可使磷的排泄量降低20%～50%，并能提高畜禽对蛋白质和钙、磷、铜、锌等矿物微量元素的利用率。

（5）控制高纤维的比例。当饲料中纤维素增加时，饲料中的大部分蛋白质和氨基酸的消化率均有下降的趋势，说明饲料中添加过量高纤维素会增加氮由粪便中排出的量。

（6）适当的能量。如果日粮中氨基酸平衡，而能量不足，将导致没有足够的能量供吸收身体内的氨基酸合成动物体组织和产品，这样便会有部分氨基酸充作能源，亦即有些氨基酸必须经过脱胺作用，使其中氨基部分分解成尿素或其他氮化物，降低了蛋白质的利用率，同时增加了尿中的氮量。

（7）使用有机微量元素。过去广泛使用的无机微量元素，由于其利用率低，且易受诸多因素影响，使其被动物吸收的数量远小于理论值。用有机微量元素代替无机微量元素，可降低矿物质微量元素在饲料中的添加量，减轻畜禽微量元素排泄对环境造成的污染。

（8）应用益生素、益生元、酸化剂等微生态制剂。应用微生态制剂不仅能增强肠道功能，提高蛋白质的利用率，抑制大肠杆菌等有害菌的活动，而且可减少蛋白质转化为氨、胺和其他有害物质或气体，降低肠道内容物中甲酚、吲哚、粪臭素和粪便中氨的含量，从而减少粪便臭气。

（9）不使用高铜、高锌日粮。高铜、高锌日粮对畜禽，尤其对猪有显著的促生长和防止腹泻等效果。但长期使用这类饲料，铜、锌大量排出体外，对生态环境是一种潜在的污染，是一种以牺牲环境质量为代价换取生产一时发展的做法，不宜提倡。

（10）改善和控制畜禽舍环境，加强饲养管理。在高度集约化的生产系统中，畜禽场环境因素中的温度、湿度、风速、光照、噪声、饲养管理制度以及卫生防疫措施等，均以不同形式影响着畜禽的饲料转化率。

（二）选用优良品种

改良品种是减少粪便排泄量和粪中总氮量的重要途径。如一头猪的饲料效率由3.5改进到3.0，则从20kg养到100kg，所需饲料可由280kg减少到240kg，亦可减少较多的排粪量；瘦肉型猪对蛋白质的利用率高于非瘦肉型猪。

（三）多阶段饲喂

多阶段饲喂法可提高饲料转化率，一般猪的饲养期分为仔猪期、生长期和肥育期三个阶段饲喂。这种方式已不能满足现代养猪生产需要，而在肥育期，采用二阶段饲喂比采用一阶段饲喂法的氮排泄量减少8.5%。因为当肌肉增长到某一程度就会停止，以后，若再喂高蛋白质日粮，猪摄取的蛋白质或消化后的氨基酸就会转变成能量，与此同时，使较多的氮沉积在粪尿中。因此，饲喂阶段分得越细，不同营养水平日粮种类越多，越有利于减少氮的排泄。

（四）采用清洁生产

（1）采用“干清粪”方式，实行固液分离。这种清粪方式优点是节约用水，比水冲粪便可减少60%～70%的污水排放量。如一个年出栏万头规模的猪场，水冲清粪方式污水排放量为150～200m^3/d，水泡清粪方式为100～120m^3/d，人工清粪方式为50～60m^3/d。该方式同时显著减少了污水中BOD_5、COD和SS（污水悬浮物）含量，提高了污水净度，减少了粪污后处理费用。

（2）建立独立的雨水收集管网和污水收集管网系统，实现雨污分流。尿液沟设置在舍内，通过尿液收集系统流入污水槽。在场内单独设立雨水沟，雨水则通过独立的雨水收集系统收集待用或排除。通过雨污分流可以减少畜禽场的污水10%～15%。

（3）加强畜禽粪便的管理。畜禽场粪便管理原则是尽可能保持粪便的干燥，一方面可减少由粪便内容物的分解而产生臭气，另一方面便于清粪、贮存和运输。主要措施：①建立粪便收集池，定点收集垃圾，可防止畜禽粪便渗漏、散落、溢流；②在畜禽栏设计与建筑上，维持舍内通风、干燥和畜群健康（避免动物排泄稀粪）的环境，都有利于维持粪便的干燥，这适合于猪舍和多层笼养的禽舍；③及时地从畜禽舍内清出粪便并给予适当的处理，虽然费人工，效果较好；④在废水处理现场，经固液分离出来的固体物，也要遵循保持干燥和及时装运的原则，加强现场的管理，避免无遮挡而使雨水侵入。

总之，畜禽生产要从根本上解决生产过程中污染问题，应在污染前采取预防对策，而不是在污染后采取治理措施；将污染物消除在生产过程中，实行全程控制，达到畜禽粪污减量化的目的。

四、产后无害化处理

畜禽粪便中含有丰富的有机物质，经过处理和加工可转化为肥料、饲料和燃料等资源，不仅可解决畜禽养殖场环境污染问题，而且具有显著的经济、社会和生态效益，对促进畜牧业可持续发展，实现农业生产的良性循环有重要意义。

畜禽粪便无害化处理，是指通过物理、化学、生物学及综合处理的方法，系统地处理畜禽场的废弃物以达到净化的目的，并使这些废弃物做到物尽其用，有效地防止对人、畜健康造成的危害及对环境可能形成的污染。

畜禽的粪便通过理化及生物等无害处理后，其中的微生物可被杀死，并使各种有机物逐渐分解，变成植物可以吸收利用的状态，并通过动、植物的同化和异化作用，重新转化为构成动、植物体的糖类、蛋白质和脂肪等。

（一）物理法处理（干燥法）

畜禽粪便的含水量一般为60%～85%，通过干燥处理可减少粪便中水分的含量，便于作进一步储藏、加工、运输。干燥的方法有日光——风能干燥、高温快速干燥、烘干膨化干燥等。

1. 日光——风能干燥　具体方法是在塑料大棚内摊铺湿粪，利用日光加热并强制通风排湿，使塑料大棚干燥；其蒸发能力，夏天可达到4.5～5.0L/（m^2·d），冬季1.5～2.0L/（m^2·d）。据此，可以按粪的含水量和被干燥的蒸发量，简单地计算出所需的大棚面积。此方法具有投资少、易操作、成本低等优点，但处理规模小、土地占用面积大、受天气影响大、干燥时易产生臭味、氨挥发严重、干燥时间较长，还可能产生病原微生物与杂草种子的危害等问题，不能作为集约化畜禽养殖场的主要处理技术。但如改用大棚内设专用发酵槽，槽底铺设通风管道，强制通风增氧，再加机械翻堆，促进粪便好氧发酵脱水，虽增加了投入成本，但却排除了天气影响，且干燥时间较短，较适宜我国采用。

2. 高温快速干燥　高温快速干燥是采用煤、重油或电产生的能量通过干燥机干燥粪便。我国大多利用回转式滚筒干燥机，可在短时间内（约10s）经500～550℃或更高温度的作用，将含水量为70%～75%鸡粪的水分降至18%以下。其优点是不受天气影响，能大批量生产、干燥快速，可同时达到去臭、灭菌、除杂草种子等效果，但存在一次性投资较大，煤、电等能耗较大，处理干燥时产生的恶臭气体耗水量大，以及处理温度较高带来肥效较差、易烧苗等缺点，加上处理产物成本高、销路不畅，使该技术推广应用较困难。

（二）化学法处理

化学法包括化学消毒法和化学除臭技术。

1. 化学消毒　利用化学药物消毒畜禽粪污、杀灭病原微生物的方法称为化学消毒法。此法的优点是操作简单、灵活，处理面积大，但容易引起二次污染。常用的化学消毒剂按作用效果大致可分为高效消毒剂、中效消毒剂、低效消毒剂三种：

（1）高效消毒剂又称为灭菌剂，主要用于杀灭各种细菌、细菌芽孢、真菌及病毒。常用的药物有过氧化物类（过氧乙酸、过氧化氢、臭氧等）、醛类（甲醛、戊二醛）、环氧乙烷、含氯消毒剂（有机氯类、无机氯类）等。

（2）中效消毒剂是指能杀灭细菌繁殖体、真菌和病毒，但不能杀灭细菌芽孢的一类消毒剂，如乙醇、酚类等。

（3）低效消毒剂是指只能杀灭部分细菌繁殖体、真菌和病毒，但不能杀灭结核杆菌、细菌芽孢和抵抗力较强的真菌及病毒的一类消毒剂。

2. 化学除臭　直接加入氧化性气体（如O_3），消除臭气的方法，称为化学氧化除臭法。使用化学氧化除臭技术可以有效地达到氧化有害物质，消除臭气的目的，但运行成本偏高，在实践中无法大规模运用。

(三) 腐熟堆肥法(生物法)处理

腐熟堆肥法指利用好氧性微生物在有氧环境中分解粪便与垫草固形物的方法。畜禽粪便虽为高质量浓度的污染物，但粪便中含有大量的氮、磷、钾等物质，都是植物所需的养分。

畜禽的粪便由于管理方式、饲料成分和畜禽种类、品种、年龄的不同，其中所含的氮、磷、钾量也有很大的差异。禽粪中氮、磷含量几乎相等，钾稍偏低，其中氮素以尿酸盐形态为主，尿酸盐不能直接为作物吸收利用，且对农作物根系生长有害，因此须腐熟后才能施用。

1. 腐熟堆肥机理 腐熟堆肥是一种传统而行之有效的粪便处理方法。它是将粪便与垫草等固体废弃物混合堆积起来，通过控制粪便的水分、酸碱度、碳氮比和空气、温度等环境条件，使微生物大量生长繁殖，进而使畜禽粪便中复杂有机物降解为易被植物吸收的无机质和腐殖质的过程。在此过程中产生大量的热量使堆内温度可达 60～70℃，并能持续较长一段时间，有效地杀灭了粪便中的各种致病菌和寄生虫卵，消除了它们对作物生长及对人畜健康的影响，达到无害化的要求。例如新鲜猪粪中含有多种病原微生物，通过腐熟堆肥基本上都可以杀死。

2. 腐熟堆肥过程 要经过生粪→半腐熟→腐熟→过劲 4 个阶段，即粪肥中有机物质在微生物作用下进行矿质化和腐质化的过程。矿质化是微生物将有机质变成无机养分并释放能量的过程，也就是速效养分的释放；腐殖化则是无机物再合成有机肥的过程，也即是粪肥熟化的标志。各种畜禽粪肥种类不同，但所含有机物主要是碳水化合物和含氮化合物。在堆肥的外层，有机物进行有氧分解，含氮化合物经硝化细菌作用最终被氧化成硝酸，于是使粪肥达到矿质化；在堆肥内部，由于水分过多或压紧形成局部厌氧条件，几乎没有硝酸盐产生，有机质变成腐殖质。所以此时粪肥既有大量速效氮被释放，能闻到臭味，又有腐烂黑色的腐殖质，这表明粪肥已腐熟，其腐熟度比较高。

一般来说，粪便堆腐初期，由于微生物对有机物的不断分解，温度由低向高发展。低于 50℃为中温阶段，堆肥内以中温微生物为主，主要分解水溶性有机物（淀粉和糖类）和蛋白质等含氮化合物。堆肥温度高于 50℃时为高温阶段，此时以高温好热纤维素分解菌分解半纤维素、纤维素等复杂碳水化合物为主。当高温期持续一段时间后，易于分解的有机物已大部分分解，剩下的是木质素等难分解的有机物，这时微生物活动减弱、产热减少、温度下降。堆肥温度下降到 50℃以下，以中温微生物为主，腐殖化过程占优势，含氮化合物继续进行氨化作用，这时应采取盖土、泥封等保肥措施，防止养分损失。

在堆肥过程中，伴随着有机物分解和腐殖质形成的过程，堆肥材料的质量和体积也发生着明显的变化，通常由于碳素等挥发成分的分解变化，质量和体积均会减少 1/2 左右。

3. 堆肥发酵条件

(1) 足够的氧气。堆肥初期应保持好氧环境，加速粪肥的氨化、硝化作用，后期使堆内部分产生厌氧条件，以利于提高腐殖化和氨的保存。

(2) 适宜的温度。从好氧堆肥的生物作用过程看，堆内温度应保持在 50～70℃，这是监测堆肥发酵过程正常进行的重要指标。若温度过低，表明微生物活动不够，分解作用缓慢。堆肥开始2～3周仍不产生高温，就必须重新调整各项条件，以保持发酵过程的顺利进行。温度过高，多种微生物无法生长，会影响发酵的速度，温度应尽量控制在65℃以下。

（3）含水率。堆肥发酵最适含水率50%～65%，低于30%，微生物增殖受抑制；高于75%，空隙率低，氧气不足，好氧发酵不完全，所释放的能量不足以使温度上升到50℃。

（4）微生物数量。堆肥发酵的有关微生物在畜禽粪便中有很多，主要包括细菌、丝状菌及放线菌三大类。堆肥开始由中温性细菌、丝状菌先分解糖类、蛋白质后产生高温；其次，再由好热性细菌、丝状菌及放线菌等分解；之后再经中温性微生物继续分解而腐熟。

（5）养分。堆肥中碳水化合物是微生物生长的能量来源之一，而氮则是组成蛋白质的重要元素。平均每利用30份碳需1份氮，适宜的堆肥物料碳氮比（C/N）为25∶1。太高的C/N会使微生物因为缺乏足够的氮而无法快速生长，使堆肥进展缓慢；太低的C/N则过剩氮会转变成氨逸散于大气而损失。各种畜禽粪的碳氮比大致为：牛粪为20～23∶1，猪粪为10～14∶1，鸡粪为9～10∶1，羊粪为12∶1，马粪为13∶1。

（6）pH。堆肥微生物喜微碱性，即pH为7.0～8.0适宜。

（7）堆肥时间。堆肥时间主要影响粪肥的安全性、稳定性和无害化程度。猪粪、牛粪需3～4周，鸡粪需2周，其有机质残留比较稳定，但达到完全腐熟需要更长时间（2～3个月）。

4. 堆肥制作流程　包括发酵前处理、发酵处理、二次发酵（后熟发酵）、筛选和装袋，这里着重介绍前两个环节。

（1）发酵前处理。

①调整含水率。调整水分常见方法有4种：a. 添加稻壳、谷糠、碎秸秆、木屑或甘蔗渣等当地来源容易的农副产品；b. 添加已发酵的堆肥；c. 干燥；d. 机械脱水。

②调整碳氮比。除牛粪外，一般畜禽粪的碳氮比均不足，因此，在畜禽粪便好氧堆肥中最好添加一定量的碳源。调整材料常用高C/N的稻壳（C/N为70∶1）、菇类（C/N为57∶1）以及木屑（C/N为298∶1）等。

③调整pH。堆肥微生物喜微碱性，即pH为7.0～8.0，贮藏时间久而pH降低时可用石灰调整。一般堆肥的酸碱度不用调节，鲜牛粪的pH为7左右，腐熟变化初期常升到9.5左右，腐熟完成后又回降到7.5左右。

④混合均匀。

（2）发酵处理。

①增加微生物数量。在制作堆肥时增加微生物的方法：在原始材料中加入10%～20%的含有大量菌种的腐熟堆肥，既可提供部分微生物，又可调整水分含量；向堆肥中加入发酵剂（菌种）可以加快生物处理的速度，如岛本酵素菌、EM菌、玉垒菌等。

②控制温度。温度可以通过改变通气量及使用翻堆的方法来进行调节，当堆温高于65℃或堆温下降时就应翻堆。

③通气。在机械堆肥中，要求的强制通风量为每立方米堆肥0.05～0.2m³/min。通气的方法：通过添加辅助材料提高混合材料的空隙率，使其具有良好的通气性；鼓风通气，可促进腐熟，缩短处理时间，通风装置一般采用高压型圆形鼓风机；通气沟通气和翻堆，没有鼓风通气效果好，但耗能较小，目前仍在广泛使用。鼓风通气和通气沟通气有利于有

机残体物料的迅速分解，转化成腐熟的有机肥。单一翻堆而不通气不利于有机残体物料的分解。翻堆的次数，以每隔1～2d翻堆一次为宜。特别是在无其他通风措施时，翻堆是控制通气量和温度的唯一办法。

④搅拌、翻转。适度搅拌、翻转可使发酵处理材料和空气均匀接触，同时有利于材料的粉碎、均质化。

⑤有机质分解时间。各种堆肥条件适宜时，通常，堆体内温度第1天可升至50℃，并维持4～6d，期间有机物进行成分降解，7d后基本完成腐熟过程。然后，进行分解产物的矿化，堆体温度逐渐下降至常温，堆肥所需的各种条件适宜，使腐熟更快、效果更好。现代人工堆肥，由于能更好地采用设施和设备，如发酵机、发酵塔、发酵滚筒等，一般均可做到6d基本完成有机物降解的腐熟过程，不会再产生臭气，继续堆放20d左右可完成降解产物的矿化、腐殖过程。

5. 堆肥腐熟程度的判定

（1）测定堆肥温度。堆肥发酵过程产热，数天内温度急速上升。一般堆体温度应控制在60℃左右，超过70℃则会造成过熟。高温持续几天后下降，经过几次堆温上升、下降之后，堆温已不再上升，即可认为堆肥腐熟。

（2）有机质分解。堆肥处理过程，有机质因不断分解而减少。经过一段时间，有机质残存率呈稳定不变时，可认为堆肥腐熟。

（3）肥料质量。外观呈暗褐色，松软无臭。首先是观察苍蝇滋生情况，如成蝇的密度、蝇蛆死亡率和蝇蛹羽化率；其次是大肠杆菌值及蛔虫卵死亡率（表3-2）。

表3-2　高温堆肥法卫生评价标准（建议）

编号	项　目	卫生指标
1	蛔虫卵死亡率	95%～100%
2	大肠菌值	10^{-2}～10^{-1}
3	苍蝇	有效地控制苍蝇滋生

堆肥作为传统的生物处理技术经过多年的改良，现正朝着机械化、商品化方向发展，设备效率也日益提高。加拿大用作物秸秆、木屑和城市垃圾等与畜禽粪便一同堆肥腐熟后作商品肥。一些欧洲国家已开始将养殖工序由水冲式清洗粪便转回到传统的稻草或作物秸秆铺垫吸粪，然后实施堆肥利用的方式。

（四）发酵床堆肥处理

发酵床技术是好氧发酵堆肥技术的演变，它是一种无污染、零排放的有机农业技术。

1. 发酵床机理　利用周围自然环境的生物资源，即采集本地土壤中的多种有益微生物，通过对这些微生物进行培养、扩繁，形成有相当活力的微生物母种，再按一定比例将微生物母种、锯木屑以及一定量的辅助材料和活性剂混合，发酵形成有机垫料（图3-1、图3-2）。在经过特殊设计的猪舍里，填入上述有机填料，再将仔猪放入猪舍。猪从小到大都生活在这种有机垫料上面，猪的排泄物被有机垫料里的微生物迅速降解、消化，不再需要对猪的排泄物进行人工清理，实现零排放生产有机猪肉，同时达到了减少畜禽粪便对环境污染的目的。

图 3-1　发酵床猪舍制作

图 3-2　发酵床猪舍

2. 发酵床猪舍的设计要求　合适的猪舍是发酵床养猪技术能否成功的重要环节。发酵床养猪，猪排泄的粪便和尿液中的有机物和水分，通过垫料微生物发酵产生的热量和水蒸气而挥发掉。因此，对发酵床猪舍设计有一些特殊要求。

（1）发酵床猪舍要求通风性能良好。

①猪舍檐口净高度应达到 3.5～4.0m。

②采用敞开式或半敞开式猪舍，南北围护墙的高度按垫料池挡墙高度确定。

③采用密闭式猪舍（产房、保育舍），要设计好机械通风、降温设备。

（2）垫料池设计应合理。

①垫料的厚度根据饲养的猪日龄不同而不同，一般为 0.5～0.9m，垫料池的挡墙高度应比垫料的表面高度高 0.2～0.3m。

②要防止猪舍外雨水和地下水渗透到垫料中。

③水泥池底要设计 1%～1.5%的坡度，并做好垫料池内、外排水设计。

④要有便于机械设备进入垫料池的通道，垫料在运行中要经常翻动，每个垫料池设计 2.5m 宽通道。

⑤可设计单个栏垫料池、多个栏垫料池。

（3）合理设计采食台。

①宽采食台。混凝土硬化地面，宽为 1.5～2.5m，面积占猪舍的 20%～30%，为猪采食、活动与休息的场所，适用于南方气温较高地区。

②条形采食台。猪只采食时饲料掉在采食台上便于收集，采食台宽度为 0.15～0.25m，适用于北方寒冷地区。

（4）合理安装饮水器。饮水器安装在南侧采食台上，有利于冬季水保温。每 15～20 头猪安装一个，在饮水器下方设向外倾斜平台、排水沟，以便将猪在饮水过程中洒下的水排到猪舍外。

（5）设计垫料进出口、通气与渗滤液排放口、渗滤液收集池。在靠发酵床的外墙设置垫料进出口、通气与渗滤液排放口，在猪舍外设置渗滤液收集池。垫料进出口主要是方便垫料进出和发酵床清理，一般宽度为 1.2～3.0m，数量依据猪舍大小设置，一般 10m 宽的猪舍设置 5～6 个即可。通气与渗滤液排放口平时作为通气孔，当垫料水分过高时作为渗水孔。为保护猪舍外环境，在猪舍外墙挖 1.2～1.5m 深的集水池，渗滤液通过明沟流入收集池。集水池上要加盖防护，明沟及集水池均要高出地面 15cm，以免雨水倒灌。

（6）每间猪舍净面积约 25m^2，可饲养肉猪 15～20 头。

3. 发酵床制作材料准备

（1）土壤微生物。土壤微生物可以在不同的季节、不同的地点采集，采集到的原始菌种宜放在室内阴凉、干燥处保存。菌种即土壤中多种有益微生物的群体，是通过培养基培养出来的，混合加入发酵床的填充料后，会在稳定有益的环境中迅速繁殖。菌种对碳水化合物的需求量较大，一般又喜偏酸性的环境，附有大量醋酸菌的锯末等填充料正好适应有益微生物的生长。同时，畜禽排泄物又为各种微生物生长繁殖提供了丰富的有机氮源，所以在发酵床里，各种有益微生物能不断繁殖，并在生长和繁殖过程中产生热量。加上猪的翻拱搅拌，使发酵床得以持续处于恒温状态。

（2）活性剂。活性剂是由生长激素集中的幼芽、疏果后小果、成熟的水果、充满蜂蜜和香味的花等材料混合红糖发酵后制成的“天惠绿汁”、氨基酸液以及由光合菌群、乳酸菌群、酵母菌群、革兰氏阳性放线菌群、发酵系的丝状菌群五大菌群等组成的“EM 原露”等制成，主要用于调节土壤微生物的活性。当土壤微生物活性降低时，可以用活性剂提高土壤微生物的活力，以加快对排泄物的降解、消化速度。

（3）有机垫料。有机垫料就是将锯末、粉碎的玉米秆、黄土按一定比例混合的物质。锯末、粉碎的玉米秆带有大量的醋酸菌，极易发酵，是发酵床制作过程中不可缺少的填充物质。黄土是自然环境的纯净土壤，含有多种有益微生物，如果在适合的生长环境中，这些微生物就会迅速繁殖并与其他合成微生物迅速融合，形成有益微生物的生理优势，从而抑制了杂菌的生长繁殖。

在发酵床中，一般木屑占 90%，黄土和少量的粗盐等占 10%。一间面积为 25m^2 的猪舍，约需木屑 3 750kg、黄土 415kg、盐 12kg、微生物原种 50kg、水 1 000kg 和营养液（天惠绿汁、乳酸菌、动物氨基酸、米醋等的混合原料）8kg。有机垫料混合以后还要加入水分，加水量以手用力攥时不滴水为度（此时含水量约为 60%）。如果有机垫料不足，可先铺 50cm 深的玉米秸秆或 30cm 厚的稻皮，然后再铺上有机填料。为有利发酵，有机填料中还可加入适量酒糟、谷壳，经过 2～4d 发酵就可以使用。填料中食盐的作用是抑制醋酸菌的活动，防止其将乙酸进一步分解成为二氧化碳和水。食盐还有助于发酵床在恒温状态下，发酵生热。

4. 发酵床制作　发酵床有地上式、地下式和半地下式三种。地上式垫料高度为 50～100cm，保育舍 50cm，育成舍、母猪舍 80～100cm。地下式垫料高度为 40～80cm，保育舍 40cm，育成舍、母猪舍 80cm。半地下式为 50～90cm，保育舍 40～50cm，育成舍、母猪舍 80～90cm。地下式和半地下式发酵床要先挖坑，坑挖好后将有机垫料放入（图 3 - 3）。

铺垫发酵床的顺序是：先将锯屑、土、微生物原种一层一层铺好，喷上盐、水和营养液，当填料铺至 50%时，开始调节水分，使之达到 60%～65%。猪圈垫料填满后，放猪

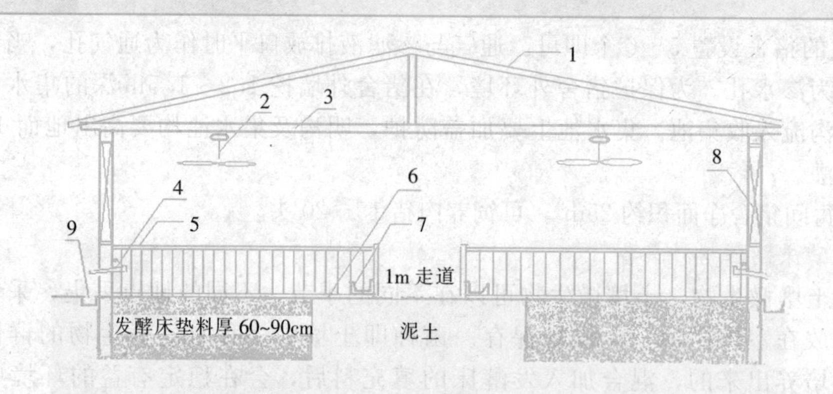

图 3-3 双列地下式发酵床猪舍剖面图

1. 采用透气瓦片，如不透气需设排气孔 2. 吊扇或壁扇 3. 天棚
4. 饮水器下面托盘 5. 猪栏，高 1m，长 4m，宽 3m
6. 猪栏内水泥地面，宽 1m 7. 猪食槽 8. 窗户 9. 排水沟

饲养。2～3 个月后，低层成为自然繁殖状态，中部形成白色的菌体，其温度可达到 40～50℃，猪粪发酵。经使用一年的有机垫料，是一种高档次的有机肥料，其有机质含量为 61.05%，N 含量为 0.52%，P 含量为 0.9%，K 含量为 1.3%；其完全可以替代工业化肥，用于生产有机农产品，目前市售价每吨 800 元左右。4～5 头肉猪的有机垫料，可以生产 1t 优质有机肥料。

5. 发酵床管理 发酵床管理中应注意以下几点：

(1) 饲养密度要恰当，一般以每头猪占地 1.2～1.5m^2 为宜。小猪可适当增加饲养密度。

(2) 发酵床床面要保持一定的湿度，使之经常保持在 60%左右，如水分过多应打开通风口排湿；如过于干燥，可通过定期喷洒活性剂进行调节。

(3) 生猪入圈前要先驱虫，防止将寄生虫带入发酵床，使猪重复感染发病。

(4) 要密切注意土壤微生物菌的活性，及时补充微生物原种和营养液。

(5) 饲料投喂，不可过量。每次投喂应控制在正常量的 80%，以利于猪翻地面。粪尿成堆时，可挖坑掩埋。

(6) 猪舍内禁止使用化学药品和抗生素类物品，防止伤害土壤微生物，影响微生物活性。发酵床可以连续使用 5～7 年，不用清理，猪粪只需每日埋 1 次。

(五) 料槽式、好氧高温、机械翻堆发酵处理

料槽式、好氧高温、机械翻堆发酵技术是一种现代化堆肥处理技术。技术系统分两种模式：一是粪尿处理分体化技术；二是粪尿处理一体化技术。这里着重介绍前者。

1. 基建及设备

(1) 场地。一年出栏在万头左右猪场需场地 1 300m^2 左右，最佳设计是长 110m、宽 12m。如年出栏 2 万头以上则需场地 2 000m^2，场地用水泥浇成。

(2) 预处理棚。新鲜猪粪由于含水量太高（含水率 80%以上）很难发酵，必须进行预处理。处理棚不用太高，只要能遮雨即可，四周开一条排水沟和蓄水池。

(3) 发酵槽。年出栏在万头左右猪场，建 1 条发酵槽即可，槽的规格：长 80～100m，

宽 5m（二条道轨中心距离），高 75～80cm。发酵槽两边用砖砌成，用水泥抹面，上面安装钢道轨。翻堆机在道轨上行走，翻堆发酵物料（图 3－4）。年出栏在 2 万头以上猪场，则建 2 条以上发酵槽，槽与槽之间安装轨机和轨道；或建一条宽度为 8m 以上的发酵槽，由翻堆机自己移动，进行来回翻动。

图 3－4　畜禽粪便机械翻堆发酵处理

（4）发酵车间。发酵车间可以是钢棚结构、砖瓦结构，也可用尼龙布覆盖的棚架结构，其车间规格为长 100～110m，宽度 10～15m，净高度 3.5～4m。四面墙体可以用砖块砌成，也可用上下拉动的尼龙布。顶棚最好用阳光板，可以提高室内温度。棚顶可以是半开放式的，也可以是全封闭式的，用排风扇排除水蒸气。

（5）翻堆机。装有带铲的旋转滚筒，还装有行走装置可进退行走，翻铲旋转将机器行走前面的肥料不断地翻到后面以达到翻拌的目的。

2. 发酵工艺流程　将畜禽粪便和添加物质按一定比例进行混合，在有氧的条件下，借助好氧微生物和槽式翻堆机的作用，使物料能自行增温、除臭、缩水，在短期内达到破碎、无害化和腐熟的目的。

（1）进入发酵前的预处理。同好氧堆肥处理。

（2）进入发酵槽后处理。

①添加发酵菌种。畜禽粪污经预处理运到发酵槽后，要按新鲜粪量添加发酵菌种，一般加入量为 0.2%～0.3%。添加发酵菌种要注意两点：一是视发酵菌种的纯度和组合的不同调整添加量；二是添加菌种时要搅拌均匀。

②控制发酵温度。物料用翻堆机搅拌打碎，一般 2～4d 后即可开始升温，这阶段一般 2d 翻 1 次，使之通气，有助于水分蒸发；待温度达到 55℃以上时，1d 翻 1 次；当温度高于 70℃时，1d 翻 2 次，间隔时间 6h 左右，这样使其高温（55～65℃）发酵时间持续15～25d，使发酵物料得到均匀破碎、充分腐熟。堆放期间，如发现温度高于 75℃，应增加翻堆次数，使发酵温度控制在 75℃以下，整个发酵过程冬长夏短。

③有序地进出料。发酵槽每天只能从一端进 1 次料，从另一端出 1 次料，每天物料前进 3.5m 左右。槽长 100m，整个发酵过程需 25～30d 时间。一般冬长夏短。翻堆机要落实专人使用，加强技术培训，执行安全操作规程。

五、畜禽粪便的资源化利用

畜禽粪便是一种有价值的资源，它包含农作物所必需的氮、磷、钾等多种营养成分

（表 3-3），若施用于农田则有助于改良土壤结构，提高土壤的有机质含量，促进农作物增产。经处理后亦可作为饲料，具有很大的经济价值。

表 3-3 畜禽粪便中主要的可利用成分

种 类	干物质（%）	可利用氮（kg/t）	总磷（kg/t）	总钾（kg/t）
肉鸡类	60	10.0	25.0	18.0
蛋鸡类	30	5.0	13.0	9.0
牛 粪	6	0.9	1.2	3.5
猪 粪	6	1.8	3.0	3.0

（一）畜禽粪便饲料化利用

畜禽粪便中含有多种营养物质，最有价值的营养物质是含氮化合物，合理利用畜禽粪便中含氮化合物，对解决蛋白质饲料资源不足问题有积极的意义。鸡日粮中的氮有 70%以上会随粪便排出，因此鸡粪具有很高的饲用价值。鸡粪中粗蛋白质的含量，在干物质基础上，一般可超过 25%。但鸡粪中大量的氮是以非蛋白氮（尿酸盐、氨、尿素、肌酸等）的形式存在，一般不能被动物直接利用。因此，鸡粪经处理后饲喂牛、羊效果最好。猪、牛、羊粪的营养价值不如鸡粪，这是由于猪、牛、羊的消化能力强，而且它们的粪、尿分别排泄，非蛋白氮从尿液排出体外，粪中蛋白质的含量很低。

1. 鸡粪用作饲料的处理 有青贮法、干燥法、分解法及发酵法等，其中发酵法最适合鸡粪处理。发酵法可分为：普通发酵法、两段发酵法、微发酵法。

（1）普通发酵法处理。先按玉米粉 50%、棉粕或菜粕 50%、食盐 0.5%的比率配成混合料。然后将混合料加入鲜鸡粪中，在混合机中混合或在地上搅拌。混合料用量应根据鲜鸡粪的含水率来进行调整，调至用手紧握能成团，轻触即散开为度，混合后原料颗粒直径应不大于 1cm。

混合好的待发酵料可堆成高 60cm、宽 100cm 的梯形，长度不限，堆积时不可踩压，让其保持松散状态，以保证好氧环境。上面覆盖透气性保温材料，如草帘、麻包等。利用鸡粪中的野生菌发酵产热，温度可达 55～65℃，可以杀灭绝大多数致病菌和寄生虫卵，并能利用鸡粪中的非蛋白氮转化为菌体蛋白，同时还可产生其他一些有益的成分，如酶、B 族维生素等。发酵过程中如果温度下降，说明氧气已耗尽。应在堆积 36h 后进行 1 次翻堆增氧，并将表面和底层料翻到中间，以保证发酵均匀。翻堆后 24～36h，就可将发酵料在日光下暴晒干燥。干燥后的鸡粪粉碎后，筛除其中的鸡毛等杂质，装袋备用。

鸡粪中的粗蛋白质含量较高，但可利用能值较低，因此，混合好的待发酵料也可与玉米粉等能量饲料混合，调整碳氮比，促进瘤胃微生物群落发育，有利于加快牛羊对鸡粪营养成分的利用。可以考虑用 40%～50%的鸡粪与 50%～60%的玉米粉混合，另加入 1%的食盐。还可加入一些香味剂，以掩盖鸡粪的不良气味，增强适口性。

（2）两段发酵法处理。

①好氧阶段。先将鸡粪除去杂物，按 32.5%的鸡粪、40%的草粉（木薯粉、米糠）、15%的麸皮、10%的玉米面、2%的食盐与 0.5%已接种活性多酶糖化菌的调制液充分拌匀，使混合料含水率达到 60%左右；即用手捏，能见水珠而指缝内不滴水，手松即散为宜。然后将混合料松散堆放在水泥地面，用麻袋或塑料薄膜覆盖保持料温。发酵温度控制

在28～37℃，好氧发酵12h后翻堆，再好氧发酵24h。

②厌氧阶段。将经过好氧发酵的原料装入事先准备好的水泥池内层层踏实，原料高出池口约10cm，其上覆盖塑料薄膜、加盖细沙，使之不漏气、不浸水。厌氧发酵10～15d后，病原菌被杀灭，鸡粪转化成营养丰富、无菌的生物性饲料。

这种方法处理的饲料颜色金黄、有苹果酒香味、营养丰富、适口性好，畜、禽、鱼均喜欢吃。另外，在厌氧发酵过程中所产生的挥发性脂肪酸和乳酸等有机酸性物质能显著抑制白痢杆菌等肠道病菌的繁殖，提高畜、禽、鱼的抗病能力。经过两段发酵成熟的鸡粪饲料还可以自然晒干或用烘干设备烘干后加工成颗粒饲料。

(3) 微发酵法处理。微发酵法是一种配方独特、饲用价值高的实用技术。处理步骤如下：

A. 微储设施和原料的准备。①微储窖的建造。鸡群规模在100只以下，可用2个水缸进行微储；鸡群规模在100只以上，可选择地势高燥、向阳、排水方便、离禽舍近的地方挖一土窖建成水泥池，以经济、方便、实用为原则，具体大小视鸡粪微储再生饲料的用量和原料多少而定；②原料及药品准备。选用新鲜无污染鸡粪，并且按每1 000kg鸡粪配食盐2kg、尿素3kg、草粉250kg的比例分别准备好各种用料，同时准备10g鸡粪发酵培养基和适量塑料膜。

B. 鸡粪微储再生饲料的制备。

①预处理。鸡粪在微储以前必须捡净鸡毛等混入鸡粪中的杂物。

②培养基溶液的配制。根据鸡粪重，将相应用量的食盐和尿素溶于水中，再将相应用量的鸡粪发酵培养基溶解于此溶液中，配制培养基溶液。

③混合铺装。首先，将配制好的培养基溶液和草粉分别加入鸡粪中，边搅拌边加水，使其混合均匀，并随时检查含水率是否适宜。检查方法是：用手握料，以指缝间见水滴而不往下掉为宜，即含水率达60%左右。其次，将土窖或水泥池的底部和四周分别铺上塑料膜，然后把微储料分层装入，每层装20～40cm，踩实压紧，排出空气，尤其是四周部分。若用水缸，则不需铺塑料膜，装入方法相同。

④封口。当微储料装到高出窑口或池口时，可用塑料膜覆盖窑口或池口，并在上面压40～60cm厚的黄土层，堆成馒头形。若用水缸，用塑料膜盖严缸口，周围用绳子扎紧，并在上面压20cm厚的泥土。封窑后要经常检查，发现裂缝及时用土填平，并在四周挖好排水沟，防止雨水渗入。

⑤发酵时间。封窑后，视气温高低，一般7～15d完成发酵过程，即可开窑饲喂。

(4) 现代发酵法处理。随着畜禽业规模化、集约化的提高，为减轻劳动强度，以上发酵法处理规模化养殖场已较少应用。目前，应用最多的是好氧机械翻堆发酵法处理（同前），发酵过的畜禽粪便既可作肥料，也可作饲料、水产饲料的添加剂，或直接作水产饵料。

2. 饲喂

(1) 鸡粪喂牛羊。用鸡粪喂牛羊等反刍动物时，比较好的处理方法是堆贮或窖贮，可以有效地改善饲料的适口性、提高饲料营养价值，且杀灭病原菌及寄生虫卵。这一处理方法类似于制作青贮饲料。因此，鸡粪可以和全株玉米一起做成青贮料。但在青贮时，加入的量不能过多，用含30%（干物质基础）鸡粪的玉米青贮较好。若喂肥育青年母牛，效果与喂青贮玉米加豆饼相同。

①用鸡粪饲喂牛时，要注意日粮的能量和灰分的含量。因鸡粪含能量低而灰分含量高，为解决这一问题，应加入高能量的饲料原料，如块根类、谷物、水果加工下脚料和糖蜜，可使鸡粪中的非蛋白氮得到充分利用，从而保证以鸡粪为基础的日粮营养成分平衡。

鸡粪喂牛的使用量：奶牛最大用量为20%～30%，即每天每头牛饲喂4～6kg干鸡粪；后备牛、越冬母牛最大用量为70%；肉牛日粮中，最多可添加占干物质质量40%的鸡粪。

②用鸡粪喂羊时，与牛相似，可充分利用鸡粪中丰富的非蛋白氮。但需特别注意的是：在确定垫草的用量时，应以含铜量不超过允许含量为准，因鸡粪垫草中铜的含量较高，易产生毒性。

鸡粪喂羊的使用量：在羊的日粮中使用35%的鸡粪，可基本满足其蛋白质需要量和大部分的能量需要量。对种羊添加量可达50%；生长期的羔羊，在日粮中添加量最高可达70%。

（2）鸡粪喂猪。国内外有不少试验表明，用鸡粪喂猪现已取得肯定的效果。在猪日粮中加入少量的鲜鸡粪，不但没有什么副作用，而且还可明显地刺激食欲和生长。

利用鸡粪喂猪要注意以下问题：鸡粪所含能量对猪而言较低；鲜鸡粪中真蛋白质含量较低（10%左右）且大量的非蛋白氮不能被猪利用。因此，在使用时，需对鸡粪作适当地处理，并限制添加量。用笼养鲜鸡粪（不含垫料）喂猪，国内有不少资料报道，在日粮中的加入量为4%～7%效果较好；用发酵鸡粪喂猪，鸡粪经发酵处理后，可提高真蛋白质的比例，在猪饲料中添加发酵鸡粪是利用鸡粪的较好方法。有资料报道，在猪日粮中可加入50%以上的发酵鸡粪，但应注意鸡粪的能量低、矿物质含量高以及其对肉质可能产生影响。因此，一般在日粮中可添加20%以下；对于鲜鸡粪经自然干燥脱臭、过筛、粉碎后喂猪，可用20%的鸡粪代替10%的混合精料效果较好。

（3）用鸡粪喂鱼。近年来用鸡粪养鱼的方法在许多发展中国家迅速推广，利用鸡粪养鱼不但能扩大饲料来源，降低饲料成本，提高经济效益；而且还能减少环境污染，建立良性生态循环系统。

鸡粪给鱼提供了丰富而全面的营养成分，并且某些鱼类（如罗非鱼、鲶、鲢等）利用鸡粪的能力较强。传统上一般直接将鸡粪撒入鱼塘中喂鱼。但在使用时需注意的是：鸡粪进入水体后会对水产生一定程度的污染，特别是鸡粪中的耗氧物质会使水中的溶解氧含量降低。因此，必须对鸡粪作适当的加工处理并控制其使用量。

随着养鱼业的发展，用鸡粪喂鱼越来越普遍，其干燥处理后与其他饲料原料（如面粉、豆饼等）混合可配制成营养成分丰富的颗粒饲料。通过试验表明，该饲料使用量可达30%；利用这种饲料养鱼，可加快鱼的增长速度、提高产量、降低成本，从而使养鱼生产的经济效益大大提高。

3. 鸡粪作饲料应注意的问题　用鸡粪作饲料饲喂家畜时，必须注意鸡粪饲料的安全性。畜禽粪便是一种有害物质的潜在来源，畜禽粪便中不仅常常有许多病原微生物如细菌、病毒、真菌毒素、寄生虫等，而且还有药物（抗生素、磺胺类药物、抗球虫药物等）、激素、矿物元素（如铜、铅、汞、砷等）残留。如不在作饲料利用之前进行无害化处理，极易造成重复感染或中毒现象；同时由于粪便异味不易完全去除，影响动物的适口性。因此，鸡粪在用作饲料之前，要经过适当的加工处理，并根据鸡粪的营养成分合理控制用量，使日粮的组成尽可能平衡，从而避免鸡粪作饲料对畜禽健康造成影响。

（二）畜禽粪便肥料化利用

畜禽粪便直接作为农家肥料使用在我国已有数千年的历史，传统的方法是采用填土、垫圈或堆肥的方式；如今，伴随集约化养殖场的发展，人们对畜禽粪便肥料化的技术及产业化进行了深入的研究，目前研究较多、应用最广的是将畜禽粪便加工制成精制有机肥或有机复混肥（包括有机专用肥）。

现在所说的畜禽粪便肥料化，实际上是指采用先进的生物和化学技术及其配套的加工机械设备，集中处理有机物料，生产出有机成分含量较高的商品化精制有机肥或有机复混肥（包括有机专用肥）的过程。

1. 畜禽粪便肥料化的操作程序

（1）堆肥化。堆肥化是使畜禽粪便无害化的有效方法之一，是一种集无害化处理和资源循环再生利用于一体的方法。把经雨污分离、干燥分离，用干清粪方式收集到的畜禽粪便渗入高效发酵微生物菌剂，加入木屑等添加剂，调节粪便中的碳氮比，控制适当的水分、温度、氧气、酸碱度进行发酵处理。堆肥化可使被处理的畜禽粪便最终产物腐熟、干燥、无臭气，容易进入后一道工序进行加工处理。

（2）加工处理。将堆肥腐熟的有机肥料初级产品进一步干燥、粉碎、筛分至一定的细度，制成精制粉状有机肥；或单独造粒制成商品颗粒有机肥；或再配入一定量的氮、磷、钾肥，经搅拌或拌和、挤压或圆盘造粒、冷却、包装，即得有机复混肥。

2. 精制纯有机肥的生产

（1）工艺流程。纯有机肥加工厂的核心是发酵，是把未腐熟的畜禽粪便加工成发酵好的、技术指标符合 NY 525—2002、能被农作物利用的有机肥料；形状有粉状和颗粒状。有机肥料加工企业的生产工艺流程见图 3-5。

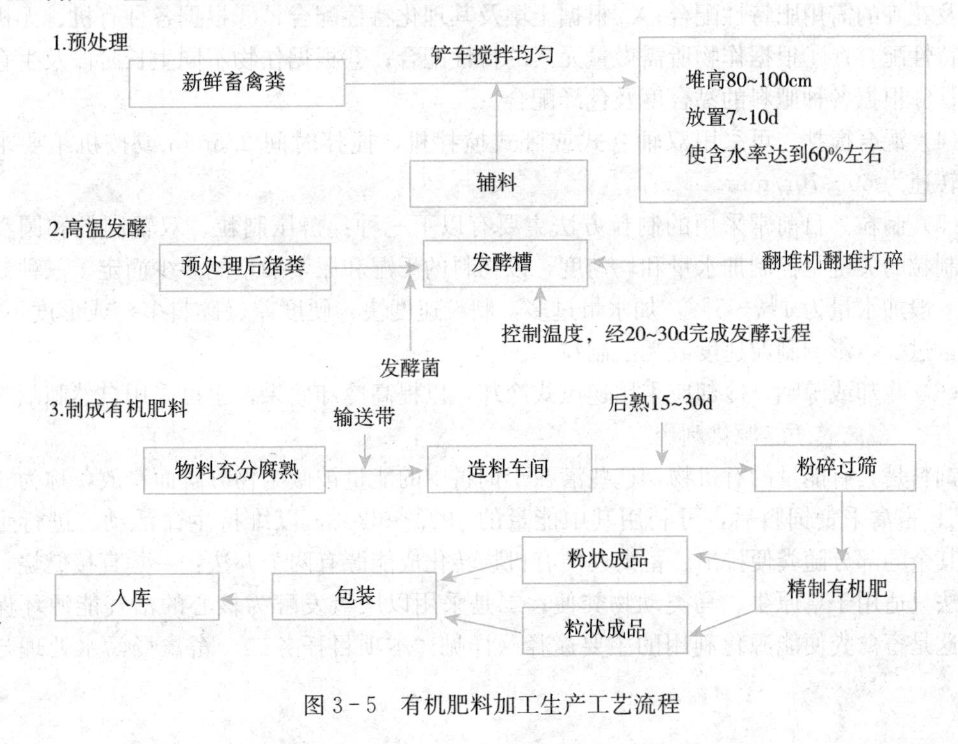

图 3-5 有机肥料加工生产工艺流程

（2）生产设备。有发酵翻料机、搅拌机、粉碎机、筛分机、输送机、造粒机。

3. 利用畜禽粪便生产高效有机复合肥料 畜禽粪便富含有氮、磷、钾及多种微量元素，但含水量大、施用不方便，养分含量也不平衡，农作物利用效率低。而利用畜禽粪便生产的高效有机复合肥，适应了农业的可持续发展和绿色产品的要求，同时提高了畜牧业生产的附加值和经济效益。可根据当地土壤中氮、磷、钾等多种微量元素的含量，以及不同植物在不同时期的营养需要，添加适当的补充成分，生产全价有机复合肥料，其工艺流程见图 3-6。

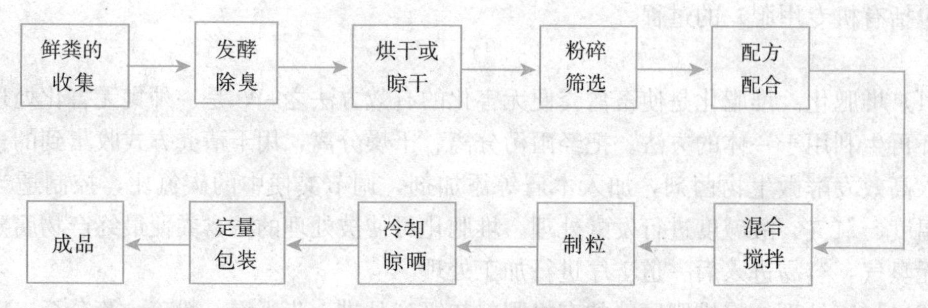

图 3-6 高效有机复合肥料工艺流程

（1）干燥。可采用机械烘干，高温 320℃瞬间干燥。如果温度过高会增加氮的损失；温度过低会延长烘干时间，不利于配合。因此以 320℃烘干氮损失最少，也可自然晾晒干燥。

（2）粉碎。以 5～6mm 网筛粉碎最好。过细易造成堵机，过粗不利于配合。

（3）配合。生产全价配方复合肥应根据以下几点综合考虑添加物的用量：①根据各种作物及花卉的需用肥特性配合；②根据土壤及其理化特性配合；③根据各种有机、无机肥料的特性配合；④根据作物所需微量元素的特性配合；⑤根据作物不同生长阶段及生育期配合；⑥根据各种肥料的黏合度及色泽配合。

（4）混合搅拌。可采用双轴立式或卧式搅拌机，搅拌时间 2.5min 或按机组要求进行，转速为 60～70r/min。

（5）制粒。目前常采用的制粒方法主要有以下三种：挤压制粒、双辊制粒和圆盘制粒。制粒的关键是控制加水量和均匀度，以物料的干湿和尿素加量的多少而定。三种制粒方法一般加水量为 4%～5%，加水量过多，制粒速度快、硬度差、碎料多，或形度不好；加水量过少，影响制粒速度或无法制粒。

（6）冷却或晾晒。冷却应采用逆风式冷却，以提高冷却效果，也可采用自然晾晒。

（三）畜禽粪便能源化利用

饲料是具有能量的有机物，这些潜在于饲料中的能量被微生物分解而释放，称为“生物能”；畜禽采食饲料后，可利用其中能量的 49%～62%，以维持生命活动、进行生产等，其余的部分随粪便排出。畜禽粪便有机物转化成能源有两个办法：一是直接燃烧，这种方法只适用于草原牛、马类动物粪便；二是采用以厌氧发酵为核心的沼气能源环保工程，这是畜禽粪便能源化利用的主要途径（详见“本项目任务二 畜禽场污水处理与利用”）。

任务二　畜禽场污水处理与利用

任　务　单

<table>
<tr><td>项目三</td><td colspan="5">畜禽场废弃物处理与利用</td></tr>
<tr><td>任务二</td><td colspan="2">畜禽场污水处理与利用</td><td colspan="2">建议学时</td><td>6</td></tr>
<tr><td>学习
目标</td><td colspan="5">1. 知道畜禽场污水处理的基本原则
2. 熟知畜禽场污水处理的方法
3. 掌握畜禽场污水固液分离技术
4. 懂得畜禽场污水活性污泥处理法的工作原理和基本结构
5. 明确活性污泥法的基本工艺流程
6. 知道生物膜处理的特点及处理工艺流程
7. 能合理设计稳定塘污水处理系统
8. 知道人工湿地的净化机理与工艺流程
9. 熟知污水发酵制沼的工艺条件
10. 掌握污水发酵制沼技术
11. 知道污水发酵制沼的后处理方法</td></tr>
<tr><td>任务
描述</td><td colspan="5">1. 学生根据畜禽养殖场的实际情况和污水特点，制定污水处理的可行性方案
2. 学生根据污水发酵制沼条件，制定利用畜禽场污水生产沼气的工艺流程</td></tr>
<tr><td>学时
安排</td><td>信息
2 学时</td><td>计划与决策
1 学时</td><td>实施
2 学时</td><td>检查
0.5 学时</td><td>评价
0.5 学时</td></tr>
<tr><td>材料
设备</td><td colspan="5">1. 相关学习资料与课件
2. 创设现场学习情景
3. 牛场、猪场、鸡场等畜禽场污水处理的工艺流程图</td></tr>
<tr><td>对学生
的要求</td><td colspan="5">1. 清楚污水排放标准
2. 具备相关化学知识
3. 具备水体污染知识</td></tr>
</table>

资　讯　单

<table>
<tr><td>项目名称</td><td colspan="6">畜禽场废弃物处理与利用</td></tr>
<tr><td>任务二</td><td colspan="2">畜禽场污水处理与利用</td><td colspan="2">建议学时</td><td colspan="2">6</td></tr>
<tr><td>信息方式</td><td colspan="2">学生自学与教师辅导相结合</td><td colspan="2">建议学时</td><td colspan="2">2</td></tr>
<tr><td>信息问题</td><td colspan="6">1. 畜禽场污水处理的意义？
2. 畜禽场污水处理的基本原则？
3. 畜禽场污水固液分离的方法有哪几种？
4. 畜禽场污水的生物处理方法有哪些？
5. 活性污泥法处理污水的运行方式？
6. 生物膜处理污水的机理？
7. 稳定塘系统的设计？
8. 人工湿地的构造与类型？
9. 污水土地处理系统的设计？
10. 人工制取沼气的工艺条件？
11. 沼液综合利用方式？</td></tr>
<tr><td>信息引导</td><td colspan="6">本书信息单：畜禽场污水处理与利用
《家畜环境卫生学》，刘凤华，2004，233－244
《畜禽环境卫生》，赵希彦，2009，106－109
《畜禽粪污的“四化”处理》，张硕，2007，87－130
畜禽粪尿处理的常用方法，周忠于，《科学种养》，2007（6）
畜禽粪便资源化处理技术在环境污染防治中的应用，王如意等，《中国动物检疫》，2010（2）
浅析畜禽场污水深度处理模式，欧阳艳等，《中国猪业》，2011（11）
严寒地区利用太阳能和生物质能相结合进行秸秆发酵制沼气，郗登宝等，《农业工程技术（新能源产业）》，2011（3）
多媒体课件
网络资源</td></tr>
<tr><td>信息评价</td><td>学生互评分</td><td></td><td>教师评分</td><td></td><td>总评分</td><td></td></tr>
</table>

信 息 单

项目名称	畜禽场废弃物处理与利用		
任务二	畜禽场污水处理与利用	建议学时	2
信息内容			

畜禽场的污水来自畜禽每日排出的尿液、畜禽舍地面清洁用水、冲粪水、饮水系统的渗漏及雨水、夏季舍内降温用水和职工生活用水。畜禽场每日排出的污水量很大，如1头成年牛每天的粪尿排泄量约为31kg，冲刷用水为其2倍，再加上其他用水，则500头成年牛的牛场，每天产生46t含粪量很高的污水。如不作处理、任意排放，会严重污染环境；如对其进行一定处理，除减少对环境的污染外，可再循环使用，节约用水。

畜禽场污水处理的最终目的是将污水处理达到排放标准和可综合利用。畜禽场污水处理原则：要处理达标；要针对有机物、氮、磷含量高的特点；注重综合利用（资源化）；考虑经济实用性，包括污水处理设施的占地面积、二次污染、运行成本；注重生物技术与生态工程原理的应用；要与畜禽场主建筑物同时设计、同时施工、同时使用。

处理粪水或污水的方法，一般均须先进行物理处理，再进行生物处理，然后排放或循环使用。

一、物理处理（固液分离）

其重要性主要有两方面：首先，一般畜禽场排放出来的污水悬浮物（SS）含量很高，如猪场污水SS高达160 000mg/L，其有机物含量也高，通过固液分离后，可使液体部分污染物负荷降低；其次，固液分离可防止大的固体物进入后续处理环节，避免设备的堵塞损坏等。固液分离技术有筛滤、离心、浮除、沉淀和絮凝等。

（一）筛滤

1. 机理　以机械处理为主的筛滤是最常用的固液分离方法，它通常是根据固体颗粒大小的分级，将固液分离。大于筛孔尺寸的固体物留在筛网表面，而液体和小于筛孔尺寸的固体物则通过筛孔流出。

2. 设施　筛网是筛滤所用的设施，最简单的筛网形状是固定倾斜的或呈曲线形的。污水从网中的缝隙慢慢流过，液体流出，而固体部分则凭借机械或其本身的重量，截留下来或推移到筛网的排出边缘。常用于畜禽粪便固液分离的筛网有固定筛、振动筛和转动筛三种类型。

（二）沉淀分离

1. 机理　沉淀分离法是利用污水中各种物质密度不同进行固液分离的方法。沉淀分离方法自古以来就被广泛使用。总之，比水密度大的物质沉淀下来，比水密度小的则上浮。沉淀方法除用于固体分离外，还可用于处理液体和活性泥的分离。据报道，将鸡粪或牛粪以3：1或10：1的比例用水稀释，放置24h后，其中80%～90%的固形物沉淀下来。污水中的固形物一般只占1/6～1/5，将这些固形物分出后，一般能成堆，便于储存，可作堆肥处理；即使施于农田，也无难闻的气味。剩下的是稀薄的液体，水泵易于抽送，并可延长水泵的使用年限。

分离出的液体中有机物含量下降，可用于灌溉农田或排入鱼塘。如粪水中有机物含量仍高，有条件时，再进行生物处理；经沉淀后澄清的水便于下一步处理，减轻了生物降解的负担。沉淀一段时间后，在沉淀池的底部，会有一些直径小于10μm较细小的固形颗粒沉降而成淤泥。这些淤泥无法过筛，可以用沥水柜再沥去一部分水。沥水柜底部的孔径为50mm的焊接金属网，上面铺以草捆，淤泥在此柜沥干需1～2周，剩下的固形物也可以堆起，便于储存和运输。

2. 设施　粪水沉淀池可采用平流式或竖流式两种。

（1）平流式沉淀池是长方形（图3-7）。粪水在池一端的进水管流入池中，经挡板后，水流以水平方向流过池子，粪便颗粒沉于池底，澄清的水经挡板（便于挡住浮渣）再从位于池另一端的出水口流出。池底呈1%～2%的坡度，前部设一个粪斗，沉淀于池底的固形物可用刮板刮到粪斗内，然后将其提升到地面堆积。

（2）竖流式沉淀池为圆或方形（图3-8）。粪水从池内中心管下部流入池内，经挡板后，水流向上，粪便颗粒沉淀的速度大于上升水流速度，则沉落于池底的粪斗中，清水由池周的出口流出。这种沉淀池处理粪水的方法，在我国目前各类畜禽场中可采用。

国外许多畜禽场多使用分离机，将粪便固形物与液体分离。对分离机的要求是：粪水可直接流入进料口，筛孔不易堵塞，省电，管理简便，易于维修，能长期正常运转。

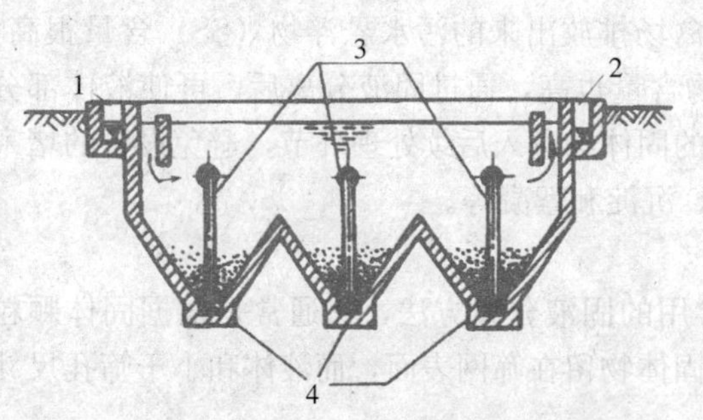

图3-7　多斗平流式沉淀池
1. 进水槽　2. 出水槽　3. 排泥管　4. 污泥斗

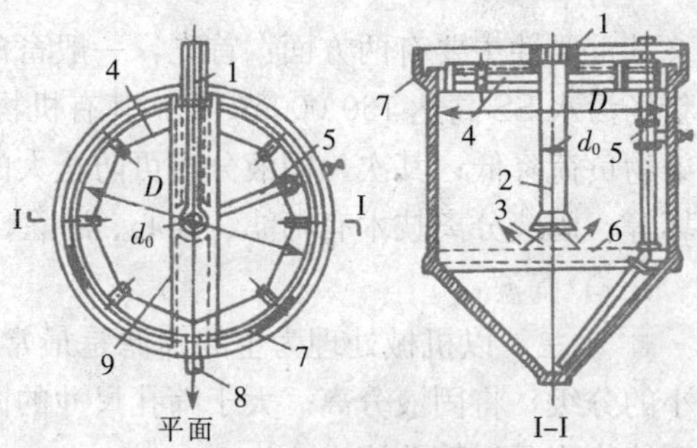

图3-8　竖流式沉淀池
1. 进水槽　2. 中心管　3. 反射板　4. 挡板
5、6. 排泥管　7. 集水管　8. 出水管　9. 桥

（三）浮除技术

浮除原理利用微小气泡的产生，且气泡能与所遇到混合悬浮物完全混合在一起。由于这些细小的微气泡具有很强的表面张力，会倾向附着于固体或油和脂的球滴上，结果使凝集物的浮力增加。并使这些颗粒被带到浮除槽的表面上。当这些上浮凝集物彼此推挤到槽面时，即被压挤缩成上浮团（污泥），就可以用除沫器将它去除。如果能有足够的微小气泡存在，并捕捉了大部分的悬浮固体颗粒，那么由浮除槽流出的排出液，

就会是清澈的。

二、化学处理（化学沉淀和混凝技术）

在污水中投加某些化学混凝剂，它与污水中可溶性物质反应，产生难溶于水的沉淀物，或混凝吸附水中的细微悬浮物及胶体杂质而下沉。这种净化方法可降低污水浊度和色度，可去除多种高分子物质、有机物、某些金属毒物以及导致富营养化的物质（磷等可溶性无机物）。常见的混凝剂有：石灰、硫酸铝、三氯化铁、碱式氯化铝、有机高分子化合物和聚丙烯酰胺等。

三、生物处理

利用微生物生命过程中的代谢活动，将有机物分解为简单的无机物从而去除有机物的过程称为污水的生物处理。根据处理过程中氧气的需求与否，可把微生物分为好氧微生物和厌氧微生物两类。高质量浓度的有机废水必须先行酸化水解厌氧处理之后方可进行好氧或其他处理。

（一）活性污泥法

活性污泥是由具有生命活力的多种微生物类群组成的颗粒状絮绒物，有时称之为生物絮体；好氧微生物是活性污泥中的主体生物，其中又以细菌最多。同时还有酵母菌、放线菌、霉菌以及原生动物和后生动物等，它们共同构成一个平衡的生态系统。

1. 工作原理　正常的活性污泥几乎无臭味，略有土壤的气味，多为黄色或褐色。活性污泥的粒径小，为0.02～0.2mm，有较大的比表面积，利于吸附与净化处理废水中的污染物。其去除污染物的基本原理是：向生活污水中连续鼓入空气，经过一段时间后，污水便形成一种污泥状絮凝体，即活性污泥；活性污泥与废水充分接触混合后，由于活性污泥颗粒有较大的比表面积，其表面的黏液层能迅速吸附大量的有机或无机污染物，吸附过程在30min内即可完成，可去除废水中70%以上的污染物。被吸附的有机或无机污染物又在微生物酶的作用下，进行分解或合成代谢作用，实现了物质的转化，从而使废水或污水得以净化。

2. 净化过程　活性污泥法由曝气池、沉淀池、污泥回流和剩余污泥排除系统所组成，它通过以下几个过程完成污水净化。

（1）吸附和分解。曝气池是一个生物反应器，通过曝气设备通入空气，能使进入曝气池的污水和回流的污泥形成混合液并得到充分的搅拌而呈悬浮状态。污水中的有机物首先被表面积巨大且表面上含有多糖类黏质层的微生物吸附和粘连，这些将被去除的有机物像一种备用的食物源一样，贮存在微生物细胞的表面。数小时后，这些被微生物吸附在表面的污水有机物进入微生物细胞体内被氧化分解，使细胞获得合成新细胞所需要的能量；另一部分转化为新的DEF基因使细胞增殖。污水有机物经氧化分解处理后的最终产物为CO_2和H_2O等。当氧供应充足时，活性污泥的增长与有机物的去除是并行的。污泥增长的旺盛时期，也就是有机物去除的快速时期。

（2）凝聚、沉淀。经过曝气池处理的混合液流入沉淀池，活性污泥与污水分离，混合液中的悬浮固体在沉淀池中凝聚、沉淀，净化水流出沉淀池。沉淀池中的污泥大部分回流曝气池，称为回流污泥；从沉淀池中排除的污泥称为剩余污泥。回流污泥能使曝气池保持一定的悬浮固体质量浓度，也就是保持一定的微生物质量浓度。剩余污泥中含有大量微生物，定期或不定期排放时应进行无害化处理，防止污染环境。

3. 活性污泥法的基本工艺流程与运行方式

(1) 活性污泥法的基本工艺流程如图 3-9 所示。

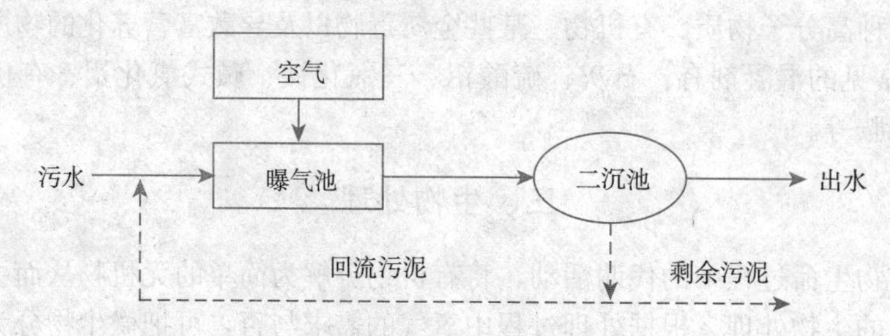

图 3-9 活性污泥法基本工艺流程

(2) 活性污泥法的运行方式很多，主要有传统活性污泥法、阶段曝气法、渐减曝气法、生物吸附法、完全混合法、延时曝气法等。各种运行方式的特征主要体现在以下几个方面的改进，如：污泥负荷范围、曝气池进水点位置、曝气池流型及混合特征、曝气技术的改进等。下面介绍几种常用的运行方式：

①传统活性污泥法。传统活性污泥法又称为普通活性污泥法，工艺流程如图 3-9 所示。它采用长方形廊道式曝气池，进水点设在池首，污水和回流污泥从池首端流入，呈推流式至池末端流出；污水净化过程的第一阶段吸附和第二阶段的微生物代谢是在一个统一的曝气池中连续进行的，进口有机物质量浓度高，沿池长逐渐降低，需氧量也是沿池长逐渐降低，随后污水即进入沉淀池，进行活性污泥与上清液的分离。回流污泥是为了使曝气池内维持足够高的活性污泥微生物质量浓度；曝气池中污泥质量浓度一般控制在 2～3g/L，污水质量浓度高时采用较高数值。污水在曝气池中的停留时间常采用 4～8h，视污水中有机物质量浓度而定。回流污泥量为进水流量的 25%～50%，视活性污泥的含水率而定。

普通活性污泥法的 BOD 和悬浮物去除率都很高，可达到 90%～95%，适用于处理要求高而水质稳定的污水。其不足之处有：对水质变化的适应能力不强；实际需氧量前大后小，而空气的供应往往是均匀分布，这就造成前段无足够的溶解氧，后段氧的供应大大超过需要而造成氧过剩浪费；曝气池的容积负荷率低，曝气池容积大、占地面积大，基建费用高。

②阶段曝气法。阶段曝气法又称为逐步负荷法，进水点设在池子前端数米处，为多点进水，工艺流程如图 3-10 所示。污水沿池长多点进入，使有机物负荷分布较均匀，从而均化了需氧量，避免了前段供氧不足、后段供氧过剩的缺点，提高了空气的利用效率和曝气池的工作能力。由于各个进水口的水量容易改变，阶段曝气法运行有较大的灵活性，适用于大型曝气池及质量浓度较高的污水。实践证明，曝气池容积与普通活性污泥法相比可以缩小 30%左右。

③渐减曝气法。克服普通活性污泥法曝气池中供氧、需氧不平衡的另一法是将供气量沿池长方向递减，使供气量与需氧量基本一致，工艺流程如图 3-11 所示。

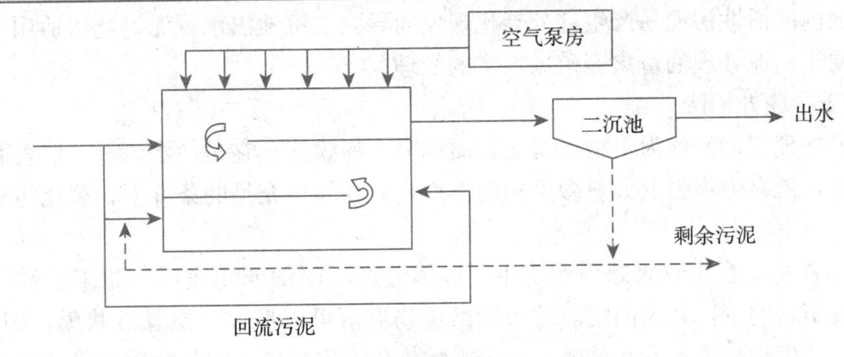

图 3-10　阶段曝气法的工艺流程

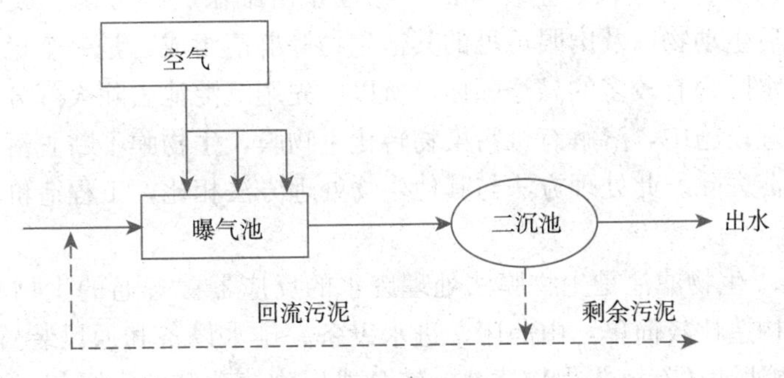

图 3-11　渐减曝气法的工艺流程

④生物吸附法。生物吸附法又称为接触稳定法或吸附再生法，工艺流程见图 3-12。生物吸附法的进水集中在池中央某一点。污水与活性污泥在吸附池内混合接触 15～60min，使污泥吸附大部分呈悬浮、胶体状的有机物和一部分溶解性有机物，然后混合液进入二次沉淀池。回流污泥先在再生池里进行生物代谢，充分恢复活性后，再进入吸附池同新进入的污水接触，并重复以上过程。吸附池和再生池在结构上可分建，也可合建。合建时前部为再生段，后部为吸附段，污水由吸附段进入池内。

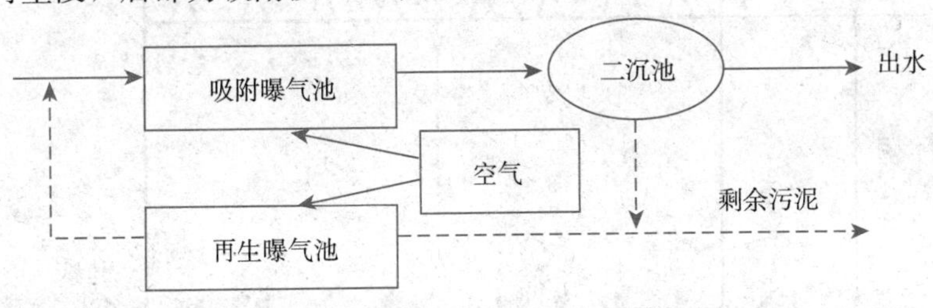

图 3-12　生物吸附法的工艺流程

⑤完全混合法。完全混合法是目前采用较多的新型活性污泥法。它与传统法的区别在于，污水和回流污泥进入曝气池时，立即与池中原有混合液充分混合。

⑥延时曝气法。延时曝气法又称为完全氧化法，为长时间曝气的活性污泥法。它采用低负荷方式运行，所需池容积大。由于微生物长期处于内源呼吸阶段，此法不但可去除水中的污染物，而且也氧化了合成的细胞物质，可以说，它是污水处理和污泥好氧处理的综合构筑物。因污泥氧化较彻底，所以其脱水迅速且无臭气，出水稳定性也较高。另外，由于池容积大，可适应进水变化，受低温影响较小。缺点是占地面积大、曝气量大，运行

时，曝气池内的活性污泥易产生部分老化现象而导致二沉池出水飘泥。此法适用于要求较高而又不便于污泥处理的畜禽养殖场污水的处理。

（二）生物膜处理法

生物膜处理法，又称为生物过滤法，简称为生物膜法。它是使水流过一层表面充满生物膜的滤料，依靠生物膜上大量微生物的作用，并在氧气充足的条件下，氧化污水中的有机物。

1. 净化机理　在生物膜处理系统中，液体流经不同的滤床表面。滤床填料可以是石头、沙砾或塑料网等，其表面附着的大量微生物群落可以形成一层黏液状膜，即生物膜。生物膜中的微生物与废水不断接触，利用生物氧化作用和各相间的物质交换，降解污水中的有机污染物，以供自身生长。生物膜的生物区系由细菌、酵母菌、放线菌、霉菌、藻类、原生动物、后生动物以及肉眼可见的其他生物等群落组成，是一个稳定平衡的生态系统。畜禽养殖污水因含有较多的悬浮固体，所以应先用沉淀池去除大部分悬浮固体再进入滤池。在生物处理设施中，溶解有机污染物转化生物膜，生物膜不断脱落下来，随水流入二次沉淀池被沉淀去除。此处理方法与其他生物处理方法相比，工程造价较高，但运行成本相对较低。

2. 净化设施　生物滤池是生物膜法处理废水的反应器。普通的生物滤池是一种固定形的生物滤床，构造比较简单，由滤床、进水设备、排水设备和通风装置等组成（图 3－13）。其他的生物滤池还有塔式生物滤池、转盘式生物滤池和浸没曝气式生物滤池等。近年来还发展了一种特殊的生物滤池，即活性生物滤池。它是一种将活性生物污泥随同废水一起回流到滤池进行生物处理的结构。活性生物滤池具有生物膜法和活性污泥法两者的运行特点，可作为好氧生物处理废水的发展方向之一。

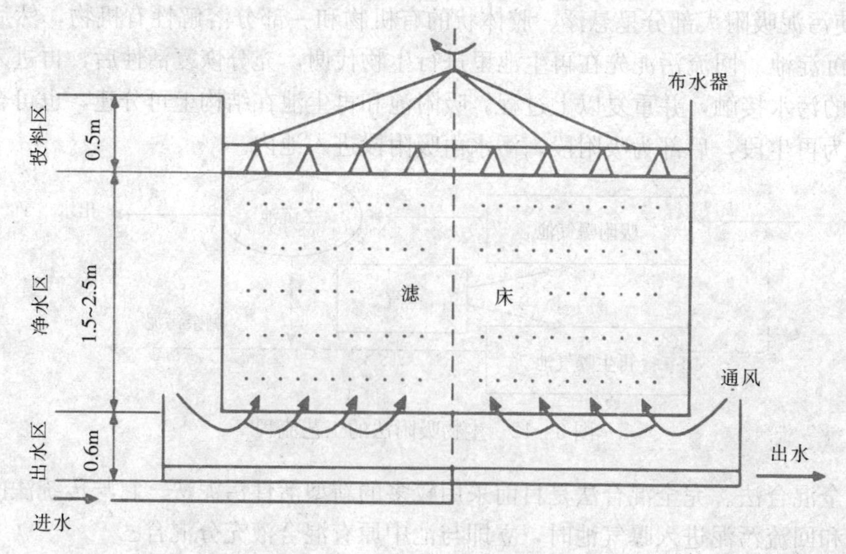

图 3－13　生物滤池的结构示意

（三）生物稳定塘处理系统法

生物稳定塘又称为氧化塘，是指污水中的污染物在池塘处理过程中反应速率和去除效果达到稳定的水平。稳定塘是粪液的一种简单易行的生物处理方法，可用于各种规模的畜禽场。稳定塘工程是在科学理论基础上建立的技术系统，是人工强化措施和自然净化功能相结合的新型技术。稳定塘对污水的净化过程和天然水体的净化过程很接近，它是一个菌藻共生的生态系统。

1. 净化机理　净污原理是污水或废水进入塘内后，在细菌、藻类等多种生物的作用下，发生物质转化反应，如分解反应、硝化反应和光合反应等，达到降低有机污染成分的目的。稳定塘的深度从十几厘米到数米，水力停留时间一般不超过2个月，能较好地去除有机污染成分（表3-4）。通常是将数个稳定塘结合起来使用，作为污水的一、二级处理。稳定塘法处理污水、废水的最大特点是所需技术难度低、操作简便、维持运行费用少，但占地面积大是推广稳定塘技术的一大困难。

表3-4　稳定塘的去污效果比

参数项	好氧塘	兼性塘	厌氧塘	曝气兼性塘
塘深（m）	10.5～0.5	0.9～2.4	2.4～3.0	1.8～4.5
BOD负荷（g/m³）	11.2～22.4	2.2～5.6	35.6～56.0	3.4～11.2
BOD去除率（%）	80～95	75～95	50～70	60～80
停留时间（d）	2～3	7～50	30～50	7～20

2. 稳定塘的分类　根据稳定塘内溶解氧的来源和塘内有机污染物的降解形式可分为好氧塘、兼性塘、厌氧塘和曝气塘、水生植物塘等组合。实际上，大多数稳定塘严格地讲，都是兼性塘，塘内同时进行着好氧反应和厌氧反应。

（1）曝气塘。是利用曝气机将氧气充入生物塘，使粪便中好氧微生物生长、繁殖，对其中有机物进行分解。生物塘的池深一般为3～4m，池面上设置曝气机，曝气机运转时充气并与塘水混合，因此可使氧气遍布塘内，但较重的固体物仍沉积于塘底，进行厌氧分解。曝气机的设置位置有几种：一种是浮在水面上的曝气机从塘中抽水向四周喷水携带氧入水内，也可由曝气机的顶端抽气，然后喷气入池的中层；另一种是在池的一侧安装空气压缩机，将空气压入池底的扩散管中，从管上孔眼充氧入池。这几种设备都是在充气的同时使水混合，后两种即使在冰冻时仍适用。充气塘的深度至少3m，深些有利于水的混合，粪水在池中一般储存10d，结冰时为20d。这种充气生物塘无臭味，较适用于经沉淀处理后的畜禽场污水或稀释度较大的粪水，近些年来，在畜禽场使用日趋增多。

（2）厌氧生物塘。无大气中氧的输入，有机物的分解分两步：第一步是水解，由嗜热性细菌将有机物分解为不稳定的酸；第二步由甲烷菌发酵，产生二氧化碳与甲烷。使用厌氧生物塘实质上是使之产生沼气或作沉淀池用，减少后续好氧处理的负荷。

（3）兼性生物塘。即生物塘表层为好氧带，底层为厌氧带，好氧菌与厌氧菌均对有机物进行分解发酵。在未结冰时期，塘内有一条界线分明的热分界线，可防止上下塘水混合。好氧带中氧的含量随昼夜转换而变化，有阳光时可达饱和，夜间则为零；如好氧带不能维持，有时可能有气味散发。由于粪便固形物可同时进行好氧、厌氧分解，因此，由塘中流出的水中没有细菌与藻类，这也是兼性生物塘的优点。兼性生物塘至少深1m，一般为2m，如表层设置动力机器，可增加表层水的混合，使兼性生物塘效能更好。

稳定塘上层藻类光合作用比较旺盛，溶解氧较为充足，呈好氧状态，氧气是由藻类和水生植物在光合作用中释放，而藻类光合作用所需的 CO_2 则由细菌在分解有机物的过程中产生。中层呈缺氧状态，污水中的可沉固体沉积于塘底，构成污泥，呈厌氧状态。它们在产酸细菌的作用下分解为有机酸、醇、氨等，其中一部分可进入好氧层而被氧化分解；另一部分则被污泥中产甲烷菌分解成沼气。

3. 稳定塘设计　稳定塘在设计时应注意以下几点：

(1) 进水口应设置在水面以下，并应离开塘底一定高度，以避免冲起或带出底泥。进水管末端应安装在合适的混凝土防冲坝上，防冲坝的最小尺寸为：高×宽＝0.6m×0.5m。

(2) 稳定塘出水口的布局应考虑适应塘内水深的变化，宜在不同高度断面上设置可调节水流孔口或堰板。

(3) 稳定塘的进、出水口之间直线距离应尽可能大；在风向上应避开当地常年主导风向，最好与主导风向垂直，以避免断流。无论是进水口还是出水口都应尽量使塘的横断面上配水或集水均匀。所以，一般采用扩散管或多点进水。

(4) 稳定塘的一些防护设施，如斜墙一般采用黏土、钢筋混凝土或沥青混凝土制成。斜墙铺设在迎水岸坡上，必要时与地基齿墙或与塘底的铺盖相连接。斜墙根据其变化特征，可以是刚化的、塑性的或柔性的；也可根据需要做成单层的、双层的或组合式的。

(5) 堤坝防渗，包括岸坡、坝体和坝基。前述一些防护做法，如混凝土板、沥青砂浆胶结块石、水泥土、水泥砂浆等均兼有防渗作用，照此做成斜墙即可形成岸坡防渗面层。

稳定塘是一种简单、有效而经济的污水处理方法，但是，单个稳定塘的处理效果受到光线、温度、季节等因素的影响很大，一般不能保证全年达到处理要求；多级稳定塘处理，在畜禽场污水处理中常作为强化出水水质的措施，能有效地去除氮、磷等有机物，提高了污水处理效果。

(四) 人工湿地或人工绿地处理系统法

人工湿地处理系统法是一种新型的废水处理工艺。自 1974 年前西德首先建造人工湿地以来，该工艺在欧美等地得到推广应用，发展极为迅速，目前欧洲已有数以百计的人工湿地投入废水处理工程。这种人工湿地的规模可大可小，最小的仅为一家一户排放的废水处理服务，面积约 $40m^2$；大的可达 5 $000m^2$。它具有处理效果好（对 BOD_5 的去除率可达 85%～95%，COD 去除率可达 80%以上）；去除氮、磷能力强（对 TN 和 TP 的去除率可分别达 60%和 90%）；运转维护方便、工程基建和运转费用低（分别为传统二级活性污泥法工艺的 1/10 和 1/2）以及对负荷变化适应性能力强等特点。

1. 人工湿地的构造与类型　这种湿地系统是在一定长宽比及底面坡度的洼地中，由土壤和按一定坡度填充一定级别的填料（如砾石等）混合结构的填料床组成，深 60～100cm，并在床体的表面种植处理性能好、成活率高、抗水性强、生长周期长、美观及具有经济价值的水生植物（如芦苇等），形成一个独特的植物生态环境。污水可以在填料床床体的填料缝隙中流动，或在床体的表面流动，从而实现对污水的净化处理，最后经集水管收集后排出。当床体表面种植芦苇时，则常称其为芦苇湿地系统。

人工湿地按污水在湿地床中流动的方式不同分为地表流湿地、潜流湿地和垂直流湿地三种类型。

2. 人工湿地的净化机理　人工湿地对废水的处理综合了物理、化学和生物学三种作用。其成熟稳定后，填料表面和植物根系中生长了大量的微生物形成生物膜，废水流经时，固态悬浮物（SS）被填料及根系阻挡截留，有机质通过生物膜的吸附及异化、同化作用而得以去除。污水中的有机物通过微生物降解，降解产物被植物经过光合作用吸取、利用，从而有效地去除了污水中的COD、BOD_5、氮、磷等化合物；同时植物的光合作用提供了微生物的氧化反应所需的氧源。湿地床层中因植物根系对氧的传递释放，使其周围的微生物环境依次出现好氧、缺氧和厌氧状态；保证了废水中的氮、磷不仅能被植物和微生物作为营养成分直接吸收，还可以通过硝化、反硝化作用及微生物对磷的过量积累而从废水中去除；最后通过湿地基质的定期更换或收割，使污染物从系统中去除。特别需要指出的是：生长中的水生植物，例如芦苇、大米草等还能吸收空气中有害气体，起到净化空气的作用；其本身又具有较高的经济价值。

人工湿地一般作为二级处理，一级处理采用何种方法视废水的性质而定。对于生活污水，可采用化粪池；其他工业废水可采用沉淀池作为去除SS的预处理。人工湿地视其规模大小可单一使用，或多种组合使用，还可与稳定塘结合使用。

处理工艺流程：污水→粪池→预（或初级）处理系统→人工湿地处理→后处理系统→排放。

3. 人工湿地的设计及运行

（1）设计时要考虑不同水力负荷、有机负荷、结构形式、布水系统、进出水系统、工艺流程和布置方式等影响因素。

（2）要考虑所栽种的植物特点。如芦苇湿地系统，处理生活污水时，设计深度一般在0.6～0.7m；处理较高质量浓度有机污水时，设计深度在0.3～0.4m。

（3）湿地床的坡度一般在1%或稍大些，最大可达8%。具体设计时，应根据所选填料来确定。如对于以砾石为填料的湿地床，其底坡度为2%。

（4）在湿地系统的设计工程中，应尽可能增加水流在填料床中的曲折性以增加系统的稳定性和处理能力，常将湿地多段串联、并联运行，或附加一些必要的预处理、后处理设施而构成完整的污水处理系统。

（5）为保证湿地深度的有效使用，在运行的初期应适当将水位降低以促进植物根系向填料床的深度方向生长。

（6）在人工湿地系统的设计过程中，应考虑尽可能地增加湿地系统的生物多样性。生态系统的物种越多，其结构组成越复杂，则其系统稳定性越高，因而对外界干扰的抵抗力越强。这样可提高湿地系统的处理能力和使用寿命。通常用于人工湿地的植物有芦苇、席草、大米草、水花生和稗草等，最常用的是芦苇。芦苇的栽种可采用播种和移栽插种的方法，一般移栽插种的方式更经济快捷。

（五）污水土地处理系统法

污水土地处理系统是20世纪60年代后期在各国相继发展起来的。它主要是利用土地以及其中的微生物和植物的根系，对污染物进行净化来处理污水或废水，同时利用其中的水分和肥分来促进农作物、牧草或树木生长的工程设施。经过处理以后的水是洁净的，水质良好。这种处理方法过程简单，成本低廉，在我国广大的草原上，可以采用。

1. 构造与类型　污水土地处理系统一般由污水的预处理设施，污水的调节与储存设施，污水的输送、分流及控制系统，处理用地和排水收集系统等组成。主要分为三种类型，即慢速渗滤系统、快速渗滤系统和地表漫流系统。此外，也常采用将上述两种系统结合起来使用的复合系统。

2. 净化机理　该处理工艺是利用土地生态系统的自净能力来净化污水。土地生态系统的净化能力包括土壤的过滤截留、物理吸附、化学分解、生物氧化以及植物和微生物的吸附和摄取等作用。主要过程是：污水流经一个稍倾斜的均衡坡面的土壤时，土壤将污水中处于悬浮和溶解状态的有机物截留下来，在土壤颗粒的表面形成一层薄膜，这层薄膜里充满着细菌，能吸附污水中的有机物并利用空气中的氧气，在好氧菌的作用下，将污水中的有机物转化为无机物，如二氧化碳、氨、硝酸盐和磷酸盐等；土地上生长的植物，通过根系吸附污水中的水分和被细菌矿化了的无机养分，再通过光合作用转化为植物体的组成成分，从而实现了有害的污染物转化为有用物质，并使污水得到利用和净化处理。污水土地处理系统对几种污水成分的去除效率见表 3-5。

表 3-5　污水土地处理系统对几种污水成分的去除效率（%）

污水成分	慢速渗滤	快速渗滤	地表漫流
BOD	80～99	85～99	>92
COD	>80	>50	>80
SS	80～99	>98	>92
总氮	80～99	80	70～90
总磷	80～99	70～90	40～80
病毒	90～99	>98	>98
细菌	90～99	99	>98
允许范围内的金属量	>95	50～95	>50

污水土地处理系统源自传统的污水灌溉，但又不同于传统的污水灌溉。首先，处理系统要求对污水进行必要的预处理，对污水中的有害物质进行控制，避免对周围环境造成污染。其次，处理系统是按照要求进行精心施工，有完整的工程系统可以调控。最后，处理系统地面上种植的植物以利于污水处理为主，多为牧草和林木等；而污灌土地常以粮食、蔬菜等植物为主（图 3-14）。

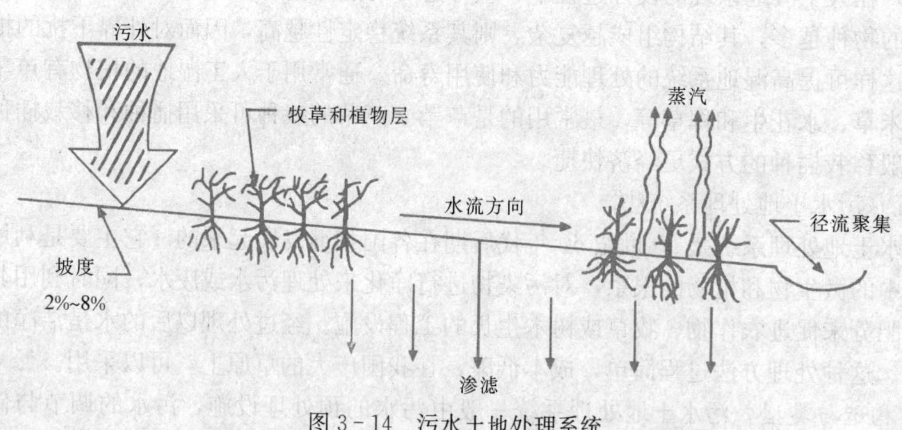

图 3-14　污水土地处理系统

3. 污水土地处理系统的设计

(1) 采用陆地漫流、草地过滤处理污水时，土壤应是缓慢渗透的表土，土壤的渗透率每小时不超过0.15cm较适宜，否则不起作用。污水如有50%到达集水渠时，亦能产生较好效果。

(2) 场地的坡度为2%～8%，长度可为45～100cm，坡面要平滑，以便使污水漫流在整个坡面上。

(六) 污水发酵制沼法

污水发酵制沼是指将污水中含有的大量有机物质经微生物厌氧发酵转化成为沼气的过程。是一项低成本回收能源的厌氧发酵技术。试验结果，2头肉牛或是3头奶牛或16头肥猪或是330只鸡的1d粪便所产生的能量相当于1L汽油。将污水中粪尿沼气发酵不仅能提供清洁能源，解决农村燃料短缺的问题，还解决了大型畜禽场对周边环境的污染问题。同时沼气发酵残渣液中有大量的氨态氮，可综合利用作肥料、饲料等。因此，粪尿发酵制沼从单纯的能源利用转入综合利用是建立新的生态平衡、整体良性循环的农业生产体系的发展方向。

1. 沼气的成分与理化特性　沼气是一种混合气体，由于这种气体最初是在沼泽、湖泊、池塘中发现的，所以人们称它为沼气。其主要成分为CH_4、H_2S、H_2、CO等气体。沼气中各种成分的理化特性见表3-6。

表3-6　沼气中各种成分的理化特性

特　性	CH_4	CO_2	H_2S	H_2	标准沼气（60% CH_4，40% CO_2）
体积百分比（%）	54～80	20～45	0～0.07	0～10	100
热值（kJ/L）	37.65	—	—	12.13	22.59
爆炸范围（与空气混合的百分数）	5～15	—	4～46	6～71	6～12
密度（g/L，标准状态）	0.72	1.98	1.54	0.99	1.22
相对密度（与空气相比）	0.55	1.5	1.2	0.07	0.39
临界温度（℃）	−82.5	+31.1	+100.4	−239.9	
临界压力（10^5Pa）	46.4	73.9	90	13	
气味	无	无	臭鸡蛋味	无	

沼气是一种清洁、方便的能源，可用于人类的生产和生活。沼气发酵的残留物沼渣、沼液，不但是优质的有机肥，还可用于作物浸种、防治作物病虫害、提高作物产量和质量、农产品贮存保鲜等（图3-15）。

2. 沼气生产机理　在沼气发酵过程中，有发酵性细菌、产氢产乙酸菌、耗氧产乙酸菌、食氢产甲烷菌、食乙酸产甲烷菌等五大类微生物参加沼气发酵。根据它们在发酵过程中的作用及对生存条件的要求，分为以下三个阶段。

(1) 水解阶段。在沼气发酵中首先是发酵性细菌群利用它所分泌的多种酶类，如纤维酶、淀粉酶、蛋白酶和脂肪酶等，对有机物进行体外分解，也就是把畜禽粪便、作物秸秆中大分子有机物分解成能溶于水的单糖、氨基酸、甘油和脂肪酸等小分子化合物。

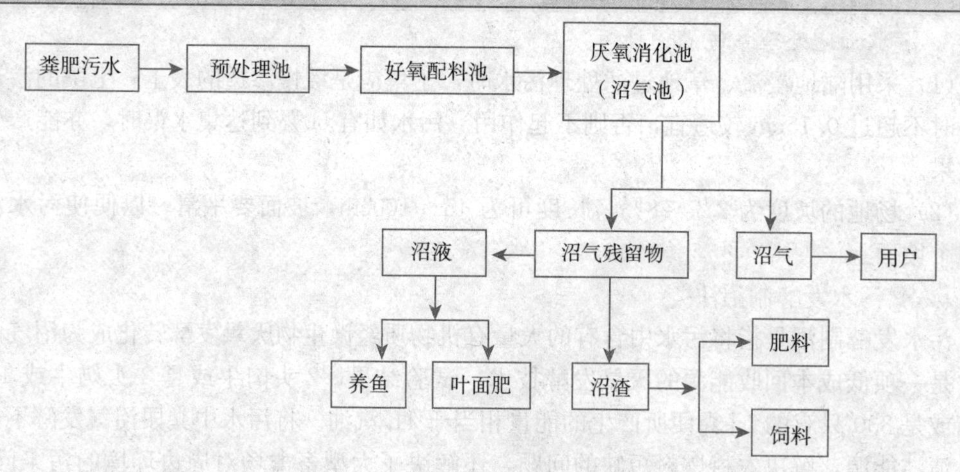

图3-15 沼气工程的综合利用

（2）产酸阶段。这个阶段是三个细菌群体的联合作用，先由发酵性细菌将液化阶段产生的小分子化合物吸收进细胞内，并将其分解成短链脂肪酸（乙酸、丙酸、丁酸）、氢和二氧化碳等，再由产氢产乙酸菌把发酵性细菌产生的丙酸、丁酸转化为产甲烷菌可利用的乙酸、氢和二氧化碳。这一阶段的特点就是发酵原料变酸。在此阶段副产物还有硫化氢、吲哚、粪臭素和硫醇等，厌氧发酵产生的不良气味也源于此阶段。

液化阶段和产酸阶段是一个连续过程，统称为不产甲烷阶段，是沼气发酵的必然过程。在这个过程中，不产甲烷的细菌种类繁多、数量巨大，其主要作用是为产甲烷菌提供营养和为产甲烷菌创造适宜的厌氧条件，消除部分有毒物质。

（3）产甲烷阶段。在此阶段中，产甲烷菌群可以分为食氢产甲烷菌和食乙酸产甲烷菌两大类群。已研究过的产甲烷菌就有60多种，它们利用以上不产甲烷菌群所分解转化的甲酸、乙酸、氢和二氧化碳小分子化合物等氧化或还原成甲烷。这个阶段必须具备严格的厌氧环境。

有机物变成沼气的过程，就好比工厂里生产一种产品的两道工序：首先是分解细菌将粪便、秸秆、杂草等复杂的有机物加工成半成品——结构简单的化合物；然后在产甲烷菌的作用下，将简单的化合物加工成产品——沼气。

3. 制取沼气的主要工艺条件及调节措施　自然条件下，沼气发酵的速度太慢，远远不能满足人们生产和生活的需要。因此，必须设法创造适宜的条件，加快沼气发酵的速度。

（1）严格的厌氧环境。沼气发酵微生物包括产酸菌和产甲烷菌两大类。产生甲烷的甲烷菌对氧特别敏感。它们不能在有氧的环境中生存，即使有微量的氧存在，也会使发酵受阻。因此，建造一个不漏气、不漏水的密闭沼气池，是人工制取沼气的关键。

（2）必要的发酵温度。沼气发酵与温度有密切的关系，在一定温度范围内，温度越高，产气量也越高。沼气菌生存温度为5～60℃，沼气发酵可划分三个温区，即低温区：20℃以下；中温区：20～45℃；高温区：45～60℃。沼气菌的活动以35℃最活跃，因而此时产气快且多，发酵期约为1个月；如池温在15℃时，则产生沼气少而慢，发酵期约为1年。在沼气发酵时须避免温度剧变，这是因为温度的剧变会使整个微生物群发生改变。冬季常因池温度低，产气少或不产气。为了提高沼气池温度使沼气池常年产气，在北方寒冷地区多把沼气池修建在日光温室内或太阳能畜禽舍内，使池温增高，提高冬季产气量，达到常年产气。

（3）适宜的 pH。与所有生物处理一样，pH 对沼气发酵的运行有着重要的影响。沼气发酵的最适 pH 为 6.5～7.5，当 pH≤6 或 pH≥8 时，细菌繁殖受到极大影响。在正常情况下沼气发酵的 pH 有一自然平衡过程，一般不需要进行人为的调节。但如果配料不适当，或缺乏正常操作管理，也可能使挥发酚大量积累，pH 下降。此时，便需要采取措施进行调节，使 pH 恢复正常。辨别的最简单方法是用眼睛去观察，当发现沼气池中的料液有点泛蓝色即表明料液偏酸了。调节措施：添加草木灰肥、稀释的氨水，也可用石灰水从进料口倒入池中并搅拌，使石灰澄清液与池中的料液充分接触进行调节，调节效果应可用 pH 试纸实测来判断；如果料液上泛起一层白色，就说明料液偏碱性。可用事先铡成 2～3cm 长的青杂草浇上猪或牛尿液并在池外堆沤处理 2～3d，再从进料口投入池中并搅拌均匀，使新加入的青杂草与池中料液充分接触，使其尽快恢复正常。

（4）适当的碳氮比。沼气微生物的生长、代谢需要各种营养物质，主要是碳源、氮源，因此，正常的沼气发酵要求一定的原料碳氮比（C/N）。在发酵原料中，植物秸秆是主要碳源，畜禽粪便是主要氮源，单纯用粪尿或含氮量少的秸秆为原料进行沼气发酵时，由于碳氮比不合适，虽可以发酵，但产气率不高；只有二者比例合适才有利于正常产气，碳氮比一般以 25：1 时产气系数较高，这一点在进料时必须注意，适当搭配、综合进料。常用沼气发酵原料碳氮比见表 3－7。

表 3－7　农村常用沼气发酵原料碳氮比（近似值）

原料	碳素占原料质量（%）	氮素占原料质量（%）	碳氮比（C/N）
干麦草	46	0.53	87：1
干稻草	42	0.63	67：1
玉米秸秆	40	0.75	53：1
落叶	41	1.00	41：1
大豆茎	41	1.30	32：1
野草	14	0.54	27：1
花生茎叶	11	0.59	19：1
鲜羊粪	16	0.55	29：1
鲜牛粪	7.3	0.29	25：1
鲜马粪	10	0.42	24：1
鲜猪粪	7.8	0.60	13：1
鲜人粪	2.5	0.85	2.9：1

（5）适宜的料液质量分数。为保证沼气菌等各微生物正常生长和大量繁殖，沼气发酵原料的固体物质量分数以 6%～10%为宜。一般认为每立方米发酵池容积，每天加入1.6～4.8kg 固形物为宜。有机物过多，由于消化不完全会导致有机酸积累，pH 降低，使产气率下降；有机物过少，产气量也随之减少。原料除了水分外的物质总量称为固体重，又称为干物质重，用 TS 表示。农村常用沼气发酵原料的总固体含量（近似值）见表 3－8。

表 3-8 农村常用沼气发酵原料总固体含量（近似值）

原料名称	总固体含量（%）	含水量（%）
干稻草	83	17
干麦草	82	18
玉米秸秆	80	20
青草	24	76
人粪	20	80
猪粪	18	82
牛粪	17	83
人尿	0.4	99.6
猪尿	0.4	99.6
牛尿	0.6	99.4

（6）足够和优良的接种物。有机物厌氧分解产生甲烷的过程，是由多种沼气微生物来完成的。因此，在沼气发酵过程中，加入足够的所需微生物作为接种物（亦称为菌种）是极为重要的。沼气微生物在自然界中分布很广，特别是在沼泽、粪池、污水池和各种有机污泥中极为丰富。对于粪便和其他发酵原料，沼气发酵微生物可由原料带入沼气池。原料经过一段时间沤制后，可起到富集菌种的作用。若原料经过沤制而又添加活性污泥作接种体，则产甲烷的速度更快。对农村沼气发酵来说，采用下水道污泥作为接种物时，接种量一般为发酵料液的10%～15%；当采用老沼气池发酵液作为接种物时，接种量应占总发酵料液的30%以上；若采用底层沉渣作接种物时，接种量应占总发酵料液的10%以上。使用较多秸秆作为发酵原料时，其接种量一般应大于秸秆重量。

（7）经常性地搅拌。对沼气池进行搅拌，可使池内温度均匀，使原料和接种物均匀分布于池内，增加微生物与原料的接触，加快发酵速度、缩短发酵时间，提高产气量。此外，搅拌也有利于沼气的释放。研究证明，搅拌对产气有明显的影响，搅拌比不搅拌的总产气量可提高15%～35%。搅拌可连续或间歇进行。搅拌的方法主要有三种：机械搅拌、液体搅拌、气体搅拌等。其中液体搅拌和气体搅拌比较适合于大中型沼气工程。

①机械搅拌。机械搅拌是通过机械装置运转达到搅拌目的。

②液体搅拌。液体搅拌是从沼气池的出料间将发酵液取出（抽出），然后从进料口冲入沼气池内，产生较强的液体回流，达到搅拌的目的。

③气体搅拌。气体搅拌是将沼气从池底部冲进去，产生较强的气体回流，达到搅拌的目的。

（8）禁止投放各种剧毒药。特别是有机杀菌剂、抗生素、刚喷洒了农药的作物茎叶、刚消毒过的畜禽粪便都会引起沼气细菌的中毒而停止产气。如发生这种情况，应将池内发酵料液全部清除再重新装入。

总之，大规模甲烷生产就要对发酵过程中的温度、pH、振荡、发酵原料的输入及输出和平衡等参数进行严格控制，同时需要较高深的生物技术，才能获得最大的甲烷生产量。

4. 沼气发酵装置 沼气发酵装置应用于农业生产中时称为沼气池，而应用于工业生产时则称为厌氧发酵罐。

(1) 水压式沼气池（图3-16）。水压式沼气池是我国农村目前推广的主要池型，国家对水压式沼气池制定了国家标准GB 4750—4752—84《农村家用水压式沼气池标准图集》、《农村家用水压式沼气池质量检查验收标准》、《农村家用水压式沼气池施工操作规程》，于1985年8月1日起实施。水压式沼气池在我国推广的数量多，技术也比较成熟，施工、管理、使用方面各地都有许多很好的经验。

图3-17表示水压式沼气池的基本结构。沼气池主要由发酵间、贮气间、进料口、出料口、水压间、导气管和活动盖等部分组成。发酵间与贮气间连成一个整体，构成沼气池的主体，下部为发酵间，上部为贮气间。发酵时所产生的气体从料液中逸出后，聚集于贮气间内，使贮气间气压不断升高。这样发酵料液就被不断升高的气压压进水压间，使水压间水位上升，直至池内气压和水压间与发酵间的水位差所形成的压力相等为止。产气越多，水位差越大，池内压力也越大。当沼气从导气管引出被利用时，池内压力降低，水压间的料液便返回发酵间。这样，随着气体的产生和被利用，水压间与发酵间的水位差也不断变化，并始终保持与池内气压处于平衡状态。沼气压力稳定，便可保证燃烧设备火力稳定。

图3-16　水压式沼气池

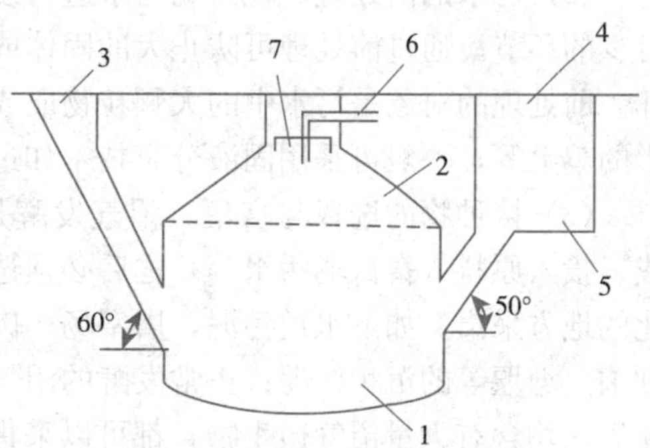

图3-17　水压式沼气池结构

1. 发酵间　2. 贮气间　3. 进料口
4. 出料口　5. 水压间　6. 导气管　7. 活动盖

水压式沼气池有地下式和半地下式，池温基本与地温相同，温度波动小，在高温季节沼气池产气率可达0.5m³/（m³·d)以上。还便于和厕所、猪圈连通，使人、畜粪便可直接流入沼气池内，这不仅使沼气池可经常得到原料，同时也有利于改善环境卫生。但水压式沼气池施工技术要求较高，气压变化大而且频繁，一般为0～80cm水柱(7 840Pa),日常进出固体料池较为困难。

(2) 厌氧发酵罐。厌氧发酵罐有常规厌氧消化罐、厌氧接触消化器、厌氧过滤器、上流式厌氧污泥床消化器等形式。其中常规厌氧消化器是长期以来得到广泛应用的一种发酵装置，在我国大型沼气工程中占80%以上，其最大的优点就是可以直接处理固体悬浮物含量较高或颗粒较大的料液。图3-18是一常规厌氧消化罐，它由三部分组

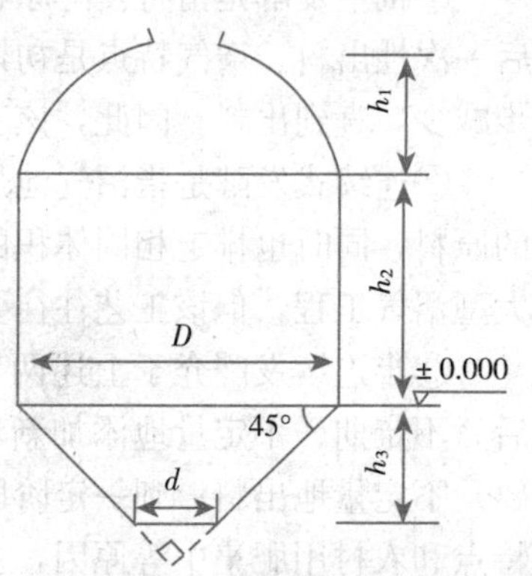

图3-18　常规厌氧消化罐

h_1. 削球体矢高　h_2. 圆柱体高
h_3. 圆锥体高　D. 圆柱体直径
d. 圆锥体锥顶直径

成，即削球体、圆柱体和圆锥体，一般经验，其直径和总高度之比取1∶1～1.3；顶部削球形壳矢高与装置直径之比取1∶4～8；底部削球形壳矢高与直径之比取1∶8～10；顶与底若采用圆锥壳，锥角取90°。

5. 污水发酵制沼工艺流程　污水发酵制沼工艺是指从发酵原料的采集到沼气产出的整个过程所采用的技术和方法。

（1）原料收集。充足稳定的原料供应是厌氧消化工艺的基础，不少沼气工程因原料来源的变化被迫停止运转或报废。原料的收集方式又直接影响原料的质量，如一个猪场采用自动化冲洗，其污水TS质量分数一般只有1.5%～3.5%；若采用刮粪板刮出，则原料质量分数可达5%～6%；如手工清运，质量分数可达20%左右。因此，在畜禽场设计时就应当根据当地条件合理安排废弃物的收集方式和集中地点，以便就近进行沼气发酵处理。

收集到的原料一般要进入调节池储存，因为原料收集时间往往比较集中，而向发酵池进料常需在1d内均匀分配，所以调节池的大小应保证能储存24h废物量。在温暖季节，调节池常兼有酸化作用，这对提高原料的可消化性和加速厌氧消化都有好处。若调节池内原料滞留期过长，会因好氧呼吸作用而损失沼气产量。

（2）污水的前处理。畜禽场污水进行发酵制沼前，一定要进行前处理，这是一道必不可少的环节。通过前处理可防止大的固体或杂物进入后续处理环节，避免设备的堵塞或破坏。前处理的对象是污水中的大颗粒物质或易沉降的物质，如牛粪和猪粪中的杂草、鸡粪中的鸡毛等，一般可采用固液分离技术如过滤、离心、沉淀等方法来进行处理。

（3）接种物的选择与富集。沼气发酵是在微生物的参与下进行的，因此在沼气池建成、投入原料（畜禽场污水等）之后必须选择富集接种物。接种物可在各种有机物厌氧消化的地方采集，如下水道污泥，屠宰场、肉食品加工厂、豆腐房、糖厂等地的阴沟污泥和湖泊、塘堰等的沉积污泥；正常发酵的沼气池底污泥或发酵料液，以及陈年老粪坑底部粪便等，均含有大量沼气微生物，都可以采集为接种物。新建沼气池或旧池大换料时，一般应加入占原料量30%以上的活性污泥；或留下10%以上正常发酵的沼气池旧污泥，或10%～30%沼气池发酵料液作启动菌种。

（4）进料。进料方式可分为批量发酵、连续发酵与半连续发酵。

①批量发酵是指将发酵原料和接种物一次装满沼气池，中途不再添加新料，产气结束后一次性出料。产气特点是初期少，以后逐渐增加；然后产气保持基本稳定；最后产气逐步减少，直到出料。因此，该工艺的发酵产气是不均衡的。目前在农村很少应用。

②连续式发酵是指沼气池加满料正常产气后，每天分几次或连续不断地加入预先设计的原料，同时也排走相同体积的发酵料液。其发酵过程能够长期连续进行。通常多应用于大型沼气工程，但该工艺往往要求较低的原料固形物质量分数。

③半连续发酵介于上述两者之间。在沼气池启动时一次性加入较多原料，正常产气后，不定期、不定量地添加新料。在发酵过程中，往往要根据其他因素（例如农田肥需要）不定量地出料；到一定阶段后，将大部分料液取走用作他用。我国广大农村由于原料特点和农村用肥集中等原因，主要采用这种发酵工艺。

（5）配料与投料。如以畜禽场污水为原料，配料时只需将污水与接种物混合即可，投料的总量以达到沼气池容积的80%为度，接种物一般占发酵料液的15%～30%。

（6）加水封池。在池内堆沤过程中，由于好氧和厌氧性微生物的作用，发酵料液的温度不断升高。当池内发酵原料温度上升到40～60℃时，即可分别从进、出料口加水。加水量以保证池内发酵原料总固体质量分数为前提，夏季6%，冬季10%。加水完毕，检验发酵料液pH，若pH在6以上时，即可封池；或pH低于6，加入适宜草木灰、氨水或澄清石灰水等碱性物质调整至pH为7左右后，再封池。

(7) 放气试火。按上述工艺流程操作，如沼气发酵已开始正常运行，沼气压力表的水柱压力差首次达到40cm以上时，由于沼气池气室内的空气没排放完，沼气不能点燃，应将气体全部放掉；2～3d后，当沼气压力再升高时，沼气即可使用。

(8) 出料方式。

①建有活动盖的小沼气池出料方式。建有活动盖的农户池，大出料前应撬开活动盖，从活动盖处用耙梳（类似钉耙的一种农具）或锄头将浮渣捞出，此时浮渣离地面的高度较小，出渣的劳动强度较小，浮渣一般应堆沤一个月后再使用。浮渣基本出尽后，再采用手提抽粪器或机动液肥泵抽出粪液。建池时未安装活塞筒的用户，可在出料间架设活塞筒，采用手提抽粪器抽出粪液；剩下的少量残渣，可用水或清粪水冲，使之能够流动，流到出料间后，用长把粪瓢舀粪。

②没有活动盖的小沼气池出料方式。没有建活动盖的农户池，大出料前应先采用手提抽粪器或机动液肥泵把能流动的粪液抽完（注意负压间距），此时浮渣已堆积在一起，进、出料口一般都已能通风。但还应采用人工鼓风或扇风，使池内有足够的氧气，放入小动物，小动物无异常反应时，人方可下到出料间用耙梳或锄头从出料间起出粪渣。粪渣应加入氨水堆沤7d左右，使粪渣成为无有害病菌和活动虫卵的复合高效有机堆肥。

③中型和较大型的沼气池的出料方式。较大型和中型沼气池都建有活动盖，大出料前应开启活动盖，从活动盖口用抓卸器抓起浮渣。无抓卸器的地方也可采用耙梳、锄头捞起浮渣，经堆沤后再使用。浮渣基本出尽后，可用7YF-1000等液肥车或机动液肥泵抽取易流动的粪液，剩下的少量的残渣可用水冲，使之能够流动，然后再用液肥车或机动液肥泵抽取；如果抽取物质量浓度低，可用此低质量浓度粪液反复冲洗不流动的残渣，以减少用水和运肥量。

6. 沼气发酵制沼的后处理 出料的后处理为大中型沼气工程所不可缺少的构成部分。过去有些工程未考虑出料的后处理问题，造成出料的二次污染，使有些沼气工程的周围环境不堪入目，同时白白浪费了可作为“绿色食品”生产用肥料的物质资源。

畜禽粪便经沼气发酵，其残渣中约95%的寄生虫卵被杀死，钩端螺旋体、福氏痢疾杆菌、大肠杆菌全部或大部分被杀死。同时残渣中还保留了大部分养分，如粪便中碳水化合物分解成甲烷逸出，蛋白质虽经降解，但又重新合成微生物蛋白，使蛋白质含量增加；其中必需氨基酸也有所增加，如鸡粪在沼气发酵前蛋白质（占干物质质量分数）为16.08%，蛋氨酸为0.104%，经发酵后前者为36.89%，后者为0.714%，使氨基酸营养更平衡。因而畜禽粪尿经沼气发酵既回收了能量，减少了疾病的传播，又可制作饲料、肥料等，进行多层次的利用。

(1) 能源生态模式。直接用作肥料施入农田或鱼塘，但施用有季节性，应设置适当大小的储液池，以调节产肥与用肥的矛盾。

①沼液浸种。沼液含有植物需要的各种营养元素、维生素、生长激素和抗生素。用沼液浸泡各种农作物种子，具有催芽、刺激生长和抗病作用。同时，沼液中氮、磷、钾等营

养成分，能对种子渗透，被种子吸收。在秧苗生长中，可增强酶的活化，加速养分的运转和代谢。

②沼液施肥。畜禽粪便发酵分解后，约60%的碳素转变为沼气，而氮素损失很少，且转化为水溶性养分，是一种速效性肥料，用于果树叶面喷施收效快、吸收率高，一昼夜内叶片可吸收施量的80%以上，能够及时补充果树生长期的养分需要。果树叶片若长期喷施沼液，叶片肥大，色泽常绿，能增强光合作用，有利于花芽的形成和分化，提高座果率和产量，并且对果树病虫害有一定的防治效果。

③沼液、沼渣鱼塘养鱼。我国各地用沼液养鱼做了大量的试验，结果证明，用沼液养鱼，不仅切实可行，而且比用粪养鱼具有更多的优越性，经济效益和社会效益都十分显著。首先，用沼液养鱼有利于水中浮游生物的生长，可增强鱼池的活性。沼液中含有丰富的氮、磷、钾等营养元素，有利于浮游生物特别是浮游植物的繁殖生长，为鱼类提供丰富的饵料，可使淡水鱼增产25%～50%。其次，用沼液养鱼，有利于保存水中的溶解氧。经厌氧发酵后的沼液，由于有机物已经得到分解，不会再消耗水中的溶解氧，因而使用更加安全。最后，用沼液养鱼，可以减少鱼病。有机质经沼气发酵后，其中的寄生虫卵和好氧病原菌已经被沉降或杀灭，可以减少鱼病的发生。

（2）能源环保模式。将出料进行沉淀后进行固液分离，固体残渣用作肥料或配合适量化肥做成适用于各种作物或花果的复合肥料，很受市场欢迎。清液部分可经曝气池、氧化塘、人工湿地等处理设施进行深度处理，经处理后的出水，可用于灌溉或达标后排入水体。

（七）太阳能干发酵制沼气

沼气是一种可循环利用的再生能源，已成为我国广大农牧地区日常生活的主要能源。但是由于建造沼气池技术要求高、成本也高、使用年限短、环境条件差、不易管理，同时还存在一定的危险性，因此影响到推广的力度。更由于沼气池占地面积大，保温性能差，在北方地区冬季气温低，不能正常产气，因此沼气在北方的推广就受到了客观上的限制。太阳能装配式干发酵沼气罐（图3-19），采用超导技术和高分子新材料制成。这种新技术的运用，彻底改变了沼气池“用半年闲半年”的现状。

图3-19　太阳能干发酵沼气罐

1. 厌氧干发酵机理　厌氧干发酵和厌氧湿发酵在生化反应本质上是相同的，主要是厌氧和兼性厌氧微生物在厌氧环境下分解有机物产生沼气的过程，包括水解、酸化、乙酰化和甲烷化等反应阶段。

2. 太阳能干发酵制沼气的优点

（1）改良了传统的地下池水压式发酵只能靠增加池的体积来提高产气量的缺点。

（2）传统的沼气池由于埋在地下，靠地温产生热能，因而造成夏季产气用不完，冬季产气不够用的现象。而干发酵技术一年四季产气平衡，使用正常罐内温度平均比地下池高出15℃左右，自然产气就高。

（3）自动稳压低压安全储气技术。传统的沼气池由于设计上的原因，在夏季温度高时易涨坏池子，而干发酵储气罐是分离装置，并具有自动排气功能，使用十分安全。

（4）提高甲烷纯度，使热值增高（约 33 472kJ/m^3，纯甲烷 36 087～39 748kJ/m^3），比液化气的热值还要高。

（5）精密配方技术是一项关键的技术革新，沼气快速高效产气与配方有关。

（6）利用各种农作物秸秆或有机物废渣（水）、人畜粪便等，室内外四季均衡产气，可自由移动，像液化罐一样方便使用，大大提高了产气率。甲烷纯度高，干净卫生无异味，不需挖坑和土埋。当天产气，占地 1m^2，可供 3～5 口人烧水做饭用，还可用于洗澡、取暖等。

（7）采用干发酵（超干发酵）大大缩小了体积，提高了产气量同时也方便安置，中、低温范围高效启动发酵，所产沼气甲烷含量高、产气量大；超低压工作方式，使用完沼气后的沼渣、沼液基本发透，二次利用质量高、效果好。

3. 太阳能干发酵沼气罐的特点

（1）设计巧妙，采用装配式组件加工而成，罐体大小可自由组装，便于运输，可批量化生产。

（2）增添了太阳能加热设备，在冬季利用太阳能增温，改善罐内发酵环境，从而实现在北方地区低温状态下仍能正常产气。

（3）巧妙地采用了廉价的自动加压装置，从而保证了沼气的正常运用。

（4）体积小，功能齐全，产气快，产气多，一年四季都能正常产气。一个 2m^3 的球罐体，只需加入适量的秸秆、草料或牲畜排泄物，加入新型低温发酵剂，仅十余小时的初发酵就可满足家庭炊事、洗澡、照明所需的能源（图 3－20）。

（5）一次投料可使用 4 个月左右，比秸秆气化炉方便、卫生、实用，也更可靠。

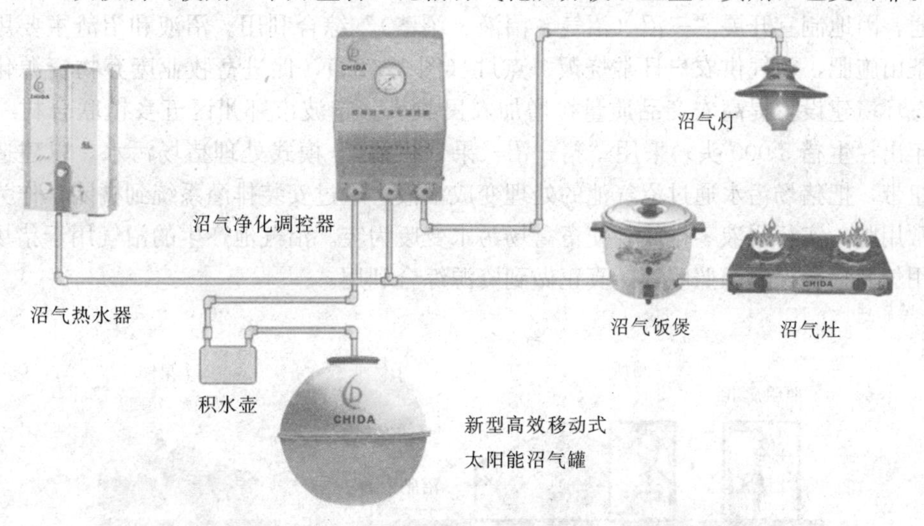

图 3－20　太阳能干发酵制沼气能源生态模式示意

四、畜禽养殖污水生态化处理

（一）北方“猪—沼—作物”生态模式

“猪—沼—作物”模式是通过种植面积、养猪规模、沼气池容积合理组合，以沼气为能源，沼液和沼渣为肥源，开发优质有机肥料，用于作物生产，实行种植业与养殖业结合；使能流、物流良性循环，资源高效利用，有效治理养殖污染，改善生态环境；同时促进发展无公害农产品生产，提高农产品质量，综合效益明显。如慈溪市龙山镇王仙根猪场，猪场面积 9 000m^2，存栏母猪 120 头、公猪 5 头、肉猪 1 200 头。年出栏肉猪 2 000 头，猪场周围有农田、果树、花木、河流。猪场建有集粪房 160m^2、50m^2 沼气池 2 个、储粪池 4 个。储粪池集中堆放粪污发酵后大部分提供江北绿源公司生产有机复合肥料；污水经沼气池处理后，产生的沼气供猪场生产与员工生活使用，厌氧消化过的沼液与沼渣施用于农田、果树、花木。处理流程见图 3-21。

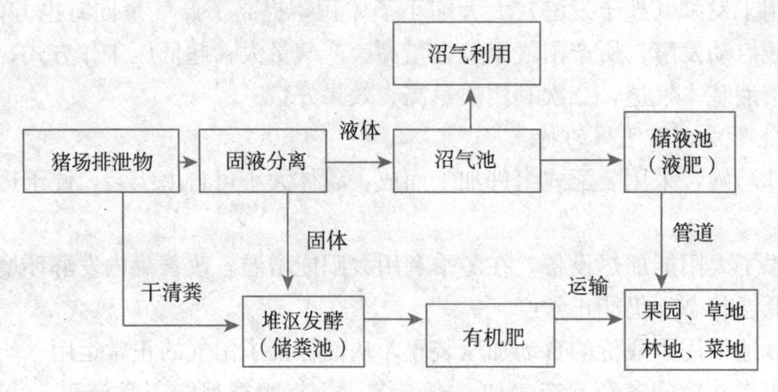

图 3-21 “猪—沼—作物”能源生态模式流程

（二）南方“猪—沼—果”能源生态模式

该模式利用山地资源，发展无公害水果和有机茶生产，采用“沼气池、猪舍、厕所”三连通，因地制宜开展“三沼（沼气、沼液、沼渣）”综合利用。沼液和沼渣主要用于果园、茶山施肥，沼气供农户日常烧饭、点灯（图 3-22），促进畜牧业废弃物资源化利用和生态环境建设，提高农产品质量，增加农民收入。宁波市鄞州区五乡镇联合村一养猪场，年出栏生猪 3 000 头，采用“猪—沼—果（柑橘）”模式处理猪场污水，以建造沼气池为纽带，把猪场污水通过沼气池的处理变成沼液，通过安装排灌系统到橘园，作为柑橘的日常用肥，实行沼液零排放，使畜禽场污水变废为宝。沼气池产生的沼气用于猪场日常生活用气及猪舍保温、照明等，真正做到资源综合利用。

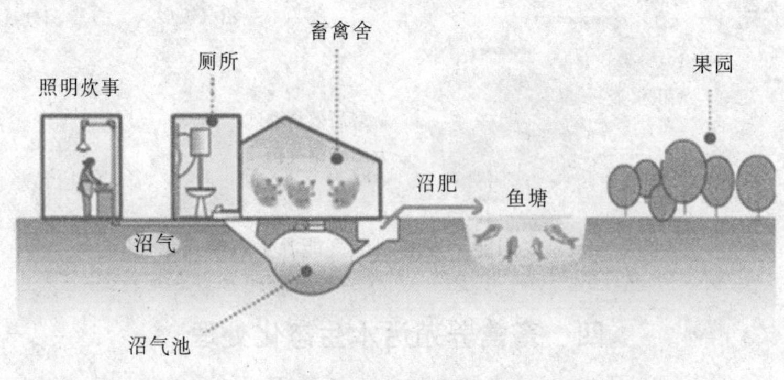

图 3-22 南方“猪—沼—果”能源生态模式示意

（三）牧渔结合、综合生态养殖模式

牧渔结合，利用太阳能、沼气作为鱼塘冬季增温的热源，沼液作为鱼饵料，沼渣作为种植饲料作物和蔬菜的有机肥料，形成综合生态养殖模式，实现生态良性循环。

（四）"四级净化，五步利用"生态模式

辽宁盘锦西安生态养殖场，对猪粪便经过"四级净化，五步利用"（图 3-23），既实现了无污染清洁生产，又提高了经济效益。

该生态养殖场在猪舍附近建成了面积为 16 668m^2，深 0.5～1.0m 的水葫芦和细绿萍水生生物处理塘。同时建有面积约 26 668m^2 的养鱼池和 266 680m^2 的水稻田，构成一个简单可行的污染物生物生态处理循环体系。

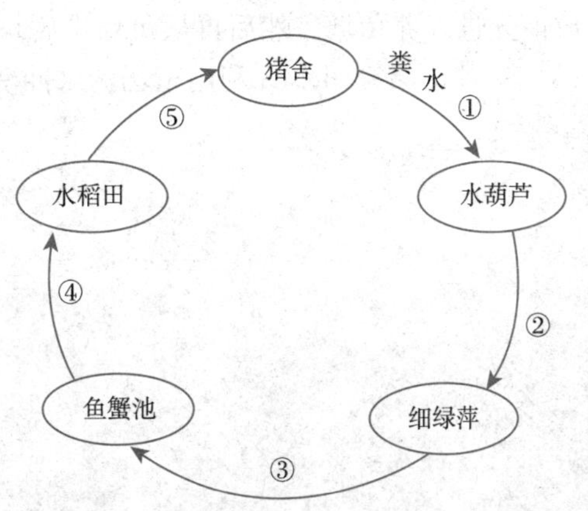

图 3-23　"四级净化，五步利用"模式

①一级净化，一步利用。猪舍用井水洗刷后，粪尿水从地沟排出，其中部分固体粪便捞出作为鱼的饵料，粪尿水则进入水葫芦池。水葫芦是喜氮植物，具有较强的净化污水功能。水葫芦吸收污水中大量的有效态氮，供自身生长，然后可作为青饲料或青贮料喂猪，节省了饲料成本。猪粪水在水葫芦池里大约停留 7d，其末端有泵将一级净化粪水泵入细绿萍池进行二级净化。

②二级净化，二步利用。细绿萍自身能固氮，主要吸收利用剩余的磷、钾等营养元素，促进其自身大量繁殖生长。细绿萍营养丰富，是猪和鱼的很好的青饲料。粪尿污水在细绿萍池又经过 7d 时间的有效净化和吸收，有的悬浮物沉淀，有的被分解转化。

③三级净化，三步利用。经过二级净化的污水达到渔业用水标准时，放入养鱼池，这时水中的氮、磷成分已经基本耗竭，SS 及 COD 也都达到灌溉水质标准，主要含有大量与细绿萍共生的浮游动物，成为鱼、蚌的天然饲料。

④四级净化，四步利用。污水水质最后达到农田灌溉水质标准时，将处理后的污水引入农田灌溉稻田使用。低浓度的氮、磷、钾等营养元素供作物生长吸收利用，进一步降低污染，实现污染物质的再生利用。

⑤五步利用。灌入稻田肥水，经过沉降、曝气，水体清澈，当水稻排水时，使之流回猪舍，再作冲洗粪尿的水。

五步利用技术的核心是将污水中有效的营养成分进行转化和利用，实现污水的废物资源化，同时也满足了环境生态的无害化要求，保护了周边环境，实现了经济效益、环境生态效益和社会效益的协调统一。经测定，污水经过四级净化后，COD、BOD 的净化率均达到 87.7%以上，有效氮和速效磷的去除率超过了 56%。总体处理效果优于同面积的生物氧化塘处理水平。

五、畜禽场污水的利用

1. *农田灌溉*　在畜禽场周围可供灌溉的土地面积足够的情况下，污水可直接作为农田灌溉用水水源。这样既提供了灌溉用水，又给农作物施用了有机肥。养殖场与周围的农田可以组成一个生态系统。农田为养殖场提供饲料，而养殖场的污水又可以作为肥料促进农田饲料植物的生产。

2. 养鱼　在我国，有很多养猪农户直接把猪粪污水排入鱼塘进行养鱼，塘泥作为农田肥料，组成生态循环系统，关键是养鱼塘的容积要足够大，需保持好氧状态。但规模化猪场的污水直接排入鱼塘中是不可行的。经过厌氧和好氧处理后的养殖场污水，在最终排放前先进入养鱼塘。然后再从鱼塘排放。

3. 冲洗猪舍用水　利用猪场污水冲洗猪舍可节省养猪生产用水。

项目四　畜禽场环境管理、监测与评价

任务一　畜禽场环境消毒

任　务　单

项目四	畜禽场环境管理、监测与评价				
任务一	畜禽场环境消毒		建议学时	4	
学习目标	1. 懂得畜禽场环境消毒的重要性 2. 熟知畜禽场环境消毒的分类 3. 学会畜禽场进场人员及车辆的消毒方法 4. 熟记化学消毒剂的种类及使用方法 5. 掌握畜禽场环境消毒的方法 6. 知道不同消毒设备的适用范围和使用方法				
任务描述	1. 学生根据生产需要，选用正确消毒方法，对进场人员及车辆进行消毒 2. 学生根据生产情况，对畜禽场环境进行综合消毒				
学时安排	资讯 1 学时	计划与决策 0.5 学时	实施 1.5 学时	检查 0.5 学时	评价 0.5 学时
材料设备	1. 相关学习资料与课件 2. 创设现场学习情景 3. 牛场、猪场、鸡场 4. 各种消毒剂				
对学生的要求	1. 具备一定的化学知识 2. 畜禽场环境消毒要求 3. 知道畜禽场的防疫要求 4. 理解能力 5. 严谨的态度 6. 团队配合能力				

资 讯 单

<table>
<tr><td>项目名称</td><td colspan="6">畜禽场环境管理、监测与评价</td></tr>
<tr><td>任务一</td><td colspan="3">畜禽场环境消毒</td><td colspan="2">建议学时</td><td>4</td></tr>
<tr><td>资讯方式</td><td colspan="3">学生自学与教师辅导相结合</td><td colspan="2">建议学时</td><td>1</td></tr>
<tr><td>资讯问题</td><td colspan="6">1. 解释下列概念：物理消毒，化学消毒，生物学消毒；临时消毒，经常消毒，定期消毒，突击性消毒。
2. 为什么要对畜禽场环境进行消毒？
3. 畜禽场常见的消毒方法都有哪些？
4. 如何进行物理、化学和生物消毒？
5. 如何对畜禽舍设备、墙壁、地面、垫料进行消毒？
6. 影响消毒剂消毒效果的因素有哪些？
7. 如何对畜禽舍空气进行消毒？
8. 如何进行空舍消毒？
9. 如何进行带畜禽消毒？
10. 如何对进出畜禽场人员和车辆进行消毒？</td></tr>
<tr><td>资讯引导</td><td colspan="6">本书信息单：畜禽场环境消毒
《家畜环境卫生学》，刘凤华，2004，243-264
《畜禽环境卫生》，赵希彦，2009，110-113
多媒体课件
网络资源</td></tr>
<tr><td>资讯评价</td><td>学生互评分</td><td></td><td>教师评分</td><td></td><td>总评分</td><td></td></tr>
</table>

信　息　单

	畜禽场环境管理、监测与评价		
任务一	畜禽场环境消毒	建议学时	1
信息内容			

消毒是指用物理的、化学的或生物学的方法清除或杀灭由传染源排放到外界环境中的病原微生物，以切断传播途径，预防或防止传染病发生、传播和蔓延的措施。在畜禽生产中，畜禽场及畜禽舍内环境、设施、器具以及畜禽体表面等随时可能受到病原体的污染，导致传染病的发生，给畜禽生产带来巨大损失。消毒是预防传染病发生最重要和最有效的措施之一，消毒也是畜禽场环境管理和卫生防疫的重要内容，随着畜牧业集约化、规模化的发展，消毒对预防疫病的发生具有重要的意义。

一、畜禽场环境消毒分类

根据消毒目的和性质不同，畜禽场消毒通常分为经常性消毒、突击性消毒、终末消毒。

（一）经常性消毒

经常性消毒也称为预防性消毒。为了预防疾病的发生，消灭可能存在的病原体，经常对畜禽场环境以及畜禽经常接触到的人以及用具进行消毒，以免畜禽受到病原微生物的感染而发病。

1. 随时消毒　消毒的主要对象是出入畜禽场的人员、车辆等。方法是在畜禽场和畜禽舍入口处设置消毒池和紫外线灯，以杀死车辆、人员或畜禽所携带的病原微生物。

2. 定期消毒　为了预防传染病的发生，对于有可能存在病原体的场所或设施如圈舍、栏圈、设备用具等进行定期消毒。一般按照事先拟定的消毒计划，有目的有规律地进行。特别是在畜禽群出售或转群，畜禽舍空出后，必须对畜禽舍及设备、设施进行全面清洗和消毒，以彻底消灭病原体，使环境保持清洁卫生。

（二）突击性消毒

突击性消毒指当发生畜禽传染病时，为及时消灭病畜禽排出的病原体，应对患病畜禽的分泌物、排泄物、畜禽体以及病畜禽接触过的设施、器具、场所等进行消毒。其目的是切断传播途径，防止传染病的扩散和蔓延，把传染病控制在最小的范围内。突击性消毒所采取的措施是：

（1）封锁畜禽场，谢绝外来人员和车辆进场，本场人员和车辆出入必须严格消毒。

（2）与患病畜禽接触过的所有物品，用强消毒剂进行消毒。

（3）要尽快焚烧或填埋垫草。

（4）用含消毒液的气雾对舍内空间进行消毒。

（5）将舍内设备移出，清洗、暴晒，再用消毒溶液消毒。

（6）墙裙、混凝土地面用2%的氢氧化钠溶液刷洗。

（7）畜禽舍密闭，将设备、用具移入舍内，用甲醛熏蒸消毒。

（三）终末消毒

终末消毒指发生传染病后，根据我国相关法律法规，待全部畜禽扑杀或处理完毕，对其所处周围环境最后进行的彻底消毒，以杀灭和清除传染源遗留下的病原微生物，是解除对疫区封锁前的重要措施。

二、畜禽场环境消毒

（一）物理消毒

1. 机械性清除　利用机械将畜禽舍内的降尘及在墙壁、地面以及设备上的粪便、残余饲料、垫料等污染物进行清扫、铲刮、洗刷，同时应将舍外表层附着物一齐清除，以减少感染传染病的机会。适用于采用其他方法消毒之前的畜禽舍清理。在机械性清除之前，根据清扫的环境的湿度大小、病原体的危害程度，来决定是否需要先用清水或消毒水喷洒，以免打扫时尘土飞扬，造成病原体散播。机械性清除不能达到消毒的目的，必须配合其他消毒方法进行，对清除的垃圾必须运到指定场所进行妥善处理。

2. 日光照射消毒　将物品置于日光下暴晒，利用太阳辐射的紫外线、阳光的杀菌、灼热和干燥作用使病原微生物灭活。适用于对运动场场地、垫料及可以移出室外的用具等进行消毒，既经济又简便。在强烈的日光照射下，一般的病毒和非芽孢菌经数分钟到数小时内即可被杀灭。阳光的杀菌效果受空气温度、湿度、太阳辐射强度及微生物自身抵抗能力等因素的影响。低温、高湿及能见度低的天气消毒效果差，高温、干燥、能见度高的天气杀菌效果好。

3. 辐射消毒　主要是利用紫外线灯照射杀灭空气中或物体表面的病原微生物的过程。紫外线照射消毒常用于种蛋室、兽医室等空间以及人员进入畜禽舍前的消毒。由于紫外线容易被吸收，对物体（包括固体、液体）的穿透能力很弱，所以紫外线只能杀灭物体表面和空气中的微生物。当空气中微粒较多时，紫外线的杀菌效果降低。由于畜禽舍内空气尘粒多，所以，对畜禽舍内空气采用紫外线消毒效果不理想。另外，紫外线的杀菌效果还受环境温度的影响，消毒效果最好的环境温度为20～40℃，温度过高或过低均不利于紫外线杀菌。

4. 高温消毒　高温消毒是利用高温环境破坏细菌、病毒、寄生虫等病原体结构，杀灭病原，主要包括火焰、煮沸和高压蒸汽等消毒形式。

（1）火焰消毒是利用火焰喷射器喷射火焰灼烧耐火的物体或者直接焚烧被污染的低价值易燃物品，以杀灭黏附在物体上的病原体。这方法简单可靠，常用于畜禽舍墙壁、地面、笼具、金属设备等表面的消毒。对于受到污染的易燃且无利用价值的垫草、粪便、器具及病死的畜禽尸体等则应焚烧以达到彻底消毒的目的。

（2）煮沸消毒是将被污染的物品置于水中蒸煮，利用高温杀灭病原菌的过程。煮沸消毒经济方便，应用广泛，消毒效果好。一般病原微生物在100℃沸水中5min即可被杀死，经1～2h煮沸可杀死所有的病原体。这种方法常用于体积较小而且耐煮的物品如衣物、金属、玻璃等器具的消毒。

（3）高压蒸汽消毒则是利用水蒸气的高温杀灭病原体。其消毒效果可靠，常用于医疗器械等物品的消毒。常用的温度为115℃、121℃或126℃，一般需维持20～30min。

（二）化学消毒

化学消毒是通过化学消毒剂的作用破坏病原体的结构以直接杀死病原体或使病原体的增殖发生障碍的过程。化学消毒速度快、效率高，能在数分钟内进入病原体内并杀灭之，在畜禽场消毒中最常用。

1. 消毒剂选择　在消毒时应根据病原体的特点，采用不同的消毒药物和消毒方法。消毒剂应选择对人和畜禽安全、没有残留毒性、对设备没有破坏、不会在畜禽体内及产品中产生有害积累的消毒剂。畜禽场常用的消毒剂种类见表4-1。

表4-1　常用消毒剂的种类及使用

类别	药名	理化性质	用法与用量
醛类	福尔马林	无色，有刺激性气味的液体，含40%甲醛，90℃下易生成沉淀	1%～2%环境消毒，与高锰酸钾配伍熏蒸消毒畜禽舍等
	戊二醛	挥发慢，刺激性小，碱性溶液，有强大的灭菌作用	2%水溶液，用0.3%碳酸氢钠调整pH在7.5～8.5可消毒，不能用于热灭菌的精密仪器、器材的消毒
酚类	苯酚（石炭酸）	白色针状结晶，弱碱性易溶于水，有芳香味	杀菌力强，2%用于皮肤消毒；3%～5%用于环境与器械消毒
	煤酚皂（来苏儿）	无色，遇光或空气变为深褐色，与水混合成为乳状液体	2%用于皮肤消毒；3%～5%用于环境消毒；5%～10%用于器械消毒
醇类	乙醇（酒精）	无色透明液体，易挥发，易燃，可与水和挥发油混合	70%～75%用于皮肤和器械消毒
季铵盐类	苯扎溴铵（新洁尔灭）	无色或淡黄色透明液体，无腐蚀性，易溶于水，稳定耐热，长期保存不失效	0.01%～0.05%用于洗眼和阴道冲洗消毒；0.1%用于外科器械和手消毒；1%用于手术部位消毒
	杜米芬	白色粉末，易溶于水和乙醇，受热稳定	0.01%～0.02%用于黏膜消毒；0.05%～0.1%用于器械消毒；1%用于皮肤消毒
	双氯苯胍己烷	白色结晶粉末，微溶于水和乙醇	0.02%用于皮肤、器械消毒；0.5%用于环境消毒
过氧化物类	过氧乙酸	无色透明酸性液体，易挥发，具有浓烈刺激性，不稳定，对皮肤、黏膜有腐蚀性	0.2%用于器械消毒；0.5%～5%用于环境消毒
	过氧化氢	无色透明，无异味，微酸苦，易溶于水，在水中分解成水和氧	1%～2%创面消毒；0.3%～1%黏膜消毒
	臭氧	在常温下为淡蓝色气体，有鱼腥臭味，极不稳定，易溶于水	30mg/m³，15min用于室内的空气消毒；0.5mg/kg，10min用于水消毒；15～20mg/kg用于污染源污染水消毒
	高锰酸钾	深紫色结晶，溶于水	0.1%用于创面和黏膜消毒；0.01%～0.02%用于消化道清洗
烷基化合物	环氧乙烷	常温无色气体，沸点10.4℃，易燃、易爆、有毒	50mg/kg密闭容器内用于器械、敷料等消毒

（续）

类别	药名	理化性质	用法与用量
含碘类消毒剂	碘酊（碘酒）	红棕色液体，微溶于水，易溶于乙醚、氯仿等有机溶剂	2%～2.5%用于皮肤消毒
	碘伏（络合碘）	主要剂型为聚乙烯吡咯烷酮碘和聚乙烯醇碘等，性质稳定，对皮肤无害	0.5%～1%用于皮肤消毒；10mg/kg用于饮水消毒
含氯化合物	漂白粉（含氯石灰）	白色颗粒状粉末，有氯臭味，久置空气中失效，大部分溶于水和醇	5%～10%用于环境和饮水消毒
	漂白粉精	白色结晶，有氯臭味，含氯稳定	0.5%～1.5%用于地面、墙壁消毒；0.3%～0.4%饮水消毒
	氯铵类（含氯化铵B、氯化铵C、氯化铵T）	白色结晶，有氯臭味，属氯稳定类消毒剂	0.1%～0.2%浸泡物品与器材消毒；0.2%～0.5%水溶液喷雾用于室内空气及表面消毒
碱类	氢氧化钠（火碱）	白色棒状、块状、片状，易溶于水，碱性溶液，易吸收空气中的二氧化碳	0.5%溶液用于煮沸消毒、敷料消毒；2%用于病毒消毒；5%用于炭疽消毒
	生石灰	白色或灰白色块状，无臭，易吸水，生成氢氧化钙	加水配制10%～20%石灰乳涂刷畜禽舍墙壁、畜栏等消毒
乙烷类	氯己定（洗必泰）	白色结晶，微溶于水，易溶于醇，禁止与升汞配伍	0.01%～0.02%用于腹腔、膀胱等冲洗；0.02%～0.05%水溶液，术前洗手浸泡5min

2. 化学消毒剂使用

（1）浸泡消毒。主要用于消毒器械、用具、衣物等。一般将物品洗涤干净后再用一定体积分数的新洁尔灭、有机碘混合物或煤酚的水溶液等进行浸泡。药液要浸过物体，浸泡时间长些、水温高些效果较好。

（2）喷雾消毒。常用于畜禽舍地面、墙壁、笼具及进入场区的车辆等的消毒。将一定体积分数的消毒剂，如次氯酸盐、有机碘混合物、过氧乙酸、新洁尔灭等，通过喷雾器喷洒于设施或物体表面以进行消毒。药液要喷到物体的各个部位。喷洒地面时，每平方米喷洒药液2L；喷墙壁、顶棚时，每平方米1L。喷雾消毒简单易行、效果可靠，在畜禽场环境消毒中最常用。

（3）熏蒸消毒。常用于孵化室、孵化器及畜禽舍等空间的消毒。是在畜禽舍密闭的情况下产生气体，使各个角落都能消毒。$1m^3$ 空间配制福尔马林（40%甲醛溶液）42mL、高锰酸钾21g，以21℃以上温度、70%以上相对湿度，封闭熏蒸24h。甲醛熏蒸畜禽舍应在空舍状态时进行。这种方法简便、省钱，效果可靠且对房舍结构无损，驱散消毒后的气体也较容易。在畜禽场环境消毒中常使用。但在实际操作中要严格遵守基本要点，否则会无效：畜禽舍及设备必须进行清洗，否则因为气体不能渗透到粪便或污物中去，所以不能发挥应有的效力；畜禽舍须无漏气处，因此应将进气口、排气扇等空隙处用纸条糊严，否则熏蒸不会收效。

（4）喷撒消毒。在畜禽舍周围、入口、舍内饲养设备下面撒生石灰或火碱可以杀死大量细菌或病毒。

3. 影响消毒剂消毒效果的因素

(1) 消毒剂的体积分数与作用时间。任何一种消毒剂都必须达到一定体积分数后才具有消毒作用，在使用某种消毒剂时应注意其有效体积分数。消毒剂与病原体的接触时间越长，灭菌效果越好。因此，消毒时应根据所用消毒剂的特性，选择合适的消毒剂体积分数和作用时间。

(2) 温度与湿度。温度与消毒剂的杀菌效力成正比。一般温度每增加 10℃，消毒效果可增加 1～2 倍。在一定环境下，湿度也影响消毒效果，不同的消毒方式需要不同的湿度环境。通常环境湿度过低，消毒效果差。

(3) pH 及颉颃作用。许多消毒剂的消毒效果受环境 pH 的影响。例如酸类、碘制剂、阴离子消毒剂（来苏儿等），在酸性溶液中杀菌力增强。而阳离子消毒剂（新洁尔灭等）和碱类消毒剂则在碱性溶液中杀菌力增强。此外消毒剂之间因化学或物理性质不同，也往往可能产生颉颃作用。同时或短时间内在同一环境中使用多种消毒剂，将可能导致消毒效果减弱或完全丧失，比如阳离子消毒剂和阴离子消毒剂之间，酸性和碱性消毒剂之间便存在着这种颉颃作用。

(4) 有机物的存在。所有的消毒剂对任何蛋白质都有亲和力。所以，环境中的有机物可与消毒剂结合而使其失去与病原体结合的机会，从而减弱消毒剂的消毒能力。同时环境中的有机物本身也对微生物具有保护作用，使消毒剂难以与病原体接触。因此，在对畜禽场环境进行化学消毒时，应首先通过清扫、洗刷等方式清除环境中的有机物，以提高消毒剂的利用率和消毒效果。

(5) 病原体的特点。病原体的种类或所处的状态不同，对于同一种消毒剂的敏感性不同。如处于休眠期的芽孢对消毒剂的抵抗力明显高于繁殖期的同类细菌，消毒时应增加消毒剂体积分数，延长消毒时间。再如，病毒对碱性消毒剂敏感，但对酚类消毒剂的抵抗力较强，因此，在消毒时应根据消毒的目的和所要杀灭对象的特点，选择病原敏感的消毒剂。

(三) 生物消毒

生物消毒是利用微生物在分解有机物过程中释放出的生物热，杀灭病原体和寄生虫卵的过程。如在堆肥过程中，微生物分解畜禽粪中的有机物，可使堆肥温度达到 60～70℃，并持续一段时间，使粪中病原体及寄生虫卵在十几分钟至数日内死亡。生物消毒法是一种经济简便的消毒方法，能杀死大多数病原体，主要用于粪便消毒。

三、畜禽场常规消毒管理

(一) 进场人员及车辆的消毒

人员是畜禽疾病传播中最危险、最常见也最难以防范的传播媒介，必须靠严格的制度进行有效控制。

(1) 在畜禽场入口处，供人员通行的通道上设置消毒池，池内用草垫等物体作消毒垫。消毒垫以 20%新鲜石灰乳、2%～4%的氢氧化钠或 3%～5%的煤酚皂液（来苏儿）浸泡，对进场人员的足底进行消毒。消毒池须由兽医管理，定期清除污物，更换新配制的消毒液（如每周更换 1 次）。

(2) 工作人员进入畜禽生产区要淋浴和更换干净的工作服、工作靴，并通过消毒池对鞋进行消毒，同时要接受紫外线消毒灯照射 5～10min。常用的紫外线消毒灯规格为 220V/30W。紫外线对酶类、毒素、抗体等都有灭活作用，使微生物蛋白质变性而起到杀灭作用，从而防止疾病的发生和传播，这是一种行之有效的预防措施。

（3）工作人员进入或离开每一栋畜禽舍要养成清洗双手、踏消毒池消毒鞋靴的习惯。尽可能减少不同功能区内工作人员交叉现象。

（4）主管技术人员在不同单元区之间来往应遵从清洁区至污染区、从日龄小的畜群到日龄大的畜群的顺序。当进入隔离舍和检疫室时，还要换上另外一套专门的衣服和雨靴。

（5）饲养员及有关工作人员应远离外界畜禽病原污染源，不允许私自养动物。有条件的畜禽场，可采取封闭隔离制度，安排员工定期休假。

（6）尽可能谢绝外来人员进入生产区参观访问，经批准允许进入参观的人员要进行淋浴洗澡，更换生产区专用服装、靴帽，并对其姓名及来历等内容进行登记。杜绝饲养户之间随意互相串门的习惯。

（7）工作人员应定期进行健康检查，防止传染人畜共患疾病。

（8）最好采用微机闭路监控系统，使管理人员和参观者不必进入生产区（图 4－1）。

（9）进场车辆消毒。在畜禽场入口处供车辆通行的道路上应设置消毒池，池内用草垫等物体作消毒垫。进入畜禽场的车辆通过大门消毒池时，使用 2%烧碱（氢氧化钠）或 1%菌毒敌等，对车辆轮胎进行消毒。消毒池须由专人管理，定期清除污物，更换消毒液。

图 4－1 猪舍微机闭路监控系统

（二）畜禽舍消毒

畜禽场消毒时，采用一种消毒方法，往往不能达到消毒效果，因此，必须根据畜禽舍的环境特点选用多种方法进行消毒。

1. 畜禽舍带畜禽消毒　在日常管理中，对畜禽舍应经常进行定期消毒。消毒的步骤通常为清除污物、清扫地面、彻底清洗器具和用品、喷洒消毒液，在此基础上还需以喷雾（图 4－2）、熏蒸等方法加强消毒效果。可选用季铵盐类、含碘类、含氯化合物等刺激性小的消毒剂带畜禽进行消毒，每隔 3～5d 或两周左右进行一次。

2. 畜禽舍空舍消毒　畜禽出栏后，应对畜禽舍进行彻底清扫，将可移动的设备、器具如饲槽、饮水器等搬出畜禽舍，在指定地点清洗、暴晒并用 1%～2%的漂白粉、0.1%的高锰酸钾等消毒剂浸泡或洗刷。用水或用 4%的碳酸钠溶液或清洁剂等刷洗墙壁、地面、笼具等，喷洒要全面，药液要喷到物体的各个部位。喷洒地面时，每平方米喷洒药液 2L，喷墙壁、顶棚时，

图 4－2 畜禽舍带畜禽消毒

每平方米喷洒药液1L。干燥后再进行喷洒消毒并闲置两周以上。在新一批畜禽进入畜禽舍前，可将所有洗净、消毒后的器具、设备及欲使用的垫草等移入舍内，以福尔马林（40%甲醛溶液）熏蒸消毒，方法是取一个容积大于福尔马林用量数倍至十倍且耐高温的容器，先将高锰酸钾置于容器中（为了增加催化效果，可加等量的水使之溶解），然后倒入福尔马林，人员迅速撤离并关闭畜禽舍门窗。福尔马林的用量一般为30～40mL，与高锰酸钾的比例以2∶1为宜。封闭消毒时间一般为12～24h，然后打开门窗通风3～4d。如需要尽快消除甲醛的刺激气味，可用氨水加热蒸发使之生成无刺激性的六甲烯胺。还可以单用40%的甲醛溶液加热蒸发对畜禽舍进行熏蒸消毒。

如果发生了传染病，用消毒力强的消毒剂喷洒后再清扫畜禽舍，可防止病原随尘土飞扬造成疾病在更大范围传播。然后以大剂量消毒剂反复进行喷洒、喷雾及熏蒸消毒。一般每日1次，直至传染病被彻底扑灭，解除封锁为止。

（三）畜禽粪便及垫草的消毒

在一般情况下，畜禽粪便和垫草最好采用生物消毒法消毒。采用这种方法可以杀灭大多数病原体如口蹄疫、猪瘟、猪丹毒及各种寄生虫卵。但是对患炭疽、气肿疽等烈性传染病的病畜禽粪便，应采取焚烧或经有效的消毒剂处理后深埋。

（四）运动场消毒

清除地面污物，用2%～4%氢氧化钠或10%～20%漂白粉液喷洒，或用火焰消毒，运动场围栏可用15%～20%的石灰乳涂刷。

无论采取哪种消毒方式，都要注意消毒人员的自身防护。首先，要严格遵守操作规程和注意事项；其次，注意消毒人员以及消毒区域内其他人员的防护。防护措施要根据消毒方法的原理和操作规程表有针对性施行。例如进行喷雾消毒和熏蒸消毒就应穿上防护服，戴上眼镜、口罩；进行紫外线直接的照射消毒，室内人员都应该离开，避免直接照射。

四、畜禽场常用消毒设备选择及使用

消毒设备应根据消毒方法、消毒性质选择不同的种类。

（一）物理消毒设备选择及使用方法

1. 高压清洗机　高压清洗机如图4-3所示。主要是冲洗畜禽场场地、畜禽舍地面、设施、设备、车辆等。

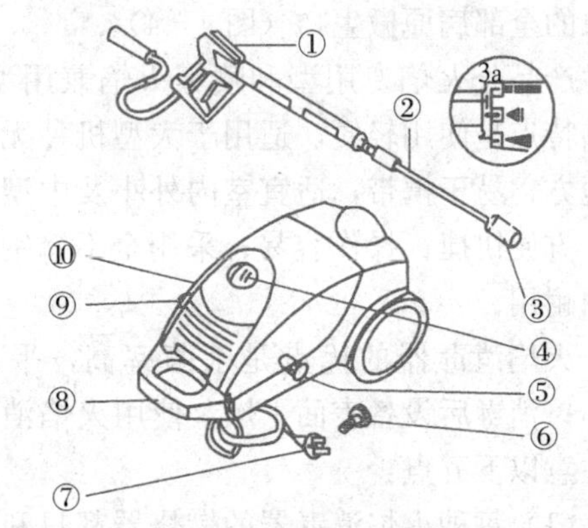

图4-3　高压清洗机结构示意

①机器主开关（开/关）　②进水过滤器　③联结器　④带安全棘齿（防止倒转）的喷枪杆　⑤高压管　⑥（带压力控制的）喷枪杆　⑦电源连接插头　⑧手柄　⑨带计量阀的洗涤剂吸管　⑩高压出口

高压清洗机设计上非常紧凑，电机与泵体采用一体化设计；现以最大喷洒量为450L/h的产品为例，对主要技术指标和使用方法进行介绍。它主要由高压管及喷枪柄、喷枪杆、三孔喷头、洗涤剂液箱以及系列控制调节件组成。内藏式压力表置于枪柄上，三孔喷头药液喷洒可在强力、扇形、低压三种喷嘴状态下进行。操作时连续可调的压力和流量控制，同时设备带有溢流装置及带有流量调节阀的清洁剂入口，使整个设备坚固耐用、方便操作。操作方法详见说明书。

2. 紫外线灯（低压汞灯） 主要进行空气及物体表面的消毒。

国内消毒用紫外线灯的波长绝大多数在253.7nm左右，有较强的杀灭微生物的作用。普通紫外线灯管由于照射时辐射部分184.9nm波长的紫外线，故可产生臭氧，也称为有臭氧紫外线灯。而低臭氧紫外线灯，由于灯管玻璃中含有可吸收波长小于200nm紫外线的氧化钛，所以产生的臭氧量很小。高臭氧紫外线灯在照射时可辐射较大比例184.9nm波长的紫外线，所以产生较高质量浓度的臭氧。目前市售的紫外线灯有多种形式，如直管形、H形、U形等，功率从数瓦到数十瓦不等，使用寿命在3 000h左右。使用方法：

（1）固定式照射。将紫外线灯悬挂、固定在天花板上或墙壁上，向下或侧向照射。该方式多用于需要经常进行空气消毒的场所，如兽医室、进场大门消毒室等。一般在无人状态下，房间内每立方米空间所装紫外线灯管的功率达到2～2.5W时，照射1h以上，可达到一定的消毒效果。有人时应加强对人的防护，照射强度小于1W/m^2，每2h照射间隔1h或40min。

（2）移动式照射。将紫外线灯管装于活动式灯架上，适于不需要经常进行消毒或不便于安装紫外线灯管的场所。消毒效果依据照射强度不同而异。

空气消毒时，许多环境因素会影响消毒效果，如空气中的液滴和尘埃能吸收紫外线，如空气尘粒为800～900个/m^{3}时，杀菌效果将降低20%～30%，因此在湿度较高和粉尘较多时，应适当增加紫外线照射强度和剂量。

3. 电热鼓风干燥箱 用于玻璃仪器如烧杯、烧瓶、试管、吸管、培养皿、玻璃注射器和针头、滑石粉、凡士林以及液状石蜡等灭菌。按照兽医室规模进行配置。

使用中注意在干热的情况下，由于热的穿透力低，灭菌时间要掌握好。一般细菌繁殖体在100℃经1.5h才能杀死；芽孢140℃经3h杀死；真菌孢子100～115℃经1.5h杀死。灭菌时也可将待灭菌的物品放进烘箱内，使温度逐渐上升到160～180℃，热穿透至被消毒物品中心，经2～3h可杀死全部细菌及芽孢。

4. 火焰消毒器 火焰消毒器能直接用火焰灼烧消毒物体，可以立即杀死存在于消毒对象的全部病原微生物（图4-4）。

产品分火焰专用型和喷雾火焰兼用型两种。产品特点是使用轻便，适用于大型机种无法操作之地方，易于携带，适宜室内外小及中型面积处理，方便快捷；操作容易；采用全不锈钢，机件坚固耐用。

图4-4 火焰灭菌设备

火焰消毒器的优点是杀菌率高，平均可达97%；消毒后设备表面干燥。使用火焰消毒器时应注意以下五点：

（1）每种火焰消毒器的燃烧器都只和特定的燃料相配，故一定要选用说明书指定的燃料种类；如指定的燃料为煤油，急需时可用农用柴油替代，但严禁使用汽油或其他轻质易燃易爆燃料。

（2）消毒前，要撤除消毒场所的所有易燃易爆物，以免引起火灾。

（3）燃料一定要经过过滤，以免混入杂物堵塞喷嘴。

（4）未冷却的喷管、燃烧器要避免撞击和挤压，以免发生永久性变形而使火焰消毒器性能降低。

（5）火焰喷射器要与药物配合使用才具有最佳的效果。先用药物进行消毒后，再用火焰消毒器消毒，才能提高灭菌效率。

5. 消毒锅　通过煮沸达到消毒目的，适用于消毒器具、金属、玻璃制品、棉织品等。消毒锅一般使用金属容器。这种方法简单、实用、杀菌能力比较强、效果可靠，是最古老的消毒方法之一。煮沸消毒时要求水煮沸后5～15min，一般水温达到100℃，细菌繁殖体、真菌、病毒等可立即杀灭；而细菌芽孢需要的时间比较长，要15～30min，有的要几个小时才能杀灭。

煮沸消毒时应注意：先清洗被消毒物品后再煮沸消毒；除玻璃制品外，其他消毒物品应在水煮沸腾后加入；被消毒物品应完全浸入水中，一般不超过消毒锅总容量的3/4；消毒时间从水沸腾后计算；消毒过程中如中途加入物品，需待水煮沸后重新计算时间；棉织品的消毒应适当搅拌；消毒注射器材时，针筒、针头等应拆开分放；经煮沸灭菌的物品，“无菌”有效期不超过6h；一些塑料制品等不能煮沸消毒。

6. 手提式下排气式压力蒸汽灭菌器　畜禽场的兽医室、实验室等部门的消毒常用小型高压蒸汽灭菌器。容积约18L，重10kg左右，这类灭菌器的下部有排气孔，用来排放灭菌器内的冷空气。

（1）操作方法。

①在容器内盛水约3L（如为电热式则加水至覆盖底部电热管）。

②将要消毒物品连同盛物桶一起放入灭菌器内，将盖子上的排气软管插于铝桶内壁的方管中；盖好盖子，拧紧螺丝。

③加热，在水沸腾后10～15min，打开排气阀门，放出冷空气。待冷气放完，关闭排气阀门，使压力逐渐上升至设定值，维持预定时间，停止加热。待压力降至常压时，排气后即可取出被消毒物品。

④若消毒液体时，则应慢慢冷却，以防止因减压过快造成液体的猛烈沸腾而冲出瓶外，甚至造成玻璃瓶破裂。

（2）注意事项。

①消毒物品应预处理，先进行洗涤，再用高压灭菌。

②压力蒸汽灭菌器内空气应充分排除，否则导致灭菌失败。

③灭菌时间应合理计算，应由灭菌器内达到要求温度时开始计算，至灭菌完成时为止。

④消毒物品的包装不能过大，以利于蒸汽的流通，使蒸汽易于穿透物品的内部，使物品内部达到灭菌温度。

⑤加热的速度不能太快，否则使外部温度很快达到要求温度，而物体内部尚未达到（物体内部达到所需要温度需要较长时间），致使在预定的消毒时间内达不到灭菌要求。

⑥注意安全操作。

（二）化学消毒设备选择及使用方法

1. 喷雾器

（1）背负式手动喷雾器。主要用于场地、畜禽舍、设施，特别是带畜禽时的喷雾消毒。产品结构简单（图4-5），保养方便，喷洒效率高。

注意事项：操作者应穿戴防护服，避免对现场第三方造成伤害。每次使用后，及时清理和冲洗喷雾器的容器和与化学药剂相接触的部件以及喷嘴、滤网、垫片、密封件等易耗件，以避免残液造成的腐蚀和损坏。

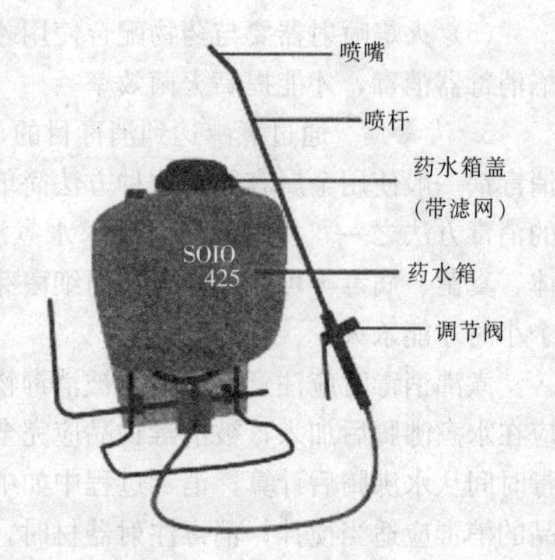

图4-5 背负式手动喷雾器

（2）高压机动喷雾器。用于场地消毒以及带畜消毒。设备主要结构是喷管、药水箱、燃料箱、高效二冲程发动机，使用中需注意佩戴防护面具或安全护目镜。

按照喷雾器的动力来源可分为手动型、机动型；按使用的消毒场所可分背负式、可推式、可背可推式等。其特点是带有高效发动机；重量轻，振动小，噪声低；高压喷雾，高效、安全、经济、耐用；用少量的液体即可进行大面积消毒，且喷雾迅速。

2. 消毒液机和次氯酸钠发生器　主要用于现用现制快速生产含氯消毒液。适用于畜禽养殖场、屠宰场、运输车船，人员防护消毒以及发生疫情的病原污染区的大面积消毒。

由于消毒液机使用的原料和能源只是食盐、水和电，操作简便，因而具有短时间内就可以生产出大量消毒液的能力。另外用消毒液机电解生产的含氯消毒剂是一种无毒低刺激的高效消毒剂，不仅适用于环境消毒、带畜消毒，还可用于食品的消毒、饮用水的消毒、洗手消毒等，对环境造成污染小。

图4-6 环境消毒车

3. 环境消毒车　电动环境消毒车（图4-6）由蓄电池带动，在人的操作下可在畜禽场及畜禽舍内自由运行，其喷头可左右自动摆动，喷出的雾粒大小可调；除具喷雾消毒作用外，还具有冲洗功能。一般的环境消毒车可在30min内完成拥有2万只鸡的鸡场的消毒工作，能有效控制畜禽场畜禽疾病的发生。

五、畜禽场疫病控制

当前，一些畜禽重大疫病依然是严重制约我国养殖业健康发展的最大障碍。疫病已给我国养殖业造成了巨大的经济损失。特别是因疫病等卫生原因，我国的猪肉产量虽然多年位居世界第一，而出口却不到猪肉产量的千分之一。目前因疫病等卫生原因，白白丧失了许多商机。特别是一些人畜共患疫病如口蹄疫、日本乙型脑炎、禽流感等严重威胁人类健康的传染病时常给人类带来恐慌，并导致养殖业重大经济损失。

当前围绕畜产品安全生产的动物疫病控制，不能仅仅依赖药物和抗病育种，而需要从根本上去预防和控制。这主要包括：全价饲料的供给、保持动物健康的舍内环境控制技术和动物福利技术、良好的场区小气候环境以及与国际接轨的畜牧业实践。作为畜牧业的重要质量措施，为了保证食品的安全，让消费者放心，无论是在产品生产、加工、贮存、运输还是零售阶段，都必须重视并努力做好以下各方面工作：

（1）加强环境卫生和废弃物管理，降低场地风险，减少有害物和病原体的滋生和传播。这适用于食物链的所有环节。

（2）建立严格的消毒制度，定期对环境、畜禽舍、畜禽体进行消毒，降低感染机会。为保证消毒效果，消毒药物要定期更换品种，交叉使用。

（3）采取生物安全措施，阻止病原体在畜禽群体中滋生和传染，这不仅能减少产品对健康的危害性，还可以提高畜禽生产力。

（4）统计和评估风险、识别危险。评估风险存在的可能性和控制、预防措施的效果，对生产商和加工商都是十分重要的。

（5）关注动物福利，例如，饲养密度、舍内空气质量。

（6）畜禽场有必要采用良好的畜牧业实践（GAHP），以确保畜禽健康并达到理想产量。

（7）临界控制点的风险分析（HACCP），这套通用的质量认证系统可有效地使风险降至最低限度，令产品安全卫生。

任务二 灭鼠、灭虫

任 务 单

<table>
<tr><td>项目四</td><td colspan="5">畜禽场环境管理、监测与评价</td></tr>
<tr><td>任务二</td><td colspan="2">灭鼠、灭虫</td><td colspan="2">建议学时</td><td>4</td></tr>
<tr><td>学习目标</td><td colspan="5">1. 知道畜禽场常见的害虫种类
2. 能进行畜禽场鼠情调查
3. 熟知鼠、虫对畜禽生产的危害
4. 熟知灭鼠、灭虫常用方法
5. 能根据畜禽场实际情况，选取合适方法灭鼠、灭虫
6. 能有效落实好鼠、虫害防治工作</td></tr>
<tr><td>任务描述</td><td colspan="5">学生对畜禽场鼠、虫危害进行调查分析，查找原因，并采取有效的措施进行灭鼠、灭虫</td></tr>
<tr><td>学时安排</td><td>资讯
1 学时</td><td>计划与决策
0.5 学时</td><td>实施
1.5 学时</td><td>检查
0.5 学时</td><td>评价
0.5 学时</td></tr>
<tr><td>材料设备</td><td colspan="5">1. 相关学习资料与课件
2. 创建灭鼠、灭虫现场学习场景
3. 灭鼠、灭虫视频
4. 灭鼠、灭虫器具及药品</td></tr>
<tr><td>对学生的要求</td><td colspan="5">1. 具备一定的相关理化知识
2. 环境保护的相关知识
3. 知道畜禽场的防疫要求
4. 理解能力
5. 严谨的态度
6. 团队配合能力</td></tr>
</table>

资　讯　单

<table>
<tr><td>项目名称</td><td colspan="6">畜禽场环境管理、监测与评价</td></tr>
<tr><td>任务二</td><td colspan="2">灭鼠、灭虫</td><td colspan="2">建议学时</td><td colspan="2">4</td></tr>
<tr><td>资讯方式</td><td colspan="2">学生自学与教师辅导相结合</td><td colspan="2">建议学时</td><td colspan="2">1</td></tr>
<tr><td>资讯问题</td><td colspan="6">1. 畜禽场鼠、虫害对畜禽生产的危害?
2. 畜禽场常见害虫种类?
3. 畜禽场的防鼠方法?
4. 畜禽场的灭鼠方法?
5. 畜禽场防虫方法?
6. 畜禽场灭虫方法?</td></tr>
<tr><td>资讯引导</td><td colspan="6">本书信息单：灭鼠、灭虫
《家畜环境卫生学》，刘凤华，2004，163－173
《家畜环境与设施》，李保明，2004，171－173
多媒体课件
网络资源</td></tr>
<tr><td>资讯评价</td><td>学生互评分</td><td></td><td>教师评分</td><td></td><td>总评分</td><td></td></tr>
</table>

信 息 单

项目名称	畜禽场环境管理、监测与评价		
任务二	灭鼠、灭虫	建议学时	1
信息内容			

畜禽场内的老鼠和昆虫对畜禽生产危害很大。老鼠可窃食饲料、咬坏器物，有时甚至破坏电路，影响生产的正常进行。此外，老鼠还是许多种病菌、病毒、真菌、寄生虫的携带者，传播诸如鼠疫、伤寒、出血热等疾病。畜禽场内有害昆虫主要是蚊、蝇、虻和蜱等节肢动物昆虫。它们对畜禽的骚扰能够引起畜禽烦躁、敏感性增强、食欲减退等，并传播疾病，甚至威胁到畜禽场工作人员的健康。因此，我们必须重视畜禽场的生物安全，把灭鼠、灭虫作为畜禽场生物安全体系的重要环节来抓，多措并举，确保畜禽健康安全，提高畜禽生产经济效益。

一、防治鼠害

（一）防鼠

1. 建筑防鼠　建筑防鼠是指采取建筑措施，防止鼠类进入建筑物内。

（1）畜禽舍的基础要坚固，以混凝土砂浆填满缝隙并埋入地下 1m 左右。

（2）舍内应铺设混凝土地面，用砖、石铺设的地面和畜床，应衔接紧密并用水泥灰浆填缝。

（3）墙基最好用水泥制成，用碎石和砖砌墙基，用灰浆抹缝。

（4）墙面应平直光滑，以防鼠沿粗糙墙面攀登。

（5）砌缝不严的空心墙体，易使鼠藏匿营巢，要填补抹平。

（6）为防止鼠类爬上屋顶，可将墙角处做成圆弧形。

（7）墙体上部与天棚衔接处应砌实。

（8）各种管道周围要用水泥填平。通气孔、地窗、排水沟（粪尿沟）出口均应安装孔径小于 1cm 的铁丝网，以防鼠窜入。

2. 环境防鼠　主要是通过恶化鼠类的生存条件，降低环境对鼠的容纳量来达到减少鼠害的目的。具体做法主要有：妥善保管好畜禽场的饲料，断绝老鼠的食物来源；监控畜禽场周围的环境卫生，通过割除畜禽场周围的杂草以及堵填鼠洞等方法来减少老鼠的隐蔽场所。

（二）灭鼠

鼠不易被毒死，捕捉也很困难。我国现在灭鼠的方法主要是药物（毒鼠强）毒杀、器械捕捉等。

1. 器械灭鼠　器械灭鼠是畜禽场常用的捕鼠方法。常用器械有鼠夹、鼠笼、粘鼠板等，目前还有较为先进的电子捕鼠器和超声波驱鼠等方法。世界各国对灭鼠工作也进行了不少研究，新的方法是使用持续而无规律的高频振荡，使鼠产生无法克服的混乱，最终无力活动而被捕捉。

器械捕鼠的优点是对人畜无害、简单易行、使用方便、费用低而捕鼠效率高。目前主要用于较小范围内的防鼠害。

2. 化学药物灭鼠　使用化学灭鼠剂（毒饵）毒杀鼠类。一般杀鼠剂可分为急性杀鼠剂、慢性杀鼠剂、熏蒸剂、驱鼠剂和不育剂。其中使用最多的急性杀鼠剂：磷化锌、灭鼠安、毒鼠磷和除鼠磷等。慢性杀鼠剂也称为抗凝血杀鼠剂，目前使用最广的是溴敌隆、敌鼠钠盐、氯敌鼠、杀鼠迷、大隆、鼠得克、杀鼠灵等。熏蒸剂主要有三氯硝基甲烷和灭鼠烟剂等。

畜禽场的鼠类活动以孵化室、饲料库、畜禽舍和加工车间最多，这些部位是防除鼠害的重点。饲料库可用熏蒸剂毒杀。机械化养禽场，因实行笼养，只要防止毒饵混入饲料中，即可采用一般方法使用毒饵。在采用全进全出制的生产工艺时，可在舍内空舍消毒时进行灭鼠。鼠尸应及时清除，以防被家畜误食而发生二次中毒。投放毒饵时，应对家畜进行适当隔离，待畜禽外出放牧或运动时，在圈中投放，归圈前撤除以保证畜禽安全。毒饵的配制，可根据实际情况，选用鼠长期吃惯了的食物作饵料，并突然投放，以假乱真，以毒代好，可收到良好的效果。

化学灭鼠效率高、使用方便、成本低、见效快，缺点是能引起人、畜中毒，既有初次毒性（如误食毒饵），又有二次毒性（即吃了已中毒的老鼠而中毒）。有些鼠对药剂有选择性、拒食性和耐药性。

3. 中草药灭鼠　采用中草药灭鼠，可就地取材、成本低，使用方便，不污染环境、对人畜较安全。但含有效成分低，杂质多，适口性较差。常用灭鼠中草药有山管兰、天南星、狼毒等。

（三）综合治理

老鼠种类繁多、习性各异，对环境的适应能力强，具有在较大范围内迁移的能力，因此应采取综合治理的方法防治鼠害。应根据鼠害特点，因地因时采取多种灭鼠方法，在场内立体灭鼠；而且还应将灭鼠范围扩大到场外，有条件的话，邻近畜禽场500m范围内的农田、森林、荒地、河滩、居民区等最好同时进行灭鼠，并充分利用老鼠的天敌减少畜禽场周边环境的鼠害。

二、防治虫害

（一）防虫

搞好畜禽场环境卫生，保持环境清洁和干燥是防除害虫的重要措施。

1. 舍外防虫

（1）蚊虫需在水中产卵、孵化和发育，蝇蛆也需在潮湿的环境及粪便废弃物中生长。因此，应填平场内所有的积水坑、洼地，避免在场内及周围积水，保持畜禽场环境干燥。

（2）排污管道采用暗沟，并定期清理疏通。

（3）粪池加盖，并保持四周环境的清洁。

（4）粪堆加土覆盖，堆粪场远离居民区与畜禽舍，最好采用腐熟堆肥和生产沼气等方法对粪便污水进行无害化处理，铲除蚊蝇滋生的环境条件。

2. 舍内防虫　加强日常管理，及时清除畜禽舍内粪便、污水，不留卫生死角；应采用干清粪工艺，减少污水的产生，并保持舍内干燥；舍内排尿沟应清扫干净、直接排走，减少粪污滞留。

（二）灭虫

1. 物理灭虫

（1）在规模化畜禽场中对昆虫聚居的墙壁缝隙、用具和垃圾等可用火焰喷灯烧杀害虫。动物圈舍、运输车辆和工作人员衣物上的昆虫或虫卵可用沸水或蒸汽烧烫。

（2）当有害昆虫聚集数量较多时，也可选用电气灯灭蝇。这种灯的中部安有荧光管，放射对人类与畜禽无害而对苍蝇有高度吸引的紫外线。荧光管的外围有栏栅，其中通有将220V变成5 500V的10mA的电流，当苍蝇爬经电灯时，则接通电路而被杀死，落于悬吊在灯下的盘中。

2. 化学灭虫　化学灭虫法是指在畜禽场、畜禽舍内外有害昆虫生境、滋生地，大面积喷洒化学杀虫剂，以杀灭昆虫成虫、幼虫和虫卵的措施。常见的杀虫剂包括有机磷杀虫剂如敌敌畏、倍硫磷、马拉硫磷等；除虫菊酯类杀虫剂如胺菊酯等；硫酸烟碱类以及多种驱避剂等。

化学杀虫剂虽具有使用方便、见效快等优点，但存在抗药性、污染环境等问题。因此在使用时，应优先选用低毒高效的杀虫剂，避免或尽量减少杀虫剂对畜禽健康和生态环境的不良影响，如“溴氰菊酯”类杀虫剂、昆虫激素、马拉硫磷。将昆虫激素混于料中喂给家禽，这种药物对家禽的健康和生产性能无影响，食后由消化道与粪便一齐排出，虫蛆吃了这些药物即被杀死，因此粪便不会生蝇。

3. 生物防除　利用有害昆虫的天敌灭虫。例如可以结合畜禽场污水处理，利用池塘养鱼，鱼类能吞食水中的孑孓和幼虫，具有防治蚊子滋生的作用。另外蛙类、蝙蝠、蜻蜓等均为蚊、蝇等有害昆虫的天敌。此外，应用细菌制剂——内菌素杀灭血吸虫的幼虫，效果良好。

任务三　畜禽尸体及垫草处理与利用

任　务　单

项目四	畜禽场环境管理、监测与评价				
任务三	畜禽尸体及垫草处理与利用		建议学时	4	
学习目标	1. 知道畜禽场畜禽尸体处理的方法 2. 掌握焚烧法处理病死畜禽尸体的方法 3. 熟知填埋法处理病死畜禽尸体的方法及注意事项 4. 明确哪些畜禽尸体不适合用填埋法处理 5. 了解畜禽场垫草、垃圾的处理方法				
任务描述	学生根据所掌握理论知识，采用相应的方法对畜禽场的病死畜禽尸体及垫草进行处理				
学时安排	资讯 1.0 学时	计划与决策 0.5 学时	实施 1.5 学时	检查 0.5 学时	评价 0.5 学时
材料设备	1. 相关学习资料与课件 2. 创设现场学习情景 3. 畜禽尸体 4. 铲、锹、煤油、石灰、柴草等				
对学生的要求	1. 具备一定的相关理化知识 2. 环境保护的相关知识 3. 知道畜禽场的防疫要求 4. 理解能力 5. 严谨的态度 6. 团队配合能力				

资 讯 单

<table>
<tr><td>项目名称</td><td colspan="4">畜禽场环境管理、监测与评价</td></tr>
<tr><td>任务三</td><td colspan="2">畜禽尸体及垫草处理与利用</td><td>建议学时</td><td>4</td></tr>
<tr><td>资讯方式</td><td colspan="2">学生自学与教师辅导相结合</td><td>建议学时</td><td>1</td></tr>
<tr><td>资讯问题</td><td colspan="4">1. 畜禽尸体处理的方法有哪几种？
2. 如何用焚烧法处理畜禽尸体？
3. 如何用填埋法处理畜禽尸体？应注意什么问题？
4. 患疫病的畜禽尸体应该如何处理？患普通病的畜禽尸体可以怎样处理？
5. 畜禽场的垫草、垃圾应怎样处理？</td></tr>
<tr><td>资讯引导</td><td colspan="4">本书信息单：畜禽尸体及垫草处理与利用
中华人民共和国国家标准《GB 16548—2006　病害动物和病害动物产品生物安全处理规程》
《HJ/T 81—2001　畜禽养殖业污染防治技术规范》
多媒体课件
网络资源</td></tr>
<tr><td>资讯评价</td><td>学生互评分</td><td></td><td>教师评分</td><td></td><td>总评分</td><td></td></tr>
</table>

信　息　单

项目名称	畜禽场环境管理、监测与评价		
任务三	畜禽尸体及垫草处理与利用	建议学时	1
信息内容			

一、畜禽尸体处理与利用

规模化畜禽场内的畜禽数量较多，由于疾病死亡的畜禽也很多。做好死亡畜禽的处理工作，不但可以控制环境污染，而且也是防止疾病流行与传播的一项重要措施，另外还可以资源化利用。对死亡畜禽的处理原则：第一，对因烈性传染病而死亡的畜禽必须进行焚烧火化处理；第二，对其他伤病而死亡的畜禽可用深埋法和高温分解法进行处理。下面介绍几种常用的处理方法。

（一）深埋法

在小型畜禽场中，若暂时没有建毁尸池，对不是因为烈性传染病而死亡的畜禽可以采用深埋法进行处理。具体做法是：

（1）在远离畜禽场的地方，挖2m以上的深坑。坑的长度和宽度以能够侧放尸体为宜。

（2）地势要高燥，能避开洪水冲刷。因为有些病菌的存活期较长，如猪丹毒杆菌在掩埋的尸体内能存活7个多月，如果遭到洪水冲刷，很容易使病菌散播，形成新的传染源。

（3）在坑底撒2cm厚的生石灰，放入病死畜禽尸体，在最上层尸体的上面再撒一层生石灰，最后用土埋实。

（4）病害动物尸体和病害动物产品上层应距地表1.5m以上。

（5）填埋后的地表环境使用有效消毒药喷洒消毒。

本法不适用于患有炭疽等芽孢杆菌类疫病，以及患牛海绵状脑病、痒病的染疫动物及其产品、组织的处理。

深埋法是传统的死畜处理方法，容易造成环境污染，并且有一定的隐患。据介绍，我国某地在20世纪70年代，农民在平整土地时，挖出一具抗战时期的马尸，结果造成人和牲畜都感染了炭疽病。因此，畜禽场要尽量少用深埋法；若临时采用，也一定要选择远离水源、居民区的地方，且要在畜禽场的下风向，离畜禽场有一定距离。

（二）发酵法

在远离畜禽场的下风方向修建毁尸池。养鸡场典型的毁尸池一般长2.5～3.6m，宽1.2～1.8m，深1.2～1.48m。养猪场的毁尸池一般为圆柱形，直径3m左右，深10m左右；或者为方形，边长3～4m，深6.5m左右。池底及四周用钢筋混凝土建造或用砖砌后抹水泥，并作防渗处理；顶部为预制板，留一入口，做好防水处理。入口处高出地面0.6～1.0m，平时用盖板盖严，以免散发出臭气污染空气。池内加氢氧化钠等杀菌消毒药物，放进尸体时也要喷洒消毒药后再放入池内。由于尸体在池内厌氧分解，产生高温，可以杀死病原菌。经3～5个月，尸体完全腐败分解后，就可以挖出充当肥料使用。用这种方法处理尸体不但可杀灭一般性病原微生物，而且不会对地下水及土壤产生污染，适合对畜禽场一般性尸体进行处理，如图4-7所示。

图4-7 病死畜禽尸体处理

（三）高温分解法（化制法）

将病死畜禽尸体放入高温高压蒸汽消毒机中，高温高压的蒸汽使尸体的脂肪熔化，蛋白质凝固，同时杀灭病菌和病毒。分离出的脂肪可作为工业原料，其他可作为肥料。最大可能地利用生物资源。

这种方式投资大，适合于大型的畜禽场。在中小型畜禽场比较集中的地区，也可建立专门的处理厂，处理周围各个畜禽场的死畜，不仅能消除传染病隐患，而且畜禽场也节省了一笔投资，规模化生产也能给处理厂带来效益。

（四）焚烧法

焚烧法是采用焚化炉，通过燃烧器将死亡畜禽焚烧，使其成为灰烬。这种方法能彻底消灭病菌、病毒，处理迅速、卫生。

焚化炉由内衬耐火材料的炉体、燃油燃烧器、鼓风机和除尘除臭装置等组成。除尘除臭装置可除去焚化过程中产生的灰尘和臭气，使处理过程中减少对环境造成的污染。

1. 适用范围　适用于处理危害人类健康极为严重的患传染病畜禽尸体，如：因患炭疽、恶性水肿、鸡新城疫、禽霍乱、犬瘟热、兔病毒性出血症等烈性传染病致死的动物尸体，应尽量采用焚烧法处理；发生高致病性禽流感时，不但要全群捕杀，且尸体、禽产品、粪便、污染的饲料等，都需要焚烧处理。这是彻底消灭病原的有效方法，尽管耗费较大，在兽医防疫学上仍应要大力提倡的。其他疾病死亡的畜禽尸体也可用。

2. 焚烧的方法　鸡、鸭等小动物的处理可用焚烧炉，猪、牛等大动物尸体的处理可用焚烧沟。焚烧沟最好设十字形沟，利于尸体的架空焚烧。沟长、宽、深应大于动物的体长、体宽，尺寸约为长2.6m、宽0.6m、深0.5m。

焚烧时，在焚烧炉或焚烧沟底部放置干木柴或干草，然后十字沟交叉处架上粗的湿木条，把尸体架空，尸体四周堆好木柴，然后洒上煤油焚烧。将病畜污染的饲料、垫草一并倒入，直到将尸体烧成黑炭为止。焚烧产生的烟气应采取有效的净化措施，防止烟尘、一氧化碳、恶臭等对周围大气环境的污染。

二、垫草、垃圾处理与利用

畜禽场废弃的垫草、垃圾不能随意堆放，以免造成环境污染。可在场内的下风处选一地点进行集中焚烧，焚烧后的灰可用泥土覆盖，发酵后可变为肥料。

任务四　畜禽场环境监测

任　务　单

项目四	畜禽场环境管理、监测与评价			
任务四	畜禽场环境监测		建议学时	6
学习目标	1. 知道畜禽场环境监测的目的和任务 2. 熟知畜禽场环境监测的一般方法 3. 能明确畜禽场环境监测的对象 4. 知道空气和水体的监测项目 5. 学会畜禽场环境监测布点与采样方式 6. 学会水的物理指标监测方法 7. 掌握水的化学指标监测方法 8. 掌握水的细菌学指标监测方法			
任务描述	学生根据生产需要对水的物理指标及一般化学指标进行监测与评价			
学时安排	资讯 2 学时	计划与决策 0.5 学时	实施 2.5 学时	检查 0.5 学时	评价 0.5 学时
材料设备	1. 相关学习资料与课件 2. 创设现场学习情景 3. 畜禽场环境质量监测所需要的仪器设备 4. 水质与空气检测与评价所需要的器材和药剂			
对学生的要求	1. 具备一定的化学分析能力 2. 具备空气环境成分监测的相关知识 3. 具有畜禽场水体监测的相关知识 4. 知道畜禽场环境质量卫生标准 5. 理解能力 6. 严谨的态度 7. 团队配合能力			

资 讯 单

<table>
<tr><td>项目名称</td><td colspan="5">畜禽场环境管理、监测与评价</td></tr>
<tr><td>任务四</td><td colspan="2">畜禽场环境监测</td><td colspan="2">建议学时</td><td>6</td></tr>
<tr><td>资讯方式</td><td colspan="2">学生自学与教师辅导相结合</td><td colspan="2">建议学时</td><td>2</td></tr>
<tr><td>资讯问题</td><td colspan="5">1. 畜禽场环境监测的对象及基本内容？
2. 环境监测的一般方法？
3. 畜禽场空气环境监测项目？
4. 如何确定水源监测点？
5. 畜禽场水质监测项目的依据？
6. 水的物理指标监测内容？
7. 水中所含杂质和有害成分的关系？
8. 水的化学指标监测内容？
9. 水的细菌学指标监测内容？</td></tr>
<tr><td>资讯引导</td><td colspan="5">本书信息单：畜禽场环境监测
《家畜环境卫生学》，刘凤华，2004，269－272
《畜禽环境卫生》，赵希彦，2009，129－131
《家畜环境与设施》，李保明，2004，349－367
多媒体课件
网络资源</td></tr>
<tr><td>资讯评价</td><td>学生互评分</td><td></td><td>教师评分</td><td></td><td>总评分</td></tr>
</table>

信　息　单

项目名称	畜禽场环境管理、监测与评价		
任务四	畜禽场环境监测	建议学时	2
信息内容			

畜禽场环境监测是指运用物理、化学、生物等现代科学技术方法，间断地或连续地对畜禽场环境中某些有害因素进行调查和测量。畜禽场环境卫生监测是畜禽场环境管理和环境保护的基础。通过监测能判断畜禽场环境质量是否符合国家制定的无公害养殖标准，判断畜禽场废弃物所造成的环境污染，以便采取有效的防治措施，使场内、舍内保持良好的环境，确保畜禽生产的正常运行和产品的安全。

近年来，我国对环境保护的问题日益重视，人大常委会通过了《中华人民共和国环境保护法》，国务院及各级地方人民政府也成立了环境保护机构。随着畜禽生产的迅速发展，对畜禽场的各项卫生监测工作已经提上日程。

一、环境监测内容

畜禽场环境监测的内容和指标应根据监测的目的以及环境质量标准来确定，应选择在所监测的环境领域中较为重要的、有代表性的指标进行监测。不要求每次监测所有项目，着重监测空气、水环境的理化指标。监测工作的第一步是确定污染物质的项目及质量浓度的限制标准，根据畜禽对环境质量的要求所制定的环境卫生标准，是以保障畜禽的健康和正常生产水平而确定的各种污染物在环境中的允许水平。它包括两个方面：畜禽所必需的某些因素的“最低需要量”；对畜禽有害的某些因素的“最高允许量”，有毒物质则用“最高允许质量浓度”来表示。

环境监测的过程一般为：接受任务→现场调查和收集资料→监测计划设计→优化布点→样品采集→样品运输和保存→样品的预处理→分析测试→数据处理→综合评价等。

二、畜禽场环境监测的一般方法

监测工作所采取的方法和应用的技术，对于监测数据的正确性和反映污染状况的及时性有着重要的关系。一般可分为以下三种：

1. 经常性监测　即常年在固定点设置仪器，随时观测各环境因素的变化情况，以便及时调整管理措施。如进行畜禽舍内温度监测时，在畜禽舍中央及墙角悬挂温度计或温度传感器，即可随时了解舍内温度的变化情况。

2. 定期监测　按照计划在固定的时间、地点对固定的环境指标进行的监测为定期监测。如根据气候条件和管理方式的变化规律，在一年中每旬、每月或每季度确定一日或连续数日对畜禽舍的湿热环境进行定点观测，以掌握畜禽舍湿热环境与气候条件及管理方式之间的关系及变化规律。

3. 临时性监测　根据畜禽的健康状况、生产性能以及环境突变程度进行测定。如畜禽发生疾病，或生产性能直线下降，或突然的冷热应激，或生产过程造成有害物质的剧增等，则需要进行短时间有针对性的测定，以了解环境因子的变化特点，并确定其危害程度。

三、空气环境监测

1. 监测内容

（1）湿热环境。主要监测气温、气湿、气流和畜禽舍通风换气量。

（2）光环境。主要监测光照度、光照时间、畜禽舍采光系数、入射角和透光角。

（3）空气质量监测。主要是对畜禽场及畜禽舍内空气中的污染物质进行监测，包括：恶臭气体、有害气体（氨、硫化氢、二氧化碳等）、细菌、灰尘、噪声、总悬浮微粒、飘尘、二氧化硫、氮氧化物、一氧化碳、光化学氧化剂（O_3）等。

对畜禽场空气环境进行监测时，尚要了解畜禽场周围有无排放有害物质的工厂，再根据工厂性质有选择性的测定一些特异指标，如氯碱工厂可选氯作检测指标；磷肥厂和铝厂可选氟化物作指标；钢铁厂可测二氧化硫、一氧化碳和灰尘等指标；炼焦厂、化纤厂、造纸厂、化肥厂须检测硫化氢、氨等。

2. 监测位点和时间的选择　观测或采样点应选择舍内外具有代表性的位点，如使用交叉法和均匀分布法等。观测点的高度原则上应与畜禽的呼吸带等高。畜禽场大气状况监测，可在一年四季各进行一次定期、定员监测，以观察大气的季节性变化，每次至少连续5d，每天观测或采样3次以上，观测及采样时间应包括全天空气环境状况最清新、中等及最污浊时刻。计算平均气温、气湿、风速等，则以一日24h每隔1h观测1次的平均值计；或一日内2：00、8：00、14：00和20：00时观测4次的平均值。如果凌晨2时测定有困难，则可用8：00时的观测值代替，即将8：00时的观测值乘2后与其他2次数值相加除以4，所得值为日平均值。旬、月、年平均值可根据日平均值推算。

3. 测定方法（表4－2）

表4－2　空气环境卫生常规监测项目测试方法

监测项目	测试方法	常用仪器仪表	监测目的	注意事项
温度	仪器测定	普通温度计、最高最低温度计、自记温度计	知道温度变化与适宜程度	应在舍内选择多个测点，地面、畜体、距地面2m
湿度	仪器测定	干湿球温湿度计、数字温湿度计	知道湿度变化与适宜程度	布点位置：地面、畜体、距地面2m
光照度	仪器测定	照度计	确定光照的适宜程度（特别是家禽）	布点位置：畜禽的饲槽处、通道
气流	仪器测定	热球式风速仪、数字风速仪	知道通风状况（风向、风速）	读数的地点与重复次数：如通风口处、门窗附近、畜床附近等，次数为3次

（续）

监测项目	测试方法	常用仪器仪表	监测目的	注意事项
有害气体	纳氏试剂光度法，仪器测定	大气采样器、有害气体测定仪	知道有害气体的质量浓度	舍内采样高度：地面、畜体、距地面 2m；舍外以污染源为中心，半径为 5、10、20、40、80、150、300 和 500m 以内采样测定，注意当地主导风向
总悬浮颗粒	重量法	粉尘采样器、分析天平	知道微粒含量	采样时流量适宜，管道密封不漏气
微生物	平皿沉降法	采样平板、恒温培养箱	知道微生物的含量	布点位置

四、水环境监测

水质监测包括对畜禽场水源的监测和对畜禽场周围水体的污染状况的监测。

（一）监测内容

水质监测内容应根据供水水源性质而定，一般来说监测指标不应过多，要合乎实际情况和突出重点。监测指标有：

（1）感官性状指标。温度、颜色、混浊度、臭和味、悬浮物（SS）。

（2）化学指标。pH、总硬度、溶解氧（DO）、化学耗氧量（COD）、生化需氧量（BOD）、氨氮、亚硝酸盐氮、硝酸盐氮等。

（3）细菌学指标。细菌总数、大肠菌群等。

（4）毒理学指标。酚、氰化物、汞、砷、六价铬。

（二）监测位点和时间

水质监测点要有一定的代表性。

（1）河流。在取水口上游 100m 处设置监测断面。

（2）湖、库。原则上按常规监测位点采样（表 4-3），但各水源地监测位点至少应在 2 个以上。

（3）地下水。在进入自来水厂前的汇水区布设 1 个点。畜禽场水质监测，在选场时就应进行，畜禽场投产后须根据水源种类、污染状况决定监测时间。如畜禽场水源为深层地下水，因其水质较稳定，一年监测 1～2 次即可；如是河流等地面水，每季或每月等定时监测 1 次。此外，在枯水期和丰水期也应进行调查测定。为了解污染的连续变化情况，则有必要进行连续测定。

表 4-3　各断面的采样点

<table>
<tr><td rowspan="2">采样点的水平位置</td><td>断面宽度小于 10m 时</td><td>断面宽度为 16～30m 时</td><td>断面宽度大于 30m 时</td></tr>
<tr><td>在断面中点（共 1 处）</td><td>在断面离两岸各 5m 处（共 2 处）</td><td>在断面离两岸各 5m 处和断面中点（共 3 处）</td></tr>
<tr><td rowspan="2">采样点的垂直位置</td><td>深度<3m 时</td><td colspan="2">在水面下 0.5m 处设一个采样点</td></tr>
<tr><td>深度>3m 时</td><td colspan="2">在水面下 0.5m 处和水深 1/2 处各设一个采样点</td></tr>
</table>

（三）监测方法（表4-4）

表4-4 水质常规监测项目测试方法

监测项目	测试方法	常用仪器仪表	监测目的	注意事项
物理指标（色、臭、味、混浊度）	看、嗅、尝	感官检查	知道水体的感官指标的变化程度	减少主观因素的影响
pH	仪器测定	pH计、精密或广范pH试纸	了解水体的酸碱度	减少读数误差
水的总硬度	滴定法	水采样器	了解水体硬度	减少滴定误差
氯化物	硝酸银容量法	水采样器	了解水体中氯化物的含量	需做空白滴定来消除误差；临近滴定终点时，必须逐滴加入。
耗氧量	酸性高锰酸钾容量法	水采样器	了解水体的耗氧量	按顺序加入试剂，准确掌握煮沸时间。
氨氮	纳氏比色法	水采样器	知道水体中氨氮的含量	水样有颜色或混浊，需先处理；水中有余氯时，需脱氯
溶解氧的测定	碘量法、膜电极法	溶解氧瓶、测氧仪	知道水体中溶解氧的含量	采集水样时，注意勿使瓶下面留有气泡
细菌总数	平板培养计数法	水样采集器、恒温培养箱	知道微生物的含量	布点位置

（四）水样采集和保存

1. 水样量 供物理、化学检验用所采集的水样应有代表性，且不改变其理化特性。水样量根据欲测项目多少而不同，一般采集2～3L水样，即可满足理化分析的需要。

2. 采样 采集水样的容器，可用硬质玻璃或聚乙烯塑料瓶。测定微量金属离子的水样，由于玻璃容器吸附性较大，则以用聚乙烯塑料瓶为宜。采样前应先将容器洗净，采样时用水冲洗3次，再将水样采集于瓶中。

采集自来水及具有抽水设备的井水时，应先放水数分钟，使积留于水管中的杂质流出后，再将水样收集于瓶中。采集无抽水设备的井水或从江、河、湖、水库等地面水源采集水样时，可使用水样采集器（图4-8）。采样时，将水样采集器浸入水中，使采样瓶口位于水面下20～30cm，然后拉开瓶塞，使水进入瓶中。

3. 水样的保存 水样采集后应尽快检验。有些项目应于采样当场进行测定。有些项目则需加入适当的保存剂（如加酸保存可防止金属形成沉淀），或在低温下保存（可减慢化学反应的速率）。现将一些分析项目的水样保存方法列表供参考（表4-5）。

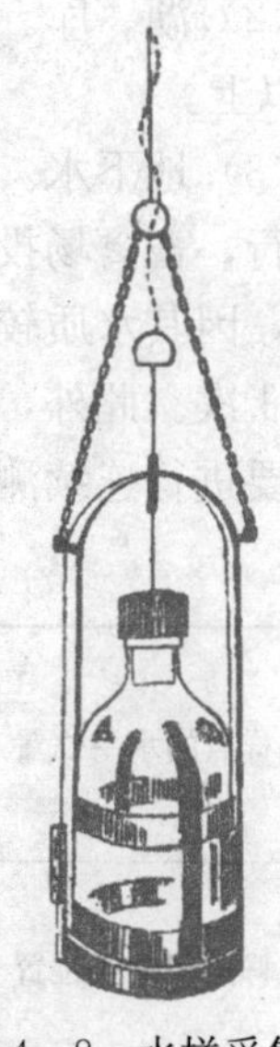

图4-8 水样采集器

表 4-5 水样保存方法

项 目	保存方法
pH	最好现场测定；必要时于4℃保存，6h内测定
总硬度	必要时加入硝酸至pH<2
氯化钠	7d内测定
氨氮、硝酸盐氮	每升水样加入0.8mL硫酸，4℃保存，24h内测定
亚硝酸盐氮	4℃保存，尽快测定
耗氧量	尽快测定；或加硫酸至pH<2，7d内测定
生化需氧量	立即测定；或4℃保存，6h内测定
溶解氧	现场加固定剂，4～8h内测定
余氯	现场测定
氟化物	4℃保存
砷	加入硝酸至pH<2
铬（六价）	尽快测定

（五）水质物理性状监测

水质的物理性状包括水的色、混浊度、臭、味和温度等。当水体被污染时，其物理性状常常恶化。水质的物理性状可以作为水源是否被污染的参考指标（表4-6）。

表 4-6 水质物理性状评定方法

性状	清洁水	污染水	中国饮水卫生标准
色	无色	呈棕色或棕黄色：表明含有腐殖质；呈绿色或黄绿色：表明含大量藻类；深层地下水放置后呈黄褐色：表明含有较多的Fe^{2+}	水色度不超过15度
混浊度	透明	混浊度增加，说明其中混有泥沙、有机物、矿物质、生活污水和工业废水等	散射混浊度单位不超过1度
臭	无异臭	当水受到污染时，会产生异臭味；一般分无、微弱、弱、明显、强、很强六个水臭强度等级	不能有异臭
味	适口而无味	当水受到污染时，会产生异味；呈现咸、涩、苦等味时，说明水中含有相应的盐类较多；水味强度的描述，同水臭强度的描述一样分为六个等级	不能有异味
铬	主要来自工业废水	除了能引起动物中毒外，还有致癌作用	0.05mg/L（按六价铬计）
铅	主要来自含铅工业废水	可引起溶血，也可使大脑皮质兴奋和抑制的正常功能紊乱，引起一系列的神经系统症状	0.01mg/L

（六）水质化学指标监测

1. pH的测定　pH是水中氢离子浓度倒数的对数值。水的pH可用酸度计和pH试纸测定。用酸度计测定能够准确读出水的pH；pH试纸测定简单易行，但准确度较差。

（1）酸度计法。

①原理。以玻璃电极为指示电极，饱和甘汞电极为参比电极，插入溶液中组成原电池。在25℃时，每相差1个pH单位，产生59.1mV电位差，在仪器上直接以pH的读数表示。温度差异在仪器上有补偿装置。

②试剂。下列标准缓冲溶液均需用新煮沸并放冷的蒸馏水配制。配成的溶液应贮存在聚乙烯塑料瓶或硬质玻璃瓶内。此类溶液可以稳定1～2个月。

pH标准缓冲溶液甲：称取10.21g在105℃烘干2h的邻苯二甲酸氢钾（$KHC_8H_4O_4$），溶于蒸馏水中，并稀释至1 000mL。此溶液的pH在20℃时为4.00。

pH标准缓冲溶液乙：称取3.40g在105℃烘干2h的磷酸二氢钾（KH_2PO_4）和3.55g磷酸氢二钠（Na_2HPO_4），溶于蒸馏水中，并稀释至1 000mL。此溶液的pH在20℃时为6.88。

pH标准缓冲溶液丙：称取3.81g四硼酸钠（$Na_2B_4O_7 \cdot 10H_2O$），溶于蒸馏水中，并稀释至1 000mL。此溶液的pH在20℃时为9.22。

以上三种标准缓冲溶液的pH随温度变化而稍有差异。

③仪器设备。酸度计等。

④操作步骤。玻璃电极在使用前放入蒸馏水中浸泡24h以上。用pH标准缓冲溶液校正仪器刻度。用洗瓶以蒸馏水缓缓淋洗两电极数次，再以水样淋洗6～8次，然后插入水样中，最后直接从仪器上读出被测水样的pH。

⑤注意事项。甘汞电极内为氯化钾的饱和溶液，当室温升高后，溶液可能由饱和状态变为不饱和状态，故应保持一定量氯化钾晶体。

（2）pH试纸法。使用广范pH试纸（pH范围1～12）或精密pH试纸（pH范围5.5～9.0）测定，取其中一条，浸入水样，取出后与标准色板对照，记录水样pH。

2. 总硬度的测定 水的硬度原指沉淀肥皂的程度。在一般情况下水质中钙、镁离子含量越高，沉淀肥皂的程度越大，所以多采用乙二胺四乙酸二钠容量法测定水质中的钙、镁离子的总量，并经过换算，以每升水中氧化钙的毫克数表示。

（1）原理。乙二胺四乙酸二钠（EDTA-Na_2）在pH=10的条件下与水中钙、镁离子生成无色可溶性络合物，指示剂铬黑T能与钙、镁离子生成紫红色络合物。这两种络合物相比，EDTA-Na_2与钙、镁离子形成的络合物较稳定。当水样中加入铬黑T指示剂后，水样中的钙、镁离子与铬黑T生成紫红色络合物；而后用EDTA-Na_2滴定溶液，到终点时，EDTA-Na_2能夺取与铬黑T结合的钙、镁离子，而使铬黑T游离出来，溶液即由紫红色变为蓝色。

（2）试剂。

A. 铬黑T指示剂（液体指示剂）。称取0.5g铬黑T，溶于10mL缓冲液中，用95%乙醇稀释至100mL，置于冰箱中保存，此指示剂可稳定一个月。

B. 固体指示剂。称取0.5g铬黑T，加100g氯化钠或氯化钾，研磨均匀，贮于棕色瓶内，密塞备用，可较长期保存。

C. 缓冲溶液（pH=10）。

①称取16.9g分析纯氯化铵，溶于143mL分析纯浓氢氧化铵中。

②称取1.179g分析纯乙二胺四乙酸二钠和0.780g分析纯硫酸镁（$MgSO_4 \cdot 7H_2O$），

共溶于 50mL 蒸馏水中。加入 2mL 上述氯化铵—氢氧化铵溶液和 5 滴铬黑 T 指示剂，此时溶液呈紫红色（若为蓝色，应再加极少量硫酸镁使其呈紫红色）。用 EDTA - Na_2 溶液滴定至溶液由紫红色变为蓝色。将①、②两溶液混匀，并用蒸馏水稀释至 250mL。

③0.010 0mol/L 乙二胺四乙酸二钠标准溶液。称取 3.72g 分析纯乙二胺四乙酸二钠（$Na_2H_2C_{10}H_{12}O_8N_2 \cdot 2H_2O$）溶于蒸馏水中，定容至 1 000mL，并按下述方法标定其准确浓度。

a. 锌标准溶液。准确称取 0.6～0.8g 的锌粒，溶于 1∶1 盐酸中，置于水浴上温热至完全溶解。移入容量瓶中，定容至 1 000mL。

$$M_1 = m/\mathrm{M}$$

式中，M_1 为锌标准溶液的物质的量浓度（mol/L）；m 为锌的质量（g）；M 为锌的相对分子质量 65.37。

b. 吸取 25.00mL 锌标准溶液于三角瓶中，加入 25mL 蒸馏水，加氨水调节溶液至近中性，加 2mL 缓冲溶液，再加 5 滴铬黑 T 指示剂，用 EDTA - Na_2 溶液滴定至溶液由紫红色变为蓝色。按下式计算。

$$M_2 = M_1 \cdot V_1/V_2$$

式中，M_2 为 EDTA - Na_2 溶液的物质的量浓度（mol/L）；M_1 为锌标准溶液的物质的量浓度（mol/L）；V_1 为锌标准溶液体积（mL）；V_2 为 EDTA - Na_2 溶液体积（mL）。

c. 校正 EDTA - Na_2 溶液的物质的量浓度为 0.010 0mol/L，此溶液 1mL 相当于 0.560 8mg CaO。

④5%硫化钠溶液。称取 5.0g 硫化钠（$Na_2S \cdot 9H_2O$）溶于蒸馏水中，并定容至 100mL。

⑤1.0%盐酸羟胺溶液。称取 1.0g 盐酸羟胺（$NH_2OH \cdot HCl$），溶于蒸馏水中，并定容至 100mL。

（3）仪器设备。电子分析天平、三角瓶、容量瓶、滴定台、滴定管、移液管、烧杯、试剂瓶、吸耳球等。

（4）操作步骤。

①吸取 50.0mL 水样（若硬度过大，可少取水样用蒸馏水稀释至 50mL；若硬度过小，改取 100mL），置于三角瓶中。

②加入 1～2mL 缓冲溶液及 5 滴铬黑 T 指示剂（或一小勺固体指示剂），立即用 EDTA - Na_2 标准溶液滴定，充分振摇，至溶液由紫红色变为蓝色，即表示到达终点。

（5）计算。

$$C = V_2 \times 0.560\,8 \times 1000/V_1 \qquad (4-1)$$

式中，C 为水样的总硬度（CaO，mg/L）；V_2 为 EDTA - Na_2 标准溶液的消耗量（mL）；V_1 为水样体积（mL）。

（6）注意事项。

①水中若有大量铁、铜、锌、铅、铝等金属离子存在时，会干扰测定，需要加入 1mL 5%硫化钠溶液和 5 滴 1%盐酸羟胺溶液作为掩蔽剂，以消除干扰。注意操作过程中要先加入掩蔽剂，再加入指示剂。

②络合反应速度较慢，滴定时滴加速度不能太快，特别是临近终点时，要边滴边

摇晃。

③滴定时，注意保持溶液 pH=10。

④配制缓冲溶液时，加入 EDTA－Mg 是为了使某些含镁较低的水样滴定终点更敏锐。如果备有市售 EDTA－Mg 试剂，则可直接取 1.25g EDTA－Mg，配入 250mL 缓冲溶液中。

⑤铬黑 T 指示剂配成溶液后较易失效。如果在滴定时终点不敏锐，而且加入掩蔽剂后仍不能改善，则应重新配制指示剂。

3. 氯化物的测定（硝酸银容量法）

（1）原理。硝酸盐与氯化物作用，生成氯化银白色沉淀，当多余的硝酸银存在时，则与铬酸钾指示剂反应，生成红色的铬酸银，表示反应到达终点。

$$NaCl + AgNO_3 \rightarrow AgCl\downarrow + NaNO_3$$

$$2AgNO_3 + K_2CrO_4 \rightarrow Ag_2CrO_4\downarrow + 2KNO_3$$

（2）试剂。

①5%铬酸钾指示剂。称取 5g 铬酸钾溶于少量蒸馏水中，加蒸馏水定容至 100mL。

②硝酸银标准溶液。取分析纯硝酸银置于 105℃烘箱中 30min，取出置于干燥器内冷却后，称取 2.395 0g，溶于少量蒸馏水并定容至 1 000mL。此溶液 1mL 相当于 0.5g 氯化物（Cl^-）。

③1% 酚酞酒精溶液。将 1g 酚酞，溶于 65mL 95%酒精中，加蒸馏水至 100mL。

④0.025mol/L H_2SO_4 溶液。吸取 1.4mL 浓 H_2SO_4 加入盛有 500mL 蒸馏水的烧杯中，然后于容量瓶中定容至 1 000mL。

⑤0.05mol/L NaOH 溶液。称取 2.0g NaOH 溶于蒸馏水中，于容量瓶中定容至 1 000mL。

（3）仪器设备。电子分析天平、三角瓶、滴定台、滴定管、洗瓶、容量瓶、移液管、吸耳球、烧杯、试剂瓶。

（4）操作步骤。

①取 50mL 水样加入三角瓶中（若氯化物含量高，可取适量水样，用蒸馏水稀释至 50mL），另取一个三角瓶加入蒸馏水 50mL。

②分别向三角瓶中加入酚酞指示剂 2～3 滴，用 0.025mol/L H_2SO_4 和 0.05mol/L NaOH 将溶液调节至红色刚变为无色。

③分别向三角瓶中加入 1mL 铬酸钾溶液，用硝酸银进行滴定，同时不断振荡，直至产生淡橘黄色为止，分别记录用量。

（5）计算。

$$C = (V_2 - V_1) \times 0.5 \times 1000 / V \quad (4-2)$$

式中，C 为水样中氯化物（Cl^-）质量浓度（mg/L）；V 为水样体积（mL）；V_1 为蒸馏水空白消耗硝酸银标准溶液用量（mL）；V_2 为水样消耗硝酸银标准溶液用量（mL）。

（6）注意事项。

①因为有微量硝酸银和铬酸钾反应后才能指示终点，因此需要同时取蒸馏水做空白滴定来减去误差。

②临近滴定终点时，必须逐滴加入硝酸银，边滴加摇晃。

③本法滴定时不能在酸性和强碱性条件下进行。酸性溶液中铬酸根浓度大大降低；在碱性溶液中，银离子将形成氧化银沉淀。因此若水样 pH 低于 6.3 或大于 10 时，应预先用酸或碱调节至中性或弱碱性，再进行滴定。

4. 耗氧量测定　耗氧量是指 1L 水中有机物在规定的条件下被氧化时所消耗氧的毫克数。水样耗氧量的测定，常采用酸性高锰酸钾滴定法。

（1）原理。在酸性条件下，高锰酸钾具有很高的氧化性，水溶液中多数的有机物都可以被氧化，过量高锰酸钾用过量的草酸还原；过量的草酸再用高锰酸钾逆滴定。根据消耗高锰酸钾的量来计算水的耗氧量。

$$2KMnO_4+5H_2C_2O_4+3H_2SO_4 \rightarrow K_2SO_4+2MnSO_4+10CO_2\uparrow+8H_2O$$

（2）试剂。

A. 1∶3 硫酸溶液。将 1 份浓硫酸加到 3 份蒸馏水中，煮沸，滴加高锰酸钾溶液至溶液保持微红色。

B. 0.050 0mol/L 草酸溶液。称取 6.303 2g 分析纯草酸（$H_2C_2O_4 \cdot 2H_2O$）溶于少量蒸馏水中，定容至 1 000mL，置于暗处保存。

C. 0.005 0mol/L 草酸溶液。将 0.050 0mol/L 草酸溶液准确稀释 10 倍，置于冰箱保存。

D. 0.02mol/L 高锰酸钾溶液。称取 3.3g 分析纯高锰酸钾，溶于少量蒸馏水中，定容至 1 000mL，煮沸 15min，静置 2d 以上。然后用玻璃砂芯漏斗过滤或用虹吸法将澄清液移入棕色瓶中，置于暗处保存，并按下述方法标定物质的量浓度：①吸取 10.0mL 高锰酸钾溶液，置于三角瓶中，加入 40mL 蒸馏水及 2.5mL 1∶3 硫酸溶液，加热煮沸 10min；②取下三角瓶，迅速自滴定管加入 15mL 0.050 0mol/L 草酸标准溶液，再立即滴加高锰酸钾溶液，不断振荡，直至发生微红色为止，不必记录用量；③将三角瓶继续加热煮沸，加入 10.0mL 0.050 0mol/L 草酸标准溶液，迅速用高锰酸钾溶液滴定至微红色，记录用量，计算高锰酸钾溶液的准确浓度；④高锰酸钾校正溶液的浓度为 0.020 0mol/L。

E. 0.002 0mol/L 高锰酸钾溶液。将 0.020 0mol/L 高锰酸钾溶液准确稀释 10 倍。

（3）仪器设备。电子分析天平、三角瓶、容量瓶、万用电炉、酸性滴定管、滴定台、烧杯、移液管、吸耳球。

（4）操作步骤。

①测定前须预先处理三角瓶。向 250mL 三角瓶内加入 50mL 蒸馏水，再加入 1mL 1∶3硫酸溶液及少量高锰酸钾溶液，并加入数粒玻璃珠防止暴沸，加热煮沸数分钟，溶液应保持微红色（如褪成无色，应重做一次，使溶液保持微红色为止），将溶液倾出，用蒸馏水将三角瓶洗净。

②取 100mL 待测水样（若水样中有机物含量较高，可取适量水样用蒸馏水稀释至 100mL）置于处理过的三角瓶中，加入 5mL 1∶3 硫酸溶液，用滴定管加入 10.0mL 0.002 0mol/L高锰酸钾溶液，并加入数粒玻璃珠防止暴沸。

③将三角瓶均匀加热，从开始沸腾计时，准确煮沸 10min。如加热过程中红色明显减退，须将水样稀释重做。取下三角瓶，趁热自滴定管加入 10.0mL 0.005 0mol/L 草酸溶液，充分振荡使红色褪尽。再于白色背景上，自滴定管加入 0.002 0mol/L 高锰酸钾溶液，至溶液呈微红色即为终点，记录用量 V_1（mL）。V_1 超过 5mL 时应另取少量水样用蒸馏水

稀释重做。

④向滴定至终点的水样中，趁热（70～80℃）加入 10.0mL 0.005 0mol/L 草酸溶液，立即用 0.002 0mol/L 高锰酸钾溶液滴定至微红色，记录用量 V_2（mL）。如高锰酸钾溶液浓度是准确的 0.002 0mol/L，滴定时用量应为 10.0mL，否则应求校正系数 K 加以纠正，$K=10/V_2$。如水样用蒸馏水稀释，则另取 100mL 蒸馏水，同上述步骤滴定，记录高锰酸钾溶液的消耗量 V_0（mL）。

（5）计算。

耗氧量 $[O_2]$（mg/L）$=[(10+V_1)K-10]\times0.08\times1000/V_3$ （4-3）

如水样用蒸馏水稀释，则采用下式计算水样的耗氧量：

耗氧量 $[O_2]$（mg/L）$=\{[(10+V_1)K-10]-[(10+V_0)K-10]R\}\times0.08\times1000/V_3$ （4-4）

式中，0.08 为 1mL 0.002 0mol/L 高锰酸钾溶液所相当氧的毫克数；V_3 为水样体积（mL）；R 为稀释水样时蒸馏水在 100mL 体积中所占的比例，例如将 25mL 水样用蒸馏水稀释至 100mL，则 $R=(100-25)/100=0.75$。

（6）注意事项。本实验必须严格遵守操作步骤，如按顺序加入试剂、准确掌握煮沸时间等。

5. 氨氮的测定　水中的氨氮是指以游离氨（或称为非离子氨，NH_3）和离子氨（NH_4^+）形式存在的氮。氨氮含量较高时，对动物呈现毒害作用。水中氨氮的来源主要是生活污水中含氮有机物受微生物作用分解的产物、某些工业废水及农田排水等。水中的氨氮一般采用纳氏比色法来测定。

（1）原理。在碱性条件下，水中氨与纳氏试剂中碘汞离子作用，生成棕黄色碘化氧汞铵络合物，其颜色深浅与氨氮含量成正比。

$$2K_2[HgI_4]+3KOH+NH_3\rightarrow NH_2Hg_2OI+7KI+2H_2O$$

（2）试剂。

A. 无氨蒸馏水。每升蒸馏水中加入 2mL 化学纯浓硫酸和少量化学纯高锰酸钾，然后蒸馏，收集蒸馏液。

B. 氨氮标准溶液。①贮备液。将分析纯氯化铵置于 105℃烘箱内烘烤 1h，冷却后称取 3.819 0g，溶于少量无氨蒸馏水中，并定容至 1 000mL。此溶液 1.00mL 含 1.00mg 氨氮（N）；②标准溶液（临用时配制）。吸取氨氮贮备溶液 10.00mL，用无氨蒸馏水定容至 1 000mL，此溶液 1.00mL 含 0.01mg 氨氮（N）。

C. 50%酒石酸钾钠溶液。取 50g 酒石酸钾钠（$KNaC_4H_4O_6\cdot4H_2O$）溶于 100mL 无氨蒸馏水中，加热煮沸，除去试剂中可能存在的氨。待其冷却后，用无氨蒸馏水补充至 100mL。

D. 纳氏试剂。称取 100g 碘化汞（HgI_2）及 70g 碘化钾，溶于少量无氨蒸馏水中，将此溶液缓缓倒入冷却的 500mL 32%氢氧化钾溶液中，并不停搅拌，加蒸馏水定容至 1 000mL，贮于棕色瓶中，用橡皮塞塞紧，避光保存。测定时使用其上清液。本试剂有毒，应谨慎使用。

（3）仪器设备。比色管架、比色管、吸耳球、移液管、烧杯、玻璃棒、全玻璃蒸馏器、电子分析天平、分光光度计等。

(4) 操作步骤。

①取水样50mL于50mL比色管中。另取50mL比色管10支，分别加入氨氮标准液0、0.1、0.3、0.5、0.7、1.0、3.0、5.0、7.0、10.0mL于比色管中，用无氨蒸馏水稀释至50mL。

②向水样及标准溶液比色管中分别加入1mL酒石酸钾钠溶液，混匀，再加1.0mL钠氏试剂，混合均匀后放置10min。然后目视比色，记录与水样颜色相似的标准管中加入氨氮标准溶液的量。如采用分光光度计，则用420nm波长，1cm比色皿，以纯水作参比，测定吸光度；如水样中氨氮含量低于0.03 mg/L，改用3cm比色皿。

(5) 计算。

$$氨氮质量浓度\ (mg/L) = V_1 \times 0.01 \times 1000 / V \qquad (4-5)$$

式中，V_1为与水样颜色相似的标准管中氨氮标准溶液量（mL）；V为水样体积（mL）；0.01为氨氮标准溶液1mL含0.01mg氨氮（N）。

(6) 注意事项。

①水样中氨氮含量大于1mg时，加入纳氏试剂后会产生红褐色沉淀，有碍比色，此时必须用无氨蒸馏水稀释重做。

②如待测水样有颜色或混浊，需先处理。取100mL水样加入10%硫酸锌1mL，加50%氢氧化钠0.5mL，待沉淀澄清后取上清液50mL。

③水样中含有余氯时，可与氨结合成氯胺，须经脱氯后再使用纳氏试剂。脱氯可用现配的硫代硫酸钠溶液（取3.5g硫代硫酸钠用无氨蒸馏水稀释至1 000mL），此溶液1mL可除去500mL水样中1mg/L的余氯。

④酒石酸钾钠起掩蔽剂的作用，防止水样中含有其他杂质，对结果产生干扰。

6. 溶解氧的测定（碘量法）

(1) 原理。向水样中加入硫酸锰及碱性碘化钾，则水样中溶解的氧将低价锰氧化为高价锰。在硫酸酸性条件下，高价锰氧化碘离子而释放出碘，用硫代硫酸钠溶液滴定释放出的碘，即可计算出溶解氧含量。亚铁、硫化物及有机物质对此法均有干扰，可在采样时先用高锰酸钾在酸性条件下将水样中的还原物质氧化，并用草酸除去过量的高锰酸钾。

(2) 试剂。

①硫酸锰或氯化锰溶液。称取48g硫酸锰（$MnSO_4 \cdot 4H_2O$）或40g $MnSO_4 \cdot 2H_2O$或36.4g $MnSO_4 \cdot H_2O$或40g氯化锰（$MnCl_2 \cdot 2H_2O$），溶于蒸馏水中，过滤后稀释至100mL。

②碱性碘化钾溶液。称取50g氢氧化钠及15g碘化钾，溶于蒸馏水中，并稀释至100mL。静置1～2d，倾出上层澄清液备用。

③浓硫酸。

④高锰酸钾溶液。称取6g高锰酸钾，溶于蒸馏水中，并稀释至1 000mL。

⑤2%草酸钾溶液。称取2g草酸钾，溶于蒸馏水中，并稀释至100mL。

⑥0.5%淀粉溶液。将0.5g可溶性淀粉用少量蒸馏水调制成糊状，再加入刚煮沸的蒸馏水至100mL。冷却后加入0.1g水杨酸或0.4g氯化锌保存。

⑦0.025mol/L硫代硫酸钠标准溶液。将经过标定的硫代硫酸钠溶液用适量蒸馏水稀释至0.025mol/L [硫代硫酸钠溶液的标定方法，见“项目一、任务六、五（三）硫化氢

测定”]。

(3) 仪器设备。溶解氧采样瓶（或用玻塞试剂瓶）、碘量瓶和滴定管。

(4) 水样的采集和保存。测定溶解氧的水样，应用溶解氧瓶（或玻塞试剂瓶）单独采集。取样时先用水样冲洗3次，然后采样至瓶口，立即加入2mL硫酸锰溶液。加试剂时应将吸管的末端插至瓶中，然后慢慢上提，再用同样的方法加入2mL碱性碘化钾溶液。慢慢盖上瓶塞，注意勿使瓶塞下留有气泡。将瓶颠倒数次，此时会有黄色到棕色沉淀物形成。水样应在4～8h内分析。

当水样中含有亚铁或某些有机物时，在上述操作之前，要先往瓶中加入0.7mL浓硫酸及1mL高锰酸钾溶液。盖紧瓶盖颠倒混合，放置15min。如若紫红色褪去，则补加高锰酸钾到紫红色保持不褪为止。过量的高锰酸钾用草酸溶液还原，至紫色刚刚褪去为止。

(5) 操作步骤。

①将现场采集的水样加以振荡，待沉淀物尚未完全沉至瓶底时，加入2mL浓硫酸，盖好瓶塞，摇匀至沉淀物全部溶解为止。

②吸取100mL经过上述处理的水样，注入250mL碘量瓶中，用0.025mol/L硫代硫酸钠标准溶液滴定，至溶液呈淡黄色时，加入1mL 0.5%淀粉溶液，继续滴定至蓝色褪尽为止，记录用量 V（mL）。

(6) 计算。

$$溶解氧[O_2](mg/L)=\{[(V\times0.0250\times16)/2000]\times1000\times1000\}/100 =2V \quad (4-6)$$

7. 水中余氯的测定　采用氯化法对饮用水消毒时，应明确下列3个概念：余氯、加氯量及需氯量。余氯是指水经加氯消毒，接触一定时间后，余留在水中的氯，其作用是保证持续杀菌，也可防止水受到再污染；它有3种形式：总余氯、化合性余氯和游离性余氯。我国生活饮用水卫生标准中规定集中式给水出厂水的游离性余氯含量不低于0.3mg/L，管网末梢水不得低于0.05mg/L。加氯量即实际加入水样中的氯量；需氯量＝加氯量－余氯量。

水中余氯测定的方法较多，常用邻联甲苯胺法测定生活饮用水及水源水中的总余氯及游离性余氯。掌握饮水氯化消毒时有关指标的检验技术，为实施饮水消毒工作提供必要的依据。

(1) 原理。邻联甲苯胺与水中的余氯作用，生成黄色化合物。根据其颜色深度，与永久性余氯标准色列比色。

(2) 试剂。

A. 永久性余氯比色溶液的配制。

①磷酸盐缓冲贮备溶液。将无水磷酸氢二钠（Na_2HPO_4）和无水磷酸二氢钾（KH_2PO_4）置于105℃烘箱内2h，冷却后，分别称取22.86g和46.14g。将此两种试剂共溶于蒸馏水中，并稀释至1 000mL，至少静置4d，使其中胶状杂质凝聚沉淀，过滤。

②磷酸盐缓冲使用溶液。吸取200.0mL磷酸盐缓冲贮备溶液，加蒸馏水稀释至1 000mL，此溶液的pH为6.45。

③称取干燥的0.1550g重铬酸钾及0.4650g铬酸钾，溶于磷酸盐缓冲使用溶液中，并稀释至1 000mL。此溶液所产生的颜色相当于1mg/L余氯与邻联甲苯胺所产生的颜色。

④0.01～1.0mg/L 永久性余氯标准比色管的配制方法。按表 4-7 所列数量，吸取重铬酸钾-铬酸钾溶液，分别注入 50mL 具塞比色管中，用磷酸盐缓冲使用溶液稀释至 50mL 刻度。避免日光照射，可保存 6 个月。

表 4-7　永久性余氯标准比色溶液的配制

余氯（mg/L）	重铬酸钾-铬酸钾溶液（mL）	余氯（mg/L）	重铬酸钾-铬酸钾溶液（mL）
0.01	0.5	0.50	25.0
0.03	1.5	0.60	30.0
0.05	2.5	0.70	35.0
0.10	5.0	0.80	40.0
0.20	10.0	0.90	45.0
0.30	15.0	1.00	50.0
0.40	20.0		

B. 邻联甲苯胺溶液。称取 1g 邻联甲苯胺（$C_{14}H_{16}N_2$），溶于 5mL 20%（体积分数）盐酸中，将其调成糊状，加入 150～200mL 蒸馏水使其完全溶解，置于量筒中，补加水至 505mL，最后加入 20%（体积分数）盐酸 495mL，盛于棕色瓶内，在室温下保存，可使用 6 个月。

（3）仪器设备。50mL 具塞比色管，六孔比色架。

（4）操作步骤。

①取 50mL 比色管 1 支，先放入 2.5mL 邻联甲苯胺溶液，再加入澄清水样 50mL，混合均匀（水样的温度最好为 15～20℃，如低于此值，应先将水样在温水浴中调节温度）。

②置于暗处，在 5min 以内，将其与永久性余氯标准色列进行比色。如余氯质量浓度很高，会产生橘黄色；若水样碱度过高而余氯质量浓度较低时，将产生淡绿色或淡蓝色，此时可多加 1mL 邻联甲苯胺溶液，即产生正常的淡黄色。

如水样混浊或色度较高，则应另取 3 支比色管，1 管加蒸馏水，其他 2 管加水样（但不加邻联甲苯胺溶液），用六孔比色架进行比色（另 3 支比色管，1 支为水样加邻联甲苯胺溶液，2 支为标准余氯比色管）。

（5）注意事项。水中含有悬浮性物质时，应该用离心法去除；如配成的邻联甲苯胺溶液具有淡黄色，则不宜使用。此时，可于每升溶液中加入 1g 左右活性炭，并加热煮沸2～3min，放置过夜后再过滤即可脱色。

8. 水的加氯量的测定

（1）原理。向水样中加入不同量的有效氯溶液，经 30min 后，测定水中的余氯，找出余氯在 0.3～0.5mg/L 范围内的水样，从事先所加有效氯量计算出加氯量。

（2）试剂。

A. 有效氯标准溶液。①1%左右有效氯溶液。称取适量已知有效氯量的漂白粉，加少量蒸馏水调成糊样，再加蒸馏水稀释至 200mL，迅速过滤一次；②用硫代硫酸钠标准溶液测定 1%左右有效氯溶液的准确质量浓度；③根据计算结果，吸取适量的 1%左右有效氯溶液，用需氯量为零的蒸馏水稀释至 100mL，配成准确的 0.10%有效氯标准溶液（此溶液含有 1 000mg/L 有效氯）。此溶液易于分解，必须每次使用时重新测定 1%左右有效氯溶液的质量浓度，再加以稀释配制。

B. 需氯量为零的蒸馏水。如果实验室的蒸馏水不含氨及亚硝酸盐，取蒸馏水煮沸5min冷却后，就可以作为需氯量为零的蒸馏水。最好取蒸馏水3L放于5L蒸馏水瓶中，加入0.2～0.3mL 1%有效氯溶液；盖紧玻璃塞，用力振荡，放置过夜。第二天将蒸馏水曝于日光下直接照射，利用日光破坏水中的余氯。隔相当时间后，取水样用邻联甲苯胺溶液检验，直至水中氯完全被分解为止。

C. 邻联甲苯胺溶液（同“本任务，四、7. 水中余氯的测定”）。

（3）仪器设备。250mL有玻璃塞的锥形瓶，50mL比色管等。

（4）操作步骤。

①取6个250mL有玻璃塞的锥形瓶（或烧杯），编好号数，分别加入200mL水样，然后分别依次加入0.10%有效氯标准溶液0.1、0.2、0.4、0.6、0.8、1.0mL；摇匀，记录时间（加氯溶液时，每瓶应相隔2～3min，以便有充分时间测定其余氯）。

②静置30min后，从上述各瓶中各取出50mL水样放于加有2.5mL邻联甲苯胺溶液的比色管中，混合均匀后测定各瓶的余氯含量（参阅“本任务，四、7. 水中余氯的测定”）。选择余氯在0.3～0.5mg/L的1瓶作为标准，计算加氯量。

（5）计算。

$$\begin{aligned}\text{加氯量}[Cl_2](mg/L) &= (\text{有效氯溶液加入量}\times 1\times 1000)/200 \\ &= \text{有效氯溶液加入量}\times 5 \end{aligned} \qquad (4-7)$$

式中，1指0.1%有效氯溶液1mL含1mg Cl_2；200为水样体积（mL）。

五、土壤监测

土壤可容纳大量污染物，因此其污染状况日益严重。但在集约化饲养条件下，由于畜禽很少直接接触土壤，其直接危害作用减少，而间接危害增多，主要表现为在其上种植的植物受到污染，通过饲料来危害畜禽。土壤监测项目为硫化物、氟化物、五大毒物、氮化物、农药等。

六、饲料品质监测

畜禽采食品质不良的饲料可以引起营养代谢性疾病，不良饲料有：

（1）有害植物以及结霜、冰冻、混入机械性夹杂物的物理性品质不良饲料。

（2）有毒植物以及在储存过程中产生或混入有毒物质的化学性品质不良饲料。

（3）感染真菌、细菌及害虫的生物学品质不良饲料，其中以饲料中毒最为严重。

（4）添加剂中有害物质超标，如磷酸氢钙中氟的超标引起的中毒。

七、畜产品品质监测

主要是畜产品的毒物学检验，其中有害元素为砷、铅、铜、汞；防腐剂为苯甲酸和苯甲酸钠、山梨酸和山梨酸钾、水杨酸（定性试验）；其他尚有磺胺药、生物碱、氢氰酸、安妥、敌百虫和敌敌畏等的检验。

任务五 畜禽场环境评价

任 务 单

项目四	畜禽场环境管理、监测与评价				
任务五	畜禽场环境评价		建议学时		4
学习目标	1. 知道畜禽场环境评价的标准 2. 领会不同畜禽场环境评价方法的作用 3. 熟知畜禽场环境质量现状评价工作程序及内容 4. 掌握畜禽舍湿热环境和空气质量的评价方法 5. 明确畜禽场水环境评价项目 6. 熟知畜禽场水环境评价的标准 7. 学会水体污染的判定方法				
任务描述	1. 学生按照空气污染指数对现有的空气质量进行分级并据此确定其质量的优劣 2. 学生对畜禽场水体环境进行评价，判断是否污染、污染的性质、污染的程度、污染时期及污染的发展趋势				
学时安排	资讯 1 学时	计划与决策 0.5 学时	实施 1.5 学时	检查 0.5 学时	评价 0.5 学时
材料设备	1. 相关学习资料与课件 2. 创设现场学习情景 3. 畜禽场环境质量评价所需要的仪器设备 4. 水质与空气检测与评价所需要的器材和药剂				
对学生的要求	1. 具备一定的化学分析能力 2. 畜禽场水体检验评价的相关知识 3. 知道畜禽场环境质量卫生要求 4. 理解能力 5. 严谨的态度 6. 团队配合能力				

资 讯 单

<table>
<tr><td>项目名称</td><td colspan="6">畜禽场环境管理、监测与评价</td></tr>
<tr><td>任务五</td><td colspan="3">畜禽场环境评价</td><td>建议学时</td><td colspan="2">4</td></tr>
<tr><td>资讯方式</td><td colspan="3">学生自学与教师辅导相结合</td><td>建议学时</td><td colspan="2">1</td></tr>
<tr><td>资讯问题</td><td colspan="6">1. 畜禽场环境评价的对象及基本内容？
2. 畜禽场空气环境评价项目？
3. 空气样品的采集方法与评价手段？
4. 空气污染指数的划分及其分级？
5. 如何确定水源监测点？
6. 畜禽场水质评价项目的依据？
7. 水的物理指标与所含杂质和有害成分的关系？
8. 水的细菌学指标评价的内容？
9. 畜禽场空气质量功能区的分类和标准分级？
10. 畜禽场环境质量评价的内容？</td></tr>
<tr><td>资讯引导</td><td colspan="6">本书信息单：畜禽场环境评价
《家畜环境卫生学》，刘凤华，2004，163－173
《畜禽环境卫生》，赵希彦，2009，129－132
二十一世纪畜牧科技创新书库《畜禽场设计与环境保护》
多媒体课件
网络资源</td></tr>
<tr><td>资讯评价</td><td>学生互评分</td><td></td><td>教师评分</td><td></td><td>总评分</td><td></td></tr>
</table>

信　息　单

<table>
<tr><td>项目名称</td><td colspan="3">畜禽场环境管理、监测与评价</td></tr>
<tr><td>任务五</td><td>畜禽场环境评价</td><td>建议学时</td><td>4</td></tr>
<tr><td colspan="4">信息内容</td></tr>
</table>

畜禽场环境评价是根据监测的数据，按一定的环境评价标准和评价方法，对畜禽场的环境从量和质两方面进行说明和评定的工作过程。畜禽场环境质量评价对于确切了解畜禽场环境状况、制订和实施畜禽场环境管理措施以及畜禽场废弃物治理都具有重要意义。通过环评工作的开展可促进畜牧业健康、稳定、可持续地发展，为保证动物性食品的安全打下坚实的基础。

一、环境质量和环境标准

1. 环境质量　环境质量是指环境对人类社会生存和发展的适宜性，即指环境的总体质量（综合质量），也指环境要素的质量。由于环境对人类生存发展、对畜禽的健康与畜禽产品质量的影响较重大，因此必须对具有不同环境状态的环境质量进行定量的描述与比较，规定一些具有可比性的内容作为衡量环境质量的指标，如大气环境质量、水环境质量、土壤环境质量和生物环境质量。每一个环境要素可以用多个环境质量参数或者因素加以定性和定量描述，如影响养殖业大气环境质量的 NH_3、CO_2、H_2S、CO 等。

2. 环境标准　环境标准是国家根据人类健康、生态平衡和社会经济发展对环境结构、状态的要求，在综合考虑本国自然环境特征、科学技术水平和经济条件的基础上，对环境要素间的配比、布局和各环境要素的组成（特别是污染物的容许含量）所规定的技术规范。环境标准是评价畜禽场环境状况和其他一切环境管理和保护的法定依据。

环境标准的种类繁多，按适用范围和地区，可分为国家标准、行业标准和地方标准等；按其性质可分为环境质量标准、污染物排放标准等。这些环境标准组成了环境标准体系。GB/T 18407.3—2001《农产品安全质量　无公害畜禽肉产地环境要求》、农业行业标准 NY/T 388—1999《畜禽场环境质量标准》中就规定了畜禽场必要的空气、生态环境质量以及畜禽饮用水的水质标准。

二、环境质量评价分类

环境质量评价通常按评价的时间、内容及所在区域划分为多种类型。实际工作中可根据实际情况、需要和评价目的选择适当的类型和方法，对畜禽场及周围地区环境质量进行评价，畜禽场周围地区一般是指以畜禽场为中心至 1～2.5km 半径范围内的区域。

（一）按时间属性进行分类

1. 环境质量回顾评价　根据历年积累的环境资料，对场内环境质量进行分析和评价，这种评价既可回顾一个地区环境质量的发展演变过程，也可预测环境质量的变化趋势。例如根据某一地区养殖场废弃物污染（水质、土壤）历年监测数据，可以对周围水质、土壤某些元素含量的变化作出评价，预测其发展趋势。

2. 环境质量现状评价　指利用近期的环境监测数据，反映区域环境质量的现状。评价过程中一般以国家颁布的环境质量标准为评价依据，环境质量现状评价是区域环境综合整治和区域环境规划的基础，它为区域环境污染综合防治提供科学依据。环境现状评价包括：

（1）环境污染评价。指进行污染源调查，了解进入环境的污染物种类和数量及其在环境中的迁移、扩散和转化，研究各种污染物质量浓度在时空上变化规律，说明人类活动所排放的污染物对生态系统，特别是对人群健康已经造成的或未来（包括对后代）将造成的危害。

（2）生态评价。为维护生态平衡、合理利用和开发资源而进行的区域范围的自然环境质量评价。

（3）美学评价。指评价当前环境的美学价值。

（4）社会环境质量评价。

3. 环境影响评价　是对拟议中的重要决策或开发活动（如畜禽场规划、设置）可能对环境产生的物理性、化学性或生物性的作用，及其造成的环境变化和对人类健康和福利的可能影响，所进行的系统分析和评估，并提出减免这些影响的对策和措施。环境影响评价是目前开展最多的环境评价。如畜禽场的设计规划，建设前必须提交环境影响评价报告，报告通过后方可实施。

（二）按照环境要素分类

1. 单要素评价　即对大气、水体、土壤等环境领域中某一要素进行环境质量的评价。如对水体有机物污染程度的评价。

2. 联合评价　即对两个以上环境要素同时进行评价，这种评价方法可以揭示各环境要素之间的相互关系及污染物质在不同环境中迁移转化的规律。

3. 综合评价　指对环境进行整体性的质量评价，是在对单要素环境质量进行评价的基础上所作的综合分析和评价，能够全面反映畜禽场及周围环境质量的整体状况，为环境的整体规划和综合治理提供科学依据。环境质量综合评价包括的内容繁多，所需投入的工作量和评价难度较大。

对环境质量进行评价是一项复杂的系统工程，涉及众多的内容和环节，如评价参数的选择、污染物环境排放标准和评价方法的确定等等。目前环境质量评价主要集中在对大气和水质进行评价。一般来说，可以运用数理统计法对大量的环境监测资料进行分析，预测环境污染发展的趋势，但是这种方法不够直观，难以简单明了的表达环境质量状况。比较直观的评价环境质量的方法是采用环境质量指数（或称为污染指数）进行评价。采用环境质量指数方法既可以对于环境中某一污染物污染程度进行评价，也可以对构成环境污染的多种污染物进行评价。在对环境中某一污染物污染程度进行评价时，环境质量指数用污染物的实测浓度（C_i）与现行卫生标准规定的最高允许浓度（S_i）的比值（C_i/S_i）表示。

即$I=C_i/S_i$。有时为了反映环境中某物质的严重污染或某污染物的最高浓度所引起的危害，环境质量指数也可采用该污染物的最高浓度（C_{max}）与（S_i）的比值（C_{max}/S_i）来表示。

环境质量指数反映的是环境的污染物浓度与标准值之间的关系。指数值小于或等于1时，表明环境质量符合标准；大于1时则表明环境中的污染物超过标准，指数值越大，环境质量越差。

三、畜禽场环境质量现状评价

按照《农产品安全质量　无公害畜禽肉产地环境要求》、《畜禽场环境质量标准》、《畜禽养殖业污染物排放标准》中规定的畜禽场必要的空气、生态环境质量标准、畜禽饮用水的水质标准以及污染物排放标准，以此作为畜禽场环境质量评价的依据。

（一）污染源调查

在养殖行业中，污染源的调查就是了解、掌握畜禽生产中废弃物（主要是粪尿、废水、病死畜禽尸体、畜产品加工厂的下脚料）排放的种类、数量、方式、途径等情况，进行现场考察、污染物监测等调查，确定拟建项目所在地区环境质量的基本情况，为开展环境影响预测等工作提供基础资料。

（二）评价工作程序及内容

环境质量现状评价工作可分为3个阶段，即调查准备、环境监测和评价分析。

1. 调查准备阶段　根据评价任务的要求，结合本地区的具体条件，首先确定评价范围，在污染源调查和气象条件分析的基础上，拟定主要污染源和主要污染、发生重污染的气象条件等，据此制定环境监测计划。其中包括监测项目、监测点的布设、采样时间和频率、采样方法、分析方法等，并做好人员组织和器材准备。

2. 按照监测计划进行污染监测，建立基础资料　污染监测应按年度分季节定区、定点、定时进行。为了分析评价污染的生态效应，最好在污染监测同时进行污染生物学监测和环境卫生学监测，以便从不同角度来评价环境质量，使评价结果更科学、更合理。

3. 评价分析阶段　评价就是对污染程度进行描述，分析环境质量随着时空改变的变化，探讨其原因，并根据污染的生物监测和污染的环境卫生学监测进行污染的分级。最后，分析说明主要污染因子、重污染发生的条件、污染对人和动、植物的影响。

（三）现状监测方法

1. 监测点的数目　监测点的数量不宜过多，以满足评价需要为原则。如对环境影响评价的现状监测一般规定，一级评价项目布点不应少于10个；二级评价项不应少于6个；如果评价区内已有常规（例行）监测点，则三级评价项目可不再安排监测，否则可布置1～3个点。

2. 监测点位置布设　通常是在居住区、工业区、交通繁华区和常清常洁（对照）区等不同功能区设点监测。另外，需在主导风向上布设对照点。

3. 监测时间和频率　根据污染物排放的规律，对于为环境影响评价提供数据的现状评价，确定监测周期与频率的原则是：如果条件允许，应在一年中的1月、4月、7月、10月（分别代表冬、春、夏、秋）各进行1次监测；如果条件不允许，则一级评价项目应在冬、夏两季各进行1次，二级评价可取1期（季）不利季节，必要时才做2期（季）。

一级评价项目的空气污染现状监测应与气象条件相对应，至少每次连续监测7d，每天采样次数不少于6次；在采样时还要求同时进行风向、风速、气温、云量等气象条件观测。对于二、三级评价项目，进行条件最不利的一个季节的监测，每次5d，每天至少采样4次。

（四）空气环境质量评价

1. 湿热环境的评价　目前所开展的评价工作主要是对畜禽场和畜禽舍中主要的气候因素包括温度、湿度、风速、光照度等进行检测和评价，检验畜禽舍或畜禽场等小气候环境是否符合要求；找出差距，从中发现问题及原因，制定解决问题的措施。

2. 空气质量评价　空气环境质量评价是依据相应环境质量标准对空气中有害物质进行评价。到目前为止，我国已颁布了多项大气环境质量标准如《环境空气质量标准》（GB 3095—1996）及其补充标准（修订版GB 3095—2012已经出台，2016年1月1日全国实施）、《恶臭污染物排放标准》（GB 14554—93）、《居住区大气中有害物质的最高允许浓度》（TJ 36—79）等。在对畜禽场场内外大气环境质量进行评价时应参照其相关内容并结合畜禽场大气污染物的特点制订监测内容及质量标准。由于畜牧生产的特殊性，畜禽场的空气环境质量还应符合表4-8所规定的要求。

表4-8　畜禽场环境空气质量标准（标准状态）

序号	项目	单位	场区	舍区			
				禽舍 雏	禽舍 成	猪舍	牛舍
1	氨气	mg/m^3	5	10	15	25	20
2	硫化氢	mg/m^3	2	2	2	10	8
3	二氧化碳	mg/m^3	750	1 500		1 500	1 500
4	可吸入颗粒	mg/m^3	1	4		1	2
5	总悬浮颗粒物	mg/m^3	2	8		3	4
6	恶臭	稀释倍数	50	70		70	70

上述指标的评价方法应按照相关国家标准及行业标准所规定的技术规范执行。

（五）水环境质量评价

1. 评价标准　根据水体的用途和评价目的不同，应采用不同的质量标准。我国已颁布了多种水体质量标准。在畜禽场水源的选择和保护中，对水体卫生进行评价时，主要依据的标准为《地表水环境质量标准》（GB 3838—2002）和《生活饮用水卫生标准》（GB 5749—2006）；在对污水排放及畜禽场周围环境水体质量的评价中，主要依据的标准除《地表水环境质量标准》（GB 3838—2002）外，还有《污水综合排放标准》（GB 8978—1996）、《农田灌溉水质标准》（GB 5084—2005）等。各标准之间既有区别，又有一定联系。生活用水与人、畜健康有直接关系，要求水质适于生活饮用，因此，生活饮用水卫生标准是进行饮用水水质评价和水源管理的法律依据。《地表水环境质量标准》是保证地面水适于人民生活使用和工农业生产，是评价地表水污染状况和对污水排入地表水进行监测工作的依据；污水综合排放标准规定了车间、工厂及养殖场排出口的污水水质必须达到的要求，以保证地表水水质不致受到污染。不同国家在规定水质标准时，会根据各自的国情作出相应的规定，所列出的项目及指标不完全相同。目前，我国使用的生活饮用水水质标准是GB 5749—2006，为全国通用设计标准。该标准共分水质卫生要求、水源水质卫生要求、水质监测、水质检验等10部分。

对于畜禽场饮用水水质标准，目前我国还没有明确的规定，一般情况下，都参照人的生活饮用水卫生标准执行。对农村和条件较差的畜禽场，在执行标准时，允许有灵活性，即对毒理学指标已符合水质标准，而其他指标暂时还达不到水质标准时，可采取一些补救措施提高给水水质。

为配合生产无公害畜禽产品，我国制定了《NY 5027—2008　无公害食品　畜禽饮用水水质》，作为集约化畜禽场、畜禽养殖区和放牧区生产无公害畜禽产品的一个基本标准执行。标准中，就无公害畜禽养殖过程中的饮用水水质的要求和配套的检测方法作了相应的规定，见表4-9。

表4-9　无公害食品——畜禽饮用水水质标准

项　目		标准值	
		畜	禽
感官性状	色	色度不超过30°	
	混浊度	不超过20°	
	臭和味	不得有异臭、异味	
	肉眼可见物	不得含有	
一般化学指标	总硬度（以 $CaCO_3$ 计），mg/L	≤1 500	
	pH	5.5～9.0	6.5～8.5
	溶解性总固体，mg/L	≤4 000	≤2 000
	氯化物（以 Cl^- 计），mg/L	≤1 000	≤250
	硫酸盐（以 SO_4^{2-} 计），mg/L	≤500	≤250
细菌学指标	总大肠菌群，MPN/100mL	成年畜100，幼畜和禽10	
毒理学指标	氟化物（以 F^- 计），mg/L	≤2.0	≤2.0
	氰化物，mg/L	≤0.20	≤0.05
	总砷，mg/L	≤0.20	≤0.20
	总汞，mg/L	≤0.01	≤0.001
	铅，mg/L	≤0.10	≤0.10
	铬（六价），mg/L	≤0.10	≤0.05
	镉，mg/L	≤0.05	≤0.01
	硝酸盐（以N计），mg/L	≤10.0	≤3.0

2. 评价指标　水环境质量评价包括地面水、地下水污染情况的调查分析。一般应包括物理指标如水的温度、色、臭、味、混浊度、肉眼可见物（悬浮性固体、总固体）；化学指标：无机指标包括含盐量、硬度、pH以及氟化物、氯化物、硫化物、硫酸盐、铁、锰、重金属类、氮、磷等，有机指标主要是BOD、COD、DO、酚类等；生物学指标主要是大肠杆菌等。

3. 污染的判定　水体受到外来污染后，原有的物理指标、化学指标、生物学指标会发生某些变化。根据这些变化，就可以判定水受到污染的情况。

(1) 是否污染。可检查分析各项指标是否在原来的基础上突然有所提高，特别是氮化物、耗氧量和氯化物的提高。

(2) 污染的性质判定。动物性有机物污染主要表现为氮化物、磷化物、氯化物、耗氧量增高，pH 下降，非溶性固体物呈褐色。有些物理指标也会发生变化（如有相应的腥臭、腐败臭）。而植物性有机物污染主要是耗氧量增高，氮化物及氧化物增加不明显，并伴有沼泽臭及腐草臭。矿质毒物的污染，一般可直接检出。

(3) 污染程度的测定。可根据各指标的升降幅度来判定。动物性有机物严重污染水体后，因其分解过程消耗了大量的氧气，所以水的溶解氧含量下降，甚至使水处于乏氧状态。动物性有机物进行厌氧分解的结果，使水带有腐败臭气。

(4) 污染时期的判定。水体污染时期可分为初期、中期和末期。水体受到人、畜粪便污染后，初期蛋白质进行厌氧分解（氮化阶段），水质呈现酸性，耗氧量高，氨性氮含量较高，有臭气和较高的色度，透明度较低，大肠杆菌数高，水中病原微生物和蠕虫卵处在活跃和感染力阶段，所以是不安全期。中期是好氧阶段的初期（硝化阶段），水质偏酸性，亚硝酸盐氮含量较高，耗氧量仍高，恶臭味，颜色稍下降，大肠菌群指数降低，水中病原微生物和蠕虫卵由于环境营养条件降低（有机物趋向无机化）而活力降低，但仍有相当感染力，这种水质还是不可靠的。末期，氮化物已进入硝化阶段的末期、硝酸盐氮含量明显增高，硫酸盐硬度、总硬度（特别是重碳酸盐硬度）增高，水无特殊臭气，但常伴有一定味道，此时病原菌和寄生虫卵已失去感染能力，水的安全性增高。

(5) 分解趋向的判定。水体受到人、畜粪便污染后，污水中有机物的生物氧化分解过程可分为两个阶段：

①第一阶段称为碳氧化阶段，也就是有机物中碳氧化为二氧化碳的过程。用简单的化学方程式表示为：

$$有机物+O_2 \longrightarrow CO_2+H_2O+NH_3$$

②第二阶段的氧化分解称为硝化阶段，主要是将 NH_3 氧化为亚硝酸盐和硝酸盐，可表示为：

$$2NH_3+3O_2 \longrightarrow 2HNO_2+2H_2O$$

$$2HNO_2+O_2 \longrightarrow 2HNO_3$$

根据各污染指标的变化，特别是氮化物含量的升降，以及水中耗氧量、pH 等的变化，来分析水是处在正常的无机化（自净）过程，还是处在反硝化过程。一般当 pH 趋向中性，耗氧量降低，氨性氮及亚硝酸盐氮下降，而硝酸盐氮上升时，说明水是处在有机物无机化分解期，水质会逐渐变得安全。反之，pH 变低，耗氧量上升，说明水中缺乏溶解氧，是处在厌氧状态；如果硝酸盐下降，而亚硝酸盐氮及氨氮增加，而且没有新的外来污染的可能时，则认为此水是处在反硝化过程，说明水的品质已变坏。这可能是因为水体长期静止，微生物的活动使水中溶解氧被耗掉以后出现的情况。处在反硝化状况的水体，一般自净能力已遭破坏，因而在卫生学上被认为是不安全的。

在进行污染关系的综合判定时，绝不应忽视水源的环境条件，如地形、水质以及周围环境状况等。因此，判定水质必须结合水源调查资料及微生物污染指标来综合判定。要特别注重水质的污染性质和时期两种表现。当发现动物性有机物污染的初期表现时，应认为是危险性大的水，有可能成为引起畜禽各种传染病和寄生虫病的客观条件。

（六）土壤环境质量评价

土壤是地球陆地表面具有肥力、能生长植物的疏松表面，是人类生活环境、畜牧生产的重要组成部分。土壤由矿物质、有机质、水分和气体等组成，与畜禽的生活和生产密切相关，直接影响畜禽场及畜禽舍内的小气候，其化学组成可通过饲料、饮水等影响机体的生理功能。

土壤具有吸水和储备各种物质的能力，当畜禽生产的废弃物不断向其排放时，一旦超过其自净能力，就会成为病原微生物、寄生虫的滋生场所，给环境带来污染。

土壤评价指标通常包括下列与畜禽生产密切相关的内容，重金属如汞、铅、铬、铜、钼、锌等；非金属有毒物质如砷、硒、碘、氟、氰等；化学农药如有机磷、有机氯、酚类等；生物指标如大肠杆菌等。

计划、决策单

<table>
<tr><td>项目名称</td><td colspan="6"></td></tr>
<tr><td>学习任务</td><td colspan="3"></td><td>学时</td><td colspan="2"></td></tr>
<tr><td>计划方式</td><td colspan="3"></td><td>学时</td><td colspan="2"></td></tr>
<tr><td rowspan="9">制订计划</td><td>序号</td><td colspan="3">工作步骤</td><td colspan="2">使用资源</td></tr>
<tr><td>1</td><td colspan="3"></td><td colspan="2"></td></tr>
<tr><td>2</td><td colspan="3"></td><td colspan="2"></td></tr>
<tr><td>3</td><td colspan="3"></td><td colspan="2"></td></tr>
<tr><td>4</td><td colspan="3"></td><td colspan="2"></td></tr>
<tr><td>5</td><td colspan="3"></td><td colspan="2"></td></tr>
<tr><td>6</td><td colspan="3"></td><td colspan="2"></td></tr>
<tr><td>7</td><td colspan="3"></td><td colspan="2"></td></tr>
<tr><td>8</td><td colspan="3"></td><td colspan="2"></td></tr>
<tr><td>制订计划说明</td><td colspan="6"></td></tr>
<tr><td rowspan="3">计划评价</td><td>班级</td><td></td><td>第　　组</td><td>组长签字</td><td colspan="2"></td></tr>
<tr><td>教师签字</td><td colspan="3"></td><td>日期</td><td></td></tr>
<tr><td colspan="6">评语：</td></tr>
</table>

实　施　单

<table>
<tr><td>项目名称</td><td colspan="5"></td></tr>
<tr><td>学习任务</td><td colspan="2"></td><td colspan="2">学时</td><td></td></tr>
<tr><td>实施方式</td><td colspan="2"></td><td colspan="2">学时</td><td></td></tr>
<tr><td rowspan="12">实施步骤</td><td>序号</td><td colspan="3">工作步骤</td><td>使用资源</td></tr>
<tr><td></td><td colspan="3"></td><td></td></tr>
<tr><td></td><td colspan="3"></td><td></td></tr>
<tr><td></td><td colspan="3"></td><td></td></tr>
<tr><td></td><td colspan="3"></td><td></td></tr>
<tr><td></td><td colspan="3"></td><td></td></tr>
<tr><td></td><td colspan="3"></td><td></td></tr>
<tr><td></td><td colspan="3"></td><td></td></tr>
<tr><td></td><td colspan="3"></td><td></td></tr>
<tr><td></td><td colspan="3"></td><td></td></tr>
<tr><td></td><td colspan="3"></td><td></td></tr>
<tr><td></td><td colspan="3"></td><td></td></tr>
<tr><td>实施说明</td><td colspan="5"></td></tr>
<tr><td colspan="2">班级</td><td></td><td>第　　组</td><td>组长签字</td><td></td></tr>
<tr><td>教师签字</td><td colspan="3"></td><td>日期</td><td></td></tr>
</table>

学生自查单

<table>
<tr><td>项目名称</td><td colspan="5"></td></tr>
<tr><td>学习任务</td><td colspan="2"></td><td>学时</td><td colspan="2"></td></tr>
<tr><td colspan="2">检查开始时间</td><td></td><td>检查完成时间</td><td colspan="2"></td></tr>
<tr><td rowspan="14">检查内容</td><td>序号</td><td>检查项目</td><td>检查标准</td><td colspan="2">检查情况</td></tr>
<tr><td></td><td></td><td></td><td colspan="2"></td></tr>
<tr><td></td><td></td><td></td><td colspan="2"></td></tr>
<tr><td></td><td></td><td></td><td colspan="2"></td></tr>
<tr><td></td><td></td><td></td><td colspan="2"></td></tr>
<tr><td></td><td></td><td></td><td colspan="2"></td></tr>
<tr><td></td><td></td><td></td><td colspan="2"></td></tr>
<tr><td></td><td></td><td></td><td colspan="2"></td></tr>
<tr><td></td><td></td><td></td><td colspan="2"></td></tr>
<tr><td></td><td></td><td></td><td colspan="2"></td></tr>
<tr><td></td><td></td><td></td><td colspan="2"></td></tr>
<tr><td></td><td></td><td></td><td colspan="2"></td></tr>
<tr><td></td><td></td><td></td><td colspan="2"></td></tr>
<tr><td></td><td></td><td></td><td colspan="2"></td></tr>
<tr><td rowspan="3">检查评价</td><td>班级</td><td>第　组</td><td>组长签字</td><td colspan="2"></td></tr>
<tr><td>教师签字</td><td></td><td>日期</td><td colspan="2"></td></tr>
<tr><td colspan="5">评语：</td></tr>
</table>

教师检查单

<table>
<tr><td>项目
名称</td><td colspan="4"></td></tr>
<tr><td>学习
任务</td><td colspan="2"></td><td>学时</td><td></td></tr>
<tr><td colspan="2">检查开始时间</td><td></td><td>检查完成时间</td><td></td></tr>
<tr><td rowspan="15">检查内容</td><td>序号</td><td>检查项目</td><td>检查标准</td><td>检查情况</td></tr>
<tr><td></td><td></td><td></td><td></td></tr>
<tr><td></td><td></td><td></td><td></td></tr>
<tr><td></td><td></td><td></td><td></td></tr>
<tr><td></td><td></td><td></td><td></td></tr>
<tr><td></td><td></td><td></td><td></td></tr>
<tr><td></td><td></td><td></td><td></td></tr>
<tr><td></td><td></td><td></td><td></td></tr>
<tr><td></td><td></td><td></td><td></td></tr>
<tr><td></td><td></td><td></td><td></td></tr>
<tr><td></td><td></td><td></td><td></td></tr>
<tr><td></td><td></td><td></td><td></td></tr>
<tr><td></td><td></td><td></td><td></td></tr>
<tr><td></td><td></td><td></td><td></td></tr>
<tr><td></td><td></td><td></td><td></td></tr>
<tr><td rowspan="3">检查评价</td><td>班级</td><td>第　组</td><td>组长签字</td><td></td></tr>
<tr><td>教师签字</td><td></td><td>日期</td><td></td></tr>
<tr><td colspan="4">评语：</td></tr>
</table>

评　价　单

项目名称					
学习任务				学时	
评价类别	项目	子项目	个人评价	组内互评	教师评价
专业能力	资讯				
	计划				
	实施				
	检查				
	过程				
	结果				
社会能力	团结协作				
	敬业精神				
方法能力	计划能力				
	决策能力				
班级		姓名		总分	

附　录

附录1　畜禽养殖污染防治管理办法

（国家环境保护总局　2001-03-20发布　2001-05-08实施）

第一条　为防治畜禽养殖污染，保护环境，保障人体健康，根据环境保护法律、法规的有关规定，制定本办法。

第二条　本办法所称畜禽养殖污染，是指在畜禽养殖过程中，畜禽养殖场排放的废渣，清洗畜禽体和饲养场地、器具产生的污水及恶臭等对环境造成的危害和破坏。

第三条　本办法适用于中华人民共和国境内畜禽养殖场的污染防治。畜禽放养不适用本办法。

第四条　畜禽养殖污染防治实行综合利用优先，资源化、无害化和减量化的原则。

第五条　县级以上人民政府环境保护行政主管部门在拟定本辖区的环境保护规划时，应根据本地实际，对畜禽养殖污染防治状况进行调查和评价，并将其污染防治纳入环境保护规划中。

第六条　新建、改建和扩建畜禽养殖场，必须按建设项目环境保护法律、法规的规定，进行环境影响评价，办理有关审批手续。畜禽养殖场的环境影响评价报告书（表）中，应规定畜禽废渣综合利用方案和措施。

第七条　禁止在下列区域内建设畜禽养殖场：

（一）生活饮用水水源保护区、风景名胜区、自然保护区的核心区及缓冲区；

（二）城市和城镇中居民区、文教科研区、医疗区等人口集中地区；

（三）县级人民政府依法划定的禁养区域；

（四）国家或地方法律、法规规定需特殊保护的其他区域。

本办法颁布前已建成的、地处上述区域内的畜禽养殖场应限期搬迁或关闭。

第八条　畜禽养殖场污染防治设施必须与主体工程同时设计、同时施工、同时使用；畜禽废渣综合利用措施必须在畜禽养殖场投入运营的同时予以落实。环境保护行政主管部门在对畜禽养殖场污染防治设施进行竣工验收时，其验收内容中应包括畜禽废渣综合利用措施的落实情况。

第九条　畜禽养殖场必须按有关规定向所在地的环境保护行政主管部门进行排污申报登记。

第十条　畜禽养殖场排放污染物，不得超过国家或地方规定的排放标准。在依法实施污染物排放总量控制的区域内，畜禽养殖场必须按规定取得《排污许可证》，并按照《排污许可证》的规定排放污染物。

第十一条　畜禽养殖场排放污染物，应按照国家规定缴纳排污费；向水体排放污染物，超过国家或地方规定排放标准的，应按规定缴纳超标准排污费。

第十二条　县级以上人民政府环境保护行政主管部门有权对本辖区范围内的畜禽养殖场的环境保护工作进行现场检查，索取资料，采集样品、监测分析。被检查单位和个人必须如实反映情况，提供必要资料。检查机关和人员应当为被检查的单位和个人保守技术秘密和业务秘密。

第十三条　畜禽养殖场必须设置畜禽废渣的储存设施和场所，采取对储存场所地面进行水泥硬化等措施，防止畜禽废渣渗漏、散落、溢流、雨水淋失、恶臭气味等对周围环境造成污染和危害。畜禽养殖场应当保持环境整洁，采取清污分流和粪尿的干湿分离等措施，实现清洁养殖。

第十四条　畜禽养殖场应采取将畜禽废渣还田、生产沼气、制造有机肥料、制造再生饲料等方法进行综合利用。用于直接还田利用的畜禽粪便，应当经处理达到规定的无害化标准，防止病菌传播。

第十五条 禁止向水体倾倒畜禽废渣。

第十六条 运输畜禽废渣，必须采取防渗漏、防流失、防遗撒及其他防止污染环境的措施，妥善处置贮运工具清洗废水。

第十七条 对超过规定排放标准或排放总量指标，排放污染物或造成周围环境严重污染的畜禽养殖场，县级以上人民政府环境保护行政主管部门可提出限期治理建议，报同级人民政府批准实施。被责令限期治理的畜禽养殖场应向作出限期治理决定的人民政府的环境保护行政主管部门提交限期治理计划，并定期报告实施情况。提交的限期治理计划中，应规定畜禽废渣综合利用方案。环境保护行政主管部门在对畜禽养殖场限期治理项目进行验收时，其验收内容中应包括上述综合利用方案的落实情况。

第十八条 违反本办法规定，有下列行为之一的，由县级以上人民政府环境保护行政主管部门责令停止违法行为，限期改正，并处以 1 000 元以上、1 万以下罚款：

（一）未采取有效措施，致使储存的畜禽废渣渗漏、散落、溢流、雨水淋失、散发恶臭气味等对周围环境造成污染和危害的；

（二）向水体或其他环境倾倒、排放畜禽废渣和污水的。

违反本办法其他有关规定，由环境保护行政主管部门依据有关环境保护法律、法规的规定给予处罚。

第十九条 本办法中的畜禽养殖场，是指常年存栏量为 500 头以上的猪、3 万羽以上的鸡和 100 头以上的牛的畜禽养殖场，以及达到规定规模标准的其他类型的畜禽养殖场。其他类型的畜禽养殖场的规模标准，由省级环境保护行政主管部门根据本地区实际，参照上述标准作出规定。地方法规或规章对畜禽养殖场的规模标准规定严于第一款确定的规模标准的，从其规定。

第二十条 本办法中的畜禽废渣，是指畜禽养殖场的畜禽粪便、畜禽舍垫料、废饲料及散落的毛羽等固体废物。

第二十一条 本办法自公布之日起实施。

附录 2　畜禽养殖业污染防治技术规范

（国家环境保护总局　2001 - 12 - 19 发布　2002 - 04 - 01 实施）

前　言

随着我国集约化畜禽养殖业的迅速发展，养殖场及其周边环境问题日益突出，成为制约畜牧业进一步发展的主要因素之一。为防止环境污染，保障人、畜健康，促进畜牧业的可持续发展，依据《中华人民共和国环境保护法》等有关法律、法规制定本技术规范。

本技术规范规定了畜禽养殖场的选址要求、场区布局与清粪工艺、畜禽粪便贮存、污水处理、固体粪肥的处理利用、饲料和饲养管理、病死畜禽尸体处理与处置、污染物监测等污染防治的基本技术要求。

本技术规范为首次制定。

本技术规范由国家环境保护总局自然生态保护司提出。

本技术规范由国家环境保护总局科技标准司归口。

本技术规范由北京师范大学环境科学研究所、国家环境保护总局南京环境科学研究所和中国农业大学资源与环境学院共同负责起草。

本技术规范由国家环境保护总局负责解释。

HJ/T 81—2001

1　主题内容

本技术规范规定了畜禽养殖场的选址要求、场区布局与清粪工艺、畜禽粪便贮存、污水处理、固体粪肥的处理利用、饲料和饲养管理、病死畜禽尸体处理与处置、污染物监测等污染防治的基本技术要求。

2　技术原则

2.1　畜禽养殖场的建设应坚持农牧结合、种养平衡的原则，根据本场区土地（包括与其他法人签约承诺消纳本场区产生粪便污水的土地）对畜禽粪便的消纳能力，确定新建畜禽养殖场的养殖规模。

2.2　对于无相应消纳土地的养殖场，必须配套建立具有相应加工（处理）能力的粪便污水处理设施或处理（置）机制。

2.3　畜禽养殖场的设置应符合区域污染物排放总量控制要求。

3　选址要求

3.1　禁止在下列区域内建设畜禽养殖场：

3.1.1　生活饮用水水源保护区、风景名胜区、自然保护区的核心区及缓冲区；

3.1.2　城市和城镇居民区，包括文教科研区、医疗区、商业区、工业区、游览区等人口集中地区；

3.1.3　县级人民政府依法划定的禁养区域；

3.1.4　国家或地方法律、法规规定需特殊保护的其他区域。

3.2　新建改建、扩建的畜禽养殖场选址应避开3.1规定的禁建区域，在禁建区域附近建设的，应设在3.1规定的禁建区域常年主导风向的下风向或侧风向处，场界与禁建区域边界的最小距离不得小于500m。

4　场区布局与清粪工艺

4.1　新建、改建、扩建的畜禽养殖场应实现生产区、生活管理区的隔离；粪便污水处理设施和禽畜尸体焚烧炉，应设在养殖场的生产区、生活管理区的常年主导风向的下风向或侧风向处。

4.2　养殖场的排水系统应实行雨水和污水收集输送系统分离，在场区内外设置的污水收集输送系统，不得采取明沟布设。

4.3　新建、改建、扩建的畜禽养殖场应采取干法清粪工艺，采取有效措施将粪及时、单独清出，不可与尿、污水混合排出，并将产生的粪渣及时运至贮存或处理场所，实现日产日清。采用水冲粪、水泡粪湿法清粪工艺的养殖场，要逐步改为干法清粪工艺。

5　畜禽粪便的贮存

5.1　畜禽养殖场产生的畜禽粪便应设置专门的贮存设施，其恶臭及污染物排放应符合《畜禽养殖业污染物排放标准》。

5.2　贮存设施的位置必须远离各类功能地表水体（距离不得小于400m），并应设在养殖场生产及生活管理区的常年主导风向的下风向或侧风向处。

5.3　贮存设施应采取有效的防渗处理工艺，防止畜禽粪便污染地下水。

5.4　对于种养结合的养殖场，畜禽粪便贮存设施的总容积不得低于当地农林作物生产用肥的最大间隔时间内本养殖场所产生粪便的总量。

5.5　贮存设施应采取设置顶盖等防止降雨（水）进入的措施。

6　污水的处理

6.1　畜禽养殖过程中产生的污水应坚持种养结合的原则，经无害化处理后尽量充分还田，实现污水资源化利用。

6.2　畜禽污水经治理后向环境中排放，应符合《畜禽养殖业污染物排放标准》的规定，有地方排放标准的应执行地方排放标准。

污水作为灌溉用水排入农田前，必须采取有效措施进行净化处理（包括机械的、物理的、化学的和生物学的），并须符合《农田灌溉水质标准》(GB 5084—92) 的要求。

6.2.1　在畜禽养殖场与还田利用的农田之间应建立有效的污水输送网络，通过车载或管道形式将处理（置）后的污水输送至农田，要加强管理，严格控制污水输送沿途的弃、撒和跑、冒、滴、漏。

6.2.2　畜禽养殖场污水排入农田前必须进行预处理（采用格栅、厌氧、沉淀等工艺、流程），并应配套设置田间储存池，以解决农田在非施肥期间的污水出路问题，田间储存池的总容积不得低于当地农林作物生产用肥的最大间隔时间内畜禽养殖场排放污水的总量。

6.3　对没有充足土地消纳污水的畜禽养殖场，可根据当地实际情况选用下列综合利用措施：

6.3.1 经过生物发酵后，可浓缩制成商品液体有机肥料。

6.3.2 进行沼气发酵，对沼渣、沼液应尽可能实现综合利用，同时要避免产生新的污染，沼渣及时清运至粪便贮存场所；沼液尽可能进行还田利用，不能还田利用并需外排的要进行进一步净化处理，达到排放标准。

沼气发酵产物应符合《粪便无害化卫生标准》(GB 7959—87)。

6.4 制取其他生物能源或进行其他类型的资源回收综合利用，要避免二次污染，并应符合《畜禽养殖业污染物排放标准》的规定。

6.5 污水的净化处理应根据养殖种类、养殖规模、清粪方式和当地的自然地理条件，选择合理、适用的污水净化处理工艺和技术路线，尽可能采用自然生物处理的方法，达到回用标准或排放标准。

6.6 污水的消毒处理提倡采用非氯化的消毒措施，要注意防止产生二次污染物。

7 固体粪肥的处理利用

7.1 土地利用

7.1.1 畜禽粪便必须经过无害化处理，并且须符合《粪便无害化卫生标准》后，才能进行土地利用，禁止未经处理的畜禽粪便直接施入农田。

7.1.2 经过处理的粪便作为土地的肥料或土壤调节剂来满足作物生长的需要，其用量不能超过作物当年生长所需养分的需求量。

在确定粪肥的最佳使用量时需要对土壤肥力和粪肥肥效进行测试评价，并应符合当地环境容量的要求。

7.1.3 对高降雨区、坡地及沙质容易产生径流和渗透性较强的土壤，不适宜施用粪肥或粪肥使用量过高易使粪肥流失引起地表水或地下水污染时，应禁止或暂停使用粪肥。

7.2 对没有充足土地消纳利用粪肥的大中型畜禽养殖场和养殖小区，应建立集中处理畜禽粪便的有机肥厂或处理（置）机制。

7.2.1 固体粪肥的堆制可采用高温好氧发酵或其他适用技术和方法，以杀死其中的病原菌和蛔虫卵，缩短堆制时间，实现无害化。

7.2.2 高温好氧堆制法分自然堆制发酵法和机械强化发酵法，可根据本场的具体情况选用。

8 饲料和饲养管理

8.1 畜禽养殖饲料应采用合理配方，如理想蛋白质体系配方等，提高蛋白质及其他营养的吸收效率，减少氮的排放量和粪的生产量。

8.2 提倡使用微生物制剂、酶制剂和植物提取液等活性物质，减少污染物排放和恶臭气体的产生。

8.3 养殖场场区、畜禽舍、器械等消毒应采用环境友好的消毒剂和消毒措施（包括紫外线、臭氧、双氧水等方法），防止产生氯代有机物及其他的二次污染物。

9 病死畜禽尸体的处理与处置

9.1 病死畜禽尸体要及时处理，严禁随意丢弃，严禁出售或作为饲料再利用。

9.2 病死禽畜尸体处理应采用焚烧炉焚烧的方法，在养殖场比较集中的地区，应集中设置焚烧设施；同时焚烧产生的烟气应采取有效的净化措施，防止烟尘、一氧化碳、恶臭等对周围大气环境的污染。

9.3 不具备焚烧条件的养殖场应设置两个以上安全填埋井，填埋井应为混凝土结构，深度大于2m，直径1m，井口加盖密封。进行填埋时，在每次投入畜禽尸体后，应覆盖一层厚度大于10cm的熟石灰，井填满后，须用黏土填埋压实并封口。

10 畜禽养殖场排放污染物的监测

10.1 畜禽养殖场应安装水表，对厨水实行计量管理。

10.2 畜禽养殖场每年应至少两次定期向当地环境保护行政主管部门报告污水处理设施和粪便处理设施的运行情况，提交排放污水、废气、恶臭以及粪肥的无害化指标的监测报告。

10.3 对粪便污水处理设施的水质应定期进行监测，确保达标排放。

10.4　排污口应设置国家环境保护总局统一规定的排污口标志。

11　其他

养殖场防疫、化验等产生的危险废水和固体废弃物应按国家的有关规定进行处理。

附录 3　畜禽养殖业污染物排放标准

(GB 18596—2001　2001-12-28 发布　2003-01-01 实施)

1　主题内容和适用范围

1.1　主题内容　本标准按集约化畜禽养殖业的不同规模分别规定了水污染物、恶臭气体的最高允许日均排放浓度、最高允许排水量，畜禽养殖业废渣无害化环境标准。

1.2　适用范围　本标准适用于全国集约化畜禽养殖场和养殖区污染物的排放管理，以及这些建设项目环境影响评价、环境保护设施设计、竣工验收及其投产后的排放管理。

1.2.1　本标准适用的畜禽养殖场和养殖区规模分级，按附表 3-1 和附表 3-2 执行。

附表 3-1　集约化畜禽养殖场的适用规模（以存栏数计）

规模分级	猪/头 (25kg 以上)	鸡/只		牛/头	
		蛋鸡	肉鸡	成年奶牛	肉牛
Ⅰ级	≥3 000	≥100 000	≥200 000	≥200	≥400
Ⅱ级	500≤Q<3 000	15 000≤Q<100 000	30 000≤Q<200 000	100≤Q<200	200≤Q<400

注：Q 表示养殖量。

附表 3-2　集约化畜禽养殖区的适用规模（以存栏数计）

规模分级	猪/头 (25kg 以上)	鸡/只		牛/头	
		蛋鸡	肉鸡	成年奶牛	肉牛
Ⅰ级	≥6 000	≥200 000	≥400 000	≥400	≥800
Ⅱ级	3 000≤Q<6 000	100 000≤Q<200 000	200 000≤Q<400 000	200≤Q<400	400≤Q<800

注：Q 为存栏数。

1.2.2　对具有不同畜禽种类的养殖场和养殖区，其规模可将鸡、牛的养殖量换算成猪的养殖量，换算比例为：30 只蛋鸡换成 1 头猪，60 只肉鸡折算成 1 头猪，1 头奶牛折算成 10 头猪，1 头肉牛折算成 5 头猪。

1.2.3　所有Ⅰ级规模范围内的集约化畜禽养殖场和养殖区，以及Ⅱ级规模范围内且地处国家环境保护重点城市、重点流域和污染严重河网地区的集约化畜禽养殖场和养殖区，自本标准实施之日起开始执行。

1.2.4　其他地区Ⅱ级规模范围内的集约化养殖场和养殖区，实施标准的具体时间可由县级以上人民政府环境保护行政主管部门确定，但不得迟于 2004 年 7 月 1 日。

1.2.5　对集约化养羊场和养羊区，将羊的养殖量换算成猪的养殖量，换算比例为：3 只羊换算成 1 头猪，根据换算后的养殖量确定养羊场或养羊区的规模级别，并参照本标准的规定执行。

2　定义

2.1　集约化畜禽养殖场　指进行集约化经营的畜禽养殖场。集约化养殖是指在较小的场地内，投入较多的生产数据和劳动，采用新的工艺技术措施，进行精心管理的饲养方式。

2.2　集约化畜禽养殖区　指距居民区一定距离，经过行政区划确定的多个畜禽养殖个体生产集中的区域。

2.3　废渣　指养殖场外排的畜禽粪便、畜禽舍垫料、废饲料及散落的毛羽等固体废物。

2.4　恶臭污染物　指一切刺激嗅觉器官，引起人们不愉快及损害生活环境的气体物质。

2.5　臭气浓度　指恶臭气体（包括异味）用无臭空气进行稀释，稀释到刚好无臭时所需的稀释倍数。

2.6　最高允许排水量　指在畜禽养殖过程中直接用于生产的水的最高允许排放量。

3　技术内容

本标准按水污染物、废渣和恶臭气体的排放分为以下三部分。

3.1　畜禽养殖业水污染物排放标准

3.1.1　畜禽养殖业废水不得排入敏感水域和有特殊功能的水域。排放去向应符合国家和地方的有关规定。

3.1.2　标准适用规模范围内的畜禽养殖业的水污染物排放分别执行附表 3-3、附表 3-4 和附表 3-5 的规定。

附表 3-3　集约化畜禽养殖业水冲工艺最高允许排水量

控制项目	猪/[m^3/（百头·d）]		鸡/[m^3/（千只·d）]		牛/[m^3/（百头·d）]	
	冬季	夏季	冬季	夏季	冬季	夏季
标准值	2.5	3.5	0.8	1.2	20	30

注：废水最高允许排放量中的单位中，百头、千只均指存栏数；春、秋季废水最高允许排放量按冬、夏两季的平均值计算。

附表 3-4　集约化畜禽养殖业干清粪工艺最高允许排水量

控制项目	猪/[m^3/（百头·d）]		鸡/[m^3/（千只·d）]		牛/[m^3/（百头·d）]	
	冬季	夏季	冬季	夏季	冬季	夏季
标准值	1.2	1.8	0.5	0.7	17	20

注：废水最高允许排放量中的单位中，百头、千只均指存栏数；春、秋季废水最高允许排放量按冬、夏两季的平均值计算。

附表 3-5　集约化畜禽养殖业污染物最高允许日均排放浓度

控制项目	五日生化需氧量（mg/L）	化学需氧量（mg/L）	悬浮量（mg/L）	氨氮（mg/L）	总磷（以 P 计）（mg/L）	粪大肠菌群数（个/100mL）	蛔虫卵（个/L）
标准值	150	400	200	80	8.0	1 000	2.0

3.2　畜禽养殖业废渣无害化环境标准

3.2.1　畜禽养殖业必须设置废渣的固定储存设施和场所，储存场所要有防止粪液渗漏、溢流措施。

3.2.2　用于直接还田的畜禽粪便，必须进行无害化处理。

3.2.3　禁止直接将废渣倾倒入地表水体或其他环境中。畜禽粪便还田时，不能超过当地的最大农田负荷量。避免造成面源污染和地下水污染。

3.2.4　经无害化处理后的废渣，应符合附表 3-6 的规定。

附表 3-6　畜禽养殖业废渣无害化环境标准

控制项目	指标
蛔虫卵	死亡率≥95%
粪大肠菌群数	≤10^5 个/kg

3.3　畜禽养殖业恶臭污染物排放标准　集约化畜禽养殖业恶臭污染物的排放执行附表3-7的规定。

附表3-7　集约化畜禽养殖业恶臭污染物排放标准

控制项目	指标
臭气浓度（无量纲）	70

3.4　畜禽养殖业应积极通过废水和粪便的还田或其他措施对所排放的污染物进行综合利用，实现污染物的资源化。

4　监测

污染物项目监测的采样点和采样频率应符合国家环境监测技术规范的要求。污染物项目的监测方法按附表3-8执行。

附表3-8　畜禽养殖业污染物排放配套监测方法

序号	项　目	监测方法	方法来源
1	生化需氧量（BOD_5）	稀释与接种法	GB 7488—87
2	化学需氧量（COD_{Cr}）	重铬酸钾法	GB 11914—89
3	悬浮物（SS）	重量法	GB 11901—89
4	氨氮（NH_3-N）	纳氏试剂比色法	GB 7479—87
		水杨酸分光光度法	GB 7481—87
5	总P（以P计）	钼蓝比色法	（1）
6	粪大肠菌群数	多管发酵法	GB 5750—85
7	蛔虫卵	吐温-80柠檬酸缓冲液离心沉淀集卵法	（2）
8	蛔虫卵死亡率	堆肥蛔虫卵检查法	GB 7959—87
9	寄生虫卵沉降率	粪稀蛔虫卵检查法	GB 7959—87
10	臭气浓度	三点式比较臭袋法	GB 14675

注：分析方法中，未列出国家标准的暂时采用下列方法，待国家标准方法颁布后执行国家标准。

（1）水和废水监测分析方法（第三版），中国环境科学出版社，1989。

（2）卫生防疫检验，上海科学技术出版社，1964。

5　标准的实施

5.1　本标准由县级以上人民政府环境保护行政主管部门实施统一监督管理。

5.2　省、自治区、直辖市人民政府可根据地方环境和经济发展的需要，确定严于本标准的集约化畜禽养殖业适用规模，或制定更为严格的地方畜禽养殖业污染物排放标准，并报国务院环境保护行政主管部门备案。

附录4　畜禽场环境污染控制技术规范

（NY/T 1169—2006　2006-07-10发布　2006-10-01实施）

1　范围

本标准规定了畜禽场选址、场区布局、污染治理设施以及控制畜禽场恶臭污染、粪便污染、污水污染、病原微生物污染、药物污染、畜禽尸体污染等的基本技术要求和畜禽场环境污染监测控制技术。

本标准适用于目前正在运行生产的畜禽场和新建、改建、扩建畜禽场的环境污染控制。

2 引用标准

下列文件中的条款通过本标准的引用而成为本标准的条款。凡是注日期的引用文件，其随后所有的修改单（不包括勘误的内容）或修订版均不适用于本标准，然而，鼓励根据本标准达成协议的各方研究是否可使用这些文件的最新版本。凡是不注日期的引用文件，其最新版本适用于本标准。

GB 5084 农田灌溉水质标准　　GB 7959 粪便无害化卫生标准

GB 13078 饲料卫生标准　　GB 18596 畜禽养殖业污染物排放标准

GB/T 19525.2 畜禽场环境质量评价准则

农业部文件 农牧发［2002］1号《食品动物禁用的兽药及其他化合物清单》

农业部公告 ［2002］第176号《禁止在饲料和动物饮水中使用的药物品种目录》

3 术语和定义

下列术语和定义适用于本标准。

3.1 畜禽场 按养殖规模，本标准规定：鸡5 000只，母猪存栏≥75头，牛≥25头为畜禽场，该场应设置有舍区、场区和缓冲区。

3.2 环境污染 是指人类活动使环境要素或其状态发生变化，环境质量恶化，扰乱和破坏了生态系统的动态平衡和人类的正常生活条件的现象。本规范所指环境污染是以畜禽活动为主体所造成的污染即畜禽场环境污染，主要包括恶臭污染、粪便污染、污水污染、病原微生物污染、药物污染、畜禽尸体污染等。

3.3 恶臭污染物 指一切刺激嗅觉器官，引起人们不愉快及损害生活环境的气体物质。

3.4 环境质量评价 指依照一定的评价标准和评价方法对一定区域范围内的环境质量进行说明和评定。

3.5 环境影响评价 狭义地说是建设项目可行性研究工作的重要组成部分，是对特定建设项目预测其未来的环境影响，同时提出防治对策，为决策部门提供科学依据，为设计部门提供优化设计的建议。广义地讲是指人类进行某项重大活动（包括开发建设、规划、计划、政策、立法）之前，采用评价手段预测该项活动可能给环境带来的影响。

4 畜禽场环境污染控制技术要求

4.1 选址、布局要求

4.1.1 按照GB/T 19525.2对畜禽场环境质量进行评价，正确选址、合理布局。

4.1.2 按建设项目环境保护法律、法规的规定，进行环境影响评价，实施“三同时”制度。

4.2 污染治理设施的要求 已建、新建、改建及扩建畜禽场的排水、通风、粪便堆场和污水贮水池、绿化等满足如下要求，不符合要求者应予以改造。

4.2.1 畜禽场排水 畜舍地面应向排水沟方向做1%～3%的倾斜；排水沟沟底须有2‰～5‰的坡度，且每隔一定距离设一深0.5m的沉淀坑，保持排水通畅。

4.2.2 畜舍通风 根据畜禽舍内的养殖品种、养殖数量，配备适当的通风设施，使风速满足畜禽对风速的要求。

4.2.3 粪便堆场和污水贮水池 粪便堆场和污水贮水池应设在畜禽场生产及生活管理区常年主导风向的下风向或侧风向处，距离各类功能地表水源不得小于400m，同时采取搭棚遮雨和水泥硬化等防渗漏措施。粪便堆场的地面应高出周围地面至少30cm。

实行种养结合的畜禽场，其粪便存储设施的总容积不得低于当地农林作物生产用肥的最大间隔时间内本畜禽场所产生粪便的总量。

4.2.4 绿化要求 在畜禽场周围和场区空闲地种植环保型树、花、草，绿化环境、净化空气，改善畜禽舍小气候，加强防疫，家畜养殖场场区绿化覆盖率达到30%，并在场外缓冲区建5～10m的环境绿化带。

4.3 恶臭污染控制

4.3.1 采用配合饲料，调整饲料中氨基酸等各种营养成分的平衡，提高饲料养分的利用效率，减少粪尿中氨氮化合物、含硫化合物等恶臭气体的产生和排放；合理调整日粮中粗纤维的水平，控制吲哚和粪臭素的产生。

4.3.2　提倡在饲料中添加使用微生物制剂、酶制剂和植物提取液等活性物质以减少粪便恶臭气体的产生。

4.3.3　畜舍内的粪便、污物和污水及时清除和处理，以减少粪尿存储过程中恶臭气体的产生和排放。

4.3.4　在畜禽粪便中添加沸石粉、丝兰属植物提取物等，达到除臭和抑制恶臭扩散的目的。

4.3.5　畜禽场根据实际情况可适当增加垫料厚度，也可在垫料中选择添加沸石粉、丝兰属植物等材料达到除臭效果。

4.4　粪便污染控制

4.4.1　已建、新建、改建以及扩建的畜禽场必须同步建设相应的粪便处理设施。

4.4.2　采用种养结合的畜禽场，粪便还田前必须经过无害化处理，按照土壤质地以及种植作物的种类确定施肥数量。

4.4.3　施入农田后粪便应立即混合到土壤内，裸露时间不得超过12h，不得在冻土或冰雪覆盖的土地上施粪。

4.4.4　提倡干清粪工艺收集粪便，减少污水量。实现清污分流、雨污分流、减少污水处理量。

4.4.5　对于没有足够土地消纳粪便的畜禽场，可根据本场的实际情况采用堆肥发酵、沼气发酵、粪便脱水干燥等方法对粪便进行处理。

4.5　污水污染控制

4.5.1　采用种养结合的畜禽场，可将污水无害化处理后用于农田灌溉，实现污水的循环利用，灌溉用水水质应达到GB 5084的要求。

4.5.2　对没有足够土地消纳污水的畜禽场，可根据当地实际情况选用下列综合利用措施：

4.5.2.1　经过生物发酵后，浓缩制成商品液体有机肥料。

4.5.2.2　进行沼气发酵，对沼渣、沼液实现农业综合利用，避免二次污染。沼渣及时运至粪便储存场所，沼液尽量还田利用。

4.5.3　污水的处理提倡采用自然、生物处理的方法。经过处理的污水若排放到周围地表则应达到GB 18596要求。

4.5.4　污水运送方式

管道运送：定期检查、维修管道，避免出现跑、冒、滴、漏现象。

车辆运送：必须采用封闭运送车，避免运输过程中洒、漏。

4.5.5　污水的消毒　使用次氯酸钠消毒时其“余氯”灌溉旱作时应小于1.5mg/L，灌溉蔬菜时应小于1.0mg/L。

4.6　病原微生物污染控制

4.6.1　对畜禽粪尿中以及病死畜体中的病原微生物进行处理应分别达到GB 7959和GB 16548规定的要求。

4.6.2　饲料中病原微生物污染控制技术

4.6.2.1　不得使用传染病死畜禽或腐烂变质的畜禽、鱼类及其下脚料作为饲料原料。

4.6.2.2　饲料在加工过程中，应通过热处理有效去除病原微生物。

4.6.2.3　饲料贮存库必须通风、阴凉、干燥。防止苍蝇、蟑螂等害虫和鼠、猫、鸟类的侵入。

4.7　药物污染控制

4.7.1　科学合理使用药物

4.7.1.1　饲料卫生符合GB 13078。

4.7.1.2　饲料和添加剂严格执行《饲料和饲料添加剂管理条例》。

4.7.1.3　执行农业部文件　农牧发［2002］1号《食品动物禁用的兽药及其他化合物清单》。

4.7.1.4　执行农业部公告　［2002］第176号《禁止在饲料和动物饮水中使用的药物品种目录》。

4.7.2 畜禽粪尿中有毒有害物质污染控制技术

4.7.2.1 当粪尿中有毒物质（重金属等）含量超标时，要进行回收，集中处理。避免由于其累积造成对环境的污染。

4.7.3 选择适用性广泛、杀菌力和稳定性强、不易挥发、不易变质、不易失效且对人畜危害小、不易在畜产品中残留、对畜舍和器具无腐蚀性的消毒剂，对场内环境、畜体表面以及设施、器具等进行消毒。

4.8 畜禽尸体污染控制 畜禽尸体严格按照GB 16548进行处理，不得随意丢弃，更不许作为商品出售。

4.9 环境监测

4.9.1 对畜禽场舍区、场区、缓冲区的生态环境、空气环境以及水环境和接受畜禽粪便和污水的土壤进行定期监测，对环境质量进行定期评价，以便采取相应的措施控制畜禽场环境污染事件的发生。

4.9.2 对畜禽场排放的污水进行监测，掌握污水中各种污染物的浓度、排放量等，为选取适当工艺、技术、设备对其进行处理提供资料依据。对已有污水处理设施的畜禽场，要对处理后的出水进行定期监测，以对设备的运行情况进行调节，确保出水达到GB 18596的要求。

4.9.3 在畜禽场排污口设置国家环境保护总局统一规定的排污口标志。

附录5 畜禽场环境质量及卫生控制规范

（NY/T 1167—2006 2006-07-10发布 2006-10-01实施）

1 范围

本标准规定了畜禽场生态环境质量及卫生指标、空气环境质量及卫生指标、土壤环境质量及卫生指标、饮用水质量及卫生指标和相应的畜禽场质量及卫生控制措施。

本标准适用于规模化畜禽场的环境质量管理及环境卫生控制。

2 引用标准

下列文件中的条款通过本标准的引用而成为本标准的条款。凡是注日期的引用文件，其后所有的修改单（不包括勘误的内容）或修订版均不适用于本标准，然而，鼓励根据本标准达成协议的各方研究是否可使用这些文件的最新版本。凡是不注日期的引用文件，其最新版本适用于本标准。

GB 18596 畜禽养殖业污染物排放标准

GB/T 19525.2 畜禽场环境质量评价准则

NY/T 388 畜禽场环境质量标准

NY 5027 无公害食品 畜禽饮用水水质标准

3 术语和定义

下列术语和定义适用于本标准。

3.1 畜禽场 按养殖规模，本标准规定：鸡5 000只，母猪存栏≥75头，牛≥25头为畜禽场，该场应设置有舍区、场区和缓冲区。

3.2 舍区 畜禽所处的半封闭的生活区域，即畜禽直接的生活环境区。

3.3 场区 畜禽场围栏或院墙以内、舍区以外的区域。

3.4 缓冲区 在畜禽场外周围，沿场院向外≤500m范围内的保护区，该区具有保护畜禽场免受外界污染的功能。

3.5 土壤 指畜禽场陆地表面能够生长绿色植物的疏松层。

3.6 恶臭污染物 指一切刺激嗅觉器官，引起人们不愉快及损害生活环境的气体物质。

3.7 环境质量及卫生控制 指为达到环境质量及卫生要求所采取的作业技术和活动。

4　畜禽场场址的选择和场内区域布局

4.1　正确选址　按照GB 19525.2的要求对畜禽养殖场环境质量和环境影响进行评价，摸清当地环境质量现状以及畜禽养殖场、养殖小区建成后对当地环境质量将产生的影响。

4.2　合理布局　住宅区、生活管理区、生产区、隔离区分开，且依次处于场区常年主导风向的上风向。

5　畜禽场生态环境质量及卫生控制

5.1　畜禽场舍区生态环境质量及卫生指标参见NY/T 388。

5.2　畜禽场舍区生态环境质量及卫生控制措施

5.2.1　温度、湿度　在建设畜禽饲养场时，必须保证畜禽舍的保温隔热性能，同时合理设计通风和采光设施，可采用天窗或导风管，使畜禽舍温度、湿度满足上述标准的要求，也可采用喷淋与喷雾等方式降温。

5.2.2　风速　畜禽舍采用机械通风或自然通风，通风时保证气流均匀分布，尽量减少通风死角，舍外运动场上设凉棚，使舍内风速满足畜禽场环境质量标准的要求。

5.2.3　光照度　安装采光设施或设计天窗，并根据畜种、日龄和生产过程确定合理的光照时间和光照度。

5.2.4　噪声

5.2.4.1　正确选址，避免外界干扰；

5.2.4.2　选择、使用性能优良且噪声小的机械设备；

5.2.4.3　在场区、缓冲区植树种草，降低噪声。

5.2.5　细菌、微生物的控制措施

5.2.5.1　正确选址，远离细菌污染源；

5.2.5.2　定时通风换气，破坏细菌生存条件；

5.2.5.3　在畜禽舍门口设置消毒池，工作人员进入畜禽舍时必须穿戴消毒过的工作服、鞋、帽等，并通过装有紫外线灯的通道；

5.2.5.4　对舍区、场区环境定期消毒；

5.2.5.5　在疾病传播时，采用隔离、淘汰病畜禽，并进行应急消毒措施，以控制病原的扩散。

6　畜禽场空气环境质量及卫生控制

6.1　畜禽场空气环境质量及卫生指标参见NY/T 388。

6.2　畜禽场舍内环境质量及卫生控制措施

6.2.1　舍内氨气、硫化氢、二氧化碳、恶臭的控制措施

6.2.1.1　采取固液分离与干清粪工艺相结合的设施，使粪尿、污水及时排出，减少有害气体产生；

6.2.1.2　采取科学的通风换气方法，保证气流均匀，及时排除舍内的有害气体；

6.2.1.3　在粪便、垫料中添加各种具有吸附功能的添加剂，减少有害气体产生；

6.2.1.4　合理搭配日粮和在饲料中使用添加剂，减少有害气体产生。

6.2.2　舍内总悬浮颗粒物、可吸入颗粒物的控制措施

6.2.2.1　饲料车间、干草车间远离畜禽舍且处于畜禽舍的下风向；

6.2.2.2　提倡使用颗粒饲料或者拌湿饲料；

6.2.2.3　禁止带畜禽干扫畜禽舍或刷拭畜禽，翻动垫料要轻，减少尘粒的产生；

6.2.2.4　适当进行通风换气，并在通风口设置过滤帘，保证舍内湿度，及时排出、减少颗粒物及有害气体。

6.3　畜禽场场区、缓冲区空气环境质量及卫生控制措施

6.3.1　绿化　在畜禽场的场区、缓冲区内种植环保型的树木、花草，减少尘粒的产生，净化空气。家畜养殖场绿化覆盖率应在30%以上。

6.3.2　消毒　在场门和舍门处设置消毒池，人员和车辆进入时经过消毒池以杀死病原微生物。对工作

人员的衣、帽、鞋等经常性地消毒，对圈舍及设备用具进行定期消毒。

7 畜禽场土壤环境质量及卫生控制

7.1 畜禽场土壤环境质量及卫生指标见附表 5-1。

附表 5-1 畜禽场土壤环境质量及卫生指标

序号	项目	单位	缓冲区	场区	舍区
1	镉	mg/kg	0.3	0.3	0.6
2	砷	mg/kg	30	25	20
3	铜	mg/kg	50	100	100
4	铅	mg/kg	250	300	350
5	铬	mg/kg	250	300	350
6	锌	mg/kg	200	250	300
7	细菌总数	万个/g	1	5	—
8	大肠杆菌	g/L	2	50	—

7.2 畜禽场土壤环境质量及卫生控制措施

7.2.1 土壤中镉、砷、铜、铅、铬、锌的控制措施

7.2.1.1 正确选址，使土壤背景值满足畜禽场土壤环境质量标准的要求；

7.2.1.2 科学合理选择和使用兽药、饲料，降低土壤中重金属元素的残留。

7.2.2 土壤中细菌总数、总大肠杆菌的控制措施

7.2.2.1 避免粪尿、污水排放及运送过程中的跑、冒、滴、漏；

7.2.2.2 采用紫外线照射等方式对排放、运送前的粪尿进行杀菌消毒，避免运输过程微生物污染土壤；

7.2.2.3 粪尿作为有机肥施予场内草、树地前，对其进行无害化处理，且根据植物的不同品种合理掌握使用量；

7.2.2.4 畜禽粪便堆场建在畜禽饲养场内部的，要做好防渗、防漏工作，避免粪污中镉、砷、铜、铅、铬、锌以及各种病原微生物污染场内的土壤环境。

8 畜禽饮用水质量及卫生控制

8.1 畜禽饮用水质量及卫生指标参见 NY 5027。

8.2 畜禽饮用水质量及卫生控制措施

8.2.1 自来水 定期清洗畜禽饮用水传送管道，保证水质传送途中无污染。

8.2.2 自备井 应建在畜禽场粪便堆放场等污染源的上方和地下水位的上游，水量丰富，水质良好，取水方便，避免在低洼沼泽或容易积水的地方打井。水井附近 30m 范围内，不得建有渗水的厕所、渗水坑、粪坑、垃圾场等污染源。

8.2.3 地表水 地表水是暴露在地表面的水源，受污染的机会多，含有较多的悬浮物和细菌，如果作为畜禽的饮用水，必须进行净化和消毒，使之满足畜禽饮用水水质标准。净化的方法有混凝沉淀法和过滤法；消毒方法有物理消毒法（如煮沸消毒）和化学消毒法（如氯化消毒）。

9 监测与评价

9.1 对畜禽场的生态环境、空气环境以及接受畜禽粪便和污水的土壤环境和畜禽饮用水进行定期监测，对环境质量现状进行定期评价，及时了解畜禽场环境质量及卫生状况，以便采取相应的措施控制畜禽场环境质量和卫生。

9.2 对畜禽场排放的污水进行定期监测，确保出水满足 GB 18596 的要求。

9.3 环境质量、环境影响评价 按照 GB/T 19525.2 的要求，根据监测结果，对畜禽场的环境质量、环境影响进行定期评价。

9.4 在畜禽场排污口设置国家环境保护总局统一规定的排污口标志。

9.5 监测分析方法 本规范项目的监测分析方法按附表 5－2 执行。

附表 5－2 畜禽场环境卫生控制规范选配监测分析方法

序号	项目	分析方法	方法来源
1	温度	温度计测定法	GB/T 13195—1991
2	相对湿度	湿度计测定法	(1)
3	风速	风速仪测定法	(1)
4	光照度	照度计测定法	(1)
5	噪声	声级计测定法	GB/T 14623
6	粪便含水率	重量法	GB/T 3543.2—1995
7	NH_3	纳氏试剂比色法	GB/T 14668—93
8	H_2S	碘量法	GB/T 11060.1—1998
9	CO_2	滴定法	(2)
10	PM_{10}	重量法	GB 6921—86
11	TSP	重量法	GB 15432—1995
12	空气 细菌总数	沉降法	GB 5750—85
13	恶臭	三点比较式臭袋法	GB/T 14675—93
14	水质 细菌总数	平板法	GB 5750—85
15	水质 大肠杆菌	多管发酵法	GB 5750—85
16	pH	玻璃电极法	GB 6920—86
17	总硬度	EDTA 滴定法	GB 7477—87
18	溶解性总固体	重量法	GB 5750—85
19	铅	原子吸收分光光度法	GB 7475—87
20	铬（六价）	二苯碳酰二肼分光光度法	GB 7467—87
21	生化需氧量	稀释与接种法	GB 7488—87
22	化学需氧量	重铬酸钾法	GB 11914—89
23	溶解氧	碘量法	GB 7489—87
24	蛔虫卵	堆肥蛔虫卵检查法	GB 7959—87
25	氟化物	离子选择电极法	GB 7484—87
26	总锌	原子吸收分光光度法	GB 7475—87
27	土壤 镉	石墨炉原子吸收分光光度法	GB/T 17141—1997
28	土壤 砷	二乙基二硫代氨基甲酸银分光光度法	GB/T 17134—1997
29	土壤 铜	火焰原子吸收分光光度法	GB/T 17138—1997
30	土壤 铅	石墨炉原子吸收分光光度法	GB/T 17141—1997
31	土壤 铬	火焰原子吸收分光光度法	GB/T 17137—1997
32	土壤 锌	火焰原子吸收分光光度法	GB/T 17138—1997
33	土壤 细菌总数	与水的卫生检验方法相同	(3)
34	土壤 大肠杆菌	与水的卫生检验方法相同	(3)

注：(1)、(2) 和 (3) 暂采用下列方法，待国家标准发布后，执行国家标准。

(1) 畜禽场相对湿度、光照度、风速的监测分析方法，是结合畜禽场环境监测现状，对国家气象局《地面气象观测》(1979) 中相关内容进行改进形成的，经过农业部批准并且备案。

(2) 暂采用国家环境保护总局《水和废水监测分析方法》(第三版)，中国环境出版社，1989 年出版。

(3) 土壤中细菌总数、大肠杆菌的检测分析方法与水的卫生检验方法相同，见中国环境科学出版社《环境工程微生物检验手册》，1990 年出版。

附录 6　全国部分地区建筑朝向表

地区	最佳朝向	适宜朝向	不宜朝向
北京	南偏东或西各 30°以内	南偏东或西各 45°以内	北偏西 30°～60°
上海	南至南偏东 15°	南偏东 30°，南偏西 15°	北、西北
石家庄	南偏东 15°	南至南偏东 30°	西
太原	南偏东 15°	南偏东至东	西北
呼和浩特	南至南偏东，南至南偏西	东南、西南	北、西北
哈尔滨	南偏东 15°～20°	南至南偏东或西各 15°	西、北、西北
长春	南偏东 30°，南偏西 15°	南偏东或西各 45°	北、东北、西北
沈阳	南，南偏东 20°	南偏东至东，南偏西至西	东北东至西北西
济南	南，南偏东 10°～15°	南偏东 30°	西偏北 5°～10°
南京	南偏东 15°	南偏东 20°、南偏西 10°	西、北
合肥	南偏东 5°～15°	南偏东 15°、南偏西 5°	西
杭州	南偏东 10°～15°，北偏东 6°	南、南偏东 30°	西、北
福州	南，南偏东 5°～15°	南偏东 20°以内	西
郑州	南偏东 15°	南偏东 25°	西北
武汉	南偏西 15°	南偏东 15°	西、西北
长沙	南偏东 9°	南	西、西北
广州	南偏东 15°，南偏西 5°	南偏东 20°、南偏西 5°至西	西
南宁	南，南偏东 15°	南、南偏东 15°～25°、南偏西 5°	东、西
西安	南偏东 10°	南、南偏西	西、西北
银川	南至南偏东 23°	南偏东 34°、南偏西 20°	西、北
西宁	南至南偏西 30°	南偏东 30°至南偏西 30°	北、西北
乌鲁木齐	南偏东 40°，南偏西 30°	东南、东、西	北、西北
成都	南偏东 45°至南偏西 15°	南偏东 45°至东偏北 30°	西、北
昆明	南偏东 25°～56°	东至南至西	北偏东或西各 35°
拉萨	南偏东 10°，南偏西 5°	南偏东 15°、南偏西 10°	西、北
厦门	南偏东 5°～10°	南偏东 22°、南偏西 10°	南偏西 25°、西偏北 30°
重庆	南、南偏东 10°	南偏东 15°、南偏西 5°、北	东、西
青岛	南、南偏东 5°～10°	南偏东 15°至南偏西 15°	西、北

参考文献

安立龙 .2004. 家畜环境卫生学［M］. 北京：高等教育出版社 .
蔡长霞 .2006. 畜禽环境卫生［M］. 北京：中国农业出版社 .
常明雪 .2007. 畜禽环境卫生［M］. 北京：中国农业大学出版社 .
冯春霞 .2004. 家畜环境卫生学［M］. 北京：中国农业出版社 .
胡延晨 .2008. 畜禽养殖业污染状况及综合治理对策浅析［J］. 山东畜牧兽医（12）.
冀行键 .2001. 家畜环境卫生［M］. 北京：中国农业出版社 .
李保明 .2004. 家畜环境与设施［M］. 北京：中央广播电视大学出版社 .
李如治 .2005. 家畜环境卫生学［M］.3 版 . 北京：中国农业出版社 .
李蕴玉 .2002. 养殖场环境卫生与控制［M］. 北京：高等教育出版社 .
辽宁省科学技术协会 .2010. 沼气与生态农业实用技术［M］. 沈阳：辽宁科学技术出版社 .
刘凤华 .2004. 家畜环境卫生学［M］. 北京：中国农业大学出版社 .
刘继军，贾永全 .2008. 畜牧场规划设计［M］. 北京：中国农业出版社 .
田宁宁，王凯军，李宝林，等 .2002. 畜禽养殖场粪污的治理技术［J］. 中国给水排水（18）：71－73.
王伟国 .2006. 规模猪场的设计与管理［M］. 北京：中国农业科学技术出版社 .
肖光明，吴买生 .2009. 发酵床养猪新技术［M］. 长沙：湖南科学技术出版社 .
俞美子，赵希彦 .2011. 畜牧场规划与设计（附工作手册）［M］. 北京：化学工业出版社 .
张硕 .2007. 畜禽粪污的“四化”处理［M］. 北京：中国农业科学技术出版社 .
赵化民 .2004. 畜禽养殖场消毒指南［M］. 北京：金盾出版社 .
赵希彦，郑翠芝 .2009. 畜禽环境卫生［M］. 北京：化学工业出版社 .
赵云焕，刘卫东 .2007. 畜禽环境卫生与牧场设计［M］. 郑州：河南科学技术出版社 .

图书在版编目（CIP）数据

畜禽场设计及畜禽舍环境调控 / 郑翠芝，李义主编.
—北京：中国农业出版社，2012.9（2018.11 重印）
高等职业教育农业部“十二五”规划教材．项目式教学教材
ISBN 978-7-109-17091-9

Ⅰ.①畜…　Ⅱ.①郑…②李…　Ⅲ.①畜禽-养殖场-建筑设计-高等职业教育-教材②畜禽舍-环境控制-高等职业教育-教材　Ⅳ.①S815

中国版本图书馆 CIP 数据核字（2012）第 192683 号

中国农业出版社出版
（北京市朝阳区农展馆北路 2 号）
（邮政编码 100125）
策划编辑　徐　芳
文字编辑　王玉时

北京中兴印刷有限公司印刷　　新华书店北京发行所发行
2012 年 12 月第 1 版　　2018 年 11 月北京第 4 次印刷

开本：787mm×1092mm　1/16　　印张：19.75
字数：482 千字
定价：43.50 元